21世纪高等学校计算机规划教材

COMPUTER

数字电路与逻辑设计

Digital Circuit and Logic Design

解本巨 马浩 主编

高校系列

人民邮电出版社
北京

图书在版编目（CIP）数据

数字电路与逻辑设计 / 解本巨，马浩主编. -- 北京：人民邮电出版社，2017.8（2020.1重印）
21世纪高等学校计算机规划教材. 高校系列
ISBN 978-7-115-45289-4

Ⅰ. ①数… Ⅱ. ①解… ②马… Ⅲ. ①数字电路－逻辑设计－高等学校－教材 Ⅳ. ①TN79

中国版本图书馆CIP数据核字(2017)第062798号

内容提要

本书共 7 章，主要内容包括逻辑学基础、电路的逻辑表示与逻辑门、组合逻辑电路、时序逻辑电路、存储器与 FPGA（可编程逻辑阵列）、接口技术等内容。在传统的数字电路分析与设计的基础上，本书增加了逻辑问题的抽象与数据表示、数字电路研究逻辑化、时序电路时间的具体实现、触发器设计、时序电路相关概念的提出、接口设计、电路扩展逻辑设计等新的内容，为数字逻辑电路的逻辑性学习和研发过程提供了更高层次的平台。

本书可作为高等院校计算机、软件工程、自动化、电子、通信、机电等专业的教材，也可作为技术开发人员的参考资料。

◆ 主　　编　解本巨　马　浩
　责任编辑　张　斌
　责任印制　陈　犇

◆ 人民邮电出版社出版发行　　北京市丰台区成寿寺路 11 号
　邮编　100164　　电子邮件　315@ptpress.com.cn
　网址　http://www.ptpress.com.cn
　北京九州迅驰传媒文化有限公司印刷

◆ 开本：787×1092　1/16
　印张：20.25　　　　2017 年 8 月第 1 版
　字数：460 千字　　　2020 年 1 月北京第 3 次印刷

定价：54.00 元

读者服务热线：(010)81055256　印装质量热线：(010)81055316
反盗版热线：(010)81055315
广告经营许可证：京东工商广登字 20170147 号

前　言

当今世界已进入信息高速发展的时代，随着大规模集成技术的快速发展，逻辑门元件日趋智能化、生物化。它们被集成为数字系统，广泛应用于生物、化工、经济、生产、家庭等各个领域。以数字电路技术为基础的数字系统，最典型的应用是计算机系统。它以 CPU 微处理器、NiosII 微处理器为核心，辅以大容量存储器，通过移动网络、以太网、Wi-Fi、蓝牙等外部信息设备，与外部交换信息。随着智能手机、机器人等智能产品的大量出现，意味着智能信息化时代的到来，这是一场新形式的工业革命。

现代电子产品在性能提高、复杂度增大的同时，价格却一直呈下降趋势，而且产品更新换代的步伐也越来越快，实现这种进步的主要因素是生产制造技术和电子设计技术的发展。前者以微细加工技术为代表，目前已进展到深亚微米阶段，可以在几平方厘米的芯片上集成数千万个晶体管。后者的核心就是 EDA 技术，EDA 是指以计算机为工作平台，融合应用电子技术、计算机技术、智能化技术最新成果而研制成的电子 CAD 通用软件包，主要能辅助进行三方面的设计工作：IC 设计、电子电路设计、PCB 设计。没有 EDA 技术的支持，想要完成上述超大规模集成电路的设计制造是不可想象的；反过来，生产制造技术的不断进步又必将对 EDA 技术提出新的要求。

综上所述，针对计算机相关专业，“数字电路与逻辑设计”课程在大学教学中具有极其重要的地位和作用。它以逻辑学为基础，通过逻辑抽象实现了数字电路研究内容的逻辑假设，包括逻辑变量和逻辑关系，并将电路的分析与设计转换为逻辑代数的表示过程。本课程以组合逻辑电路和时序逻辑电路分析、设计为主要学习目标，在传统教材的基础上，将逻辑学作为研究数字电路的主要依据，并为课程增加了数字电路的逻辑研究实现、时序电路的时间实现、触发器设计实现、接口电路的设计实现、电路扩展的逻辑实现等新的内容，使课程的学习更具逻辑化。

本书共分为 7 章，第 1 章“逻辑学基础”提出了具体过程和事物的逻辑抽象问题，并假定了逻辑问题的表示方法。利用逻辑常量“0”“1”去表达数据、条件及结果，引出逻辑代数这一门应用数学，全面讲述了逻辑代数的基本知识、表示方法、逻辑定律及规则、公式法化简、卡诺图化简等内容。第 2 章“电路逻辑表示与逻辑门”讲述了逻辑图与实际电路之间相互转换的方法、基本电路的设计实现、逻辑门组成及工作原理等内容。在技术层面上，本章讲述了数字电路的概念及电路的逻辑设计方法，为嵌入式设计提供了一定的技术手段。第 3 章“组合逻辑电路”主要讲解了组合电路的分析与设计方法，组合电路中存在的竞争与冒险，常用组合逻辑器件及应用。本章用逻辑抽象的方法实现了电路的设计与电路的扩展。第 4 章“时钟脉冲与触发器”讲述了脉冲的定义及如何利用脉冲使时间具象化，系统脉冲发生电路的设计实现，触发器的设计实现、工作原理及表示方法，脉冲波形的整形与输出。第 5 章“时序逻辑电路”主要讲述了时序逻辑电路的表示方法，同步时序电路分析与设计，异步时序电路分析与设计，常用时序电路元件计数器与寄存器的设计与应用。前面 5 章是电子技术设计的基础，必须能够达到熟练设计的要求，要认真分析每一个电路的设计过程，抽象或例化出芯片的引脚定义与内部行为及状态转换，把自己培养为一个真正的电子设计者。第 6 章“半导体存储器与大规模可编程逻辑器件”讲述了半导体存储的分类、RAM、ROM 构造原理与容量扩展，PLD 设计技术。第 7 章“接口电路设计技术”主要讲解了接口电路的设计思想和简单设计实例，介绍了两个接口电路 A/D 和 D/A 转换器的组成原理和应用。

本书第 1 章由唐松生编写；第 2 章由刘明华编写；第 3 章由江守寰编写；第 4 章由张春玲编写；第 5 章由庞志永编写；第 6 章由马浩编写；第 7 章由解本巨编写；王豫凌、周丽艳负责全书统稿。

由于编者的实际工作经验限制，本书还存在一些不当之处，敬请广大读者批评指正。

编　者

2017 年 3 月

目 录

第1章 逻辑学基础

数字逻辑电路是电子设计技术（EDA），特别是计算机硬件技术的理论基础课程，在信息科学体系的研究中具有极其重要的地位。数字电路与逻辑设计是指所研究的电路只有高低两种电平，可用数字 0、1 一一对应表示，而后用数字 0、1 表示逻辑条件和结果，用逻辑分析的形式去设计和表达电路。把数字 0、1 设为逻辑条件满足与否、逻辑结果成立与否的取值，设定逻辑变量，根据逻辑关系可以得到输入逻辑条件变量和输出逻辑结果变量之间的逻辑表达式。这是一种新的数学方式的研究体系，称为逻辑学，数字电路的研究则可转换为逻辑学或者是逻辑代数的研究。

1.1 逻辑的抽象与表示

本书提到的“0”“1”不是数值型数据，是表示两种对立状态的数字。

如果某电路中只有两种稳定的电压：高电平和低电平，在研究时可用数字 0、1 与之一一对应表示。从而将对电平的研究转化为对数字 0、1 的研究，将对电路内部规律的研究转换为由数字延展的数学规律的研究，这种电路称为数字电路。在数字电路中只存在高电平和低电平两种对立的、相反的电平状态，表示它们的 0、1 两个数值并不代表具体的数值大小，而是相反的、对立的两种条件或状态。

对于逻辑分析过程，一般要根据多个条件的满足与否，决定结果的成立与否，每个条件具有“满足”和“不满足”两种取值，结果具有“成立”和“不成立”两种取值，条件与结果都具有二值性，所以条件和结果都可以用 0、1 两个数字进行表示。

无论是电路中的 0、1，还是逻辑分析过程中的 0、1，都是某个过程中对立且仅有的两个逻辑常量，也就是说常量具有二值性，而且是相反的两种条件或状态。这种常量存在于逻辑问题的抽象过程中。0、1 是逻辑学的两个常量，也是全部常量。

我们可以通过对逻辑学的研究，寻找一定的逻辑规律，同时研究数字电路与逻辑学的关系，研究是否可以用逻辑学的规律去实现数字电路的分析与设计。

1.1.1 逻辑的抽象

世界上的所有事物与过程都存在着一定的矛盾，矛盾是永恒存在和对立的。我们针对对象和过程寻找矛盾产生的条件，也可根据矛盾存在的原因推理矛盾可能存在的结果，这个过程称为逻辑推理过程，也是逻辑问题具体抽象的过程，即把研究对象和事件过程分解为逻辑条件、逻辑结果及条件和结果间的逻辑关系（原因）的抽象过程。

上述描述可归结为逻辑问题。逻辑就是针对研究对象的研究（抽象）性思维规律，逻辑学就是关于思维规律的学说。研究对象可以是人认识的一切东西，包括客观的事物、现象，人的感觉、表象、思想意识、情感意志等。抽象思维规律是指逻辑的研究规则，就是研究时有理有据，有原因有结果，有条件有结果。从狭义来讲，逻辑就是指形式逻辑或抽象逻辑，是指人的抽象思维的逻辑；广义来讲，逻辑还包括具象逻辑，即人的整体思维的逻辑。就本书的研究而言，是利用狭义的逻辑进行逻辑研究的，狭义的逻辑即抽象逻辑。

抽象是从众多的事物中抽取出共同的、本质性的特征，而舍弃其非本质的特征。例如苹果、香蕉、生梨、葡萄、桃子等，它们共同的特性就是水果。得出水果概念的过程，就是一个抽象的过程。要抽象，就必须进行比较，没有比较就无法找到在本质上共同的部分。共同特征是指那些能把一类事物与它类事物区分开来的特征，这些具有区分作用的特征又称本质特征。因此抽取事物的共同特征就是抽取事物的本质特征，舍弃非本质的特征。所以抽象的过程也是一个裁剪的过程。在抽象时，同与不同，取决于从什么角度上来抽象。抽象的角度取决于分析问题的目的。

而抽象逻辑则是通过调查研究，根据分析结果的需要，去抽象所有对象的共同特征，并根据共同特征存在与否（存在条件），确定结果的成立与否（结果状态），即将具体化的逻辑推理过程转换为条件决定结果的形式化表示过程。条件决定结果的依据，是抽象逻辑中的研究规律，这里可称为逻辑关系，逻辑关系是逻辑学中的运算关系。

【例 1.1】判断苹果、桃子、菠菜是否都是水果？找出逻辑条件、逻辑结果及逻辑关系。

分析：从题目要求来看，我们要判断的结果是“苹果、桃子、菠菜是否都是水果？”，这个结果具有两种取值：是水果或不是水果，这是指逻辑结果。那么如何根据逻辑条件判断该结果呢？显然要同时判别苹果是否为水果、桃子是否为水果、菠菜是否为水果，每一个判别只有两种取值：满足这个条件还是不满足条件，这两个为逻辑条件的对立取值。根据三个逻辑条件的满足与否决定逻辑结果是否都是水果，这就是逻辑关系。如果三个条件都是水果，则逻辑输出结果都是水果。

对于上述逻辑结果、逻辑条件、逻辑关系的分析过程，就是将事件进行逻辑抽象的过程。我们可以将该抽象过程以二维表格的形式体现，该表格首先罗列出逻辑条件的所有可能取值，然后根据逻辑关系计算每种取值的结果。逻辑条件有 3 个，每个逻辑条件有两种取值，根据乘法定理，逻辑条件取值共有 $2\times2\times2=8$ 种，三个条件从不满足条件开始取值，采用从高位到低位、从不满足到满足的交替变化，从而获得表 1-1 所示的水果判别逻辑抽象表。

表 1-1　水果判别逻辑抽象表

苹果满足为水果与否	桃子满足为水果与否	菠菜满足为水果与否	是否全是水果
否	否	否	否
否	否	是	否

续表

苹果满足为水果与否	桃子满足为水果与否	菠菜满足为水果与否	是否全是水果
否	是	否	否
否	是	是	否
是	否	否	否
是	否	是	否
是	是	否	否
是	是	是	是

针对表中左侧三列条件的取值，根据逻辑关系逐行进行判断，只有最后一行都满足条件，符合逻辑关系的要求，所以输出结果为是，其他输出结果为否；而因为菠菜是蔬菜而不是水果，满足倒数第 2 行的条件，因此实际的逻辑结果为否。这种用二维表格进行逻辑关系抽象的方法比较直观，表示条件全面，便于观察，能够对抽象过程的反映一目了然。

上述抽象过程存在一个问题，就是苹果、桃子、菠菜可以直接指定为水果、水果、蔬菜，而分析过程需要逐一列举其是否为水果，这个过程是否是多余的呢？这里有先入为主的原因存在，是因为我们知道它们是否是水果，而判断过程应该把它们看做是未知的，需要进行调查研究与取证，去证明它们在抽象过程中应该具有的所有可能逻辑条件，用客观分析代替主观判断，实现逻辑抽象的完整性。

任何事物和过程都可以进行逻辑抽象。

物体可以看做是由客观存在的“元素”组成的，元素“存在与否”是逻辑状态，用 1 表示“有元素”，而用 0 表示“无元素”，用 1、0 代替物体中的元素，则将物体转换为逻辑表示。例如，对苹果图像进行等份分割，分解为多个方形元素，对属于苹果组成部分的元素用 1 表示，不属于苹果组成部分的元素用 0 表示，以行列形式排列的二进制数，就是苹果图形的逻辑表示。

过程可以抽象为由逻辑条件去推导逻辑结果的实现，根据逻辑条件推导出逻辑结果的依据称为逻辑关系。逻辑条件与逻辑结果的取值具有二值性，也就是取值是对立的、相反的。三评委表决过程是根据评委“投票与否”“同意与否”确定表决是否通过，采用少数服从多数的逻辑关系。逻辑条件是指每个评委同意与否，3 个评委对应 3 个逻辑条件，逻辑条件的取值是“同意与不同意”，或者是“投票与不投票”；逻辑结果是表决结果通过或不通过。

逻辑抽象是实现逻辑问题的主要方法。

1.1.2 逻辑的数字表示

通过对事物或过程进行逻辑抽象，可以得到逻辑条件、逻辑结果及逻辑关系，而逻辑条件和逻辑结果具有二值性。根据前面所述，可以用数字 0、1 代替逻辑条件或逻辑结果的两种对立的取值，用数字表示文字含义，可以把语言化的逻辑分析过程转换为逻辑数学的分析过程，在研究时更容易记忆和寻找规律，这门数学称为逻辑代数。和代数一样，逻辑代数具有常量、变量、运算符、表达式、定律与规则等。其中常量 0、1 不是两个数值，表示条件“是否满足”或结果“是否发生”的两种状态。

数字 0、1 是两个相对立的数字，逻辑条件有两种相对立的取值，它们之间可以一一对应表示。如果用数字“0”表示不满足的条件取值，用数字“1”表示满足的条件取值，这称为正逻辑表示法；反之，如果用数字“1”表示不满足的条件取值，用数字“0”表示满足的条件取值，称为负逻辑表示法。本书一般采用正逻辑表示法。

采用正逻辑表示法，用数字“0”表示逻辑条件或逻辑结果的“否”，用数字“1”表示逻辑条件或逻辑结果的“是”。而对于“苹果满足为水果与否”等 3 个逻辑条件，以及“是否全是水果”的逻辑结果，可以分别用未知逻辑变量 A、B、C、F 表示，则把表 1-1 转换为正逻辑表示的水果判别逻辑表，如表 1-2 所示。

表 1-2　正逻辑表示的水果判别逻辑表

A	B	C	F
0	0	0	0
0	0	1	0
0	1	0	0
0	1	1	0
1	0	0	0
1	0	1	0
1	1	0	0
1	1	1	1

表 1-2 由逻辑变量和数字“0”“1”组成，“0”视为不满足条件或结果不成立，“1”视为满足条件或结果成立，3 个条件变量的不同取值组合，反映了所有可能出现的逻辑条件情况，以及对应的逻辑结果。用数字代替逻辑条件和逻辑结果进行表示，让逻辑过程的分析更有规律性，这种用数字表示的逻辑表称为真值表。真值表将逻辑问题转化为数学问题，从而可以寻找逻辑学的研究规律。

1.1.3　逻辑学研究方法

根据前面所述，任何的事物与过程都可以抽象为逻辑问题，即抽象出所有逻辑条件变量、逻辑结果变量及找出它们之间的逻辑关系，并为逻辑条件和逻辑结果的两种取值指定用“0”还是用“1”表示。然后列出真值表，自小到大列举所有逻辑条件的可能取值，从而根据逻辑关系求出逻辑结果的数值，将逻辑问题转换为逻辑代数。最后用逻辑代数的定义、公式、定律去实现和表达逻辑问题。

对于数字电路，我们用数字“1”“0”表示高低电平，从而将对电路电平的研究，转换为对逻辑代数的研究。可以把数字电路的研究看做逻辑代数研究的特例，或者把数字电路看做逻辑代数的一种表示形式。

1.2　信息的逻辑表示

信息是逻辑学研究的对象，信息一般是指客观存在的一切事物通过物质载体所发出的消息、情报、指令、数据和信号中所包含的一切可传递和交换的内容。数字、字母、文字、图像、声音、波形等都可以认为是信息，它们可以通过对象进行表达、传递和交换。根据研究数据的形式不同，我们可以把信息分为数值型数据和非数值型数据，除了能够进行计算的数值型数据之外，其他信息都可以看做非数值型数据。这两种数据都可以用逻辑常数“0”“1”进行表示。

逻辑常数表示的是两种条件或状态，单独的“0”“1”是无法表达任何信息的。我们应该从信息自身的特征进行研究，用“0”“1”有序排列组合的形式，去表示信息的共同特征。比如说运动员，编号是它的信息特征，可以用“0”“1”的排列组合将所有运动员编号表示出来。同理，对于数字电路，信息可以利用输入或输出的稳定电压排列组合来表示，也可以用“0”“1”的排列组合来表示。

1.2.1　数值型数据的逻辑表示

在逻辑问题或数字电路中表达的数值型数据，数据的位数只有“0”“1”两个数字，这到底是一种怎样的表示方法呢？在日常生活中，人们是使用十进制数来表示数值型数据的，因此，我们应从十进制数入手，找出其表示的规律。十进制数是一种表示数值型数据的方法，这种方法称为数制。除了十进制数之外，是否存在其他表示数的方法呢？是否还有其他数制呢？答案是确定的。因此，我们可以把数制推广到任意的 $R(R\geqslant 2)$进制数，研究 R 进制数的表示方法，找出“0”“1”两个数字表示的数制，实现不同数制之间的转换，研究逻辑常量表达数据的表示形式和运算规则。

1. 数制

数制是一种表示数的方法。在日常生活中，人们是以十进制数来表示数据并进行计数与运算的。100 个苹果的“100”，10.6 元的“10.6”都是十进制数表示的数据，它由整数部分和小数部分组成。对于整数位有 n 位、小数位有 m 位的任意十进制数来说，我们可以把它表示为十进制数据的形式。

$$(k_{n-1}k_{n-2}\cdots k_1k_0.k_{-1}k_{-2}\cdots k_{-m+1}k_{-m})_{10}$$

从所列数据来看，数据的下标 10 表示该数为十进制数据，该数据主要由 k_i 自高位向低位排列组成，i 为位号，i 为负数表示该位为小数位，k_i 称为位或系数，用 0～9 之间的数表示。

根据十进制数据大小的表示规律，该数据可以展开为乘积和的形式。

$$\begin{aligned}&(k_{n-1}k_{n-2}\cdots k_1k_0.k_{-1}k_{-2}\cdots k_{-m+1}k_{-m})_{10}\\&=k_{n-1}\times 10^{n-1}+k_{n-2}\times 10^{n-2}+\cdots+k_1\times 10^1+k_0\times 10^0\\&+k_{-1}\times 10^{-1}+k_{-2}\times 10^{-2}+\cdots+k_{-m+1}\times 10^{-m+1}+k_{-m}\times 10^{-m}\\&=\sum_{i=-m}^{n-1}k_i\times 10^i\end{aligned}$$

上式称为多项式的表示形式，k_i 为第 i 位数据的系数，10^i 称为第 i 位对应的权，10 为基数，它的指数即为本位的位号，它的大小是指本位系数为 1 个单位时该位数据的大小。$k_i\times 10^i$

表示第 i 位数据的实际大小，它由位与权的乘积计算所得，因此，这种表示数的方法称为位权表示法，是我们书写时经常采用的格式。十进制数加减法计算原则是“逢 10 进 1，不够减向高位借 1 变 10”。

如果把十进制数中的 10 改为任意的 R，则整数为 n 位、小数为 m 位的十进制数则变为 R 进制数，该数据如下表示：

$$(k_{n-1}k_{n-2}\cdots k_1k_0.k_{-1}k_{-2}\cdots k_{-m+1}k_{-m})_R$$

任意 R 进制的多项式表示形式如下：

$$\begin{aligned}&(k_{n-1}k_{n-2}\cdots k_1k_0.k_{-1}k_{-2}\cdots k_{-m+1}k_{-m})_R\\&=k_{n-1}\times R^{n-1}+k_{n-2}\times R^{n-2}+\cdots+k_1\times R^1+k_0\times R^0\\&+k_{-1}\times R^{-1}+k_{-2}\times R^{-2}+\cdots+k_{-m+1}\times R^{-m+1}+k_{-m}\times R^{-m}\\&=\sum_{i=-m}^{n-1}k_i\times R^i\end{aligned}$$

$\sum_{i=-m}^{n-1}k_i\times R^i$ 体现了位权表示法的含义，对于其中的参数，约定如下。

① 位号与指数：i 既是系数（位）对应的位号，也是权对应的指数。i 为正整数或 0 时表示的是整数位，为负整数时表示的是小数位。

② 系数（位）：k_i 为第 i 位系数的大小，系数可以取值的范围应该在 0～$(R-1)$之间。系数最大取值比进制数小 1。

③ 权：R^i 是第 i 位的系数 k_i 为单位 1 时，该位的大小，这里称为 R 进制数的权。

④ 位权表示法：R 进制数并列表示的每一位系数，其实际大小是由系数与权的乘积获得，因此称这种表示数据的方法为位权表示法。

⑤ 加减法计算规则：R 进制数加法运算的规则为“逢 R 进一”；减法运算规则为“不够减向高位借 1 变 R”。

根据任意进制数数据位的取值范围，对于只能用 0、1 两个数字表示的数制，位的最大值为 1，因此进制数应该是 1 + 1 = 2，所以用“0”“1”作系数的数制是二进制数。二进制数是逻辑学中表示数值型数据的唯一数制。

【例 1.2】对于两个五进制数 $(334.23)_5$ 和 $(231.04)_5$，阅读题目要求及实现过程。

（1）指出第 1 个五进制数的第 1 和−2 位的系数与权，并写出多项式形式，求出十进制数。

① 对于任意的 R 进制数，整数部分是从第 0 位开始自低位向高位算起的，小数部分是从小数位后−1 位，依次向右减 1 位计算。因此，$(334.23)_5$ 第 1 位的系数是 3，权是 5^1；第−2 位的系数是 3，权是 5^{-2}。系数与权是位权表示法的体现参数。

② 根据位权表示法写出 $(334.23)_5$ 的多项式表示形式。

$$(334.23)_5=3\times5^2+3\times5^1+4\times5^0+2\times5^{-1}+3\times5^{-2}$$

③ 将 $(334.23)_5$ 转化为十进制数。

只要将②中的多项式按照十进制数的计算方法和逢十进一的原则进行计算，得到的结果就是十进制数。使用这种方法可以把任意进制数转换为十进制数的形式。在②中 5^2 对于五进制数来讲是 100，对于十进制数来讲 $5^2=5\times5=25$，25 即为十进制数据，而五进制数的系数比 9 小，因此五进制数的系数也是十进制的系数。最后，按照逢十进一原则进行乘法、加法运算，最终得到的结果即为十进制的数。$(334.23)_5$ 转化为十进制数，计算过程为

$$\begin{aligned}(334.23)_5 &= 3\times5^2+3\times5^1+4\times5^0+2\times5^{-1}+3\times5^{-2}\\ &=3\times25+3\times5+4\times1+2\times0.2+3\times0.04\\ &=75+15+4+0.4+0.12=94.52\end{aligned}$$

因此，$(334.23)_5$ 转化为十进制数的结果是 94.52。

（2）计算两个五进制数的和与差。

根据 *R* 进制数加减法运算原则，五进制数的加法原则是逢 5 进 1；减法运算原则是对位相减，不够减则向高位借 1 变 5。以下是 $(334.23)_5$ 和 $(231.04)_5$ 的加、减法运算过程。

① 加法运算。加法所列竖式为

$$\begin{array}{r} 334.23 \\ +\ 231.04 \\ \hline 1120.32 \end{array}$$

在进行加法运算过程中，自低位向高位逐位相加并逢 5 进 1。首先是最低位 3 加 4 为 7，大于 5，所以向高位逢 5 进 1，余 2，即本位和为 2，进位为 1；然后次低位 2 加 0，再加进位 1，得本位和为 3，进位为 0；依次类推……，最后得到两个五进制数相加的结果为 $(1120.32)_5$。

② 减法运算。减法所列竖式为

$$\begin{array}{r} 334.23 \\ -\ 231.04 \\ \hline 103.14 \end{array}$$

在进行减法运算过程中，自低位向高位逐位相减，如果减数大于被减数，需要被减数向高位借一个 1，变成 5 后加到本位，然后再相减。首先是最低位的被减数 3 减去减数 4，因为不够减，需要向次高位借 1 变为本位的 5，5 加 3 变为十进制数 8，用 8 减去 4 得到本位差 4，同时次高位 2 减去 1 后变为 1；然后次高位被减数 1 减去减数 0，得到结果 1；依次类推……，最后得到两个五进制数相减的结果为 $(103.14)_5$。

（3）实现两个五进制数的乘法与除法运算。

对于任意进制数的乘法和除法运算，实现过程并不相同。对于乘法运算而言，使用被乘数和乘数自低位向高位逐位相乘，然后相加的运算方法，相乘过程和相加过程全部采用逢 *R* 进 1 的原则，运算方法与十进制数运算方法相同；*R* 进制数除法的运算方法也和十进制数除法的运算方法相类似，运算过程参考下面对应的除法竖式。

① 乘法运算。省略小数点，乘法所列竖式为

被乘数 33423 与乘数最低位 4 相乘，被乘数的最低 3 与 4 相乘得十进制数 12，然后将 12 转换为五进制数 22，本位和为 2，进位为 2；然后次低位 2 与 4 相乘得十进数 8，再与进位 2 相加，得到十进制数 10，将其转换为五进制数为 20，本位和为 0，进位为 2；依次类

推……，得到相乘的第一个五进制数 300302。被乘数与乘数的每一位相乘后，按顺序和规则列出所有的乘积项，如乘法竖式所列，最后按照五进制数逢五进一的加法原则相加，得出最终的结果。

```
            3 3 4 2 3
    ×       2 3 1 0 4
  -------------------
        3 0 0 3 0 2
        0 0 0 0 0
      3 3 4 2 3
    2 1 1 3 2 4
  1 2 2 4 0 1
  -------------------
  2 0 0 0 0 3 2 1 0 2
```

在进行运算时，我们没有写小数位，被乘数和乘数各有两位小数，因此结果应有 4 位小数位。乘法运算的结果为 $(200003.2102)_5$。

② 除法运算。去掉小数点，将被除数和除数分别变为 $(33423)_5$ 和 $(23104)_5$，则相除的结果保持不变，列式计算两个数的商和余数，计算过程如下：

```
                      1.2 0 3
              -----------------
  2 3 1 0 4 / 3 3 4 2 3
              2 3 1 0 4
              ---------
              1 0 3 1 4 0
              1 0 1 2 1 3
              -----------------
                  1 4 2 2 0 0
                  1 2 4 3 2 2
                  -------------
                    1 2 3 2 3
```

在进行除法运算的过程中，被除数 33423 和除数 23104 的位数相同，直接比较两数大小，除数小于被除数，能够直接相除。五进制数 33423 大于五进制数 23104，小于 23104 的 2 倍即五进制数 103140；因此最高位商为 1，又因整数部分已经除完，1 的后面应该有一个小数点；用被除数减去除数，得到五进制余数 10314。在 10314 后添加一个 0 后，变为被除数，继续除以 23104，得到商 2 和余数 1422；在 1422 后添加一个 0，因为不够除，所以商为 0，余数不变；再填一个 0，被除数变为 142200，相除后得到商为 3，余数为 12323。进行除法运算的过程主要是进行乘法和加法运算，都要及时将运算数据转换为五进制数。该除法运算得到的商为 $(1.203)_5$，余数为 $(0.12323)_5$。

2. 常用进位计数制

根据前面所述，我们知道在逻辑过程中，数值型数据只能用二进制数来表示，但是二进制数单位小，表示数据位数较多，因此在其他编辑、编译等非逻辑表示过程中，一般采用与二进制数有特殊转换规律的八进制数、十六进制数及人们习惯使用的十进制数来表示。常用进制数有二进制数、十进制数、八进制数及十六进制数 4 种。因数制采用位权表示法，所以我们主要掌握每种数制的基（进制数）、系数范围及表示、编辑格式及多项式表示形式。

（1）二进制数

在逻辑问题中，二进制数是能够表示数值型数据的唯一进位计数制。二进制数的基数为 2，系数只有 0、1 两个数字。在编辑时，一般在二进制数后写上字母 B 作为区别于其他进制数的标志，数字 11101.101B 表示二进制数 11101.101。二进制数的加法运算规则为“逢 2 进 1”。

将二进制数 11101.101B 展开为多项式的表示形式：

$$11101.101B = 1 \times 2^4 + 1 \times 2^3 + 1 \times 2^2 + 0 \times 2^1 + 1 \times 2^0 + 1 \times 2^{-1} + 0 \times 2^{-2} + 1 \times 2^{-3}$$

（2）十进制数

十进制数是人们在日常生活中表示数据的通用方法。十进制数的基数为 10，系数由 0～9 间的数字表示。编辑时，在一个数据后写上字母 D 或不写任何字母，都表示该数为十进制数据，267.109 和 267.109D 都表示十进制数 267.109。十进制数的加法运算规则为“逢 10 进 1”。

将十进制数 267.109 展开为多项式的表示形式：

$$267.109 = 2 \times 10^2 + 6 \times 10^1 + 7 \times 10^0 + 1 \times 10^{-1} + 0 \times 10^{-2} + 9 \times 10^{-3}$$

（3）八进制数

八进制数是由二进制数按照一定规则转变而来。八进制数的基数为 8，系数由 0～7 间的数字表示。编辑时，在一个数据后写上字母 O 来表示该数为八进制数据，237.106O 即表示八进制数 237.106。八进制数的加法运算规则为“逢 8 进 1”。

将八进制数 237.106O 展开为多项式的表示形式：

$$237.106O = 2 \times 8^2 + 3 \times 8^1 + 7 \times 8^0 + 1 \times 8^{-1} + 0 \times 8^{-2} + 6 \times 8^{-3}$$

（4）十六进制数

十六进制数也是由二进制数按照一定规则转变而来。十六进制数的基数为 16，系数由 0～15 间的数字表示，但是 10～15 无法单独用数字表示，因此我们使用系数 A、B、C、D、E、F 这六个字母一一对应表示 10、11、12、13、14、15 这六个数。编辑时，在一个数据后写上字母 H 来表示该数为十六进制数据，9AB.6FH 即为十六进制数。十六进制数的加法运算规则为“逢 16 进 1”。

将十六进制数 9A5B.6FH 展开为多项式的表示形式：

$$9A5B.6FH = 9 \times 16^3 + 10 \times 16^2 + 5 \times 16^1 + 11 \times 16^0 + 6 \times 16^{-1} + 15 \times 16^{-2}$$

3. 数制之间的转换

逻辑常数只能表示二进制数，但在编辑和书写过程中，还要使用八进制数、十进制数、十六进制数甚至其他进制的数，这就要考虑各种数制数据之间转换的问题。因为我们最常使用和运用熟练的数制是十进制数，所以首先要考虑的是十进制数和其他任意进制数之间的转换，包括十进制数转换为任意进制数，任意进制数转换为十进制数。以十进制数为中介，可以实现任意进制数之间的转换，可以把一种任意进制数转换为十讲制数，然后再把所得十进制数转换为另一种任意进制数。而二进制数和八进制数、十六进制数之间有特殊的转换关系，因此它们之间可以直接转换，而不必通过十进制数为转换中介。

综上所述，数值转换主要包括“任意进制数转换为十进制数”“十进制数转换为任意进制数”“任意进制数之间的相互转换”“八进制数、十六进制数转换为二进制数”“二进制数转换为八进制数、十六进制数”5 种情况。

（1）任意进制数转换为十进制数

只要将位权表示法表示的任意进制数用多项式的形式表示出来，然后按照十进制数的运算规则运算，得到的结果就是十进制的数据。

【例 1.3】将数据$(1420.32)_5$，$(9AE6.4F)_{16}$，$(110111.1011)_2$分别转换为十进制数。

$$\begin{aligned}(1420.32)_5 &= 1\times5^3+4\times5^2+2\times5^1+0\times5^0+3\times5^{-1}+2\times5^{-2}\\ &= 1\times125+4\times25+2\times5+0\times1+3\times0.2+2\times0.04\\ &= 125+100+10+0+0.6+0.08\\ &= 235.68\end{aligned}$$

$$\begin{aligned}(9AE6.4F)_{16} &= 9\times16^3+10\times16^2+14\times16^1+6\times16^0+4\times16^{-1}+15\times16^{-2}\\ &= 9\times4096+10\times256+14\times16+6\times1+4\times0.0625+15\times0.00390625\\ &= 36864+2560+224+6+0.25+0.05859375\\ &= 39654.30859375\end{aligned}$$

$$\begin{aligned}(110111.1011)_2 &= 1\times2^5+1\times2^4+0\times2^3+1\times2^2+1\times2^1+1\times2^0+1\times2^{-1}+0\times2^{-2}+1\times2^{-3}+1\times2^{-4}\\ &= 1\times32+1\times16+0\times8+1\times4+1\times2+1\times1+1\times0.5+0\times0.25+1\times0.125+1\times0.0625\\ &= 32+16+4+2+1+0.5+0.125+0.0625\\ &= 55.6875\end{aligned}$$

从实例可以看出，任意进制数转换为十进制数过程中，无论指数运算，还是乘法、加法运算，都是采用十进制数的运算规则进行的。

（2）十进制数转换为任意进制数

从例 1.3 来看，任意进制数都可以表示为多项式的形式，如果把一进制数表示为另一进制数多项式形式，然后用位权表示法就可以把新的进制数表示出来，完成数制的转化。这种转换方法要根据原数据的大小，找出新数制的所有权值，然后计算出每个权值对应系数即可。由于我们对十进制数比较熟悉，所以这种方法非常适合于十进制数转换为任意进制的数。

以十进制数 115 为例，把其转换为五进制的数据。首先，找出最大的权值，由于$5^2<115<5^3$，所以最大权值为5^2，又因为$5^2\times4=100<115<5^3$，所以该权值对应的系数为 4，用 115 减去 100，得到差 15，然后分别计算权5^1和5^0的系数分别是 3 和 0，自高位向低位排列，115 所转化的五进制数为$(430)_5$。

转换过程首先需要判断新数制数据对应的最大权值，然后自高而低计算所有权值对应的系数，并以多项式的形式进行展示。

$$115=4\times5^2+3\times5^1+0\times5^0$$

而对于小数部分，则从第-1 位系数开始判别，直到判别出所有系数为止，计算过程和整数求解过程相同。将 0.712 转换为五进制数，以多项式的形式表示。

$$0.712=3\times5^{-1}+2\times5^{-2}+4\times5^{-3}$$

所以，$0.712=(0.324)_5$。

【例 1.4】将十进制数 115.625 转换为二进制数。

因为 $2^6 < 115 < 2^7$，所以二进制数的最大权值为 2^6。自高而低对权和系数进行计算，可以把 115 写成二进制数的多项式表示形式。

$$115.625 = 1\times 2^6 + 1\times 2^5 + 1\times 2^4 + 0\times 2^3 + 0\times 2^2 + 1\times 2^1 + 1\times 2^0 + 1\times 2^{-1} + 0\times 2^{-2} + 1\times 2^{-3}$$

所以，$115.625 = (1110011.101)_2$。

上述数据根据位权表示法计算所得，但对于较大的数据，这种方法的计算过程就显得比较复杂。

观察数值转换的多项式，可以寻找能够通过计算直接获得系数的方法，这种方法称为基数乘除法。假定要转换的数制为 R 进制数，则要对十进制数 $N.M$ 的整数部分 N 和小数部分 $0.M$ 分开研究，推导出求各位系数的原理。

① 整数部分。不管十进制数整数部分 N 是多大，假设 N 转换为 R 进制数后位数为 n 位，系数用 k_i 表示，则数制转换后的多项式可表示为

$$(N)_{10} = (k_{n-1}k_{n-2}\cdots k_1k_0)_R = k_{n-1}\times R^{n-1} + k_{n-2}\times R^{n-2} + \cdots + k_1\times R^1 + k_0\times R^0$$

式中 k_{n-1}，k_{n-2}，…，k_1，k_0 是转换后 R 进制数各位的系数。将等式两边分别除以基数 R，得到下式：

$$\frac{1}{R}(N)_{10} = k_{n-1}\times R^{n-2} + k_{n-2}\times R^{n-3} + \cdots + k_1\times R^0 + \frac{k_0}{R}$$

其中，余数为 k_0，是转换的 R 进制数的最低位，商为 $k_{n-1}\times R^{n-2} + k_{n-2}\times R^{n-3} + \cdots + k_1\times R^0$。把商再除以基数 R，可以得到余数 k_1 和新的商，每次给新商除以一次基数 R，都可以得到一位新的余数，直到得到最高位为 k_{n-1}，商为 0 为止。所得余数自高而低排列，按照求解顺序则是倒序排列，就可以得到 R 进制的数据。所以，对于十进制整数，通过对商除以基数 R，逐步获得余数，将余数倒序排列的方法，实现十进制数到 R 进制数的转换，称为基数除法转换法。根据这种方法，把十进制数 19 转换为二进制数：

```
2|19 ……………………… 余1 ………… k0
 2|9 ……………………… 余1 ………… k1
 2|4 ……………………… 余0 ………… k2
 2|2 ……………………… 余0 ………… k3
 2|1 ……………………… 余1 ………… k4
   0
```

根据计算得出 $19 = (10011)_2$。

② 小数部分。

不管十进数小数部分 $0.M$ 是多大，假设 $0.M$ 转换为 R 进制数后位数为 m 位，系数用 k_i 表示，则数制转换后的多项式可表示为

$$(0.M)_{10} = (k_{-1}k_{-2}\cdots k_{-m+1}k_{-m})_R = k_{-1}\times R^{-1} + k_{-2}\times R^{-2} + \cdots + k_{-m+1}\times R^{-m+1} + k_{-m}\times R^{-m}$$

将上式两边乘以 R，得到下式：

$$R(0.M)_{10} = k_{-1} + k_{-2} \times R^{-1} + \cdots + k_{-m+1} \times R^{-m+2} + k_{-m} \times R^{-m+1}$$

乘以 R 后，第 1 位小数 k_{-1} 变为整数，即求出第 1 位小数，k_{-2} 变为第 1 位小数，把剩下的小数再乘以 R，求出 k_{-2}，依次求出所有小数位为止。对于十进制小数数据向 R 进制数据的转换，采用逐步取小数数据乘 R，求出整数，然后将整数按照求出顺序排列，最终得到 R 进制小数的方法，这种方法称为基数除法转换法。根据这种方法，把十进制数 0.375 转换为二进制数：

$$\begin{array}{rll}
 & 0.375 & \\
\times & 2 & \\
\hline
 & 0.75 & \cdots\cdots \text{取整得 } 0 \cdots\cdots k_{-1} \\
 & 0.75 & \\
\times & 2 & \\
\hline
 & 1.5 & \cdots\cdots \text{取整得 } 1 \cdots\cdots k_{-2} \\
 & 0.5 & \\
\times & 2 & \\
\hline
 & 1.0 & \cdots\cdots \text{取整得 } 1 \cdots\cdots k_{-3} \\
 & 0.0 &
\end{array}$$

根据计算得出 $0.375 = (0.011)_2$。

如果小数部分位数是无穷的，要根据要求选择适当的位数。

【例 1.5】将 235.68 转换为五进制数。

① 将整数 235 转换为五进制数，采用基数除法。

$$\begin{array}{rll}
5 \,|\, 235 & \cdots\cdots \text{余 } 0 \cdots\cdots & k_0 \\
5 \,|\, 47 & \cdots\cdots \text{余 } 2 \cdots\cdots & k_1 \\
5 \,|\, 9 & \cdots\cdots \text{余 } 4 \cdots\cdots & k_2 \\
5 \,|\, 1 & \cdots\cdots \text{余 } 1 \cdots\cdots & k_3 \\
0 & &
\end{array}$$

② 将小数 0.68 转换为五进制数，采用基数乘法。

$$\begin{array}{rll}
 & 0.68 & \\
\times & 5 & \\
\hline
 & 3.4 & \cdots\cdots \text{取整得 } 3 \cdots\cdots k_{-1} \\
 & 0.4 & \\
\times & 5 & \\
\hline
 & 2.0 & \cdots\cdots \text{取整得 } 2 \cdots\cdots k_{-1} \\
 & 0.0 &
\end{array}$$

通过基数乘除法运算，将十进制数 235.68 转换为五进制数$(1420.32)_5$。与例 1.3 作比较，计算的结果是准确的。

（3）任意进制数之间的相互转换

上述（1）实现了任意进制数到十进制数的转换，（2）实现了十进制数到任意进制数之间的转换，所以两种任意进制数之间的转换，只要把其中一种进制数转换为十进制数，然后再把十进制数转换为另一种进制数即可。

【例 1.6】 将五进制数$(421)_5$转换为六进制数。

① 将$(421)_5$转换为十进制数。

$$
\begin{aligned}
(421)_5 &= 4\times 5^2 + 2\times 5^1 + 1\times 5^0 = 4\times 25 + 2\times 5 + 1\times 1 \\
&= 100 + 10 + 1 = 111
\end{aligned}
$$

② 将十进制数转换为六进制数。

$$
\begin{array}{r|l}
6 & 1\ 1\ 1 \quad \cdots\cdots\cdots\ \text{余 } 3\ \cdots\cdots\cdots\ k_0 \\ \hline
6 & 1\ 8 \quad \cdots\cdots\cdots\ \text{余 } 0\ \cdots\cdots\cdots\ k_1 \\ \hline
6 & 3 \quad \cdots\cdots\cdots\ \text{余 } 3\ \cdots\cdots\cdots\ k_2 \\ \hline
 & 0
\end{array}
$$

所以，$(421)_5 = (303)_6$。

（4）八进制数、十六进制数转换为二进制数

八进制数最大系数 7 转换为二进制数时可用 3 位二进制数 111 表示，为了表示规则一致，表示位数最少，多位八进制数转化为二进制数时，每位系数只能都转换为 3 位二进制数，而且必须转换为 3 位二进制数。同理，十六进制数最大系数 F(15)转换为二进制数时用 4 位二进制数 1111 表示，多位十六进制数的每位系数转换为二进制数时，只能用四位二进制数而且必须用四位二进制数表示。

【例 1.7】 将$(5210.634)_8$和$(5BE2.1C)_{16}$转换为二进制数。

根据上述分析，向二进制数转换，八进制数每位系数必须转换为 3 位二进制数，十六进制数每位系数必须转换为 4 位二进制数。所以，两个数转换的结果是：

$$(5210.634)_8 = (\underline{101}\ \underline{010}\ \underline{001}\ \underline{000}.\underline{110}\ \underline{011}\ \underline{100})_2$$

$$(5BE2.1C)_{16} = (\underline{0101}\ \underline{1011}\ \underline{1110}\ \underline{0010}.\underline{0001}\ \underline{1100})_2$$

（5）二进制数转换为八进制数、十六进制数

观察例 1.7 中由八进制数和十六进制数转换为二进制数的结果，每一个系数可以表示为等长度的二进制数。而等长度的二进制数的排列，是以小数为中心，向两侧各取等长度单位的数字实现的。所以，要把二进制数转换为八进制数，只要以小数点为中心，向两侧各取 3 位，然后把每 3 位二进制数转换为八进制数即可。同理，将二进制数转换为十六进制数，同样以小数点为中心，向两侧各取 4 位，然后把每 4 位二进制数转换为十六进制数即可。在取数过程中，如果位数不够，则填 0 补足规定位数，然后再进行数制转换。

【例 1.8】 将二进制数$(10101100010.011111)_2$转换为八进制数、十六进制数。

① 转换为八进制数。

$$(10101100010.011111)_2 = (\underline{\mathbf{0}10}\ \underline{101}\ \underline{100}\ \underline{010}.\underline{011}\ \underline{111})_2 = (2542.37)_8$$

② 转换为十六进制数。

$$(10101100010.011111)_2 = (\underline{\mathbf{0}101}\ \underline{0110}\ \underline{0010}.\underline{0111}\ \underline{11\mathbf{00}})_2 = (562.7C)_{16}$$

八进制数和十六进制数之间可以通过二进制数为中介进行转换。下式是转换的实例：

$$(2542.37)_8 = (\underline{\mathbf{0}10}\ \underline{101}\ \underline{100}\ \underline{010}.\underline{011}\ \underline{111})_2 = (\underline{\mathbf{0}101}\ \underline{0110}\ \underline{0010}.\underline{0111}\ \underline{11\mathbf{00}})_2 = (562.7C)_{16}$$

4. 二进制数的算术运算

在逻辑表达过程中，数值型数据都是用逻辑常数 0、1 自高位到低位排列而成。按照有无符号，数值型数据包括无符号数和有符号数两种；按照数据存放的格式，数据分为定点纯整数和定点纯小数。我们主要研究无符号数的加、减、乘、除运算，有符号数的定点纯整数或定点纯小数在逻辑中的表示方法、数据格式及范围、有符号数的运算等。

（1）无符号二进制数的算术运算

无符号数是指数值型数据所有系数全为数据，没有正负数的区分。运算规则采用二进制数的运算规则，加法规则为“逢 2 进 1”，减法规则为“不够减向高位借 1 变 2”。计算过程参照前面所述的五进制数的加、减、乘、除运算。

① 无符号二进制数的加法。

加法规则为：0 + 0 = 0，0 + 1 = 1 + 0 = 1，1 + 1 = 10。

计算 10110 和 10100 的和：

$$\begin{array}{r} 1\ 0\ 1\ 1\ 0 \\ +\ 1\ 0\ 1\ 0\ 0 \\ \hline 1\ 0\ 1\ 0\ 1\ 0 \end{array}$$

② 无符号二进制数的减法。

减法规则为：1 − 0 = 1，1 − 1 = 0，0 − 0 = 0，10 − 1 = 1，其中被减数要大于减数。

计算 1010 和 0101 的差：

$$\begin{array}{r} 1\ 0\ 1\ 0 \\ -\ 0\ 1\ 0\ 1 \\ \hline 0\ 1\ 0\ 1 \end{array}$$

③ 无符号二进制数的乘法运算。

计算 1011 和 1010 的积：

$$\begin{array}{rrrrrrrr} & & & & 1 & 0 & 1 & 1 \\ & & & \times & 1 & 0 & 1 & 0 \\ \hline & & & & 0 & 0 & 0 & 0 \\ & & & 1 & 0 & 1 & 1 & \\ & & 0 & 0 & 0 & 0 & & \\ & 1 & 0 & 1 & 1 & & & \\ \hline & 1 & 1 & 0 & 1 & 1 & 1 & 0 \end{array}$$

由上述运算可以看出，乘法运算是由左移被乘数和加法运算组成。

④ 无符号二进制数的除法运算。

计算 1010 和 111 商和余数：

```
              1 . 0 1 1
      1 1 1 ) 1 0 1 0
              1 1 1
            ---------
                1 1 0 0
                  1 1 1
              ---------
                  1 0 1 0
                    1 1 1
                -------
                    0 1 1
```

由上述运算过程可见，除法运算由右移被除数与减数运算组成。

（2）有符号二进制数的表示与运算

在日常生活中，数据有相对立的两种表示形式，例如，多栽了 98 棵树，可以用+98 表示；少栽了 15 棵树，可以用−15 表示。因此，数据表示时一般是分为正数和负数的。在编辑过程中，带有正负号的二进制数称为真值，如+1101.11B，−100010.001B。而在逻辑表达过程中，除了用二进制数表示数据之外，还需要用逻辑常数来表示正号和负号，因符号只有“+”“−”两个，逻辑常数只有“0”“1”两个，两者可以一一对应表示，一般把二进制数的最高位作为符号位，“0”表示为正号，“1”表示为负号。

在逻辑表达数值型数据过程中，可将真值表示为有符号数，一般有原码、反码、补码、移码 4 种表示形式，数据的位数一般是 $2^i(i>2)$位，如 8、16、32 位等。在数字电路中，有符号数一般是用补码来表示的，因此，我们主要讨论补码的加减运算，并进行数据的溢出判别。在数字电路中表示的有符号二进制数，我们也称为机器数。

机器数包括定点纯整数和定点纯小数，对于较大或位数较多的数据，可以用科学计数法表示。科学计数法表示的数据由定点纯整数和定点纯小数复合而成。

① 原码表示法。

用二进制数“0”和“1”分别表示真值 X 中的“+”和“−”，数据位保持不变，就得到数据真值对应的原码表示。一般用 8 位二进制数作为表示一个数据的最小单位，称为字节（Byte）。二个字节数据称为一个字（Word），两个字称为双字（DWord）。

如果机器数为 8 位定点纯整数，真值 $X=+1011110B$，则$[X]_{原}=01011110B$；如果 $X=-1011110B$，则$[X]_{原}=11011110B$。

如果机器数为 8 位定点纯小数，$X=+0.1011110B$，则$[X]_{原}=0.1011110B$；如果 $X=-\mathbf{0}.1011110B$，则$[X]_{原}=\mathbf{1}.1011110B$。

同一真值数 X，机器数的位数不同，得到的原码长度不同，则原码就不相同。不管机器数位数是多少位，符号位永远处在最高位。

0 是一个特殊实例，8 位二进制数+0000000B 和−0000000B 的原码表示如下：

$$[+0000000]_{原}=00000000B$$

$$[-0000000]_{原}=10000000B$$

可以看出，0 的原码表示有两种，即有重码。

根据原码表示数据的规律，我们可以得到求解原码的定义：

$$[X]_{原}=\begin{cases}2^n+X & 0\leqslant X<2^{n-1}\\ 2^{n-1}+|X| & -2^{n-1}<X\leqslant 0\end{cases}$$

对上述定义来说，X 为二进制数真值，2^n 称为机器数的模。“模”是指一个计量系统的计数范围。如时钟中的一小时就是 60 分钟，这个 60 分钟就是“模”。“模”实质上是计量器计满数后产生“溢出”的量，它的值在计量器上表示不出来，计量器上只能表示出模的余数。因此，对于 n 位定点纯整数来说，它的模是 2^n；而对于定点纯小数而言，可以把定点纯小数看做定点纯整数，它的模也是 2^n，求出原码后，再转换为定点纯小数。也可以求定点纯小数的溢出量 2^1，则 n 为 1。

【例 1.9】用原码定义求二进制数+1001101B 和−0.110110B 的 8 位原码。

因为真值+1001101 为正数，所以使用定义$[X]_{原}=2^n+X$求原码。则：

$$[+1001101\text{B}]_{原}=2^8+1001101=100000000+1001101=101001101\text{B}$$

计算的结果是 9 位，而机器数是 8 位，第 9 位数据自动舍弃。所以，计算的结果为

$$[+1001101\text{B}]_{原}=01001101\text{B}$$

而真值−0.110110B 为负数，包括符号位在内不足 8 位，应该在末尾填一个 0，然后把 8 位小数看做 8 位整数−1101100B，使用定义$[X]_{原}=2^{n-1}+|X|$计算其对应的原码。

$$[+1001101\text{B}]_{原}=2^7+|-1101100\text{B}|=10000000+1101100=11101100\text{B}$$

将其转换回定点纯小数。

$$[+0.1001101\text{B}]_{原}=1.1101100\text{B}$$

也可以使用定点纯小数的模来计算，此时 n=1，则：

$$[+0.1001101\text{B}]_{原}=2^{1-1}+|-0.1101100\text{B}|=1.0000000+0.1101100=1.1101100\text{B}$$

对于定点纯小数，两种计算方法所得结果是相同的，对模的理解要从溢出数据的角度考虑。

② 反码表示法。

反码也是表示有符号二进制数的一种机器数，不管是定点纯小数还是定点纯整数，都可以看做定点纯整数，如果机器数的位数为 n，真值数为 X，2^n 为机器数的模，则 X 反码的定义根据正负数的不同而不同，其定义如下：

$$[X]_{反}=\begin{cases}2^n+X & 0\leqslant X<2^{n-1}\\ 2^n+X-1 & -2^{n-1}<X\leqslant 0\end{cases}$$

从定义来看，对于正数来说，反码的定义和原码是相同的，所以，反码就是原码。而对于负数来说，需要根据定义$[X]_{反}=2^n+X-1$ 计算得出反码。试根据定义求二进制数−1001B 的 8 位反码。

$$[-1001\text{B}]_{反}=100000000-1001-1=11110110\text{B}$$

【例 1.10】求二进制数−0.1001B 的 8 位反码。

方法一：以整数的方法求反码。

因小数位只有 4 位，应该在末尾补 3 个 0，符号位 1 位，是最低整数位，则可把−0.1001B 看做 8 位整数−1001000B，利用公式$[X]_{反}=2^n+X-1$计算得出反码。

$$[-1001000\text{B}]_{反}=100000000-1001000-1=10110111\text{B}$$

把所求的结果转换为小数的反码。

$$[-0.1001B]_{反} = 1.0110111B$$

方法二：以小数的方法求反码。

以小数方法求反码，模是 2^1，公式$[X]_{反} = 2^1 + X - 1$ 中减去的 1，是指在小数最末尾减去 1，如果小数位为 m 位，则该位 1 的大小是 2^{-m}。利用该公式求出反码。

$$[-0.1001B]_{反} = 2^1 - 0.1001 - 1 = 10.0000000 - 0.1001000 - 0.0000001 = 1.0110111B$$

通过定义法计算出的反码，我们通过观察，可以得出直接计算的规律。

- 对于正数，反码等于原码。
- 对于负数，在原码的基础上，符号位不变，其他位取反。

二进制纯小数−0.1001B 的 8 位原码是 1.1001000B，符号位不变，其他位取反，得到数据为 1.0110111B，这与我们根据定义得到的结果是一致的。

③ 补码表示法。

补码是表示有符号数中最常用的一种机器数。用补码表示带符号的二进制数时，符号位与原码、反码相同，即用 0 表示正，用 1 表示负；数值位与符号位相关，正数补码的数值位与原码、反码相同。而负数补码的数值位是真值的数值位按位变反，并在最低位加 1。根据其运算规律，对于二进制数真值 X，补码的定义表示如下：

$$[X]_{补} = 2^n + X$$

在上式中，2^n 是数据的模，忽略定点纯小数的小数点，则 n 可以看做机器数的位数，根据定义计算出补码后，再转换回定点纯小数。如果以小数的方式计算，则模对应的溢出值是 2^1。

对于正数而言，原码、反码、补码定义是相同的，因此原码、反码、补码都等于原码，我们求出原码即可。而对于负数，补码的定义比反码的定义少一个末位 1，我们只要在反码机器数末位加一个 1，就会得到负数的补码。

【例 1.11】用定义法和直接转换法两种方法求二进制数−0110110B 与−0.01011B 的 8 位补码。

步骤 1：求整数−0110110B 的补码。

根据定义$[X]_{补} = 2^n + X$ 求补码，将 $n = 8$，$X = -0110110B$ 代入公式中。

$$[-0110110B]_{补} = 2^8 - 0110110 = 100000000 - 0110110 = 11001010B$$

也可以直接进行计算，先求出原码，再转变为反码，最后在末位加 1。

$$[-0110110B]_{原} = 10110110B$$

$$[-0110110B]_{反} = 11001001B$$

$$[-0110110B]_{补} = [-0110110B]_{反} + 1 = 11001001 + 1 = 11001010B$$

两种方法计算的结果是完全相同的。

步骤 2：求小数−0.01011B 的补码。

首先使用定点纯小数求补码的定义$[X]_{补} = 2^1 + X$ 求−0.01011B 的补码。

$$[-0.01011B]_{补} = 2^1 - 0.01011 = 10.0000000 - 0.0101100 = 1.1010100B$$

接着用整数的定义求补码，将小数−0.01011B 看做整数−0101100B，利用定义$[X]_{补} = 2^8 + X$

求出补码。

$$[-0101100\text{B}]_{补} = 2^8 - 0101100 = 100000000 - 0101100 = 11010100\text{B}$$

将整数的补码转换为小数的补码。

$$[-0.01011\text{B}]_{补} = 1.1010100\text{B}$$

最后使用直接计算的方法求小数-0.01011B 的补码。

$$[-0.01011\text{B}]_{原} = 1.0101100\text{B}$$

$$[-0.01011\text{B}]_{反} = 1.1010011\text{B}$$

$$[-0.01011\text{B}]_{补} = [-0.01011\text{B}]_{反} + 1 = 1.1010011 + 0.0000001 = 1.1010100\text{B}$$

三种方法所求结果完全相同。

④ 移码表示法。

移码，又叫增码，是符号位取反的补码，一般用做浮点数的补码，引入的目的是为了保证浮点数的机器零为全 0。

如果机器数为 n 位，则移码的定义为

$$[X]_{移} = 2^{n-1} + X$$

根据移码、补码定义，求二进制数-1011010B 的 8 位移码、补码。

$$[-1011010\text{B}]_{移} = 2^{8-1} - 1011010 = 10000000 - 1011010 = 00100110\text{B}$$

$$[-1011010\text{B}]_{补} = 2^8 - 1011010 = 100000000 - 1011010 = 10100110\text{B}$$

比较-1011010B 移码与补码的数据，发现两者除了符号位相反外，数据位是完全相同的。所以说移码是一种补码。

而对于移码来说，+0 和-0 的移码是相同的，都是 10000000B，使 0 的有符号数据表示具有了唯一性。

在移码进行加减运算的过程中，因为其符号位参与 2 次运算后变为补码的符号，需要对符号位进行修正，才能获得移码表示的符号位，其方法只要将结果的符号位变反即可。

⑤ 机器数表示的数据范围。

用逻辑常数表示的有符号数，它们的位数是有限的，它们所表示的数据大小也在一定的范围之内。这里假定定点纯小数和定点纯整数的位数都是 n 位，则计算数据范围的方法并不相同。

原码与反码是从真值数转换而来，它们的范围就是 n 位真值数表示的范围。对于 n 位定点纯整数表示的真值数，它的最大数是除正号外数字位全为 1 的数。该位数据的大小为 $2^{n-1}-1$，计算方法是在最末位加 1 后，得到和为 2^{n-1}，然后再减去加上的 1，就得到最大的数；而最小的数是负数，是真值数的数据位全为 1 的数，它的数据大小也是 $2^{n-1}-1$，因此最小数是 $-(2^{n-1}-1)$。所以，对于 n 位定点纯整数，它的原码和反码表示的数据范围是 $[-(2^{n-1}-1), 2^{n-1}-1]$。

对于 n 位定点纯小数，小数位为 $n-1$ 位数据，因此，其最大数据是数据位全为 1 的正数，在最末位加 1（$2^{-(n-1)}$）后，得到的结果是 1，用 1 减掉加上的数据 $2^{-(n-1)}$，得到的数据 $1-2^{-(n-1)}$ 就是最大的数值。因此，对于 n 位定点纯小数，它的原码和反码表示的范围为 $[-(1-2^{-(n-1)}), 1-2^{-(n-1)}]$。

而补码与移码的符号位可以参与运算，对于负数而言，符号位可以单独表示一个数字 1，因此它的范围应该比原码、反码多了一个临界的最小数 -2^{n-1}（针对定点纯整数而言）。因此，

n 位定点纯整数补码表示的数据范围是$[-2^{n-1}, 2^{n-1}-1]$，而 n 位定点纯小数补码表示的数据范围是$[-1, 1-2^{-(n-1)}]$。

⑥ 二进制数补码的加减运算及溢出判别。

在数字电路，特别是在微型计算机中，有符号数的加减运算一般都是采用补码运算的。采用补码进行运算，符号位也参与运算，因此无须考虑符号位的变化情况。

假设有两个二进制真值数 X 和 Y，要计算它们在逻辑过程中进行加、减运算的补码数据结果。要实现该计算过程，真值数首先要进入逻辑表达过程，在逻辑过程中的数据是补码表示的，这两个真值数会自动转换为补码表示的数据，得到$[X]_补$和$[Y]_补$。因此，我们要求$[X+Y]_补$和$[X-Y]_补$，就得找出它们和$[X]_补$、$[Y]_补$之间的关系式。

通过分别对定点纯整数和定点纯小数补码运算进行分析和证明，我们可以得到如下的关系表达式：

$$[X+Y]_补=[X]_补+[Y]_补$$

$$[X-Y]_补=[X+(-Y)]_补=[X]_补+[-Y]_补$$

【例 1.12】 设 $X=56$，$Y=-61$，设机器数为 8 位，求$[X+Y]_补$和$[X-Y]_补$。

分析：提供的数据是十进制数，需转换为 8 位二进制数，然后将两个二进制数送入逻辑过程，自动转换为 8 位补码，最后按照公式实现求补码的过程。所以，直接求和、差再求补码的方法，不符合逻辑计算的过程，先计算 X、Y 及$-Y$ 的补码，然后代入公式中进行计算，才和逻辑计算过程相当。

根据十进制数向二进制数的转换过程，$X=56$ 的二进制数是+0111000B，$Y=-61$ 的二进制数是−0111101B。分别求 56,−61,61 的补码。

$$[X]_补=[56]_补=00111000\text{B}$$

$$[Y]_补=[-61]_补=11000011\text{B}$$

$$[-Y]_补=[61]_补=00111101\text{B}$$

将数据代入表达式中：

$$[X+Y]_补=[X]_补+[Y]_补=00111000+11000011=11111011\text{B}$$

$$[X-Y]_补=[X]_补+[-Y]_补=00111000+00111101\text{B}=01110101\text{B}$$

对于上述运算过程，因为计算出的结果位数只能是 n 位，所以同符号数相加，异符号数相减，得到的结果都有可能达到 $n+1$ 位，这称为溢出。产生溢出的数据运算，对于实际工作过程毫无意义。因此，在进行补码运算的过程中，我们需要对溢出进行判断。

根据研究，我们得出了溢出发生时存在的条件，就是“最高两位产生的进位如果不相同，则发生溢出现象”。例如，对于 8 位数据的补码 00111000B（56）和 01001001B（73）进行补码加法运算，产生的数据超过了 127，所以数据发生了溢出现象。通过列竖式可以得到运算过程和进位情况，如下所示：

```
          0 0 1 1 1 0 0 0
        + 0 1 0 0 1 0 0 1
  进位  0 1 1 1 1 0 0 0
        -----------------
          1 0 0 0 0 0 0 1
```

观察所列竖式，最高两位产生的进位为 01，所以这两个补码数相加，产生溢出现象。

⑦ 浮点机器数的表示与运算。

在逻辑表达中，数值型数据只能用定点纯整数和定点纯小数表示，而对于浮点数数据，我们将如何表示呢？与十进制数的浮点数表示方法相比较，二进制数对应的浮点数也可以采用科学计数法来表示，表示形式如下：

$$M \times 2^N$$

上式中的 M 称为尾数，是二进制数表示的定点纯小数，以补码形式表示，定点纯小数采用双符号位；N 称为阶码，是定点纯整数表示的移码。表示数据时，双符号位在前，阶码和尾数依次排列在后面，数据格式为

双符号位	阶码（移码）	尾数小数位（补码）

某浮点数 $-0.1010\text{B} \times 2^{11}$ 表示的浮点二进制数为 16 位，其中双符号位为 2 位二进制数 11B，阶码为 7 位，采用移码表示；尾数为 7 位，为定点纯小数，采用补码计算所得，则：

阶码采用移码表示：$[11]_{移} = 1001011\text{B}$。

尾数采用补码表示：$[-0.1010]_{尾数} = 0110000\text{B}$。

该浮点数的机器数表示：**<u>11</u>** <u>1001011</u> <u>0110000</u>B。

浮点数的加、减运算过程一般是先进行对阶运算，再把尾数相加减，然后进行数据规格化。而乘除法运算一般先进行阶码加减运算，再进行尾数的补码乘除法运算，然后重新规格化。

1.2.2 非数值型数据的逻辑表示

在数值型数据的表示过程中，无符号数是采用二进制数的位权表示法来表示的，没有明确位数多少的规定。而有符号数除了要约定数据的位数和进制数的位权表示法之外，还要指出符号位与二进制数的一一对应关系。这种对数据位数、数据组成规则作出明确约定的二进制表示形式，称为编码。原码、反码、补码、移码都可以认为是一种编码。

1. 编码及编码方法

除了数值型数据之外，其他数据都是非数值型数据，比如一个苹果的照片、发出的声音、键盘的字符、文字等。它们在逻辑表达过程中，要对同类同时出现的信息属性统一进行编码。首先分析同类信息中有多少种不同属性的数据，这些属性可能是控制的条件、反映的状态以及实际的二进制数等，根据每种属性的不同数量确定属性的编码位数。如果某类信息的某种共同属性有 N 个条件，我们需要 n 位二进制数来表示它，即对其编码，则 N 和 n 应该满足如下条件：

$$2^{n-1} < N \leqslant 2^n$$

将所有属性对应的编码按一定顺序进行排列，得到的就是整类信息对应的编码。在编码中，寻找所有共同属性的二进制数的编排规则，即编码方法，这是最为重要的。

【例 1.13】 某地区 7 所中学举行联合运动会，要求所有学校最多派出 15 名运动员，请用逻辑常量对运动员进行编码。

分析：确定编码的对象为参加比赛的运动员，目标是对运动员进行编码（编号）。进行编码时，首先要指出运动员属于哪所学校，然后指出运动员是这所学校的第几个运动员，“所在学校”和“本校编号”就是该信息的两种属性。所以对所有运动员进行编码，就是对所有学校和每个学校的所有学生进行编码。因为运动员隶属于某所学校，所以一般把学校编码置于运动员编码之前，则组合的编码格式为

学校编码	运动员编码

根据上述分析，我们对运动员进行编码，首先要计算出学校编码和运动员编码的位数，然后确定两种编码的数字，最后指出编码如何实现。

（1）计算各种属性编码位数

① 学校编码位数计算。

学校属性是指“运动员属于哪所学校”，应该为每一所学校指定一个编码数字，作为识别的标志。$N=7$ 为参加运动会学校的总数，设学校编码位数为 n_1，则 $2^2=4<2^{n_1}\leqslant 2^3=8$，$n_1=3$，即至少需要使用 3 位二进制数来表示运动员所在的学校，而且只能使用 3 位二进制数表示。能使用 3 位而不使用更多的二进制数，是为了不增加逻辑问题的复杂性。

② 运动员编码位数计算。

运动员属性是以所有学校最大运动员数量为前提进行属性设置的，运动员的最大数量为 15，即编码数量 $N=15$，设其编码位数为 n_2，则 $2^3=8<2^{n_2}\leqslant 2^4=16$，$n_2=4$，应使用 4 位二进制数为每所学校所有运动员编码。

（2）为各种编码分配数字

学校编码为 3 位，共有 000～111 八组二进制数字，而学校只有 7 所，从其中选择任意 7 组二进制数分别指定给这 7 所学校，共有 $C_8^7=8$ 种配置方法。这里我们取数字 000～110，按照自然顺序编码指定给这 7 所学校。同理，运动员编码为 4 位，共有 15 名运动员，则在 0000～1111 中任取 15 组数字一一对应指定给这些运动员，共有 $C_{16}^{15}=C_{16}^{1}=16$ 种取法，同样采用自然顺序编码。这些自然顺序码都是从 0 开始编码的。

（3）编码实现

在为每所学校指定编码数字后，只要知道运动员在本校的编号，运动员的编码数字就被确定下来，编码即被实现。例如，某运动员的编码是 <u>101</u> <u>1100</u>B，表示该运动员是第 5 所学校的第 12 名运动员。

2. 常用编码

在逻辑表达过程中，常用的编码有：将十进制系数表示为二进制数的二—十进制编码，键盘上所有字符对应的编码——ASCII 码，用于电路化简的编码——格雷码等。

（1）二—十进制编码

十进制数是日常生活中常用的数制，在逻辑表达过程中，要对十进数进行表示，就是对 0～9 之间的 10 个系数统一进行二进制编码。根据编码规则，10 个十进制系数需要 4 位二进制数对其编码。这种把 1 位十进数系数转换为 4 位二进制数表示的编码，称为二—十进制编

码，简称 BCD（Binary Coded Decimal）码。

4 位二进制数共有 16 种组合，可以从中选择 10 个编码来表示十进制数的十个系数，根据不同的编码规则，选择的 10 组编码也不相同。对于经常使用的 BCD 编码，主要包括有权码和无权码。有权码是指采用位权表示法表示的二—十进制编码，十进制系数可以通过位权表示法计算出来；而无权码的二进制数大小和十进制系数并没有直接的计算关系，是通过编码规则表达的。

有权码主要有 8421 码、2421 码、5421 码，名称中的每位数字即为对应位的权值。8421 码又称为自然顺序码，它选择 4 位二进制数的前 10 组编码 0000～1001，按顺序分别指定给十进制系数 0～9。2421 码和 5421 码最高位的权分别为 2 和 5，代替了 8421 码的 8，0～4 对应的编码最高位系数为 0，5～9 对应的编码最高位的系数为 1。

无权码主要有余 3 码和余 3 循环码，全部二进制编码代表一定的含义，但每一位并不表示本位的权值。余 3 码由 8421 码加 0011 得到；余 3 循环码特点是任何相邻的两个码字，仅有一位二进制位不同，其他位相同，它是余 3 码的重新排列。

表 1-3 列举了常用的几种二—十进制编码，从表中可以看到 5 种编码的情况。

表 1-3　　几种常用的 BCD 码

十进制数	8421 码	2421 码	5421 码	余 3 码	余 3 循环码
0	0000	0000	0000	0011	0010
1	0001	0001	0001	0100	0110
2	0010	0010	0010	0101	0111
3	0011	0011	0011	0110	0101
4	0100	0100	0100	0111	0100
5	0101	1011	1000	1000	1100
6	0110	1100	1001	1001	1101
7	0111	1101	1010	1010	1111
8	1000	1110	1011	1011	1110
9	1001	1111	1100	1100	1010

（2）格雷码

格雷（GRAY）码是相对于自然顺序码而言的，按照一定的规则，针对自然顺序码求出的两个相邻格雷码，仅有 1 位二进制数字不同。相邻格雷码只有 1 位二进制数不同，是一种电路设计中简化电路的方法，称为相邻性。相邻编码不同数字的位数称为码距，格雷码的码距为 1。在以编码方式传递数据的过程中，相邻的编码码距越小，避免错误编码出错的概率越低。

要通过自然顺序码求出格雷码，首先要了解异或运算的定义和运算方法。当决定事件（F）的条件 A、B 不同时，事件（F）才发生，这种逻辑运算称为异或运算。异或运算的表达式为

$$F = A \oplus B$$

在式中，A、B 是异或运算的两个条件变量，F 是逻辑结果，⊕是异或运算符。根据异或运算的定义，异或运算的运算规则如下：

$$0 \oplus 0 = 0; \quad 0 \oplus 1 = 1 \oplus 0 = 1; \quad 1 \oplus 1 = 0$$

根据自然顺序码和格雷码之间的逻辑关系，我们通过逻辑设计可以得出求格雷码的公式。设某 n 位自然顺序码为 $B_{n-1}B_{n-2}\cdots B_2B_1B_0$，其对应的格雷码为 $G_{n-1}G_{n-2}\cdots G_2G_1G_0$，则求格雷码的公式是：

$$\begin{cases} G_{n-1} = B_{n-1} \\ G_i = B_i \oplus B_{i+1} \qquad i < n-1 \end{cases}$$

【例 1.14】求 5 位自然顺序码 10110B 的格雷码。

设 5 位自然顺序码为 $B_4B_3B_2B_1B_0 = 10110$，格雷码为 $G_4G_3G_2G_1G_0$，根据求格雷码的公式，列出下列求解过程：

$$\begin{cases} G_4 = B_4 = 1 \\ G_3 = B_3 \oplus B_4 = 0 \oplus 1 = 1 \\ G_2 = B_2 \oplus B_3 = 1 \oplus 0 = 1 \\ G_1 = B_1 \oplus B_2 = 1 \oplus 1 = 0 \\ G_0 = B_0 \oplus B_1 = 0 \oplus 1 = 1 \end{cases}$$

所以，所求 5 位格雷码为 11101B。

根据以上规则，可以得到表 1-4 所示的 3 位自然顺序码转格雷码的转换表。

表 1-4　　3 位自然顺序码转格雷码表

二进制码			格雷码			二进制码			格雷码		
B_2	B_1	B_0	G_2	G_1	G_0	B_2	B_1	B_0	G_2	G_1	G_0
0	0	0	0	0	0	1	0	0	1	1	0
0	0	1	0	0	1	1	0	1	1	1	1
0	1	0	0	1	1	1	1	0	1	0	1
0	1	1	0	1	0	1	1	1	1	0	0

如果已知格雷码，我们也可求出对应的自然顺序码。设 n 位格雷码为 $G_{n-1}G_{n-2}\cdots G_2G_1G_0$，所求自然顺序码为 $B_{n-1}B_{n-2}\cdots B_2B_1B_0$，根据它们之间的逻辑关系，通过逻辑设计，可以得到求自然顺序码的公式。

$$\begin{cases} B_{n-1} = G_{n-1} \\ B_{n-2} = G_{n-2} \oplus G_{n-1} \\ \cdots \\ B_1 = G_1 \oplus G_2 \oplus \cdots \oplus G_{n-2} \oplus G_{n-1} \\ B_0 = G_0 \oplus G_1 \oplus \cdots \oplus G_{n-2} \oplus G_{n-1} \end{cases}$$

【例 1.15】求 5 位格雷码 11101B 对应的自然顺序码。

设 5 位格雷码为 $G_4G_3G_2G_1G_0 = 11101$，所求 5 位自然顺序码是 $B_4B_3B_2B_1B_0$，根据格雷码转换自然顺序码的公式，计算过程如下：

$$\begin{cases} B_4 = G_4 = 1 \\ B_3 = G_3 \oplus G_4 = 1 \oplus 1 = 0 \\ B_2 = G_2 \oplus G_3 \oplus G_4 = 1 \oplus 1 \oplus 1 = 1 \\ B_1 = G_1 \oplus G_2 \oplus G_3 \oplus G_4 = 1 \oplus 1 \oplus 1 \oplus 0 = 1 \\ B_0 = G_0 \oplus G_1 \oplus G_2 \oplus G_3 \oplus G_4 = 1 \oplus 1 \oplus 1 \oplus 0 \oplus 1 = 0 \end{cases}$$

所以，所求 5 位自然顺序码是 10110B，和例 1.14 给出的 5 位自然顺序码是相同的，这证明了自然顺序码和格雷码之间相互转换关系是正确的。

（3）ASCII 码

计算机是典型的数字电路系统，常用的字符通过键盘输入计算机中，为了便于识别，需要对键盘上的 128 个字符统一编码。根据编码规则，$2^7=128$，共需要 7 位二进制数 $b_6b_5b_4b_3b_2b_1b_0$ 对其进行编码，这 128 组二进制数表示十进制数数字字符、英文大小写字母、控制符、运算符及特殊符号等，这种编码称为美国标准信息交换码（American Standard Code for Information Interchange），简称 ASCII 码。ASCII 码 30H～39H 代表数字字符“0～9”；ASCII 码 41H～5AH 代表大写字母“A～Z”；ASCII 码 61H～7AH 代表小写字母“a～z”；“0A”代表换行符；OD 代表回车符等。表 1-5 列出了所有 ASCII 码编码值及其对应的符号，而表 1-6 列出了一些字符表示的具体含义。

表 1-5　　ASCII 码表

$b_3b_2b_1b_0$	$b_6b_5b_4$							
	000	001	010	011	100	101	110	111
0000	NUL	DLE	SP	0	@	P	`	p
0001	SOH	DC1	!	1	A	Q	a	q
0010	STX	DC2	“	2	B	R	b	r
0011	ETX	DC3	#	3	C	S	c	s
0100	EOT	DC4	$	4	D	T	d	t
0101	ENQ	NAK	%	5	E	U	e	u
0110	ACK	SYN	&	6	F	V	f	v
0111	BEL	ETB	‘	7	G	W	g	w
1000	BS	CAN	(	8	H	X	h	x
1001	HT	EM	)	9	I	Y	i	y
1010	LF	SUB	*	:	J	Z	g	z
1011	VT	ESC	+	;	K	[	k	{
1100	FF	FS	,	<	L	\	l	|
1101	CR	GS	–	=	M	]	m	}
1110	SO	RS	.	>	N	^	n	～
1111	SI	US	/	?	O	_	o	DEL

表 1-6　　ASCII 码对应字符的含义

字符	含　义	字符	含　义
NUL	空符号	DC1	设备控制 1
SOH	标题开始	DC2	设备控制 2
STX	文本开始	DC3	设备控制 3
ETX	文本结束	DC4	设备控制 4 （停止）
EOT	传输结束	NAK	回绝应答
ENQ	询问	SYN	同步空闲
ACK	应答	ETB	传输块结束

续表

字符	含　义	字符	含　义
BEL	铃声（声音或报警信号）	CAN	取消
BS	退格	EM	中介结束
HT	水平表格	SUB	替换
LF	换行	ESC	脱离、取消
VT	垂直表格	FS	文件分隔符
FF	表格输入	GS	组分隔符
CR	回车	RS	记录分隔符
SO	移出	US	单元分隔符
SI	移入	SP	空格
DLE	数据连接变更	DEL	删除

1.3 逻 辑 代 数

任何的事、物及过程都可以抽象为逻辑问题，在前面我们已经讲述了逻辑问题抽象与表示的方法。在逻辑抽象过程中，需要根据逻辑结果的需求，去调查可能的逻辑条件，以及探究出根据逻辑条件实现逻辑结果的逻辑关系。

在算术运算中，通过代数运算关系，比如说加法关系，将输入的数据通过运算转换为输出的运算结果，那么，在逻辑问题中，是不是可以通过逻辑关系，将逻辑条件或逻辑编码转换为逻辑结果呢？答案是肯定的。这种通过逻辑关系将逻辑条件转换为逻辑结果的数学，称为逻辑代数。

逻辑代数又称布尔代数，是由英国数学家乔治·布尔把数学的形式化方法应用到逻辑学领域而建立起来的一门“应用数学”，是按一定的逻辑关系进行运算的代数，是分析和设计数字电路的数学工具。在逻辑代数中，只有 0 和 1 两种相反的逻辑值，有与、或、非三种基本逻辑运算，还有与或、与非、与或非、异或等由基本逻辑运算复合而成的复合逻辑运算。

1.3.1　逻辑代数基础

和传统数学一样，逻辑代数同样具有逻辑常量、逻辑变量、逻辑运算关系与运算符、逻辑表达式或逻辑函数等。

1. 逻辑常量

在逻辑表达中，逻辑条件包括“满足”与“不满足”两种对立相反的取值，逻辑结果包括“成立”与“不成立”两种对立相反的取值，在逻辑代数中，这两种对立的取值都是用“0”“1”两种状态表示的，也就是说，逻辑代数中只有两个逻辑常量：0 和 1。

2. 逻辑变量

在分析逻辑问题时，逻辑条件和逻辑结果一般是不可知的，我们应通过分析去获得它们所有可能的条件和结果。在无法确定逻辑条件和逻辑结果的前提下，可以将它们定义为变量，变量的定义可采用如下规则：以字母开头，以字母和数字组合而成。本书在表示定义、定律、时一般采用单字母变量，例如大写字母 A、B、C，小写字母 a、b、c 等。对于使用变量较多，或者是同类型的逻辑变量，可采用以字母开头，在字母后加数字序号区分的定义方法，如 A1、A2、A_1、A_2、…。

3. 逻辑运算

前面所述的逻辑关系就是逻辑运算关系，是根据逻辑条件推导出逻辑结果的运算关系。在日常生活中，基本的逻辑运算关系有三种，体现在人对逻辑问题的实现方式上。以某工作过程为例，若几个人必须同时参与某个工作，工作才能完成，这是逻辑与运算；若某人可以在不同时间段去实现工作，在一个时间段或几个时间段完成即可，这是逻辑或关系；若变工作的不利条件为工作完成的结果，这是逻辑非运算。逻辑与运算、逻辑或运算及逻辑非运算是逻辑运算的 3 种基本运算，是逻辑运算的最小运算，不可分解为其他逻辑运算。

在逻辑问题中可以对基本逻辑运算进行复合，形成复合逻辑运算。还是以工作过程为例，几个人必须同时参与某项工作，是逻辑与运算，但可以在任意几个时间段完成，则在时间上是逻辑或运算，复合后的逻辑运算为逻辑与或运算，简称与或运算。在描述某种逻辑运算名称时，可以去掉前面的“逻辑”二字。

4. 逻辑函数

在逻辑运算中，逻辑条件变量相当于代数函数中的自变量，逻辑结果变量相当于代数函数中的因变量，逻辑关系相当于代数函数中的映射关系。对于逻辑条件变量的任意一组取值，按照某种逻辑关系，逻辑结果变量有唯一的值与之对应，以此构造而成的逻辑表达式就是逻辑函数。设逻辑条件变量为 A，B，C，…，输出结果变量为 Y，逻辑关系为 F(A，B，C，…)，则函数 Y 可表示为

$$Y = F(A, B, C, \cdots)$$

在函数 Y 的表达式中，逻辑条件变量 A，B，C，…称为逻辑输入变量，逻辑结果变量 Y 称为逻辑输出变量。某一逻辑过程中，逻辑结果可能不止一个，多个输出变量构成的逻辑函数称为逻辑函数组。

1.3.2 逻辑运算

逻辑运算包括与、或、非 3 种基本逻辑运算，也包括由 3 种基本逻辑运算组合而成的复合逻辑运算，如与非运算、或非运算、异或运算、同或运算、与或运算、与或非运算等，这些复合运算是多变量、多运算的重复复合运算，所以复合运算的种类是无穷尽的。这里主要讲述 3 种基本逻辑运算和常用复合逻辑运算的定义、表达式（函数）、运算符、运算规则及逻辑符号。

1. 基本逻辑运算

（1）非运算

① 定义。

当决定事件（F）发生的条件（A）满足时，事件（F）不发生；条件不满足时，事件（F）反而发生。

逻辑非是对逻辑条件的否定，在工作过程中，通过逻辑非运算，可以变不利条件为有利的结果。例如，闪电时生成的二氧化氮溶解在雨水里变成浓度很低的硝酸，它一落到土壤中，马上和其他物质化合，变成硝酸盐，利用这种特性，可以制作简易生肥器，进行化肥生产。

② 表达式。

$$F(A)=\overline{A}$$

根据非运算的定义，定义了如上表达式。在该表达式中，若 A 满足，用正逻辑描述，A 应该取值为 1，结果输出为 0；若 A 不满足，A 应该取值为 0，结果输出为 1。要使结果成立，表达式必须用 $\overline{A}$ 来表示，$\overline{A}=\overline{0}=1$。这里将原字母 A 称为原变量，将带上划线的字母 $\overline{A}$ 称为反变量。

③ 运算规则。

运算规则是指逻辑常量的运算方法，根据非运算的定义，得到非运算的运算规则为

$$\overline{0}=1 \qquad \overline{1}=0$$

通过运算规则和逻辑表达式相比较，我们发现结果要成立，则 A 必为 0；反之，如果 A = 0 时，结果才成立，则表达式必须写成 $\overline{A}$ 的形式。

④ 逻辑符号。

逻辑表达过程中，逻辑抽象与表示，逻辑定义与运算，甚至是能够表示逻辑关系的逻辑函数，对逻辑行为的描述都比较抽象而无直观性。如果能够用图形符号去描述逻辑变量间的逻辑运算关系，然后将逻辑函数表达为图形符号连接的形式，则在视觉上可以实现对逻辑问题的分析与研究。图形符号称为逻辑符号，而用逻辑符号连接而成的图形称为逻辑图。

逻辑符号主要体现输入变量与输出变量的名称和功能，有时也可以对逻辑变量从 1 开始编号，变量的名称、编号、功能等特性称为逻辑符号的外围特性，而其逻辑运算关系是不可视的，隐藏在逻辑符号中。因此，对于逻辑运算，研究逻辑符号的外围特性即可，利用外围特性可以快速绘制逻辑函数表示的逻辑图。

逻辑符号包括国家标准的逻辑符号和国际 IEEE 标准的通用逻辑符号，非运算的两种逻辑符号如图 1-1 所示。建议使用国际标准的逻辑符号绘制逻辑图，书中没有提到的逻辑符号可以查阅相关的资料。

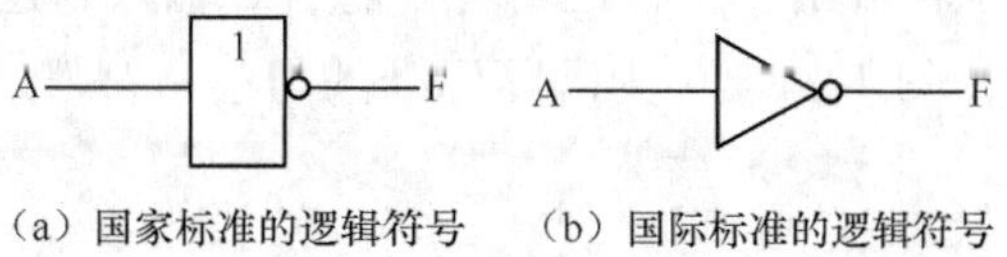

（a）国家标准的逻辑符号　（b）国际标准的逻辑符号

图 1-1　非运算的逻辑符号

从逻辑符号可以看到，A 为非逻辑运算的输入变量，F 为非运算的逻辑输出变量，矩形和倒三角形隐含逻辑非运算。

（2）与运算

① 定义。

仅当决定事件（F）发生的所有条件（A，B，C，…）均满足时，事件（F）才能发生。

根据定义可以分析出，只有条件都成立，也就是输入变量 A、B、C、…都为 1 时，输出 F 才发生，F 输出为 1。换句话来说，只要输入变量中有一个条件不满足（为 0），则事件 F 就不发生，F 输出为 0。

② 表达式。

根据与运算的定义，可以用以下逻辑表达式表示与运算。

$$F(A,\ B,\ C,\ \cdots)=A\cdot B\cdot C\cdots$$

在式中，“·”是与运算的逻辑运算符，A、B、C、…是输入的逻辑条件，与运算为逻辑关系，F 为输出的逻辑结果。如果所有输入变量都是单字母变量，则与运算符可以省略，与的表达式可以简化为

$$F=ABC\cdots$$

③ 运算规则。

与运算的定义规定，只有输入的逻辑条件都满足，即所有条件变量都为 1 时，逻辑输出才发生，因此对于两个逻辑常量之间的与运算，它们的运算规则为

$$0\cdot 0=0;\qquad 0\cdot 1=1\cdot 0=0;\qquad 1\cdot 1=1$$

针对表达式 $F=AB$，只有当 A、B 都取 1 时，$F=1\cdot 1=1$，AB 其他的取值无法令 $AB=1$；相对的，如果 $A=1$、$B=1$，能够使 $F=1$ 的与项表达式只能是 $F=AB$。根据这个规律，可以看出，变量 A、B 与取值 1、1 是一一对应的，在已知与运算的前提下，当取值 1、1 时结果成立，则表达式必为 AB。如果 A 取值为 0，B 取值为 1，结果成立，那么与项表达式应该如何表达？此时，$AB=0\cdot 1=1$ 是不成立的，只有将 A 的取值 0 变 1，即将 A 变为反变量，则 $F=\overline{A}B=\overline{0}\cdot 1=1\cdot 1=1$。因此，如果已知使与项表达式成立的每个变量的取值，则 0 对应的是反变量，1 对应的是原变量。

【例 1.16】对于由变量 C、D 组成的与项，当 C、D 取值 1、0 时，该与项成立，试写出该与项。

已知与项取值，0 用反变量表示，1 用原变量表示，因此与项表达式为 $C\overline{D}$。将 $CD=10$ 代入该与项中，$C\overline{D}=1\cdot\overline{0}=1$，证明该与项表达式是正确的。

④ 逻辑符号。

与运算过程中，输入逻辑变量的数目不确定，这里只绘制 $F=AB$ 对应的逻辑符号，A、B 为逻辑输入变量，F 为逻辑输出变量，逻辑符号隐含二输入与逻辑运算关系。图 1-2（a）为国家标准的与逻辑符号，图 1-2（b）为国际标准的与逻辑符号。

（3）或运算

① 定义。

当决定事件（F）发生的各种条件（A，B，C，…）中，只要有一个或多个条件具备，

事件（F）就发生。

（a）国家标准的与逻辑符号　（b）国际标准的与逻辑符号

图 1-2　与运算的逻辑符号

根据定义分析，在或运算中，只要有一个输入条件成立，结果就会发生，F = 1；换句话说，只有所有条件都不成立，即 A、B、C、…都为 0 时，结果 F 才不发生，F = 0。逻辑或运算一般适用于不同时间段内的逻辑事件。

② 表达式。

选取“+”为书写用的或运算符，当输入变量为 A、B、C、…，输出变量为 F，构造出如下的或运算表达式：

$$F(A, B, C, \cdots) = A + B + C + \cdots$$

③ 运算规则。

根据或运算的定义，只要输入的条件一个为 1，输出即为 1，因此对于两个逻辑常量之间的与运算，它们的运算规则是：

$$0 + 0 = 0; \qquad 0 + 1 = 1 + 0 = 1; \qquad 1 + 1 = 1$$

④ 逻辑符号。

在或运算过程中，输入逻辑变量数目不确定，这里只绘制 F = A + B 对应的逻辑符号，A、B 为逻辑输入变量，F 为逻辑输出变量，逻辑符号隐含二输入或逻辑运算关系。图 1-3（a）为国家标准的或逻辑符号，图 1-3（b）为国际标准的或逻辑符号。

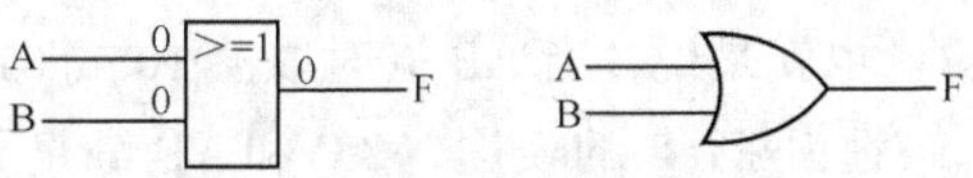

（a）国家标准的或逻辑符号　（b）国际标准的或逻辑符号

图 1-3　或运算的逻辑符号

2. 复合逻辑运算

在与、或、非运算的基础上，我们可以构造出任何类型的复合运算，这里主要讲述与非、或非、异或、同或 4 种逻辑运算，对其定义、逻辑表达式、运算规则及逻辑符号进行相应的描述。

（1）与非运算

与非运算是与运算的反函数，对于两个输入逻辑变量 A、B，只有两个变量输入都满足时，输出 F 才不发生，其他情况逻辑表达式输出都发生。与非运算是先与而后非的运算，因此其逻辑表达式为

$$F = \overline{AB}$$

根据该表达式，我们可以绘制的逻辑符号如图 1-4 所示。图 1-4（a）为与非运算的国家标准符号，图 1-4（b）为与非运算的国际标准符号。

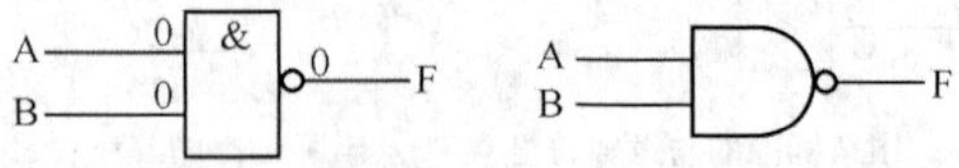

（a）国家标准的与非逻辑符号（b）国际标准的与非逻辑符号

图 1-4　与非运算的逻辑符号

从图中可以看出，在输出端，与非逻辑符号比与逻辑符号多了个圈。

（2）或非运算

或非运算是或运算的反函数，对于两个输入逻辑变量 A、B，只有两个变量输入都不满足时，输出 F 才发生，其他情况逻辑表达式输出都不发生。或非运算是先或而后非的运算，因此其逻辑表达式为

$$F = \overline{A + B}$$

根据该表达式，我们可以绘制的逻辑符号如图 1-5 所示。图 1-5（a）为或非运算的国家标准符号，图 1-5（b）为或非运算的国际标准符号。

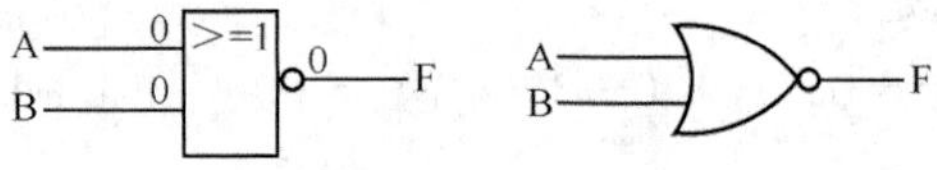

（a）国家标准的或非逻辑符号（b）国际标准的或非逻辑符号

图 1-5　或非运算的逻辑符号

（3）异或运算

仅当决定事件 F 发生的两个条件 A、B 不同时满足时，事件 F 才发生，否则事件 F 不发生，这种运算称为异或运算。也就是说，当 AB 同时取值 10 或 01 时，F 才等于 1。根据与运算取值和与表达式的关系，存在两个与的表达式 $\overline{A}B$ 和 $A\overline{B}$ 满足异或运算的要求，这两组取值不可能同时发生，所以两个表达式是或的关系。异或运算的逻辑运算符为 ⊕，因此异或运算的表达式为

$$F = A \oplus B = \overline{A}B + A\overline{B}$$

根据定义所述，异或运算的逻辑规则为

$$0 \oplus 0 = 0; \quad 0 \oplus 1 = 1 \oplus 0 = 1; \quad 1 \oplus 1 = 0$$

异或的逻辑符号如图 1-6 所示。图 1-6（a）为异或运算的国家标准符号，图 1-6（b）为异或运算的国际标准符号。

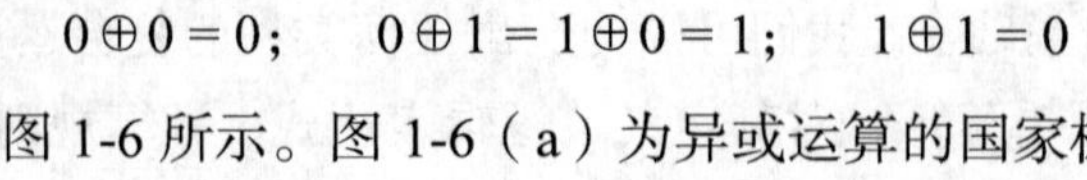

（a）国家标准的异或逻辑符号（b）国际标准的异或逻辑符号

图 1-6　异或运算的逻辑符号

（4）同或运算

仅当决定事件 F 发生的两个条件 A、B 同时满足时，事件 F 才发生，否则事件 F 不发生，这种逻辑运算称为同或运算。也就是说，当 AB 同时取值 00 或 11 时，F 才等于 1。根据与运算取值和与表达式的关系，存在两个与的表达式 $\overline{A}\cdot\overline{B}$ 和 AB 满足同或运算的要求，这两组取值不可能同时发生，所以两个表达式是或的关系。同或运算的逻辑运算符为⊙，因此同或运算的表达式为

$$F = A \odot B = \overline{A}\cdot\overline{B} + AB$$

根据同或运算的定义，同或运算常量的运算规则为

$$0\odot 0 = 1;\quad 0\odot 1 = 1\odot 0 = 0;\quad 1\odot 1 = 1$$

同或运算的逻辑符号如图 1-7 所示。图 1-7（a）为同或运算的国家标准符号，图 1-7（b）为同或运算的国际标准符号。

（a）国家标准的同或逻辑符号　（b）国际标准的同或逻辑符号

图 1-7　同或运算的逻辑符号

1.3.3　逻辑函数的表示方法

1. 逻辑函数

与运算、或运算、非运算及各种复合逻辑运算，都采用逻辑表达式去表达输入输出之间的逻辑关系，实现定义对输入输出变量逻辑功能的约定。以与逻辑表达式 Y = AB 为例，A、B 是两个输入条件变量，Y 为输出逻辑结果，反映结果的工作状态，AB 实现与的逻辑运算。利用 Y = AB 这个表达式，输入逻辑变量 A、B 的任何一组取值，通过逻辑关系 AB 的映射，可以得到唯一的 Y 值与之对应，因此，Y = AB 也称为逻辑函数。

如果对应于输入逻辑变量 A、B、C、…的每一组确定的值，通过某逻辑关系 F（A，B，C，…）映射，输出逻辑变量 Y 都有唯一确定的值与之对应，那么，称输出变量 Y 为输入变量 A、B、C、…的逻辑函数，记为：

$$Y = F(A, B, C, \cdots)$$

在逻辑函数中，输入变量有变量和变量上加非运算符两种形式，如 A 和 $\overline{A}$，它们分别称为原变量和反变量；逻辑常量 0、1 表示两种对立的条件和状态，没有数量的含义；逻辑表达式右侧表达的是逻辑运算关系，是由与、或、非及简单的复合运算组合而成，如 Y = AB + CD 包含与、或两种运算形式。

在多种逻辑运算复合而成的逻辑表达式中，对于变量之间的运算关系，以非运算的优先级为最高，然后是与运算和或运算，括号可以改变逻辑运算的优先顺序。对于其他的逻辑运算，要根据实际情况判断运算的优先顺序。对于逻辑函数 $Y = \overline{A}B + CD$ 来说，首先计算 $\overline{A}$ 的

值，然后同步计算与项 $\overline{A}B$和CD的逻辑结果，最后计算 $\overline{A}B+CD$ 的结果，得 Y 的最终发生值。

2. 逻辑函数的表示方法

逻辑函数反映的是输入逻辑变量与输出逻辑变量之间的逻辑关系。在分析逻辑问题时，根据逻辑抽象过程的不同，逻辑函数可以采用不同的方法进行表示，一般有：根据抽象逻辑含义直接写出逻辑表达式的表示方法；列举输入变量所有取值，根据逻辑关系求出输出变量结果，从而求出逻辑表达式的真值表表示法；用逻辑符号描述逻辑函数，通过分析写出逻辑函数的逻辑图表示法；通过波形表达逻辑函数所有变量取值情况，反映逻辑函数功能的波形图表示法；表达逻辑函数所有功能项并进行化简的卡诺图表示法。本节我们主要讲解前 4 种方法，卡诺图表示法将在 1.4 节进行详细描述。

（1）逻辑表达式表示法

逻辑表达式是逻辑函数的直接表现形式，可以认为，逻辑表达式就是逻辑函数。对于逻辑抽象过程中描述的逻辑问题，如果能够直接转换为简单的与、或、非等运算，则可以直接写出逻辑表达式即逻辑函数。例如，在某个过程中，甲参加而乙不参加，是一个必要条件，那么，我们将甲参加与否定义为 A，乙参加与否定义为 B，1 表示参加，而 0 表示不参加，因此，$A=1$，$B=0$，两个逻辑输入变量之间的关系是与的关系，根据与运算过程中变量和数字的对应关系，得到的逻辑关系式应该是 $A\overline{B}$ 。再如，比较两个二进制数 A 与 B 是否相等。比较 A、B 相等有两种情况，$AB=00$ 或 $AB=11$，这两种取值不可能同时发生，因此是或的关系，而变量之间的数值同时比较，是与的关系。设比较结果为 Y，根据与运算和或运算的表达方法，输出函数应该为 $Y=\overline{A}\overline{B}+AB$ 。

（2）真值表表示法

在前面讲述逻辑抽象时，真值表表示法已经提过。真值表是指描述输入逻辑变量的所有取值组合和根据逻辑关系计算出的逻辑输出变量发生值的二维表格。在建立真值表时，首先应该根据逻辑问题抽象出所有逻辑输入变量、逻辑输出变量及逻辑关系，然后通过表格自小到大列举所有输入变量的取值组合，接着根据逻辑关系求出所有输出变量的发生值，构成真值表。有了真值表，我们可以进一步求出逻辑函数，一般来说，真值表是实现逻辑设计的必经之路。

【例 1.17】在某比赛中有 3 个裁判，采用少数服从多数的原则，决定选手晋级下一轮。试用真值表描述该逻辑问题。

分析：首先需要进行逻辑问题的抽象，逻辑结果是选手是否晋级下一轮，我们可以为其定义输出逻辑变量 Y，Y 为 1 表示晋级下一轮，Y 为 0 表示没有晋级下一轮。要得到相应的逻辑结果，需要根据 3 个评委投票多少去确定，因此 3 个评委投票与否可定义为 3 个逻辑输入条件变量，分别定义为 A、B、C。逻辑条件变量为 1，表示投票，为 0，则表示不投票。A、B、C 如果满足“票数大于等于两票”，则 Y 为 1，这就是逻辑关系。

根据上述分析，首先列出 A、B、C 为输入，Y 为输出的二维表格，而后自小到大排列 A、B、C 的所有取值，然后根据逻辑关系逐行求出 Y 的结果，得到的表格即为真值表。所求真值表如表 1-7 所示。

表 1-7　　三裁判判决真值表

A	B	C	Y
0	0	0	0
0	0	1	0
0	1	0	0
0	1	1	1
1	0	0	0
1	0	1	1
1	1	0	1
1	1	1	1

（3）逻辑图表示法

在逻辑函数已知的基础上，从中找出具有逻辑符号的逻辑运算，然后以逻辑符号为基本单元，通过连线将所有逻辑符号连接为一个有机整体的图形，这个图形称为逻辑图。要绘制逻辑图，就要找出逻辑表达式中存在的逻辑符号，并找出它们的优先级顺序，然后根据优先级顺序绘制出逻辑图。绘制的基本原则如下。

① 按照逻辑运算的优先顺序，应该先计算优先级高的逻辑运算，因此，在摆放逻辑符号时，应该将运算优先级高的逻辑符号绘制在最左侧，然后按照优先级顺序依次向右摆放逻辑符号。

② 对于同级的逻辑运算，则将逻辑符号摆放在同一列，作为同级逻辑符号处理。

③ 摆放好逻辑符号后，根据逻辑表达式，将逻辑符号中名称相同的变量连接在一起，构成完整的逻辑图。相同变量连接在一起称为连线，连线有两种方法，直接连线法和标记法。把相同变量直接用线连接在一起称为直接连线法；而只标记逻辑符号的输入输出变量，并不进行连线，相同变量节点表示是连接在一起的，称为标记法。简单的逻辑图绘制可采用直接连线法，而对逻辑变量多的逻辑图绘制，建议采用标记法。

【例 1.18】已知逻辑函数为 $F(A,B)=\overline{A}B+A\overline{B}$，绘制其逻辑图。

分析：逻辑表达式中共有与、或、非 3 种运算，其中优先顺序为非、与、或。则根据逻辑运算的优先顺序，自左而右，先将 $\overline{A}$ 、$\overline{B}$ 的逻辑符号摆放在第 1 级（列），并标注输入输出变量，然后将 $\overline{A}B$ 、$A\overline{B}$ 表示的逻辑符号摆放在第 2 级（列）并标注输入输出变量，最后将或门符号摆放在第 3 级并标注输入输出变量，这是采用标记法绘制的逻辑图，如图 1-8（a）所示。如果将相同变量用线连接在一起，则是采用直接连线法绘制的逻辑图，如图 1-8（b）所示。

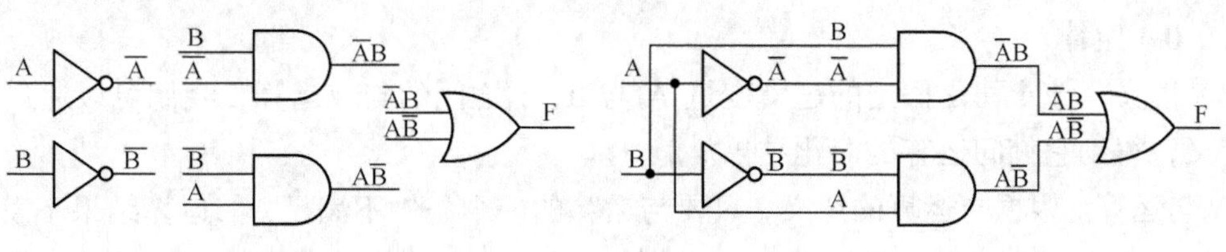

（a）标记法　　（b）直接连线法

图 1-8　两种连线法绘制的逻辑图

如果已知逻辑函数的逻辑图，可以采用自左而右，逐级推导的方式写出逻辑表达式。

（4）波形图表示法

为了全面观察逻辑函数输入变量与输出变量数值变化的情况，能够通过数值变化确定逻辑函数实现何种逻辑功能，我们通常绘制出变量数值变化的波形图，通过波形图去表示逻辑函数。在绘制波形图时，先要找出输入变量的所有取值组合，并为每组取值组合安排好绘图顺序，然后按照顺序在同一列上等长绘制出一组组合值，最后按照逻辑关系计算出该组输入变量对应的输出变量的值，绘制在该列的最后。"1"绘制的线段应该比"0"绘制的线段高出一定的距离。

【例 1.19】 绘制异或运算 $F(A,B)=\overline{A}B+A\overline{B}$ 的波形图。

分析： 异或运算共有两个输入变量 A、B，一个输出变量 F。在绘制该逻辑运算波形图时，AB 的取值有 00、01、10、11 四种，而根据异或运算计算得到 F 的输出结果，分别为 0、1、1、0。按照这个顺序绘制波形图，A 的取值变化为 0011，B 的取值变化为 0101，F 的取值变化为 0110，分 3 行等宽绘制数值变化的线段，构成波形图。也可以在第 1 行绘制变量 A 对应的 0 线段，在第 2 行等宽绘制变量 B 的 0 线段，在第 3 行等宽绘制 F 结果对应的 0 线段；然后，依次向右等宽绘制其他取值组合的线段，同样得到异或运算的波形图。异或运算的波形图展现了该运算的 4 种逻辑规则或逻辑功能，其波形图如图 1-9 所示。

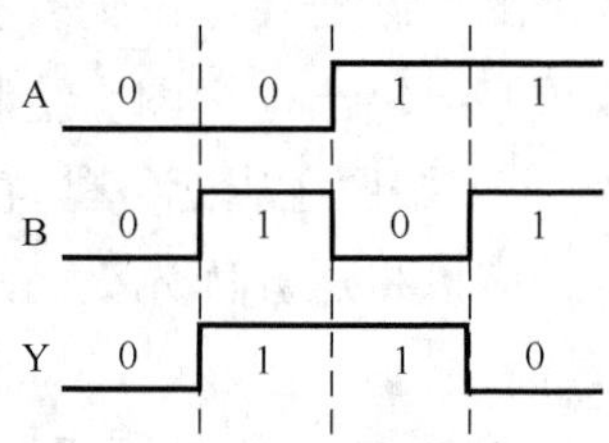

图 1-9　异或运算的波形图

1.3.4　逻辑代数的定律、规则及化简

和算术运算一样，逻辑代数也具有一定的公式、定律和规则。对于逻辑代数的公式，它的证明是比较简单的，我们一般可以采用与、或、非运算的定义去证明公式或定律的准确性，而对于较为复杂的公式或定律，则可以采用其他公式去证明，也可采用真值表列举法去证明。利用逻辑公式可以实现逻辑函数的化简。逻辑代数的规则是实现逻辑函数形式变化或者公式变化的规则。

1. 逻辑代数的基本公式或定律

在逻辑代数中，基本的公式和定律共有 10 个，这些定律主要研究的是变量与常量，变量与变量间进行与、或、非运算时，得到简化结果的规律，我们应该通过证明、理解、记忆的方式去把握它。利用这些定律，可以实现逻辑函数的化简。

（1）0-1 定律

顾名思义，该定律是假定的逻辑变量 A 与 0、1 之间的与或运算，我们可以通过与或运算的定义，得到它们间运算的简化结果。

① 与运算。根据与运算的定义，只要与运算的一个条件不满足，与运算结果不发生，即任何变量与 0 进行与运算，结果都是 0；变量与 1 进行与运算，若变量条件满足，则结果发生，不满足，结果不发生，即逻辑结果由变量自身满足与否决定。由此得到如下公式：

$$A\cdot 0=0;\ A\cdot 1=A$$

② 或运算。或运算只要一个条件满足，结果就会发生，因而变量 A 与 1 进行或运算，结果必为 1；而变量 A 与 0 进行或运算，结果发生与否则取决于变量 A 是否满足。由此得到如下公式：

$$A + 0 = A; \quad A + 1 = 1$$

0-1 律适应于逻辑表达式简化过程中变量与常量之间的逻辑运算，以进一步化简逻辑表达式。

（2）重叠律

重叠律是指变量自身的与或运算，将变量 A 表示为 0、1，由运算 $0 \cdot 0 = 0$，$1 \cdot 1 = 1$，$0 + 0 = 0$，$1 + 1 = 1$，我们发现，4 种运算的结果取决于逻辑条件的满足与否，则重叠律公式为

$$A \cdot A = A; \ A + A = A$$

利用重叠律，在化简过程中，可以通过添加因子项进行配项，以便于利用分配律提取公因子化简。

（3）互补律

互补律是指变量与其反变量之间的与或运算。变量与反变量取值相反，二者进行与运算时 $0 \cdot 1 = 0$，进行或运算时 $0 + 1 = 1$，所以互补律公式为

$$A \cdot \overline{A} = 0; \ A + \overline{A} = 1$$

利用互补律与运算，可以消掉该与运算；利用或运算，可以通过提取公因子，消掉变量 A，这是卡诺图化简的基本依据，如 $BA + B\overline{A} = B(A + \overline{A}) = B$。通过 $A + \overline{A} = 1$，也可以为与运算填加该项，增加变量的数目，如 $B = B(A + \overline{A}) = BA + B\overline{A} = AB + \overline{A}B$。

（4）自补律

自补律是指反变量的非运算。非运算是条件不满足时结果才发生的逻辑运算，结果与条件相反，则反变量的非运算必是原变量。自补律的公式为

$$\overline{\overline{A}} = A$$

自补律可以将逻辑表达式转换为非输出的形式，实现与非、或非等逻辑表示。

上述 4 个定律是根据与、或、非运算的定律推导而出的。同时，逻辑变量是无方向的，是标量，因此，交换律、结合律和分配律同样适用于逻辑运算。

（5）交换律

$$AB = BA; \ A + B = B + A$$

（6）结合律

$$ABC = A(BC); \ A + B + C = A + (B + C)$$

（7）分配律

分配律是 3 个变量 A、B、C 进行与、或运算的拓展形式，分配律的公式如下：

$$A(B + C) = AB + AC; \ A + BC = (A + B)(A + C)$$

将第 1 个公式的左侧展开，即可得到右侧的表达式。将第 2 个公式右侧展开可得到左侧的表达式，第 2 个公式具体证明过程如下：

$$\begin{aligned}(A+B)(A+C) &= A(A+C)+B(A+C) && \text{……分配律展开}\\ &=AA+AC+BA+BC && \text{……分配律}\\ &=A+AC+AB+BC && \text{……重叠律，交换律}\\ &=A\cdot 1+AC+AB+BC && \text{……0-1 律}\\ &=A(1+C+B)+BC && \text{……分配律}\\ &=A\cdot 1+BC && \text{……0-1 律}\\ &=A+BC && \text{……0-1 律}\end{aligned}$$

（8）摩根定律

摩根定律又称为反演律，是将逻辑表达式的非运算转换为与运算、或运算表达形式的逻辑定律。假定逻辑变量为 A、B、C、…，则摩根定律的公式为

$$\overline{A+B+C+\cdots}=\overline{A}\cdot\overline{B}\cdot\overline{C}\cdots;\quad \overline{ABC\cdots}=\overline{A}+\overline{B}+\overline{C}+\cdots$$

摩根定律可以采用真值表列举法证明恒等式成立与否，这里不再赘述。摩根定律可用于求逻辑函数的反函数。

以上 8 个定律为逻辑代数的 8 个基本定律，依据这些定律，我们又可以推导出吸收律和冗余律。

（9）吸收律

吸收律是将多余因式吸收，对表达式进行简化的基本定律。吸收律主要有以下 3 个恒等式：

$$A+AB=A;\ A(A+B)=A;\ A+\overline{A}B=A+B$$

关于上述 3 个定律的证明如下：

① $A+AB=A\cdot 1+AB=A(1+B)=A\cdot 1=A$。

② $A(A+B)=A\cdot A+AB=A+AB=A$。

③ $A+\overline{A}B=A+AB+\overline{A}B=A+(A+\overline{A})B=A+1\cdot B=A+B$。

① 式利用 0-1 律和分配律证明所得；②式利用分配律和①式证明所得；③式利用分配律、0-1 律和①式证明所得。

（10）冗余律

对与或表达式添加一与项，逻辑输出不变；对或与表达式添加一或项，逻辑输出结果不变，添加的该项因为不影响逻辑运算过程而称为冗余律。冗余律公式如下：

$$AB+\overline{A}C+BC=AB+\overline{A}C;\qquad (A+B)(\overline{A}+C)(B+C)=(A+B)(\overline{A}+C)$$

① 证明 $AB+\overline{A}C+BC=AB+\overline{A}C$。

该冗余律可以自右向左证明。

$$\begin{aligned}AB+\overline{A}C+BC &= AB+\overline{A}C+(A+\overline{A})BC\\ &= AB+\overline{A}C+ABC+\overline{A}BC\\ &= AB(1+C)+\overline{A}C(1+B)\\ &= AB+\overline{A}C\end{aligned}$$

证明过程中，使用了互补律、分配律、0-1 律。

② 证明 $(A+B)(\overline{A}+C)(B+C)=(A+B)(\overline{A}+C)$。

该定律的证明，可以采用分配律从两侧展开的方式实现。

$$
\begin{aligned}
(A+B)(\overline{A}+C)(B+C) &= (A\overline{A}+AC+\overline{A}B+BC)(B+C) \\
&= (0+AC+\overline{A}B)(B+C) \\
&= ACB+ACC+\overline{A}BB+\overline{A}BC \\
&= AC+\overline{A}B
\end{aligned}
$$

$$
\begin{aligned}
(A+B)(\overline{A}+C) &= A\overline{A}+AC+\overline{A}B+BC \\
&= AC+\overline{A}B
\end{aligned}
$$

左式得到的逻辑表达式与右式得到的逻辑表达式相同，所以该冗余律成立。在证明过程中，使用了分配律、互补律、重叠律及①式对应的冗余律。

2. 逻辑代数的基本规则

和算术运算一样，逻辑代数也有一定的逻辑规则，主要有代入规则、反演规则及对偶规则。各种规则的含义及应用如下所述。

（1）代入规则

代入规则是针对某恒等式而言的，将恒等式中某变量都用同一逻辑表达式表示，恒等式仍然成立。例如，已知等式 $\overline{AB}=\overline{A}+\overline{B}$，用函数 $Y=AC$ 代替等式中的 A，根据代入规则，等式仍然成立，即有：

$$\overline{(AC)B}=\overline{AC}+\overline{B}=\overline{A}+\overline{B}+\overline{C}$$

代入规则没有改变恒等式的表现形式，但却扩展了应用变量的数目。

（2）反演规则

反演规则是对摩根定律的具体应用，是求逻辑函数反函数的主要方法。

对于任何一个逻辑表达式 Y，如果将表达式中的所有“·”换成“+”，“+”换成“·”，“0”换成“1”，“1”换成“0”，原变量换成反变量，反变量换成原变量，那么所得到的表达式就是函数 Y 的反函数 $\overline{Y}$（或称补函数）。这个规则称为反演规则。

根据反演规则，只要将逻辑表达式所有内容取反，得到的表达式即为反函数的表达式。使用摩根定律也可以求出反函数。

【例 1.20】求函数 $Y=A\overline{B}+BC$ 的反函数。

根据反演规则：

$$\overline{Y}=(\overline{A}+\overline{\overline{B}})(\overline{B}+\overline{C})=(\overline{A}+B)(\overline{B}+\overline{C})=\overline{A}\cdot\overline{B}+\overline{A}\cdot\overline{C}+B\overline{C}=\overline{A}\cdot\overline{B}+B\overline{C}$$

根据摩根定律：

$$\overline{Y}=\overline{A\overline{B}+BC}=(\overline{A}+\overline{\overline{B}})(\overline{B}+\overline{C})=(\overline{A}+B)(\overline{B}+\overline{C})=\overline{A}\cdot\overline{B}+\overline{A}\cdot\overline{C}+B\overline{C}=\overline{A}\cdot\overline{B}+B\overline{C}$$

通过观察可以看出，反演规则和摩根定律实际上是求反函数的同一方法的不同体现形式。

（3）对偶规则

在学习逻辑函数的定律时，针对与或运算不同形式的恒等式，如 $A\cdot A=A$ 和 $A+A=A$，按照与或运算的某些规律，它们之间可以相互转换，这种转换关系称为对偶规则。对偶规则的内容如下表述：

对于任何一个逻辑表达式 Y，若将其中所有的“+”换成“·”，“·”换成“+”，1 换成 0，0 换成 1，则得到的表达式称为 Y 的对偶式，记做 Y′。如 $Y=AB$ 的对偶式是 $Y'=A+B$。对偶规则体现的是不同运算之间的转换关系。

和反演规则不同的是，在求对偶式时，变量是无须取反变量的。通过对偶规则对恒等式进行转换，得到的恒等式仍然成立。

【例 1.21】 利用对偶规则对恒等式 $(A+B)(\overline{A}+C)(B+C)=(A+B)(\overline{A}+C)$ 进行转换。

根据对偶规则，只对逻辑符号进行变换，则得到如下恒等式：

$$AB+\overline{A}C+BC=AB+\overline{A}C$$

两个恒等式正是冗余律对应的两个定律。

3. 逻辑代数的公式法化简

在逻辑问题中得到的逻辑函数，不一定是最简的逻辑函数。不管逻辑函数最简与否，我们都需要对逻辑函数化简，得到最简的逻辑表达形式。最简表达形式如非、与、或、与非、或非、异或、同或等。

根据逻辑公式或定律进行化简，主要方法有：利用定律 $A+\overline{A}=1$ 将 A 合并掉的并项法；利用吸收律将变量吸收掉的吸收法；通过公式 $A+\overline{A}=1$ 及 $A+A=A$ 填加与项后，重新配项，利用并项法化简的配项法；利用冗余律消去冗余项的消去冗余项法。

（1）并项法

如果两个与项中只有输入变量 A 不同，其他输入变量相同，则利用分配律提取公因子项，括号内则为 $A+\overline{A}$，利用 0-1 律将两项合并为一项，并消去变量 A，结果为公因子项。

【例 1.22】 化简逻辑表达式 $Y=ABC+\overline{A}BC+B\overline{C}$。

$$\begin{aligned}Y&=ABC+\overline{A}BC+B\overline{C}\\&=(A+\overline{A})BC+B\overline{C}\\&=BC+B\overline{C}=B(C+\overline{C})=B\end{aligned}$$

化简过程利用分配律提取两次公因子，然后根据互补律分别消掉了变量 A 和 C，最后得到的结果为公因子 B。

（2）吸收法

利用吸收律 $A+AB=A$ 可以消掉多余的逻辑项 AB；利用吸收律 $A+\overline{A}B=A+B$ 可以消掉一个变量 $\overline{A}$。在吸收律中的变量 A、B 有时可能是一个逻辑表达式，化简时应该注意观察。例如，逻辑表达式 $Y=\overline{A}B+\overline{A}BCD(E+F)$ 中，将 $\overline{A}B$ 看做吸收律中的 A，将 $CD(E+F)$ 看做吸收律中的 B，因此，化简的结果 A 应该是 $\overline{A}B$，$Y=\overline{A}B+\overline{A}BCD(E+F)=\overline{A}B$。

【例 1.23】 利用吸收律化简逻辑表达式 $Y=A+\overline{\overline{B}+\overline{CD}}+\overline{\overline{AD}}\cdot B$ 和 $Y=AB+\overline{A}C+\overline{B}C$。

（1）对于第 1 个逻辑表达式，需要用摩根定律将表达式展开，然后观察表达式的组合形式。

$$Y=A+\overline{\overline{B}+\overline{CD}}+\overline{\overline{AD}}\cdot\overline{\overline{B}}=A+BCD+AD+B$$

观察上面的表达式，可以发现 $A+AD$ 构成吸收律的形式，而 $B+BCD$ 也构成吸收律的

形式，因而该表达式完整的化简过程为

$$
\begin{aligned}
Y &= A + \overline{\overline{B} + \overline{CD}} + \overline{\overline{AD \cdot B}} = A + BCD + AD + B \\
&= (A + AD) + (B + BCD) = A + B
\end{aligned}
$$

（2）对于第 2 个逻辑表达式而言，很难寻找其规律，但对于 $\overline{A}C + \overline{B}C$ 来说，我们可以利用分配律提取公因子 C，表达式变形为 $\overline{A}C + \overline{B}C = (\overline{A} + \overline{B})C$，然后利用摩根定律，继续转化表达式的形式为 $\overline{A}C + \overline{B}C = (\overline{A} + \overline{B})C = \overline{AB}C$，式中 $\overline{AB}$ 正好是 AB 的反函数，根据代入规则，将 AB 看做 A，则可以利用吸收律 $A + \overline{A}B = A + B$ 进行化简，得到最后的最简表达形式。该表达式完整的化简过程如下：

$$
\begin{aligned}
Y &= AB + \overline{A}C + \overline{B}C \\
&= AB + (\overline{A} + \overline{B})C \\
&= AB + \overline{AB}C \\
&= AB + C
\end{aligned}
$$

（3）配项法

配项法可以利用互补律 $1 = B + \overline{B}$ 和重叠律 $A + A = A$ 来完成。

① 利用公式 $A = A(B + \overline{B})$，为欲化简的逻辑表达式中的与项填加缺失的逻辑变量，增加逻辑与因式，以便于为其他与项匹配该因式，利用分配律重新进行化简。

【例 1.24】化简逻辑表达式 $Y = A\overline{B} + B\overline{C} + \overline{B}C + \overline{A}B$。

观察上式，我们发现表达式中存在 A 与 B 的异或运算及 B 与 C 的异或运算，感觉表达式已经是最简表达式。这种情况下，我们可以利用配项法，尝试进行化简。根据对称的原则，我们选取后两项配项，为 $\overline{B}C$ 配置变量 A，为 $\overline{A}B$ 配置变量 C，利用分配律展开后，重新组合并进行化简。完整的化简过程如下：

$$
\begin{aligned}
Y &= A\overline{B} + B\overline{C} + \overline{B}C + \overline{A}B \\
&= A\overline{B} + B\overline{C} + (A + \overline{A})\overline{B}C + \overline{A}B(C + \overline{C}) \\
&= A\overline{B} + B\overline{C} + A\overline{B}C + \overline{A} \cdot \overline{B}C + \overline{A}BC + \overline{A}B\overline{C} \\
&= A\overline{B}(1 + C) + B\overline{C}(1 + \overline{A}) + \overline{A}C(\overline{B} + B) \\
&= A\overline{B} + B\overline{C} + \overline{A}C
\end{aligned}
$$

② 利用公式 $A + A = A$，可以重复使用与或表达式中的与项，使之与不同的与项相结合，然后利用并项法进一步化简逻辑表达式。

【例 1.25】化简逻辑表达式 $Y = ABC + AB\overline{C} + A\overline{B}C + \overline{A}BC$。

观察逻辑表达式，与项 $AB\overline{C}$、$A\overline{B}C$、$\overline{A}BC$ 之间即使提取公因子，也无法化简，但是因式 ABC 和这 3 个因式都可提取公因子并消去 1 个变量，因此就需要将因式 ABC 利用 $A + A = A$ 再配项 2 次，然后利用分配律和互补律进行化简。

$$
\begin{aligned}
Y &= ABC + AB\overline{C} + A\overline{B}C + \overline{A}BC = ABC + ABC + ABC + AB\overline{C} + A\overline{B}C + \overline{A}BC \\
&= (ABC + AB\overline{C}) + (ABC + A\overline{B}C) + (ABC + \overline{A}BC) \\
&= AB + AC + BC
\end{aligned}
$$

（4）消去冗余项法

利用冗余律 $AB + \overline{A}C + BC = AB + \overline{A}C$，可以消去其中的冗余项 BC。

【例 1.26】化简逻辑表达式 $Y = A\overline{B} + AC + ADE + \overline{C}D$ 。

观察该表达式，$AC + ADE + \overline{C}D$ 可以转变为 $CA + \overline{C}D + ADE$ 的形式，可以使用冗余律和吸收律将 ADE 消掉。完整的化简过程如下：

$$\begin{aligned} Y &= A\overline{B} + AC + ADE + \overline{C}D \\ &= A\overline{B} + (AC + \overline{C}D + AD + ADE) \\ &= A\overline{B} + (AC + \overline{C}D + AD) \\ &= A\overline{B} + AC + \overline{C}D \end{aligned}$$

1.4 逻辑函数的卡诺图化简

利用公式法进行与或表达式的化简，寻找化简规律比较困难，而对于化简的结果，无法确定其是否为最简。为了简化化简过程，我们考虑是否具有统一规律的化简方法。在逻辑抽象的过程中，我们能够列举出输入变量的所有取值组合，根据与的定义，每一组取值组合对应唯一确定的与项表达式，即它们之间一一对应。如果已知与项是有效的，我们能够马上写出使之为 1 的二进制数组合；如果知道使之为 1 的二进制数组合，我们也能写出与项表达式，二者之间可以相互表示。如三变量的与项 ABC 和数值 111 是可以相互表示的。

上面所述的与项称为最小项，化简时，我们可以逐对寻找只有一个变量不同的最小项，然后利用分配律提取公因子，再利用 $A + \overline{A} = 1$ 将非公因子变量消掉。如表达式 $ABC + \overline{A}BC$ 进行化简，公因子为 BC，提取公因子后，括号内剩下的是 $A + \overline{A}$，它的结果为 1，根据 0-1 律，得到化简的结果为公因子项 BC。也就是说，遇到只有一个变量不同的两个最小项，可以直接将两项合并为 1 项，结果为公因子。将逐一合并的公因子按照上述原则重新两两组合，可以继续化简。

因为与项与其使之为 1 的二进制数可以相互表示，因此：

$$ABC + \overline{A}BC = 111 + 011 = (1 + 0)11 = 1 \cdot 11 = 11 = BC$$

只有一项不同是格雷码相对于自然顺序码转换后的排列原则，为了便于查找只有一项不同的最小项，我们将所有最小项按格雷码排列，则相邻的两个最小项必定会消去 1 个变量。因为格雷码是循环相邻的，则最小项也是循环相邻的。

由于用最小项表示格雷码不是很方便，我们则用最小项对应的数字表示格雷码。化简时，只要求出公因式变量对应的数字，写出其对应的与项就是公因式项。

为了表示所有最小项和相邻的特点，以实现相邻项消掉 1 个变量的要求。我们将所有变量均分排列在二维表格的左、上两侧，并按照格雷码相邻原则写出左、上两侧所有最小项，两侧最小项两两组合构成所有完整的最小项。如果最小项是有效的最小项，则在交叉的方格内添加 1，无效则填 0，化简时，是针对所有为 1 项进行化简的。图 1-10（a）绘制的是三变量 A、B、C 以最小项形式组成的关于 F 的二维表格；图 1-10（b）绘制的是四变量 A、B、C、D 以最小项形式组成的关于 F 的二维表格。

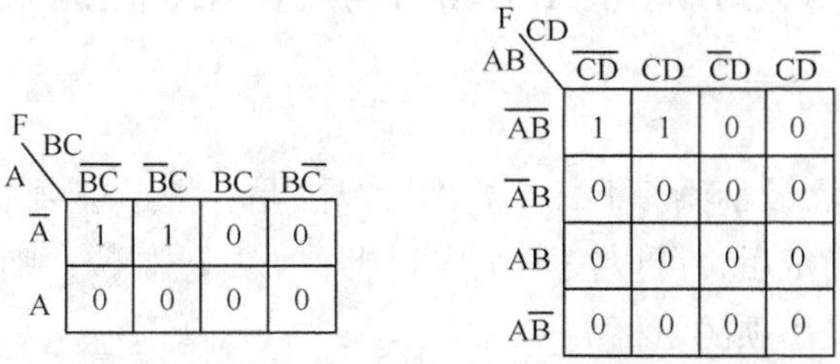

（a）三变量最小项组成的二维表格 （b）四变量最小项组成的二维表格

图 1-10 最小项组成的二维表格

在实际化简时，我们是用数字代替最小项排列在左上两侧的，这样的二维表格称为卡诺图。化简时，获取公因子项对应的数字后，将其转换为与项表达式。图 1-11（a）绘制的是三变量 A、B、C 关于 F 的卡诺图；图 1-11（b）绘制的是四变量 A、B、C、D 关于 F 的卡诺图。

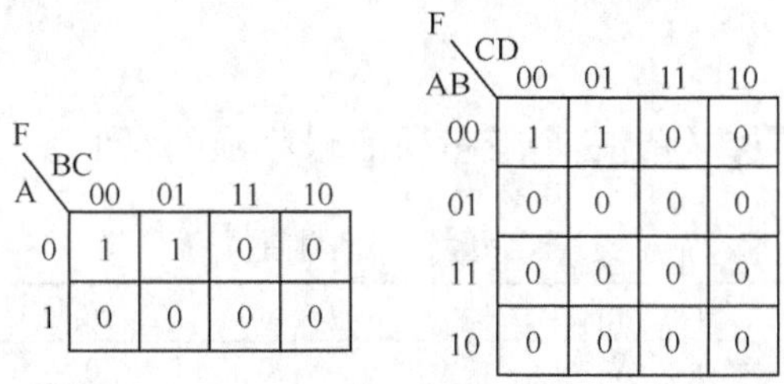

（a）三变量卡诺图 （b）四变量卡诺图

图 1-11 卡诺图

卡诺图只是针对为 1 的项进行化简，为 1 的最小项称为有效项，相邻的有效项消掉 1 个数字，保留相同的数字，然后写出对应的与项表达式，即为化简后的结果。

本节主要讲述最小项的定义、性质，函数最小项的表示方法，卡诺图的构成、化简依据、化简原则及化简方法。

1.4.1 最小项的定义与性质

1. 最小项的定义

如果一个函数的某个与运算项包含了函数的全部变量，其中每个变量都以原变量或反变量的形式出现，且仅出现一次，则这个乘积项称为该函数的一个标准积项，通常称为最小项。

函数的最小项和输入变量的取值是一一对应的。以三输入变量 A、B、C 为例，ABC 取值共有 8 组，自小到大依次是：000、001、010、011、100、101、110、111，根据与的定义和运算规则，它们对应的最小项分别是 $\overline{A}\cdot\overline{B}\cdot\overline{C}$，$\overline{A}\cdot\overline{B}C$，$\overline{A}B\overline{C}$，$\overline{A}BC$，$A\overline{B}\cdot\overline{C}$，$A\overline{B}C$，$AB\overline{C}$，ABC。

在一个与或表达式中，并不是所有最小项都存在，存在的最小项称为有效的最小项。检测的方法是把该最小项对应的二进制数输入表达式中，如果表达式结果为 1，则该最小项存在且有效，否则，表达式不存在该最小项，也称该最小项无效。例如，如果变量 ABC 输入

000 时，表达式输出值为 1，则最小项 $\overline{A}\cdot\overline{B}\cdot\overline{C}$ 在与或表达式中必存在。

2. 最小项的表示方法

通常用符号 m_i 来表示最小项。下标 i 的确定方法是：把最小项中的原变量记为 1，反变量记为 0，当变量顺序确定后，可以按顺序排列成一个二进制数，则与这个二进制数相对应的十进制数，就是这个最小项的下标 i。

三变量 A、B、C 的 8 个最小项可以分别表示为

$$m_0=\overline{A}\cdot\overline{B}\cdot\overline{C}，m_1=\overline{A}\cdot\overline{B}C，m_2=\overline{A}B\overline{C}，m_3=\overline{A}BC$$

$$m_4=A\overline{B}\cdot\overline{C}，m_5=A\overline{B}C，m_6=AB\overline{C}，m_7=ABC$$

m_i 的取值是最小项存在与否的标志，若为 1，表示该最小项为有效最小项；若为 0，表示该最小项为无效最小项。

3. 最小项的性质

为了分析最小项的性质，列出三个变量所有最小项的真值表，如表 1-8 所示。

表 1-8　　三变量最小项真值表

A	B	C	m_0	m_1	m_2	m_3	m_4	m_5	m_6	m_7
0	0	0	1	0	0	0	0	0	0	0
0	0	1	0	1	0	0	0	0	0	0
0	1	0	0	0	1	0	0	0	0	0
0	1	1	0	0	0	1	0	0	0	0
1	0	0	0	0	0	0	1	0	0	0
1	0	1	0	0	0	0	0	1	0	0
1	1	0	0	0	0	0	0	0	1	0
1	1	1	0	0	0	0	0	0	0	1

观察该表，可得出最小项的下列性质。

① 任意一个最小项，只有一组变量取值使其值为 1，这是因为每一个最小项是由所有输入逻辑变量组成的，只可能有一组二进制数取值使对应的最小项输出为 1。

② 对于输入变量的任意一组取值，任意两个不同的最小项的乘积必为 0。

③ 对于输入变量的任意一组取值，全部最小项的和必为 1。

性质②和性质③实际是对性质①的一种应用。

1.4.2　逻辑函数的简化表达式

要将逻辑函数代入卡诺图化简，必须将函数转换为最小项与或的表达式，然后在有效最小项对应的方格中填 1，而在无效最小项对应的方格中填 0。化简时，我们是根据空间相邻消去 1 个变量的原则，对所有 1 项对应的最小项化简。所以化简前，我们需要把不是最小项的与项转换为最小项，这需要根据公式 $A=A\cdot 1=A(B+\overline{B})=AB+A\overline{B}$ 列出最小项。

【例 1.27】将逻辑函数 $Y=\overline{A}+BC$ 转换为最小项的表达形式。

在上述逻辑函数中，共有 A、B、C 三个变量，与项 $\bar{A}$ 缺少变量 B、C，与项 BC 缺少变量 A，利用 $1=A+\bar{A}$, $1=B+\bar{B}$, $1=C+\bar{C}$ 改造逻辑函数，得到最小项（或的）表达式。具体转换过程如下所示。

$$\begin{aligned}Y&=\bar{A}+BC=\bar{A}\cdot 1\cdot 1+1\cdot BC\\&=\bar{A}(B+\bar{B})(C+\bar{C})+(A+\bar{A})BC\\&=\bar{A}BC+\bar{A}B\bar{C}+\bar{A}\cdot\bar{B}C+\bar{A}\cdot\bar{B}\cdot\bar{C}+ABC+\bar{A}BC\\&=\bar{A}\cdot\bar{B}\cdot\bar{C}+\bar{A}\cdot\bar{B}C+\bar{A}B\bar{C}+\bar{A}BC+ABC\end{aligned}$$

逻辑函数最小项表达式虽然能够展示成所有有效最小项和的形式，但是无法对最小项定位，如果能够指出最小项在卡诺图中的编号，则可以快速把最小项的值填加到卡诺图中。实际上，卡诺图最小项对应的格雷码的大小，就是最小项 m_i 的下标 i。如果有这样一个最小项表达式，该表达式只指出有效最小项的编号，不再体现最小项自身，这种最小项表达式称为逻辑函数的简化表达式。为了体现和的表示形式，逻辑函数的简化表达式表示形式如下：

$$Y=\sum m(\text{有效最小项编号列表})$$

其中最小项列表用“,”进行分割。

对于例 1.27 中的逻辑表达式，$Y=\bar{A}+BC$，在其最小项表达式中共有 5 个有效最小项，它们的编号分别是 0、1、2、3、7，因此其最小项简化表达式为

$$Y(A,B,C)=\sum m(0,1,2,3,7)$$

逻辑函数转化为最小项简化表达式，需要改造表达式为最小项表达式形式，而对于真值表来说，函数值为 1 的项即为有效最小项，我们通过真值表可以直接计算出有效项的编号，写入最小项简化表达式中。表 1-9 为三输入变量 A、B、C 输出变量 Y 对应的真值表，从真值表中可以看出，Y 为 1 时对应的最小项的编号是 1、2、3、5，因此 Y 的简化表达式为

$$Y(A,B,C)=\sum m(1,2,3,5)$$

去除逻辑函数有效项的编号，剩余的编号就是逻辑函数反函数有效项对应的编号，从而可以写出逻辑函数反函数的最小项简化表达式。以表 1-9 所示的真值表，所求反函数最小项简化表达式为

$$\overline{Y(A,B,C)}=\sum m(0,4,6,7)$$

表 1-9　　三输入变量对应的真值表

A	B	C	Y	最　小　项
0	0	0	0	m_0
0	0	1	1	m_1
0	1	0	1	m_2
0	1	1	1	m_3
1	0	0	0	m_4
1	0	1	1	m_5
1	1	0	0	m_6
1	1	1	0	m_7

1.4.3 卡诺图构成与函数表示

1. 卡诺图的构成

本节开头已经提出卡诺图构成的假想，构造出三变量和四变量的卡诺图。输入变量平均分布于卡诺图的左侧和上侧，两侧变量所有取值按照格雷码原则在空间上相邻且循环排列。左侧格雷码和上侧格雷码交叉组合，可以构造出完整的最小项取值，两组格雷码交叉处是一个矩形框，在其内填入最小项的值，如果该最小项是有效最小项则填 1，是无效最小项则填 0。根据这个构造要求，逻辑函数 F(A，B，C)对应的卡诺图如图 1-12 所示。

三变量卡诺图输入变量为 A、B、C，A 的取值在纵向按格雷码原则循环排列，保证相邻的项只有 1 位不同，BC 的取值在横向按格雷码原则循环排列，当 A = 0，B = 00，即 ABC = 000 时，在交叉处的方格应该填入 m_0 对应的逻辑值，该逻辑值根据逻辑函数简化表达式或真值表分析获得，其他最小项的逻辑值按照同样方法逐一添加。

2. 卡诺图的特点

卡诺图将逻辑函数的所有变量均分于二维表格的两侧，两侧变量取值按照格雷码编码原则循环排列，因此，卡诺图中，在空间上任意相邻的两个最小项，它们的取值只有 1 位二进制数不同，在化简时，根据 $A+\overline{A}=1$ 可以消掉该数字或者说是对应变量，保留相同的数字或对应的与项表达式。

所以，卡诺图的特点就是最小项在空间中的循环相邻性，空间相邻即格雷码相邻，可以消掉相邻最小项不同的与变量，保留相同的与因子。相邻性是卡诺图化简的基本依据。

图 1-13 是逻辑函数 F(A，B，C，D)对应的四变量卡诺图，我们以最小项 m_0 说明其在空间上的循环相邻性。

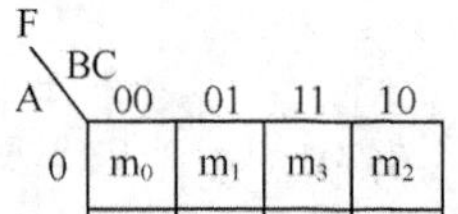

图 1-12 三变量卡诺图

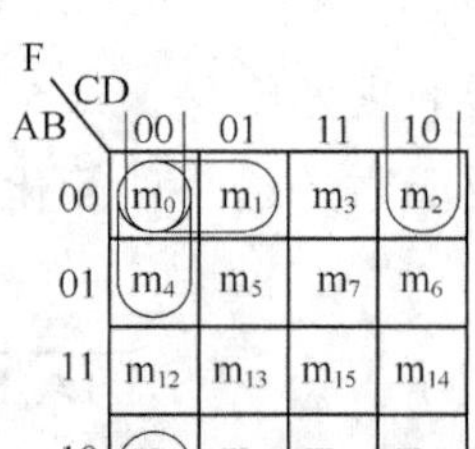

图 1-13 四变量卡诺图

观察四变量的卡诺图，m_0 与 m_1，m_0 与 m_4 在空间上直接相邻，具有格雷码相邻的特点，我们用圆圈把它们圈在一起，表明它们可以化简，消掉 1 个变量。以 m_0 与 m_1 为例，m_0 对应的最小项取值 ABCD = 0000，m_1 对应的最小项取值 ABCD = 0001，只有变量 D 的数字不同，所以 D 被化简掉了，剩下的变量 ABC 的取值为 000，所以这两项化简后的结果为 $\overline{A}\cdot\overline{B}\cdot\overline{C}$。而 m_0 与 m_2，m_0 与 m_8 在空间上是循环相邻的，同样具有格雷码循环相邻的特点，可以消去一个变量。

在化简时，我们只寻找逻辑值为 1 的最小项相邻情况，将它们最后化简的与或表达式作为最简的逻辑表达式。

3. 逻辑函数的卡诺图表示

根据前面所述，只要把逻辑函数化为最小项简化表达式，然后根据表达式中的编号将对应的有效最小项填 1，其他无效项填 0 即可。

【例 1.28】绘制逻辑函数 Y(A，B，C) = AB + AC + BC 的卡诺图。

绘制卡诺图，需要将逻辑表达式转换为最小项简化表达形式，然后对应所求编号，将有效最小项填 1，其他最小项填 0。

首先求逻辑函数的简化表达式。

$$
\begin{aligned}
Y &= AB + BC + AC = AB(C+\overline{C}) + (A+\overline{A})BC + A(B+\overline{B})C \\
&= ABC + AB\overline{C} + \overline{A}BC + A\overline{B}C \\
&= \sum(3,5,6,7)
\end{aligned}
$$

然后根据表达式中所求编号，将三变量卡诺图中的 3、5、6、7 项填 1，其他项填 0，如图 1-14 所示。

但有时给出的逻辑表达式不能直接转换为逻辑函数的简化表达形式，如给出的是或与表达式，我们可以利用分配律展开为与或表达式，再求逻辑函数的简化表达式，这种求法有时可能会比较困难。可以利用反演规则将函数转换为反函数的与或表达形式，找出反函数的有效项编号，剩下的就是函数的有效项编号，然后填充卡诺图。

【例 1.29】绘制下列逻辑函数的卡诺图。

$$
Y(A,B,C,D) = (\overline{A}+\overline{B}+\overline{C}+\overline{D})(\overline{A}+\overline{B}+C+\overline{D})(\overline{A}+B+\overline{C}+D)(A+\overline{B}+\overline{C}+D)(A+B+C+D)
$$

首先利用反演规则求出 Y 反函数的与或表达式，并写成反函数简化表达式。

$$
\overline{Y(A,B,C,D)} = ABCD + AB\overline{C}D + A\overline{B}C\overline{D} + \overline{A}BC\overline{D} + \overline{A}\cdot\overline{B}\cdot\overline{C}\cdot\overline{D} = \sum(0,6,10,13,15)
$$

去掉编号 0、6、10、13、15，剩余的编号 1、2、3、4、5、7、8、9、11、12、14 就是函数 Y 有效最小项对应的编号，因此函数 Y 的简化表达式为

$$
Y = \sum m(1,2,3,4,5,7,8,9,11,12,14)
$$

根据编号填充卡诺图，如图 1-15 所示。

F　A＼BC	00	01	11	10
0	0	0	1	0
1	0	1	1	1

图 1-14　函数 Y 表示的卡诺图

F　AB＼CD	00	01	11	10
00	0	1	1	1
01	1	1	1	0
11	1	0	0	1
10	1	1	1	0

图 1-15　Y 的卡诺图

1.4.4　卡诺图化简

在前面，我们只研究了两相邻最小项的卡诺图化简问题，它们可以消掉 2 个变量。如果两组相邻的最小项化简后仍然是相邻项，那么它们可以继续化简，再消掉 1 个变量，也就是说，4 个最小项相邻可以消掉两个变量，保留公因子与项。依次类推，8 相邻最小项可以消掉 3 个变量，保留公因子与项；…；2^n 个相邻最小项则可以消掉 n 个变量，保留公因子与项。根据这个推导，我们可以找出化简逻辑函数的依据。

1. 卡诺图化简的依据

（1）卡诺图化简的基本依据

空间相邻的最小项，是按照格雷码相邻的原则排列的，因此可以按照分配律提取公因子，利用互补律消掉互为反变量的因子，这是卡诺图化简的基本依据。

（2）多相邻项化简的依据

两两相邻的最小项经过 1 次化简以后，所得结果仍是相邻的，才能继续按照卡诺图化简的基本依据进行化简。因此，不管是 4 项相邻，还是 8 项相邻，按照空间循环相邻的特点，它们在卡诺图中应该组成一个矩形。组成一个矩形的相邻项可以化简，保留公因子与项，按照前面分析，2^n 个相邻最小项则可以消掉 n 个变量，这是多相邻项化简的推理依据。对于三变量卡诺图，最大的相邻项有 4 项；而对于四变量卡诺图，最大相邻项有 8 项，所以我们主要研究 2、4、8 相邻项卡诺图化简的情况。2 相邻最小项化简情况在前面已经讲解，这里不再赘述。

① 四相邻最小项化简情况分析。任何 4 个（2^2 个）标 1 的相邻最小项，可以合并为一项，并消去 2 个变量。共有以下几种情况，在 1 列或 1 行上的相邻的四个相邻项；靠在一起组成正方形的 4 个相邻项；在图中对称的两个二相邻项，卡诺图上四个角上的相邻项。图 1-16 表示了四变量卡诺图中四相邻项的情况。其实不管在图中它们是否构成矩形，根据格雷码循环的特点，它们在空间上都是相邻的，所以构成的都是矩形。

在图 1-16（a）中，第 1 横行的 4 个相邻项 CD 组合取值不同，CD 被消掉，AB = 00，该项得到最简表达式 $\overline{A}\cdot\overline{B}$ 。

第 1 列的 4 个相邻项 AB 组合取值不同，AB 被消掉，CD = 00，该项得到最简表达式 $\overline{C}\cdot\overline{D}$ 。

第 1 行和第 2 行中间四相邻项 BC 组合取值不同，BC 被消掉，AD = 01，该项得到最简表达式 $\overline{A}D$ 。

第 1 行和第 4 行中间四相邻项 AC 组合取值不同，AC 被消掉，BD = 01，该项得到最简表达式 $\overline{B}D$ 。

函数 F 等于 4 项之和，即

$$F=\overline{A}\cdot\overline{B}+\overline{C}\cdot\overline{D}+\overline{A}D+\overline{B}D$$

图 1-16（b）四相邻项在四个角上，AC 取值不同，BD = 00，所以化简得到 $\overline{B}\cdot\overline{D}$ 。

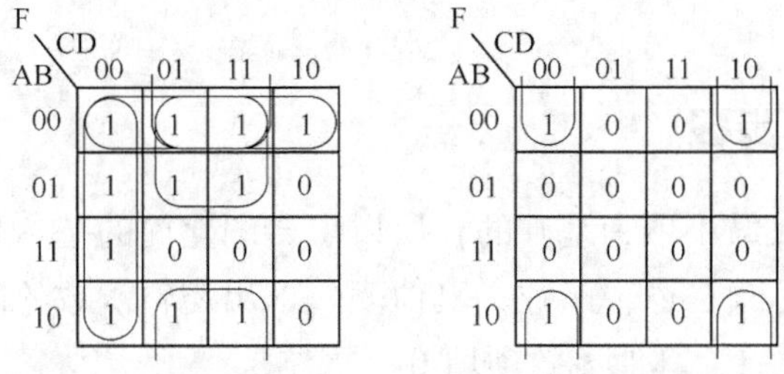

（a）四相邻情况1　　（b）四相邻情况2

图 1-16　四相邻项的情况

② 八相邻最小项化简情况分析。

任何 8 个（2^3 个）标 1 的相邻最小项，可以合并为一项，并消去 3 个变量。八相邻项的情况如图 1-17（a）、图 1-17（b）所示。

图 1-17（a）上面两行圈在一起的八项只有 A 相同，A = 0，化简得 $\overline{A}$ 。

图 1-17（a）左边两列圈在一起的八项只有 C 相同，C = 0，化简得 $\overline{C}$ 。

图 1-17（a）中间两列圈在一起的八项只有 D 相同，D = 1，化简得 D。

图 1-17（b）横向圈在一起的八项只有 B 相同，B = 0，化简得 $\overline{B}$ 。

图 1-17（b）竖向圈在一起的八项只有 D 相同，D = 0，化简得 $\overline{D}$ 。

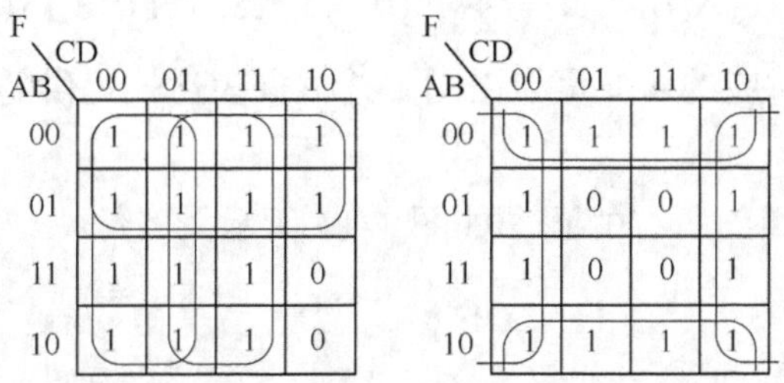

（a）八相邻项情况1　　（b）八相邻项情况2

图 1-17　八相邻项的情况

其他情况请大家自己进行分析。

2. 卡诺图化简的基本原则

通过对相邻项的分析，我们发现，能够组成的相邻项越多，表达式化的越简。化简时，一般把最大相邻项用圈圈在一起，很有可能出现一个圈中的最小项被其他圈瓜分的情况，则该圈因为重复化简而多余。基于此，卡诺图化简应该坚持以下两大原则。

（1）圈最大原则

先找最大的 2^n 个相邻方格，依次递减，最后圈没有相邻方格的独立小方格，一个小方格可以重复使用。该原则防止有的与项变量没有消掉，表达式无法最简。

（2）圈最少原则

用最少的圈覆盖所有为 1 的小方格。在圈最大原则完成之后，该原则主要用于检查某个圈中的 1 是否被其他圈所覆盖，如果圈中没有独立的 1 项，则该圈是由冗余律产生的冗余项，应该去除该圈，不予化简。

3. 卡诺图化简的步骤

卡诺图化简是以有效最小项为基础的，所以卡诺图化简的基本步骤如下。

（1）根据最小项表达式、逻辑函数、真值表，求出逻辑函数的简化表达式，然后根据表达式中的编号为有效项填 1，其他无效项填 0。

（2）根据卡诺图化简的圈最大原则，在卡诺图中圈出最大的圈。

（3）根据卡诺图化简的圈最少原则，去除没有独立 1 项的圈，避免产生冗余项。

（4）为每个圈写出与项公因子，并对它们求和，就是逻辑函数化简后的最简表达式。

4. 卡诺图化简的实例

卡诺图主要针对最小项简化表达式、已知逻辑函数和真值表进行化简。

（1）已知最小项简化表达式的逻辑函数化简

在已知最小项简化表达式的前提下，我们根据表达式提供的编号，为编号对应的最小项填 1，其他项填 0，然后根据相关步骤化简逻辑函数。

【例 1.30】已知最小项简化表达式如下，使用卡诺图对其化简。

$$F(A,B,C,D)=\sum m(0,2,3,7,8,10,11,13,15)$$

① 绘制 F(A,B,C,D)对应的 4 变量卡诺图，并根据表达式提供的序号为最小项填充 1 和 0，如图 1-18 所示。

② 根据圈最大原则圈出所有的圈，如图 1-19 所示。

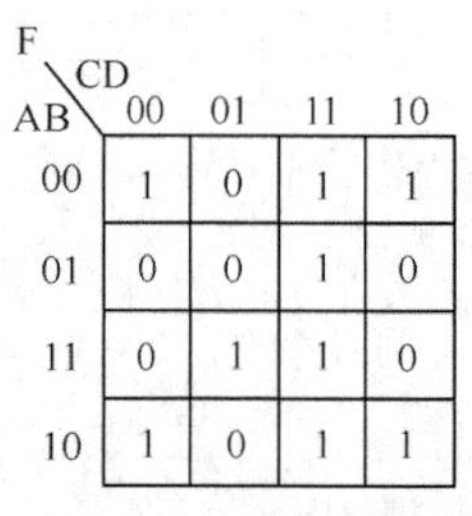

图 1-18 填充有效最小项的卡诺图

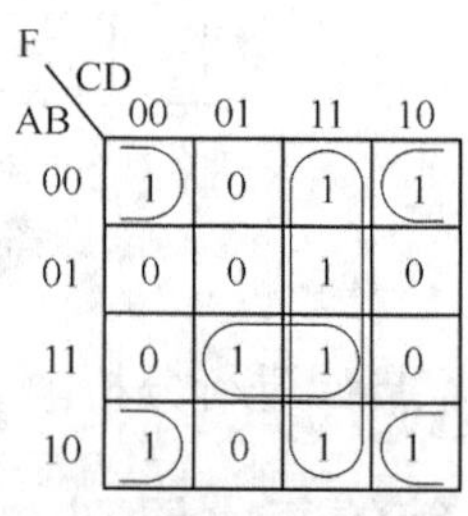

图 1-19 圈最大圈后的卡诺图

③ 根据圈最少原则，去除多余的圈。

根据这个原则检查，没有产生冗余项的圈。

④ 根据每个圈的公因子，写出所有与项，并进行或运算，得到最简与或表达式。

四个角相邻项消掉 2 个变量，表达式为 $\overline{B}\cdot\overline{D}$。

第 3 列 4 相邻项消掉 2 个变量，表达式为 CD。

第 3 行 2 相邻项消掉 1 个变量，表达式为 ABD。

所以 F 的最简表达式为

$$F=CD+\overline{B}\cdot\overline{D}+ABD$$

（2）已知逻辑函数的卡诺图化简

已知逻辑函数的卡诺图化简，可以这样寻找最小项：逻辑函数每一项少了几个变量，就把它对应的相邻项填到卡诺图中去。比如四个变量 A、B、C、D，逻辑函数某项为 AD，少了 BC 两个变量，如果化简，是对应 4 个相邻项的，AD = 11，则对应的 4 相邻项 ABCD = $1\underline{00}1$，$1\underline{01}1$，$1\underline{10}1$，$1\underline{11}1$，把对应最小项在卡诺图中填 1 即可。根据这种方法填充卡诺图后，采用卡诺图化简步骤完成逻辑函数的化简。

【例 1.31】利用卡诺图化简，求下面函数的最简与或表达式。

$$F(A,B,C,D) = AB\overline{C}D + \overline{A}BCD + A\overline{B} + A\overline{D}$$

① 找出所有有效最小项的编号，填充卡诺图。

根据表达式中的与项，得到所有项对应的编号。$AB\overline{C}D$ 对应的编号是 1101B，是十进制数的 13；$\overline{A}BCD$ 对应的编号是 0111B（7）；$A\overline{B}$ 对应的编号有 4 组，分别是 $10\underline{00}$B（8）、$10\underline{01}$B（9）、$10\underline{10}$B（10）、$10\underline{11}$B（11）；$A\overline{D}$ 对应的 4 组编号为 $1\underline{00}0$B（8）、$1\underline{01}0$B（10）、$1\underline{10}0$B（12）、$1\underline{11}0$B（14）。根据这个分析，函数 F 最小项简化表达式为

$$F(A,B,C,D) = \sum m(7,8,9,10,11,12,13,14)$$

绘制关于 F（A，B，C，D）的卡诺图，最小项简化表达式中编号对应的最小项填 1，其余项填 0，如图 1-20 所示。

② 根据圈组大原则圈出所有的圈，如图 1-21 所示。

F　AB \ CD	00	01	11	10
00	0	0	0	0
01	0	0	1	0
11	1	1	0	1
10	1	1	1	1

图 1-20　根据编号填充的卡诺图

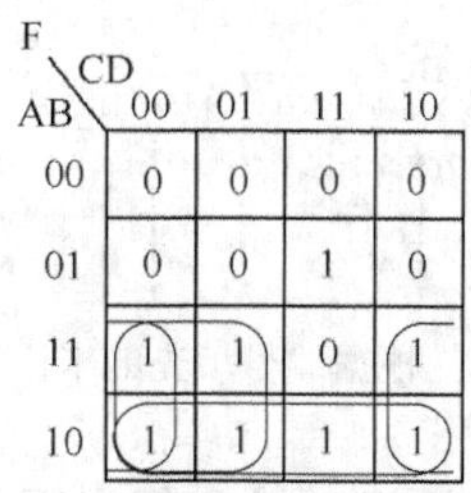

图 1-21　圈最大圈的卡诺图

③ 根据圈最少原则，去除多余的圈。

根据这个原则检查，没有产生冗余项的圈。

④ 求各相邻项合并后的表达式。

图中第 2 行只有 1 项，无相邻项，得 $\overline{A}BCD$ 。

图中第 1 列和第 4 列组成的 4 相邻项化简得 $A\overline{D}$ 。

图中最后一行 4 相邻项化简得 $A\overline{B}$ 。

图中左边两列对应的 4 相邻项化简得 $A\overline{C}$ 。

将相邻项合并后的表达式相加，就是 F 的最简与或表达式。

$$F = A\overline{B} + A\overline{C} + A\overline{D} + \overline{A}BCD$$

（3）根据真值表进行逻辑函数化简

真值表一般能够直接找出所有有效项（输出为 1 的项）及对应的最小项的编号，据此填充卡诺图并进行逻辑函数化简。

【例 1.32】利用卡诺图化简，求表 1-10 所表示的逻辑函数的最简与或表达式。

表 1-10　　表示逻辑函数的真值表

A	B	C	F
0	0	0	0
0	0	1	1
0	1	0	1
0	1	1	1
1	0	0	0
1	0	1	1
1	1	0	0
1	1	1	0

① 根据真值表写出最小项简化表达式

在真值表中，F 输出为 1 的项，ABC 的取值分别是 001、010、011、101，对应的十进制编号是 1、2、3、5，所以最小项简化表达为

$$F(A,B,C)=\sum m(1,2,3,5)$$

绘制 F(A，B，C)的卡诺图，将编号 1、2、3、5 对应项填 1，其他项填 0，如图 1-22 所示。

② 根据圈最大原则，圈出所有具有相邻特性的圈，如图 1-23 所示。

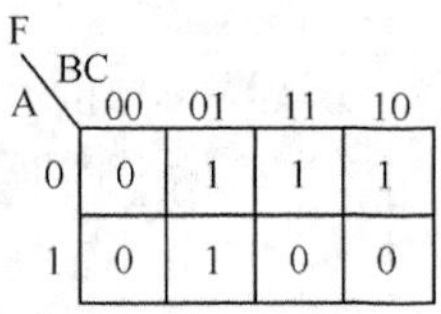

图 1-22　根据编号填充的卡诺图

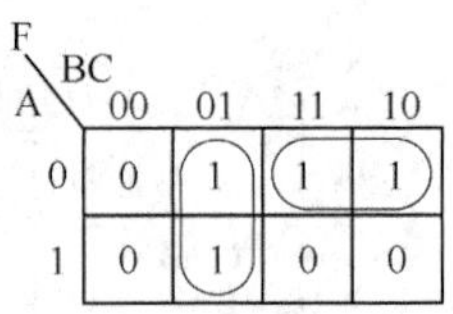

图 1-23　根据圈最大原则绘制的卡诺图

③ 根据圈最少原则，检查每个圈中，是否所有有效项被其他圈所瓜分，如果被瓜分，则取消该圈。通过观察，没有发现这种情况，说明所圈的圈已经是最简的。

④ 根据相邻项的化简依据，写出每个圈对应的与项，并对它们进行或运算，得到 F 的最简表达式。

图中列对应的相邻项化简得 $\overline{B}C$ 。

图中行对应的相邻项化简得 $\overline{A}B$ 。

将相邻项化简后的表达式相加，得到函数 F 的最简与或表达式。

$$F=\overline{B}C+\overline{A}B$$

1.4.5　带无关项和约束项的卡诺图化简

在用最小项表达逻辑函数，实现卡诺图化简的过程中，我们只提到了有效的最小项和无效的最小项，但是没有考虑最小项其他情况的出现。

在逻辑抽象的过程中，对于输入变量的所有二进制组合，并不是所有组合都能够被抽象出来。例如，表示二—十进制编码的变量共有 4 个，对应 16 组二进制组合，也就是对应 16

个最小项，但在编码时，我们只使用了其中 10 组编码，其他 6 组编码没有被使用，和该编码无关，那么它们对应的 6 个最小项就称为无关项。

据上所述，无关项是指与逻辑函数取值没有关系的最小项，也就是说，无关项既不是有效的最小项，也不是无效的最小项，它对应的取值在逻辑函数抽象过程中无法体现出来。但是这并不能说，无关项不会出现在逻辑函数表达过程中，无关项表示的二进制数一旦进入电路，函数也会运算，并产生一定的结果，但产生的结果对函数来说是没有关系的。因此，对于无关项必须进行处理，一般情况下，它的值不是函数预期的，所以可以随意处理，即既可以当做是 1，也可以看做是 0。

除了无关项之外，对于某些逻辑运算，对输入的条件变量，输入的数值进行了约束。例如，A、B 输入数值时不能同时为 0。换句话说，A、B 在输入数值时至少一个为 1，这是或运算的定义，转换为表达式即为 $A + B = 1$，这个表达式就是约束条件。约束条件之外的最小项与函数是没有关系的，同样可以把它看做无关项进行处理。

在逻辑函数化简过程中，最小项的结果不能用 0、1 表示，我们可以用符号“φ”“×”或“d”表示，本书采用“×”来表示。在最小项简化表达式中，无关项的表示形式如下。

$$F = \sum m(\text{有效最小项编号列表}) + \sum d(\text{无关项编号列表})$$

无关项虽然在函数抽象过程中“无关”，但是无关项的输出与函数有关，那么它的取值具有极大的利用价值，在进行化简时，为了组成更大的相邻项，可以把无关项的取值看做是 1，但如果不能和有效项组成更大的相邻项，则只能将其当做 0 来处理，否则会增加逻辑函数的复杂程度。图 1-24 所示的卡诺图中，只有一个无关项，该无关项和相邻的有效项圈在一起，相当于把该无关项当做 1 进行处理，结果则多出一个与项 ABD，但如果该无关项当 0 处理，那么这个圈就不可能存在。根据无关项化简的要求，无关项组成更大相邻项时，不能增加函数的复杂程度，因此该无关项当 0 处理是符合无关项化简规则的。图 1-25 才是相邻项组合正确的卡诺图。

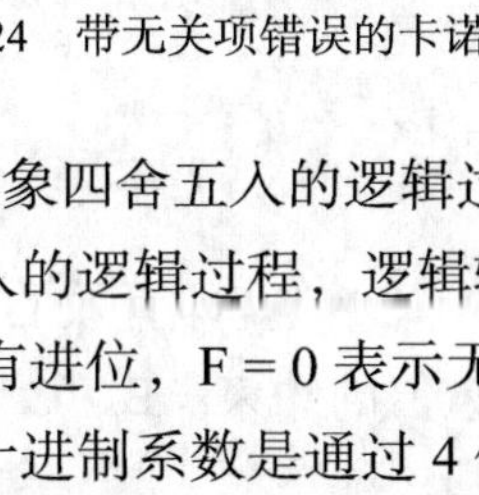

图 1-24　带无关项错误的卡诺图

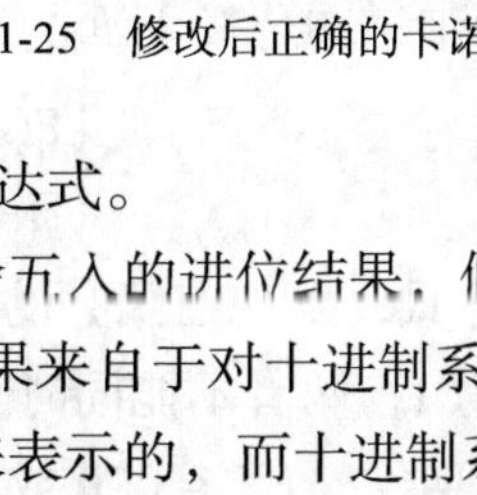

图 1-25　修改后正确的卡诺图

【例 1.33】抽象四舍五入的逻辑过程，求出逻辑表达式。

抽象四舍五入的逻辑过程，逻辑输出的结果是四舍五入的进位结果，假设该输出变量为 F，则 $F = 1$ 表示有进位，$F = 0$ 表示无进位。该逻辑结果来自于对十进制系数的判别而获得，在逻辑表示中，十进制系数是通过 4 位二进制数编码来表示的，而十进制系数的大小和四位 8421 码对应的自然顺序码大小是相同的，因此用四位自然顺序码表示十进数的 10 个系数。

但是，还有六组编码无法表示10进制数，这六组编码对应的最小项看做是无关项。四位自然顺序码用A、B、C、D来定义和表示。由此，可以确定输入输出对应的逻辑关系是：当ABCD的值小于等于4，F输出为0；当ABCD的值大于等于5且小于等于9，F输出为1；其他取值对应的最小项是无关项，F输出为×。根据上述分析，列出四舍五入逻辑抽象真值表，如表1-11所示。

表1-11　四舍五入逻辑抽象真值表

A	B	C	D	F
0	0	0	0	0
0	0	0	1	0
0	0	1	0	0
0	0	1	1	0
0	1	0	0	0
0	1	0	1	1
0	1	1	0	1
0	1	1	1	1
1	0	0	0	1
1	0	0	1	1
1	0	1	0	×
1	0	1	1	×
1	1	0	0	×
1	1	0	1	×
1	1	1	0	×
1	1	1	1	×

根据上述所绘真值表，列出函数F(A，B，C，D)的最小项简化表达为

$$F(A,B,C,D)=\sum m(5,6,7,8,9)\ +\sum d(10,11,12,13,14,15)$$

绘制F（A，B，C，D）四变量卡诺图，根据最小项简化表达式填充有效项、无效项、无关项的数值，并依据圈最大原则和圈最少原则圈出所有相邻项，如图1-26所示。

注意　在检测某个圈是否是独立的，要看这个圈中是否有不被其他圈所包含的1而不是×。

求出所有相邻项与的结果，并将它们进行或运算，得到F的最简与或表达式。

$$F=A+BC+BD$$

【例1.34】用卡诺图化简下面的逻辑函数。

$$\begin{cases}F(A,B,C)=\overline{A}B+\overline{A}C+B\overline{C}\\B+C=1\end{cases}$$

观察逻辑表达式，发现在函数的下面有约束表达$B+C=1$，即有效的最小项中，B和C的取值至少一个为1，两者不能同时为0，这是对输入数值的约束。B、C同时为0的项就是无关项，一共有两项：ABC = 000或ABC = 100。

$\overline{A}B$对应的最小项编号是010和011；$\overline{A}C$对应的最小项编号是001和011；$B\overline{C}$对应的

最小项编号是 010 和 110。所以 F 对应的最小项简化表达式为

$$F(A,B,C)=\sum m(1,2,3,6)+\sum d(0,4)$$

绘制三变量卡诺图，填充卡诺图并画出相邻项，如图 1-27 所示。

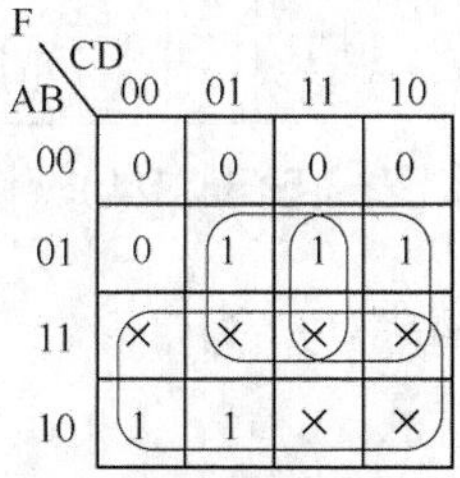

图 1-26　无关项存在的卡诺图

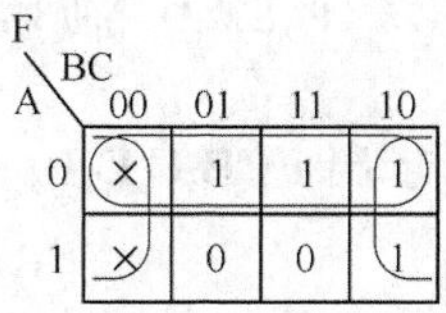

图 1-27　带约束项的卡诺图

化简得 F 的最简表达式为

$$F(A,B,C)=\overline{A}+\overline{C}=\overline{AC}$$

1.4.6　多变量的卡诺图化简

前面只讲述了三变量和四变量的卡诺图化简，没有提到更多变量的函数化简问题，就目前所学，我们只能继续使用三变量或四变量的卡诺图实现多变量函数的化简，实际上只要利用四变量卡诺图就可以实现化简过程。

利用四变量卡诺图化简，首先要确定用卡诺图化简的四个变量，然后考虑如何处理其他变量。在四个变量固定的情况下，其他变量只能利用分配律提取公因子的方法进行处理，这样针对每一个公因子，我们都要利用卡诺图化简其括号内的部分，然后把化简的结果再与公因子相与，就是最简的化简结果。

以五变量函数 F(A, B, C, D, E)为例，固定 B、C、D、E 为四变量卡诺图化简的最小项变量，则可以将表达式转换为如下形式：

$$F(A,B,C,D,E)=AF_1(B,C,D,E)+\overline{A}F_2(B,C,D,E)$$

在上式中，A、$\overline{A}$ 是剩余变量的两个公因子，F_1(B,C,D,E)和 F_2(B,C,D,E)是关于变量 B、C、D、E 的两个逻辑函数，将两个逻辑函数的有效项填入两个卡诺图中化简，得到的结果再代入表达式中，展开后就是最简与或表达式。

【例 1.35】用卡诺图化简下面的逻辑表达式。

$$F(A,B,C,D,E)=A\overline{B}\cdot\overline{C}\cdot\overline{D}+A\overline{B}\cdot\overline{CD}+A\overline{B}CE+\overline{A}BCD+\overline{A}B\overline{C}D$$

确定 B、C、D、E 为卡诺图化简对应的最小项变量，那么我们首先就表达式提取公因子 A 和 $\overline{A}$ 。

$$\begin{aligned}F(A,B,C,D,E)&=A(\overline{B}\cdot\overline{C}\cdot\overline{D}+\overline{B}\cdot\overline{CD}+\overline{B}CE)+\overline{A}(BCD+B\overline{C}D)\\&=AF_1(B,C,D,E)+\overline{A}F_2(B,C,D,E)\end{aligned}$$

接着将 F_1(B,C,D,E)和 F_2(B,C,D,E)的有效项分别填入两个卡诺图中，并圈出相邻项，如图 1-28 和图 1-29 所示。

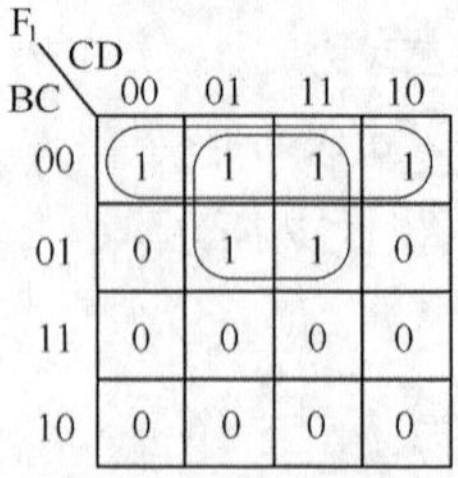

图 1-28　F_1(B,C,D,E)的卡诺图

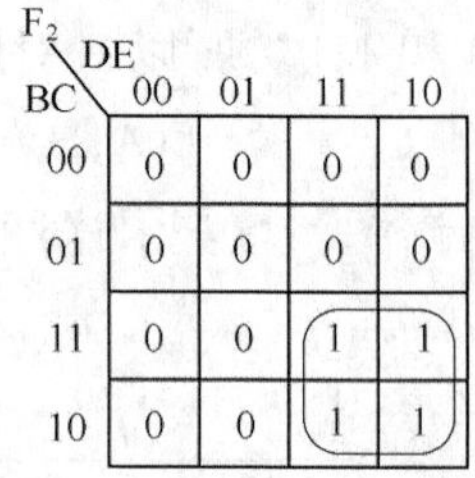

图 1-29　F_2(B,C,D,E)的卡诺图

根据卡诺图，求出 F_1(B,C,D,E)和 F_2(B,C,D,E)的逻辑表达式为

$$F_1(B,C,D,E)=\overline{B}\cdot\overline{C}+\overline{B}E$$

$$F_2(B,C,D,E)=BD$$

将所求表达式代入 $F(A,B,C,D,E)=AF_1(B,C,D,E)+\overline{A}F_2(B,C,D,E)$ 中，展开后得到 F 的最简与或表达式。

$$F(A,B,C,D,E))=AF_1(B,C,D,E)+\overline{A}F_2(B,C,D,E)$$

$$=A(\overline{B}\cdot\overline{C}+\overline{B}E)+\overline{A}BD=A\overline{B}\cdot\overline{C}+A\overline{B}E+\overline{A}BD$$

习　题

1-1　逻辑抽象：对于 4 名评委参加的海选活动，坚持少数服从多数的原则，请抽象出逻辑条件、逻辑结果及逻辑关系，并用二维表格进行表示，再将其转化为真值表。

1-2　将五进制数据 $(321.04)_5$ 用多项式形式表示出来，并将其转换为十进制数。

1-3　实现 2 个六进制数 $(125.3)_6$ 和 $(40.2)_6$ 之间的加、减、乘、除运算。

1-4　数制转换。

（1）将下列不同数制的数据转换为十进制数据。

①$(123.02)_4$　②$(110110.011)_2$　③$(725.36)_8$　④$(9A.6F)_{16}$

（2）将下列十进制数转换为二进制数、八进制数、十六进制数。

①156　②0.375

（3）任意进制数之间的转换。

①将$(123)_4$转换为五进制数。　②将$(543)_6$转换为五进制数。

（4）将下列八进制数、十六进制数转换为二进制数。

① 将八进制数 376O 转换为二进制数。

② 将八进制数 0.64O 转换为二进制数。

③ 将十六进制数 396H 转换为二进制数。

④ 将十六进制数 0.9ACH 转换为二进制数。

（5）将下列二进制数转换为八进制数、十六进制数。

① 将二进制数 1110110B 转换为八进制数。

② 将二进制数 0.1110111B 转换为八进制数。

③ 将二进制数 1110110B 转换为十六进制数。

④ 将二进制数 0.1110111B 转换为十六进制数。

1-5　求下列二进制数的 8 位原码、反码、补码、移码。

（1）二进制数为−11010B。

（2）二进制数为−0.11011B。

1-6　补码运算与溢出判别。

（1）对于 8 位补码的逻辑运算，如果有两个十进制数−36 和−74，写出两数是如何完成补码加法运算的，并判断是否发生溢出现象。

（2）对于 8 位补码的逻辑运算，如果有两个十进制数−52 和 84，写出两数是如何完成补码减法运算的，并判断是否发生溢出现象。

1-7　浮点机器数的表示。

二进制数真值为−110111.011101B，请用 16 位浮点机器数表示该数，其中，符号位为双符号位，阶码采用移码表示，尾数采用补码表示，它们都是 7 位。

1-8　编码。

（1）一电路只有加、减、乘、除四种无符号数运算，试编码控制这四种运算，写出编码分析过程。

（2）十进制编码。

① 绘制将十进制数转换为余 3 码的真值表，变量自己定义。

② 绘制将 3 位自然顺序码转换为格雷码的真值表，变量自己定义。

③ 将十进制数 359 分别用 8421 码、2421 码、5421 码表示出来。

1-9　格雷码与自然顺序码之间的转换。

（1）求 6 位自然顺序码 110110B 对应的格雷码。

（2）求 5 位格雷码 11010B 对应的自然顺序码。

1-10　基本逻辑运算。

（1）简述与、或、非三种基本逻辑运算的定义，写出它们的运算规则。

（2）若两输入逻辑变量为 A、B，输出变量为 F，分别写出与、或运算的表达式。绘出这些运算对应的国际标准逻辑符号。

1-11　复合逻辑运算。

（1）利用 3 种基本逻辑运算，自己组合出一个简单的复合逻辑运算，并指出其名称。

（2）若两输入逻辑变量为 A、B，输出变量为 F，分别写出与非、或非、异或、同或运算的表达式。绘出这些运算对应的国际标准逻辑符号。

（3）用与、或、非运算的国际标准逻辑符号绘制出同或运算的逻辑图。

1-12　逻辑函数及表示方法。

已知逻辑函数表达式为 $F(A,B,C) = AB + C$，分别用真值表、逻辑图、波形图、卡诺图表示该逻辑函数。

1-13　用逻辑公式或定律化简下列表达式。

（1）$F(A,B,C)=\overline{AC+\overline{A}BC+\overline{B}C}+AB\overline{C}$

（2）$F(A,B,C,D)=A\overline{B}CD+ABC\overline{C}\cdot\overline{D}+A\overline{B}+A\overline{D}+A\overline{B}C$

1-14　逻辑规则。

（1）用摩根定律求 $Y=AB+C$ 的反函数。

（2）用反演规则求的 $Y=AB+C$ 的反函数。

（3）利用对偶规则求 $Y=A\overline{B}+C$ 对偶式。

（4）已知逻辑公式为 $A+\overline{A}=1$，利用对偶规则求另一公式，并证明公式成立。

1-15　卡诺图化简。

（1）简述卡诺图的构造假想。

（2）写出四变量 A、B、C、D 对应的 16 个最小项，说明其与二进制数组合的对应关系。

（3）将函数 $Y=AB+CD$ 转换为最小项与或的表达形式，并写出简化表达式。

（4）写出逻辑函数 $Y=AB+CD$ 反函数的简化表达式。

（5）简述卡诺图化简依据与化简原则。

（6）用卡诺图化简下列逻辑表达式。

① $F(A,B,C)=\overline{AC+\overline{A}BC+\overline{B}C}+AB\overline{C}$

② $F(A,B,C,D)=A\overline{B}CD+AB\overline{C}\cdot\overline{D}+A\overline{B}+A\overline{D}+A\overline{B}C$

③ $F(A,B,C)=\overline{A}\cdot\overline{B}+\overline{A}B+A\overline{B}\cdot\overline{C}$

④ $F(A,B,C,D)=A\overline{B}\cdot\overline{C}\cdot\overline{D}+A\overline{B}\cdot\overline{C}D+A\overline{B}C+AB\overline{C}$

（7）最小项简化表达式的卡诺图化简。

① $F(A,B,C,D)=\sum m(0,1,2,5,6,8,9,10,13,14,15)$

② $F(A,B,C,D)=\sum m(2,5,8,9,10,11,12,13,14,15)$

③ $F(A,B,C,D)=\sum m(0,2,6,7,10,13,14,15)$

④ $F(A,B,C,D)=\sum m(0,1,2,3,4,6,8,9,10,11,12,14)$

（8）带无关项或约束项的卡诺图化简。

① $F(A,B,C,D)=\sum m(3,5,7)+\sum d(10,11,12,13,14,15)$

② $F(A,B,C,D)=\sum m(0,2,4,6,9,13)+\sum d(1,3,5,7,11,15)$

③ $F(A,B,C,D)=\sum m(2,4,5,6,7,10)+\sum d(0,3,8,15)$

④ $\begin{cases}F(A,B,C)=A\overline{B}+BC\\A+B=1\end{cases}$

第 2 章 电路的逻辑表示与逻辑门

第 1 章主要讲述了逻辑问题的抽象与表示，数据的逻辑表示，逻辑代数的运算，逻辑函数的表示方法，逻辑代数的定律、规则及化简方法，卡诺图化简等。在逻辑代数的运算中，有与、或、非及各种复合逻辑运算。在 EDA 设计中，按照输入输出变量的逻辑关系，利用电子元件，设计出能够实现这些逻辑关系的集成元件，称为逻辑门元件。组成逻辑门元件的金属引脚就是逻辑关系中的输入输出变量。

随着逻辑门的出现，数字电路设计就变成了逻辑设计，电路就可以按照逻辑设计的过程去实现。本章主要讲述电路的逻辑实现方法，逻辑门元件发展状况，电源电路设计，常用逻辑门元件及逻辑实现实例，CMOS 系列和 TTL 系列逻辑门的组成原理及功能实现。

2.1 电路的逻辑实现

2.1.1 电路的逻辑表示

传统的电路是在电源提供电能的基础上，以元件为单位，通过导电金属线连接元件引脚构成的能够实现一定功能的系统。在初高中阶段，我们一般用电路原理图代替元件组成的电路，电路设计是一种实物组成电路的物理实现过程，而电路原理图和逻辑图一样，是虚拟表示电路的一种形式，是实现电路组成的一种研究方法。电路和原理图之间可以相互转换，可以把已知的实物电路绘制为原理图，也可以把原理图的内容用实物电路替代，这就是电路的逻辑表示过程，这个过程是相互的。随着逻辑门元件的出现，原理图则变为逻辑图，电路则更具有了逻辑实现的内容。本节我们重点研究元件的电路组成、电路的逻辑实现，进一步深入认识元件，设计出为逻辑门引脚赋值 0、1 的电路。

1. 简单电路的组成

在日常生活中，我们可以利用干电池设计出许多简单的电路。例如，用电池驱动灯泡发光，只要为灯泡配置出额定电压，那么灯泡就会发光，而且电路不会因产生功率过大的问题烧毁灯泡，手电筒也是基于这个原理设计而成的。对于简单电路，我们选择电源、元件，然后用导线连接相应的元件引脚，就可以手工构造出一个完整的电路系统。所以，电路是以元件为基本单位，利用导电的金属线连接而成的具有一定功能的系统。

在手工组成电路前，为了连接电路有所参考和比较，需要绘制电路图。绘制电路图前，一般需要把元件绘制为承载引脚的图形符号，称之为元件符号。元件符号可以绘制为矩形，或者接近于元件实物的图形，至于用什么样的图形并不重要，但是必须把连线的引脚标注出来。首先在承载体上绘制多条一定长度的线段，相当于多个引脚，然后为每个引脚添加功能表示的名称，做到见名知义，便于引脚之间的连接。将所有绘制的元件符号摆好位置，根据电路系统要求的连线关系，将元件进行连接，就构成一个完整的电路图。

【例 2.1】设计能使发光二极管正常发光的电路，其中发光二极管的额定电压为 1.8～2.5V，额定电流为 5～18mA，电路提供 5V 的电压。

（1）电路功能元件选择

从手工组合来说，我们首先要进行电路功能部分的选择，电路主要功能选项有以下几种。

① 电源。

采用传统的方法进行设计，选择干电池或芯片电池作为电源，但是随着直流电源适配器的出现，在设计电路时，一般选择 5V 电源适配器来提供电源，而为了将电源适配器提供的电压引到电路中去，我们需要提供相关的接口插座元件。市场上提供的电源适配器接口有两种，一种是 USB 接口插头，一种是 DC 插头，属于插座的公座，如图 2-1 所示。而针对接口插座，市场分别为其设计了母座的接口，负责将电源+5V（或+12V）电压引入电路中，如图 2-2 所示。

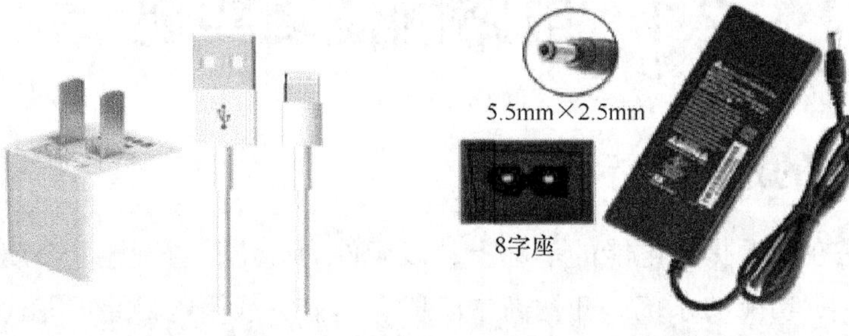

（a）USB接口的电源适配器　　（b）DC接口的电源适配器

图 2-1　两种电源适配器

其中适配器一端连接交流电插座，另一端连接设计电路的接口母座。对图 2-1（a）所示适配器而言，一般为电路提供+5V 电压；对图 2-1（b）所示的电源适配器而言，一般为电路提供+5V 或+12V 的电压，具体连接参考元件本身特性。

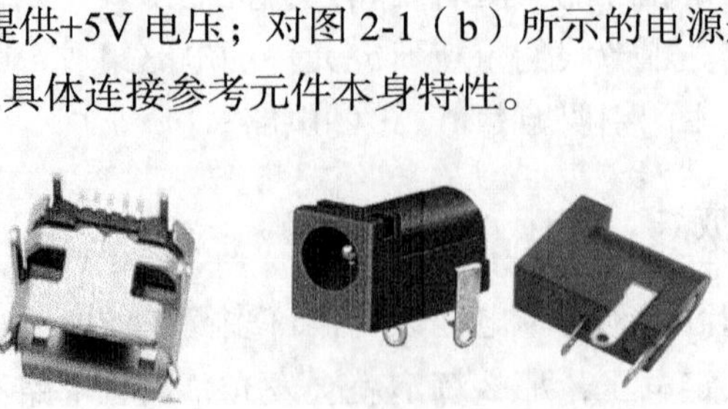

（a）USB插座　　（b）DC插座

图 2-2　两种电源适配器插座

图 2-2（a）中的 USB 插座现在一般集成于手机侧面，用来连接图 2-1（a）所示的手机 USB 电源适配器，为手机提供电压为+5V 电源；而图 2-2（b）所示的 DC 插座可集成于实验设备板、笔记本及微型计算机系统侧面，用来连接图 2-1（b）所示的 DC 电源适配器，为电路提供电压为+5V、+12V 电源。

USB 母座共有 5 针引脚，图 2-2（a）是 micro USB 五针四角插板插座，自右而左，五针引脚编号分别是 1#～5#，电源正极由 1#引入，电源负极由 5#引入，2#脚是数据输出引脚，3#脚是数据输入引脚，4#脚不做使用。做电源母座时，只需引入 1#脚（V_{CC}）和 5#脚（GND）即可。

DC 母座只有三个引脚，如图 2-2（b）所示，1#引脚位于插座口的后侧，引进电源正极，2#脚与 1#脚平行，位于元件中间的位置，3#脚位于侧面，2#脚和 3#脚引进电源负极，设计时将两脚连接在一起。

② 发光二极管发光主体电路设计。

对于电源正负极之间的电路，元件可以采用并联或串联进行连接，也可以混合连接，不管如何连接，中间有多少个元件，任何连接在正负极之间的电路可以看做一个回路，回路是导通的。

发光二极管的额定电压是 1.8～2.5V，最大电压为 2.5V，尽量不要超过这个电压，否则发光二极管会被烧掉，但若电压低于 1.8V，可能并不影响发光二极管发光，只是电压越低，光线越暗。因为电路回路电压为 5V，发光二极管电压设为 1.8V，要使回路正常工作，必须为发光二极管串联一个电阻，承载剩余 3.2V 的电压，而发光二极管的电阻较小，可以忽略不计，若设电路电流为最小的 5mA，则可求出串联电阻理论的最大值为 $3.2/(5\times10^{-3})=640\Omega$，但实际电阻应该再大一点，在实际设计中一般使用 1kΩ 的电阻。

根据以上分析，发光二极管电路是一个简单的串联回路，在电源正负极之间串联了一个 1kΩ 的电阻和额定电压为 1.8V 的发光二极管。电阻元件的实物如图 2-3（a）所示，发光二极管如图 2-3（b）所示。电阻共有两针引脚，没有正负极；发光二极管长针为正极，短针为负极。

（a）电阻　　　　（b）发光二极管

图 2-3　电阻和发光二极管元件

③ 电路金属导线的连接。

任何回路中的元件，必须按照元件引脚间的连接关系，通过金属导线的连接，才能导电。发光二极管电路，从正极引出导线后，连接到 1kΩ 电阻的 1#引脚，再从电阻的 2#脚引出导线，连接到发光二极管的正极，而发光二极管的负极连接到电源的负极。

（2）绘制电路符号和原理图

在实现实物元件电路前，一般要将选择、购买的元件组成的电路以图形的形式绘制出来，元件绘制为反映引脚特性的元件符号，在原理图中，元件符号就是元件，连线关系就是导线的连接关系。

电路原理图可以手工进行绘制，也可以使用EDA编辑软件绘制，在EDA绘图软件中，存在元件符号库，有国家标准的元件符号，也有国际标准的元件符号，我们应该采用相同的标准绘制原理图。建议采用国际标准符号绘制原理图，电阻和发光二极管的国际标准符号如图2-4（a）、图2-4（b）所示。

在图2-4中，R_1、D_1是原理图中元件的流水号，是在图中识别元件的唯一标识，1kΩ和LED则是指元件的大小或型号，元件的这两个特性在绘制原理图时是必不可少的。

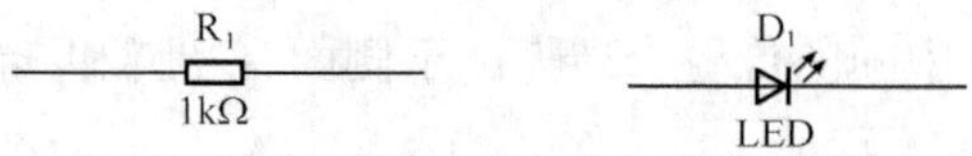

（a）电阻的国际标准符号　（b）发光二极管的国际标准符号

图2-4　电阻和发光二极管的国际标准符号

除了标准符号库中的元件符号外，其他符号必须由设计者自己绘制或设计。设计时，一般先绘制矩形载体（可以绘制接近于元件形状的载体），然后将引脚分布于矩形四周（引脚少时分布于左右两侧），并为每针引脚标注编号和名称，其中编号是必不可少，用来识别引脚在元件中的顺序号，名称根据情况由设计者自己决定是否进行标注。在元件库中，并不存在USB插座和DC插座的元件符号，需要手工对它们进行绘制，如图2-5（a）、图2-5（b）所示。

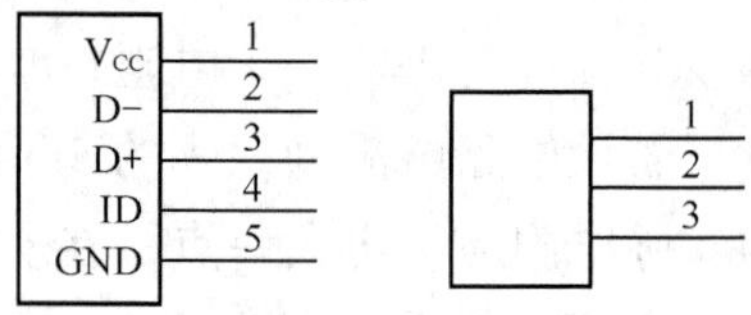

（a）USB插座符号　（b）DC插座符号

图2-5　两种电源适配器插座符号

在图2-5（a）中，在五针引脚上定义了引脚的编号，在矩形框内定义了每针引脚对应的名称，这里仅使用1#、2#脚引进电源的正负极。图2-5（b）中，只在引脚上定义了引脚编号，没有定义引脚名称，是因为该元件仅引进电源正负极。

选择DC插座提供电源，定义其流水号为J_1，型号为DC05，将绘制好的逻辑符号按照一定的距离合理摆放后，根据回路连线要求，连接逻辑符号中的引脚，构造出反映电路元件连接关系的原理图，如图2-6所示。

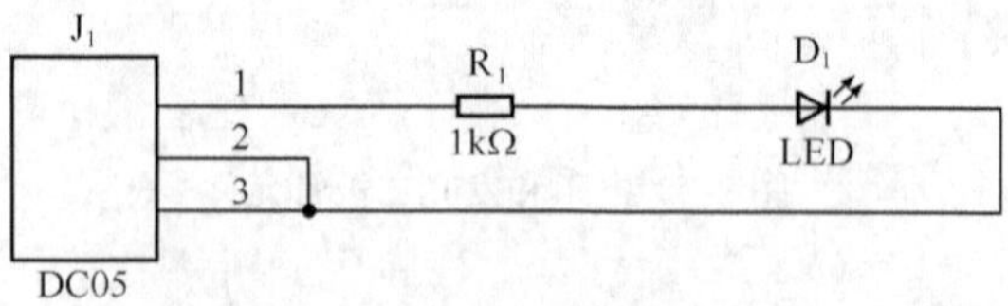

图2-6　发光二极管电路的原理图

（3）根据原理图手工实现电路

绘制原理图的目的，就是为电路设计提供元件型号（元件大小）、流水号、引脚连线关系等。根据提供的信息，我们可以采用手工进行连接，如图2-7所示。也可以使用载体（导电绝缘体）固定元件，然后连接引脚。在实际应用中，一般在塑料板上印制固定导体的部件（焊盘）和铜制导线，这种塑料板称为印制电路板（Print Circuit Board），简称 PCB。关于 PCB，参考第 3 章所述内容。

在图中，并没有采用实际导线连接，而是采用直线虚拟连接的，大家只要知道引脚之间的连接关系即可。

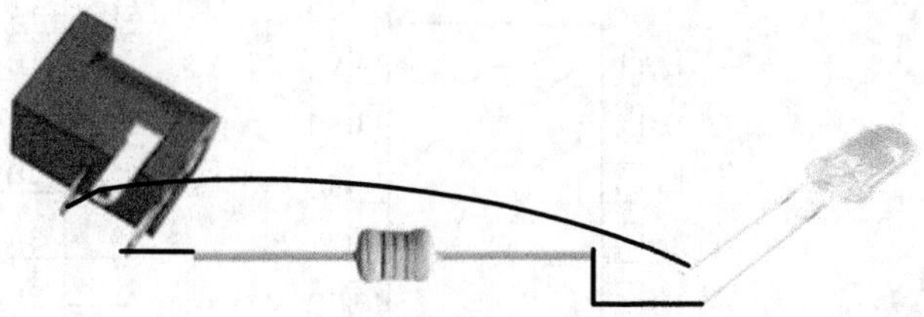

图 2-7　根据原理图虚拟连接的电路

2. 电路的逻辑实现

逻辑运算包括与、或、非运算及复合逻辑运算，在实现逻辑函数时，逻辑图是其中的一种表示方法，如果逻辑图中的逻辑符号和原理图中的电路符号一样，能够表示逻辑元件，那么逻辑函数就可以通过逻辑图转换为逻辑电路。实际上，许多逻辑运算已经用二极管、三极管、场效应管等电子元件集成为电路元件，称为集成逻辑门，简称逻辑门。逻辑门引脚较多，一般有连接电源正、负极的引脚，实现逻辑运算的输入输出引脚，实现控制功能的引脚，反映逻辑过程状态的引脚等。逻辑门元件在集成时，集成电路被封装在绝缘的封装体中，封装体是以塑料为外壳的，防止电路漏电，将引脚按照一定的顺序进行排列，并引出封装体，每针引脚表示一定的功能。要知道每针引脚的功能，需要上网查看元件型号手册，手册中列有元件引脚名称，引脚名称功能表，元件逻辑符号图、元件引脚的导电参数等。

对于一个逻辑门，掌握元件自身的外围（引脚）特性及组成，就需要进一步了解每针引脚的编号和名称，熟悉它的逻辑符号图及电气特性。以与门为例，元件内部共集成了 4 个与门，每个与门有两个输入引脚和一个输出引脚，$3 \times 4 = 12$，共有 12 个引脚，加上电源正负极引脚，共有 14 个引脚。针对这些引脚，我们对与门特性做一个全面的了解。

（1）与门实物元件

实物元件是构成电路的基本单元，元件封装体上印有文字，最主要的内容是元件的型号，当文字朝上，左下角的引脚编号为 1，按照逆时针方向为其他引脚编号。与门实物元件如图 2-8 所示。每个引脚实际位置排列、名称、编号如图 2-9 所示。

（2）与门外围特性原理分析

图 2-9 所示的与门引脚特性图展示了与门外围特性，是组成电路最重要的参数。在图中，V_{CC}（14#）表示连接+5V 电源正极引脚；而 GND（7#）表示连接电源负极的引脚，引入电压约为 0V；　1A（1#）、1B（2#）代表第 1 个与门的两针输入，1Y（3#）代表第 1 个与门的输出；2A（4#）、2B（5#）代表第 2 个与门的两针输入，2Y（6#）代表第 2 个与门的输出；

3A（9#）、3B（10#）代表第 3 个与门的两针输入，3Y（8#）代表第 3 个与门的输出；4A（12#）、4B（13#）代表第 4 个与门的两针输入，4Y（11#）代表第 4 个与门的输出。与门引脚内部原理逻辑图如图 2-10 所示。依据外围特性的分析，在设计电路时，一片与门可以实现 4 个逻辑与运算，这为设计者实现逻辑功能时选择几片与门元件提供了依据。

图 2-8　与门实物元件

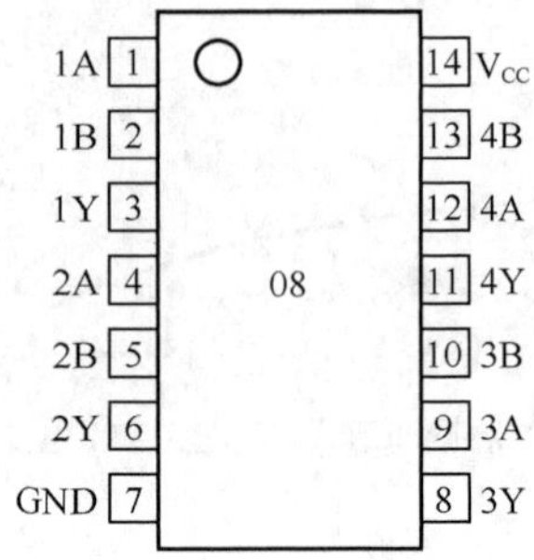

图 2-9　与门引脚特性图

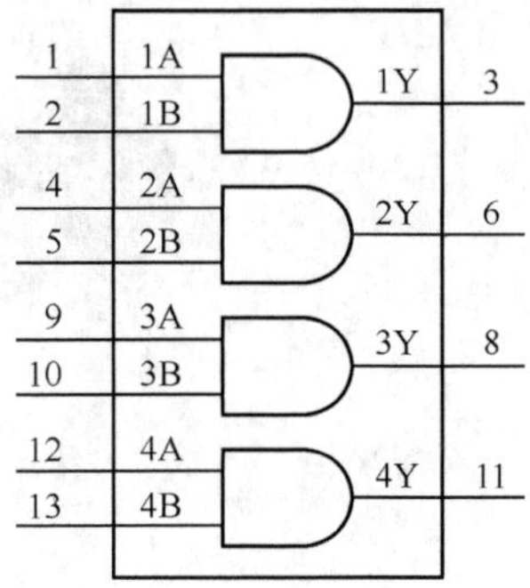

图 2-10　与门引脚内部原理逻辑图

（3）电气特性

电气特性是指与门引脚电压、电流值的允许范围，有最大值和最小值的约定，在设计电路时，可在允许范围内设定电压、电流的大小，然后研究与之匹配的电阻等元件，最后根据电阻、电压公式去计算元件的大小。若 V_{CC} 电压为+5V，与门 74HC08 的最大输入电压值设为 1.5V，相当于为引脚提供了一个高电平，这时要串联一个电阻承担 3.5V 的电压，相当于引脚赋值为 1。在实际设计中，一般选择 10kΩ 的电阻与引脚串联，忽略引脚电阻，则电流值约为 $3.5/(10\times10^3)=0.35\text{mA}$。如果引脚输入为低电平，引脚具有的电势并不是 0V，约为 0.7V，这个电压是无法驱动引脚工作的。

随着逻辑门元件参与到电路设计中，电路设计可以全部视为逻辑设计过程，没有逻辑门参与的电路是模拟电路，可以看做逻辑设计电路的一种特例，而有逻辑门参与设计的电路因为 0、1 逻辑值的存在，称为数字电路。在以后研究过程中，元件符号统称为逻辑符号，原理图统称为逻辑图。电路设计都看作逻辑设计过程，用逻辑图表示出来，并转化为实际电路，这就是电路的逻辑实现。

3. 认识元件

通过电路的逻辑实现，我们认识到元件在电路设计中的核心地位。元件是电路组成的基本单元、要素，因此，我们应该全面了解元件的分类、逻辑门的市场动态等。

以元件引脚的形状分类，元件分为插针式元件和贴片式元件。图 2-11（a）显示的是或门 74HC32 的插针式元件，而图 2-11（b）显示的是或门贴片式元件，引脚特性参考或门 74HC32 的元件手册。在印制电路板时，要在塑料板上固定插针元件，需要为每个引脚制作金属过孔。过孔的大小和间距要符合元件提供的数据，引脚用焊锡焊接在过孔的金属上，通过印制的铜线和其他引脚导电。贴片式元件引脚是平面金属片，无须在电路板上挖孔，只需根据引脚的中心间距、引脚的长和宽，在塑料板上作出和引脚等大小的金属片即可，可利用焊锡将引脚固定在对应的金属片上。金属过孔和金属片统称焊盘。

根据元件引脚输入输出的电压是否稳定，将元件分为分立元件和逻辑门元件两种。分立元件引脚输入的电压是不稳定的，根据功能需求的不同而不同，如电阻、电容、电感、二极管、三极管等；逻辑门元件的电压一般是稳定的，只有高低两种电平，如与门。

（a）或门插针式元件　　（b）或门贴片式元件

图 2-11　或门元件分类

集成逻辑门电路包括 DTL 集成逻辑门、TTL 集成逻辑门、MOS 集成逻辑门、ECL 集成逻辑门、I^2L 集成逻辑门等。在目前市场上，主要使用 TTL 集成逻辑门和 MOS 集成逻辑门开发设计的元器件。MOS 集成逻辑门按照器件结构的不同形式，可以分为 NMOS、PMOS、CMOS 三种逻辑门电路，其中互补型金属氧化物半导体电路 CMOS 已经基本取代了发展了数十年的晶体管—晶体管逻辑门 TTL 电路，在数字系统开发中占据了主导性的地位。CMOS 电路的工作速度已经赶上了甚至超过 TTL 电路，它的功耗和抗干扰能力则远优于 TTL。市场上销售的元件主要有 TTL 74 系列和 CMOS 4000 系列，它们的型号和功能分别参照附录 A、附录 B。

4. 赋值电路设计

在电子电路中，高低电平可以用逻辑“0”和“1”表示。根据对应关系的不同，可分为正逻辑表示和负逻辑表示两种方法。

在二值逻辑中，用高电平表示逻辑“1”，低电平表示逻辑“0”的逻辑关系称为正逻辑；而用高电平表示逻辑“0”，低电平表示逻辑“1”的逻辑关系称为负逻辑。正负逻辑示意图如图 2-12 所示。

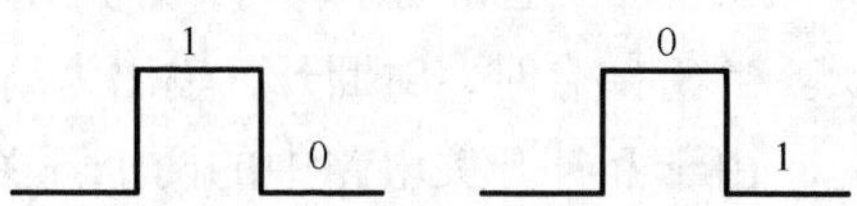

（a）正逻辑　　（b）负逻辑

图 2-12　正负逻辑示意图

同一逻辑电路采用不同的逻辑关系，其逻辑功能是完全不同的，表 2-1 列出了正负逻辑对应的具有相同功能的逻辑门电路。由表可以看出：正负逻辑式互为对偶式，如果给出一个正逻辑的逻辑表达式，那么对偶式即为负逻辑的逻辑表达式。譬如正逻辑为或门，表达式为 $Y = A + B$，那么负逻辑表达式为 $Y = AB$。正负逻辑的使用依个人的习惯，但同一系统中采用同一种逻辑关系，本书采用正逻辑表示法。

表 2-1　正负逻辑对应的门电路

正　逻　辑	负　逻　辑
与门	或门
或门	与门

续表

正　逻　辑	负　逻　辑
与非门	或非门
或非门	与非门
异或门	同或门
同或门	异或门

在数字电路中，输入输出“1”和“0”，实际上是为引脚配置高低电平。高低电平可通过开关电路来实现，开关由二极管或三极管构成，如图 2-13 所示。

观察图 2-13，我们发现当开关 S 断开时，输出电压 $v_O = V_{cc}$，可表示为高电平“1”；当开关闭合时，输出电压 $v_O = 0$，可表示为低电平“0”。若开关由三极管构成，则控制三极管工作在截止和饱和状态，就相当开关 S 的断开和闭合。单开关电路功耗较大，目前出现的互补开关电路（如 CMOS 门电路），用一个管子代替图 2-13 中的电阻 R，如图 2-14 所示。

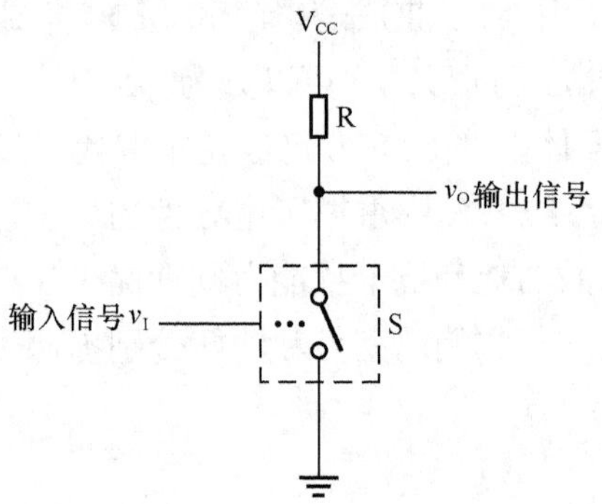

图 2-13　实现高低电平的开关电路

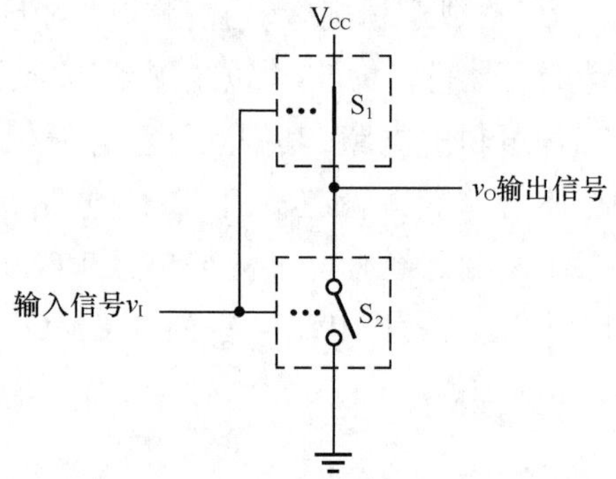

图 2-14　互补开关电路

互补开关电路的原理为：开关 S_1 和 S_2 受同一输入信号 v_I 的控制，而且导通和断开的状态相反。当 S_1 闭合时，S_2 断开，输出为高电平“1”；当 S_1 断开时，S_2 闭合，输出为低电平“0”。

由于互补开关电路中的两个开关总有一个是断开的，流过的电流为零，电路的功耗非常低，因此在数字电路中得到广泛的应用。

2.1.2　电源电路设计

在前面，我们已经提到，使用 USB 插座和 DC05 插座可以将电源适配器的+5V 电压引进电路中，为电路提供工作用的电源正负极。根据前面所述两种插座引脚的特性，绘制出两种电源插座，可以分时为电路提供电源的电源电路。

一个电源电路除了电源插座之外，应该具有控制电路通断的开关，这里选择六脚自锁开关，六脚自锁开关共有 6 针脚，其元件实物如图 2-15（a）所示，引脚特性如图 2-15（b）所示。在图 2-15（b）表示的逻辑符号中，2#脚和 5#脚是连在一起的，当按下开关，如果 2#、5#脚和 1#、6#脚连接在一起，那么，再按一下开关，2#、5#脚则和 3#、4#脚连接在一起，如此反复。根据上述特点，电源正极不管从 1#脚或 3#脚引入，只能从 5#脚引出，才能实现电路的通与断；如果从 2#脚引入，则可以选择 4#脚或 6#脚输出。SW1 为六脚自锁开关的流水号，SW_6 为六脚自锁开关的型号。

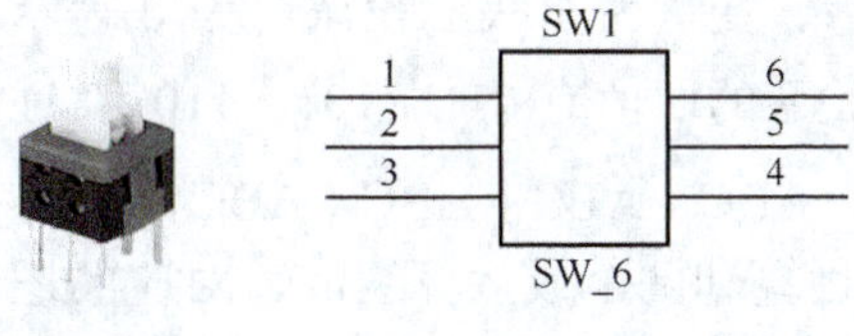

（a）六脚自锁开关元件　（b）六脚自锁开关逻辑符号

图 2-15　六脚自锁开关

在六脚自锁开关通断的过程中，我们应该为电源配置发光二极管指示灯回路，实例 2.1 就是一个发光二极管回路，选择了 1kΩ的电阻和额定电压为 1.8V 的发光二极管。

同时，使用 USB 插座或 DC05 插座引进的正极电压对逻辑门正极引脚来说不够稳定，为了克服这个问题，引进了电容稳压回路，选择电容值为 0.1μF 的纸质电容，稳压后的电压正极用来连接到逻辑门的正极。纸质电容的实物元件如图 2-16（a）所示，国际标准逻辑符号如图 2-16（b）所示，纸质电容为无极性电容。

（a）纸质电容元件　（b）纸质电容逻辑符号

图 2-16　纸质电容

根据电路的需求和提供的逻辑符号，双插座电源电路的逻辑图如图 2-17 所示。

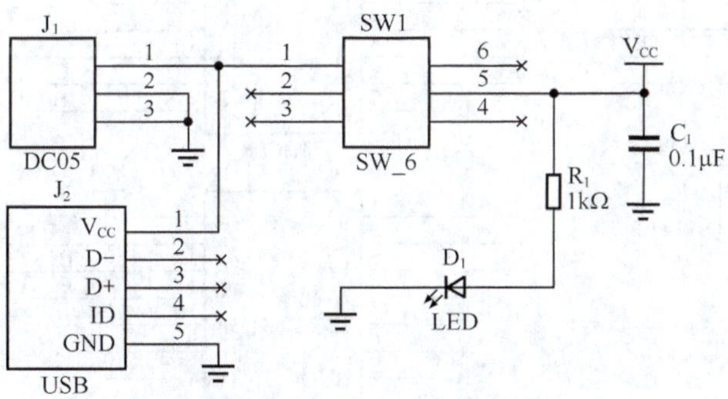

图 2-17　双插座电源电路逻辑图

电源正极通过 USB 插座或 DC05 插座从 1#脚引入，经六脚自锁开关 1#脚进入 5#脚，如果按下开关导通电路，就会使发光二极管指示灯回路和电容稳压回路导通，发光二极管会发光，电容会充电到+5V。符号 ⏚ 是电源负极标志，┬ 是电源正极的标志，“×”表示该引脚未使用。

2.1.3　电路逻辑设计实例

使用数字电路表达逻辑问题，首先根据逻辑问题抽象出逻辑表达式，接着根据表达式选择电路元件，绘制电路元件对应的逻辑符号，然后根据自定义逻辑符号或国际标准符号绘制逻辑图，最后将逻辑图转换成数字电路，这是电路的逻辑实现。

【例 2.2】设计一个 3 评委表决器，求出逻辑表达式，绘制逻辑电路图。

3 评委表决选手通过与否，选手通过与否是逻辑结果，定义为输出变量 F，F = 0 表示表决未通过，F = 1 表示表决通过。要使选手通过，需要 3 个评委投票，3 个评委投票与否分别用输入变量 A、B、C 表示，变量为 1 表示投票，为 0 表示不投票。逻辑关系为少数服从多数，3 输入变量符合逻辑关系的取值有 011、101、110 和 111，所以 F 的逻辑表达式为

$$F = \overline{A}BC + A\overline{B}C + AB\overline{C} + ABC = AB + AC + BC$$

逻辑表达式由 3 个与运算和两个或运算组成，对应的逻辑电路应该有 3 个与门和 2 个或门，因为与门 74HC08 集成了 4 个与门，或门 74HC32 也集成了 4 个或门，所以选择 1 片与门和 1 片或门即可，根据元件外围特性自定义与门逻辑符号，或门逻辑符号和与门相同。选择 DC05 插座为电源插座；用 3 路拨码开关设计 3 路赋值电路，模拟 3 评委投票，向上推表示同意，向下推表示反对；用发光二极管显示 F 输出，正向连接，发光表示通过，否则表示不通过。设计的电路如图 2-18 所示。

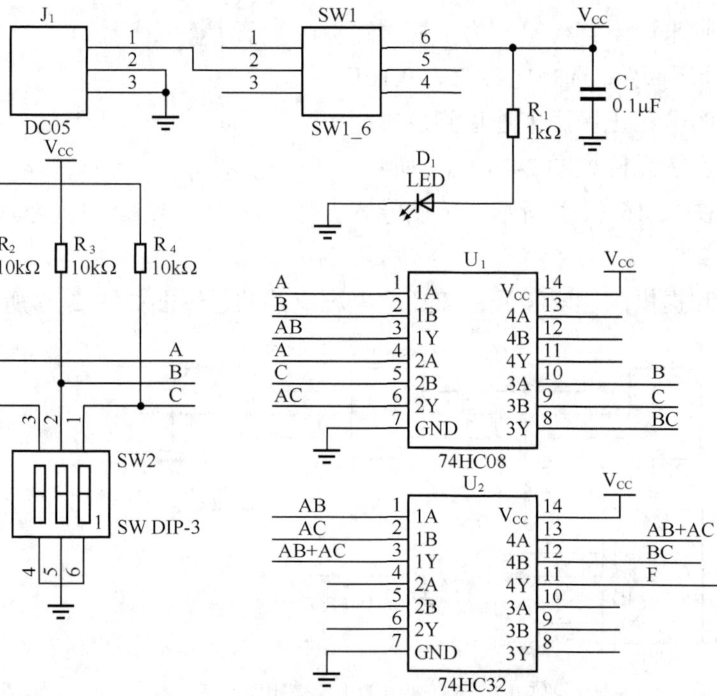

图 2-18　3 评委表决器逻辑图

在上述电路中，U_1、U_2 分别表示与门 74HC08 和或门 74HC32，74HC08 的 1 号、2 号、3 号与门分别实现了 AB、AC、BC 的与运算，74HC32 的 1 号或门实现了 AB + AC 的或运算，该输出进入 4 号或门的 13#引脚，与运算结果 BC 进入 12#引脚，F 的结果沿 11#引脚输出，通过发光二极管 D_1 显示。

2.2　半导体元件逻辑门

前面主要讲述了数字电路的逻辑实现，有逻辑门参与设计的电路称为数字电路。因此，需要了解半导体元件逻辑门、CMOS 逻辑门、TTL 逻辑门的组成，特性分析及功能实现，本

节主要讲述半导体元件逻辑门。

2.2.1　半导体元件的开关特性

半导体器件主要包括二极管、三极管、场效应管等。TTL 门、CMOS 门都是由半导体器件构成。

1. 二极管的开关特性

（1）开关特性分析

二极管符号如图 2-19 所示。由于半导体二极管具有单向导电的特性，当在左侧（正极）外加正向电压后，二极管导通，外加反向电压截止，所以二极管相当于一个受外加电压极性控制的开关。二极管开关控制电路如图 2-20 所示。

图 2-19　二极管符号图

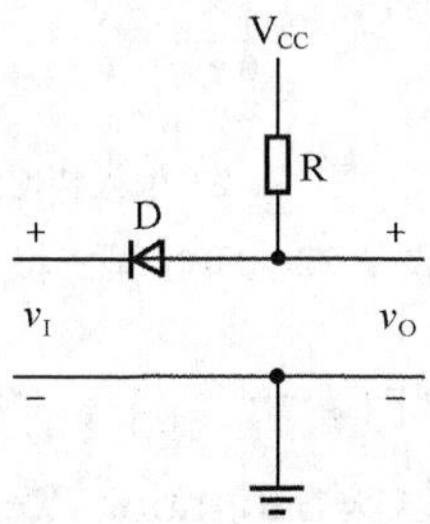

图 2-20　二极管开关控制电路

假设二极管 D 为理想开关元件，即正向内阻为 0，反向内阻为无穷大。基准电压 V_{CC} 加在二极管的正极，当 $v_I = V_{CC}$ 时，二极管截止，$v_O = V_{CC}$；当 $v_I = 0$ 时，二极管导通，$v_O = 0$。因此可以用 v_I 控制二极管的开关状态，并在输出端得到相应的高低电平输出信号。但二极管的开关特性并不是理想开关特性，其反向电阻不是无穷大，正向电阻也不是 0，因此电压电流之间并不是线性关系。

（2）二极管的动态特性

当电路处于动态状态，即二极管两端电压突然反向时，半导体二极管所呈现的开关特性称为动态开关特性（简称动态特性）。二极管的动态电压电流特性如图 2-21 所示。在输入电压转换状态的瞬间，二极管由反向截止到正向导通，内电场的建立需要一定的时间，所以二极管电流的上升是缓慢的；当二极管由正向导通到反向截止时，二极管的电流迅速衰减并趋向饱和也需要一定的时间。在输入信号频率较低时，二极管的导通和截止的转换时间可以认为是瞬间完成的。但在输入信号频率较高时，这个时间就不能忽略了。

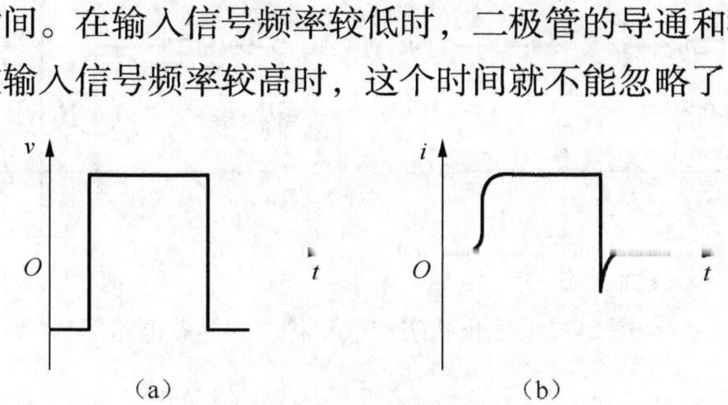

（a）　　（b）

图 2-21　二极管动态电压电流波形

将二极管由截止转向导通所需的时间称为正向恢复时间（开通时间）t_{on}；二极管由导通转向截止所需的时间称为反向恢复时间（关断时间）t_{re}，两者统称为二极管的开关时间，一般 $t_{on} << t_{re}$。

2. 三极管的开关特性

NPN 型三极管共射极电路的原理图、输入特性曲线、输出特性曲线如图 2-22 所示。

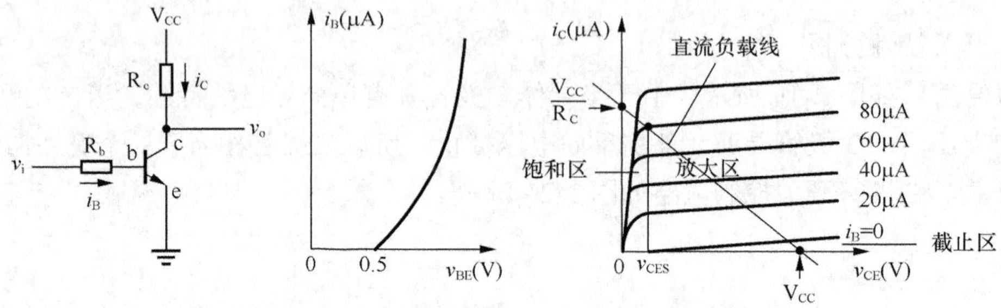

（a）工作原理电路　　（b）输入特性曲线　　（c）输出特性曲线

图 2-22　NPN 型三极管的原理图、输入输出特性曲线

由输出特性曲线图可以看出，图中有 3 个工作区域：截止区（Cutoff Region）、放大区（Active Region）和饱和区（Saturation Region）。三极管是以 b 极电流 i_B 作为输入，操控整个三极管的工作状态。若三极管工作在截止区，i_B 趋近于 0（v_{BE} 亦趋近于 0），c 极与 e 极间约呈断路状态，$i_C = 0$，$v_{CE} = V_{CC}$。若三极管工作在放大区，b-e 接面为顺向偏压，b-c 接面为逆向偏压，i_B 的值适中（$v_{BE} = 0.7V$），$i_C = \beta i_B$，i_C 的值呈比例放大，$v_{CE} = V_{CC} - R_c i_c = V_{CC} - R_c \beta i_B$，$v_{CE}$ 可被 i_B 操控。若三极管工作在饱和区，i_B 很大，$v_{BE} = 0.8V$，$v_{CE} = 0.2V$，$v_{BC} = 0.6V$，b-c 与 b-e 两接面均为正向偏压，c-e 间等同于一个带有 0.2V 电位落差的通路，可得 $i_C = (V_{CC} - 0.2)/R_c$，i_C 与 i_B 无关了，因此时的 i_B 的值大于线性放大区时 i_B 值，$i_C < \beta i_B$ 是必然的。三极管在截止状态时 c-e 间如同断路，在饱和状态时 c-e 间如同通路（带有 0.2V 电位降），因此可以用作开关。控制此开关的是 i_B，也可以用 v_{BE} 作为控制的输入信号。图 2-23 分别显示了三极管开关的断路、通路状态，及其对应的等效电路。

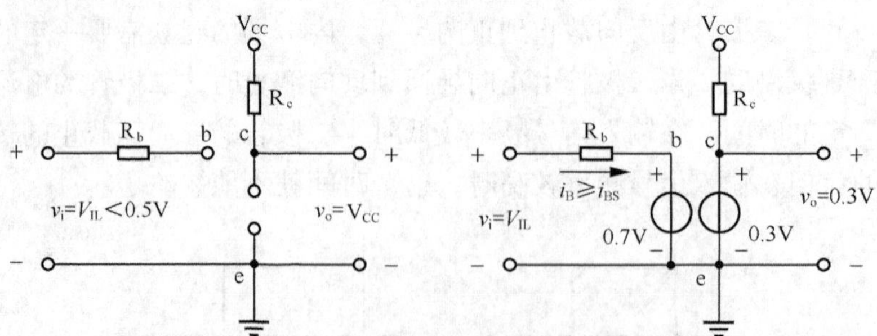

（a）截止状态　　（b）饱和状态

图 2-23　截止状态和饱和状态的等效电路图

NPN 型三极管的三种工作状态分析如表 2-2 所示。其中 i_{BS} 为基极饱和电流。

表 2-2　　NPN 型三极管的截止、放大和饱和 3 种工作状态的特点

工作状态		截　至	放　大	饱　和
条件		$i_B = 0$	$0<i_B<i_{BS}$	$i_B>i_{BS}$
工作特点	偏置状况	发射结反偏，集电结反偏 $v_{BE}<0$，$v_{BC}<0$	发射结正偏，集电结反偏 $v_{BE}>0$，$v_{BC}<0$	发射结正偏，集电结正偏 $v_{BE}>0$，$v_{BC}>0$
	集电极电流	$i_C = 0$	$i_C = \beta i_B$	$i_C = i_{CS}$
	ce 间电压	$v_{CE} = V_{CC}$	$v_{CE} = V_{CC} - i_C R_c$	$v_{CE} = V_{CES}$
	ce 间等效电阻	很大，相当于开关断开	可变	很小，相当于开关闭合

下面分析图 2-24 所示 NPN 型三极管的工作过程和开关特性。

（1）$v_i = 1V$ 时，三极管导通，基极电流 $i_B = \dfrac{v_i - v_{BE}}{R_b} = \dfrac{1-0.7}{10}mA = 0.03mA$ 。

三极管临界饱和时的基极电流为 $i_{BS} = \dfrac{v_i - V_{CES}}{\beta R_c} = \dfrac{5-0.3}{50\times 1}mA = 0.094mA$ 。

因为 $0<i_B<I_{BS}$，三极管工作在放大状态。$i_C = \beta i_B = 50 \times 0.03 = 1.5mA$，输出电压为 $v_o = v_{CE} = V_{CC}-i_C R_c = 5-1.5 \times 1 = 3.5V$。

（2）$v_i = 0.3V$ 时，$v_{BE}<0.5V$，所以 $i_B = 0$，三极管工作在截止状态，此时 $i_C = 0$，电路输出电压为 $v_o = V_{CC} = 5V$。

（3）$v_i = 3V$ 时，三极管导通，基极电流为 $i_B = \dfrac{3-0.7}{10}mA = 0.23mA$ 。

而 $i_{BS} = 0.094mA$，显然 $i_B>i_{BS}$，三极管工作在饱和状态。其输出电压为 $v_o = V_{CES} = 0.3V$。

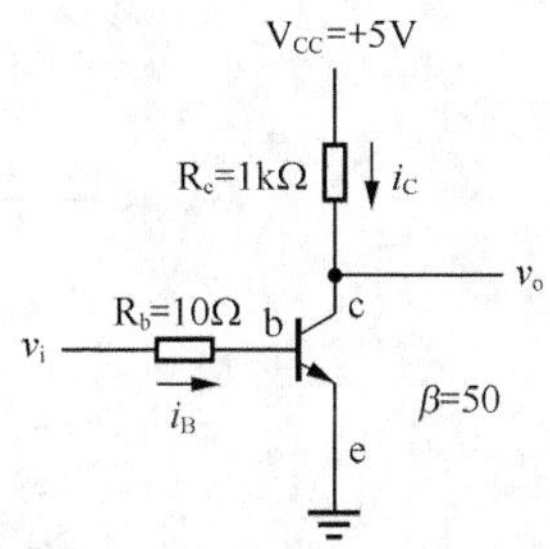

图 2-24　标有数据的 NPN 型三极管

3. MOS 场效应管的开关特性

金属-氧化物-半导体型场效应管，英文缩写为 MOSFET（Metal-Oxide-Semiconductor Field-Effect-Transistor），属于绝缘栅型。其主要特点是在金属栅极与沟道之间有一层二氧化硅绝缘层，因此具有很高的输入电阻（最高可达 $10^{15}\Omega$）。它分为 N 沟道管和 P 沟道管两种类型，N 沟道管的工作原理图、特性曲线如图 2-25 所示，若为 P 沟道管则图中箭头向外。通常是将衬底（基板）与源极 S 接在一起。根据导电方式的不同，MOSFET 又分增强型、耗尽型。所谓增强型是指当 $V_{GS} = 0$ 时管子是呈截止状态，加上正确的 V_{GS} 后，多数载流子被吸引到栅极 G，从而“增强”了该区域的载流子，形成导电沟道。耗尽型则是指当 $V_{GS} = 0$ 时即形成沟道，加上正确的 V_{GS} 时，能使多数载流子流出沟道，因而“耗尽”了载流子，使管子转向截止。

以 N 沟道 MOS 场效应管为例，它是在 P 型硅衬底上制成两个高掺杂浓度的源扩散区 N+ 和漏扩散区 N+，再分别引出源极 S 和漏极 D。源极与衬底在内部连通，二者总保持等电位。工作原理电路符号中的箭头方向是从外向内，表示从 P 型材料（衬底）指向 N 型沟道。当漏极接电源正极，源极接电源负极并使 $V_{GS} = 0$ 时，沟道电流（即漏极电流）$I_D = 0$。随着 V_{GS}

的逐渐升高，受栅极正电压的吸引，在两个扩散区之间就感应出带负电的少数载流子，形成从漏极到源极的 N 型沟道，当 V_{GS} 大于管子的开启电压 V_{TN}（一般约为+2V）时，N 沟道管开始导通，形成漏极电流 I_D。

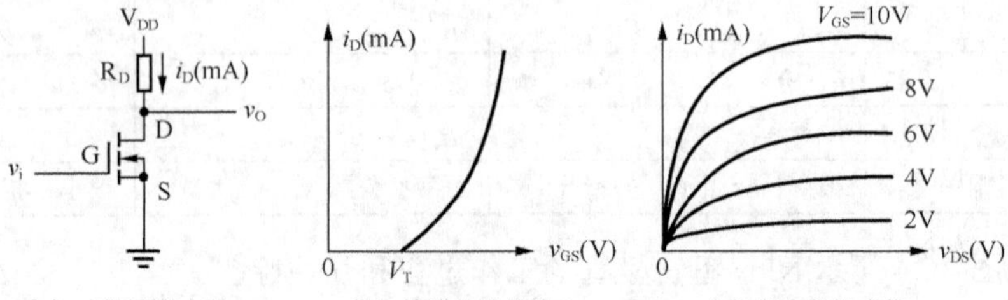

图 2-25　N 沟道管的工作原理图、转移特性曲线及转出特性曲线

图 2-26 显示了场效应管截止和导通两种状态的等效电路图。

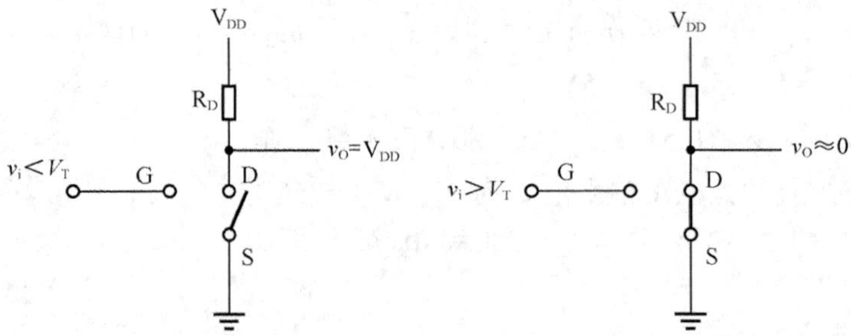

图 2-26　场效应管截止和导通两种状态的等效电路图

由图 2-26 可以看出，在截止状态，场效应管相当于一个拉开的开关，不导通；在导通状态，场效应管相当于一个合上的开关，处于导通状态。

MOS 场效应管的检测方法如下。

（1）准备工作

测量之前，先把人体对地短路后，才能触摸 MOSFET 的管脚。最好在手腕上接一条导线与大地连通，使人体与大地保持等电位。再把管脚分开，然后拆掉导线。

（2）判定电极

将万用表拨于 R × 100 挡，首先确定栅极。若某脚与其他脚的电阻都是无穷大，证明此脚就是栅极 G。交换表笔重测量，S-D 之间的电阻值应为几百欧至几千欧，其中阻值较小的那一次，黑表笔接的为 D 极，红表笔接的是 S 极。日本生产的 3SK 系列产品，S 极与管壳接通，据此很容易确定 S 极。

（3）检查放大能力（跨导）

将 G 极悬空，黑表笔接 D 极，红表笔接 S 极，然后用手指触摸 G 极，表针应有较大的偏转。双栅 MOS 场效应管有两个栅极 G_1、G_2。为区分之，可用手分别触摸 G_1、G_2 极，其中表针向左侧偏转幅度较大的为 G_2 极。

目前有的 MOSFET 管在 G-S 极间增加了保护二极管，平时就不需要把各管脚短路了。

2.2.2　分立元件逻辑门

1. 二极管与门电路

两输入变量为 A、B，输出为 Y 的二极管与门电路，其原理图如图 2-27 所示，其中二极管的正向导通电压为 0.7V。设 A、B 两点的输入电压分别为 V_A、V_B，Y 点的输出电压为 V_Y。

在 A、B 两端分别输入 4 种组合的电压值，其输出 Y 对应的电压值如表 2-3 所示。

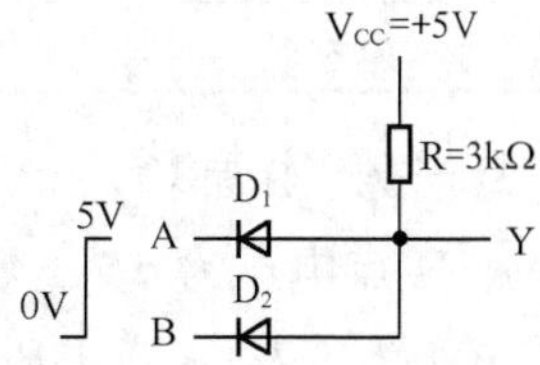

图 2-27　二极管与门电路

表 2-3　二极管与门电压输入输出表

V_A	V_B	V_Y	D_1	D_2
0V	0V	0.7V	导通	导通
0V	5V	0.7V	导通	截至
5V	0V	0.7V	截至	导通
5V	5V	5V	截至	截至

当 A、B 点都为 0V 时，D_1、D_2 并联，二极管上的电压为 0.7V，Y 点的电压为 0.7V；当 A、B 点电压分别为为 0V、5V，则 A 对应的二极管与 R 组成回路，Y 点的电压为 0.7V；同理，当 A、B 点电压分别为 5V、0V，Y 点的电压为 0.7；当 A、B 点都为 5V 时，电路上的电势都为 5V。

通过表可以看出，只有最后一种情况 V_Y = 5V>0.7V，根据正逻辑表示规定，高电平用 1 表示，低电平用 0 表示，将表 2-3 转换为关于 A、B、Y 的逻辑真值表，如表 2-4 所示，从而用二极管电路表示与的逻辑运算。

表 2-4　二极管电路转换的与门真值表

A	B	Y	D_1	D_2
0	0	0	导通	导通
0	1	0	导通	截至
1	0	0	截至	导通
1	1	1	截至	截至

2. 二极管或门电路

两输入变量为 A、B，输出为 Y 的二极管或门电路，其原理图如图 2-28 所示。

设 A、B 两点的输入电压分别为 V_A、V_B，Y 点的输出电压为 V_Y，在 A、B 两端分别输入 4 种组合的电压值，其输出 Y 对应的电压值如表 2-5 所示。

表 2-5　　二极管或门电压输入输出表

V_A	V_B	V_Y	D_1	D_2
0V	0V	0V	导通	导通
0V	5V	4.3V	导通	截至
5V	0V	4.3V	截至	导通
5V	5V	4.3V	截至	截至

当 A、B 都输入 0V 时，整个电路上的电压值都是 0V，Y 节点输出 0V；当 A 点电压为 0V，B 点电压为 5V，则 B 对应的二极管与 R 组成回路，R 上的电压为 5−0.7 = 4.3V；当 A 点电压为 5V，B 点电压为 0V，R 上的电压为 5−0.7 = 4.3V；当 A 点电压为 5V，B 点电压为 5V，视为 A、B 对应的二极管并联，并联电压为 0.7V，所以 R 上的电压为 4.3V。根据正逻辑的规定，将表 2-5 转换为 A、B、Y 对应的真值表，该表则为或运算的真值表，也就是说，图 2-28 所示的电路实现了或门的逻辑功能。

3. 三极管非门——BJT 反相器

三极管非门的原理图如图 2-29 所示。

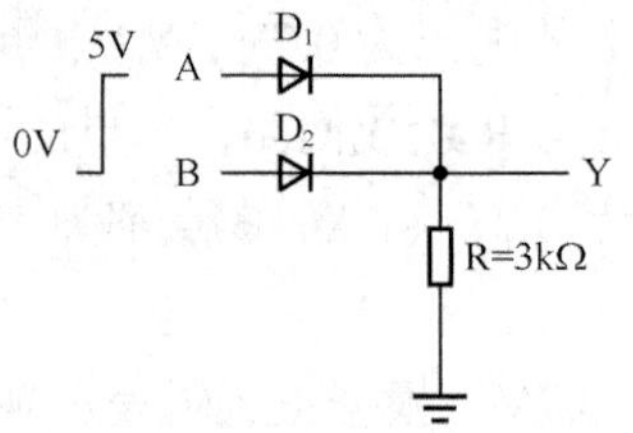

图 2-28　二极管或门电路

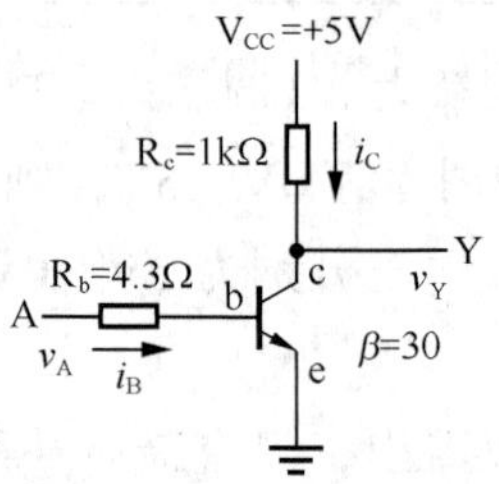

图 2-29　三极管非门原理图

（1）分析 BJT 反相器的工作原理

① A = 0，即 $v_A = 0V$ 时，三极管截止，$i_B = 0$，$i_C = 0$，输出电压 $v_Y = V_{CC} = +5V$，Y = 1。

② A = 1，即 $v_A = 5V$ 时，三极管导通。基极电流为 $i_B = \dfrac{5-0.7}{4.3}\text{mA} = 1\text{mA}$。

三极管临界饱和时的基极电流为 $i_{BS} = \dfrac{5-0.3}{30\times 1} \approx 0.16\text{mA}$。

$i_B > i_{BS}$，三极管工作在饱和状态。输出电压 $v_Y = V_{CES} = 0.3V$，Y = 0。

非门的逻辑表达式为：$Y = \overline{A}$。

（2）基本的 BJT 反相器的动态性能

BJT 开关速度受到限制的原因主要是由于 BJT 基区内存储电荷的影响，电荷的存入和消散需要一定的时间。考虑到负载电容 C_L 的影响，基本反相器可构造为图 2-30 所示的电路。图中 C_L 包含了门电路之间的接线电容以及门电路的输入电容。

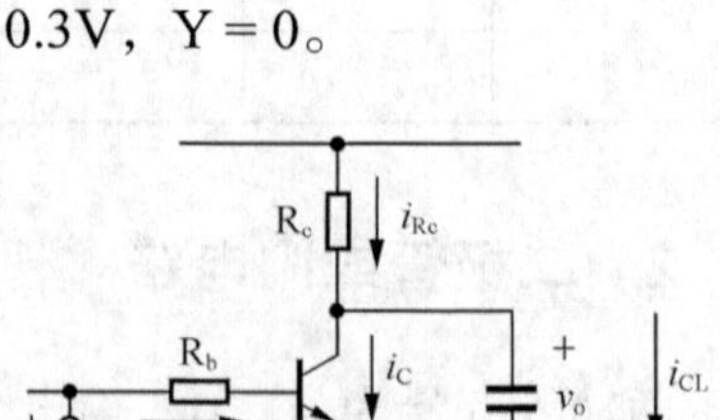

图 2-30　负载电容 C_L 影响的基本反相器

当反相器输出电压 v_o 由低向高过渡时，电路由 V_{CC} 通过 R_c 对 C_L 充电。当 v_o 由高向低过渡时，C_L 又将通过 BJT 放电。这样，C_L 的充、放电过程均需经历一定的时间，这必然会增加输出电压 v_o 波形的上升时间和下降时间。特别是 C_L 充电回路的时间常数 R_cC_L 较大时，v_o 上升较慢，增加了充电的时间。

受器件内部和负载电容的影响，导致基本 BJT 反相器的开关速度不高。

虽然利用以上基本的与、或、非门，可以实现与、或、非三种逻辑运算，但是由于它们的输出电阻比较大，带负载的能力差，开关性能也并不理想，因此基本的与、或、非门不具有实用性。解决的办法之一是采用二极管与三极管门的组合，组成与非门、或非门，也就是所谓的复合门电路。与非门和或非门在负载能力、工作速度和可靠性方面都大为提高，是逻辑电路中最常用的基本单元。

2.3 CMOS 门电路

CMOS 门电路是由 MOS 管组合而成的逻辑门电路，它是继 TTL 器件之后，出现的应用比较广泛的数字逻辑器件，在功耗、抗干扰、带负载能力上优于 TTL 逻辑门。所以超大规模电路集成几乎都采用 CMOS 门电路，如存储器 ROM、可编程逻辑器件 PLD 等。

国产的 CMOS 器件有 CC4000（国际 CD4000/MC4000）、高速 54HC/74HC 系列（国际 MC54HC/74HC），此外还有兼容型的 74HCT 和 74BCT 系列（BiCMOS）。

2.3.1 CMOS 反相器

图 2-31（a）为 CMOS 反相器电路，由两只增强型的 MOSFET 组成，其中 T_N 为 N 沟道 MOS 管，T_P 为 P 沟道 MOS 管。两只 MOS 管的栅极连接在一起作为输入端，两只 MOS 管的漏极连接在一起作为输出端。电流电压方向自上而下，为使电路能正常工作，要求电源电压 V_{DD} 大于两只 MOS 管的开启电压的绝对值之和，即 $V_{DD}>(V_{TN}+|V_{TP}|)$。

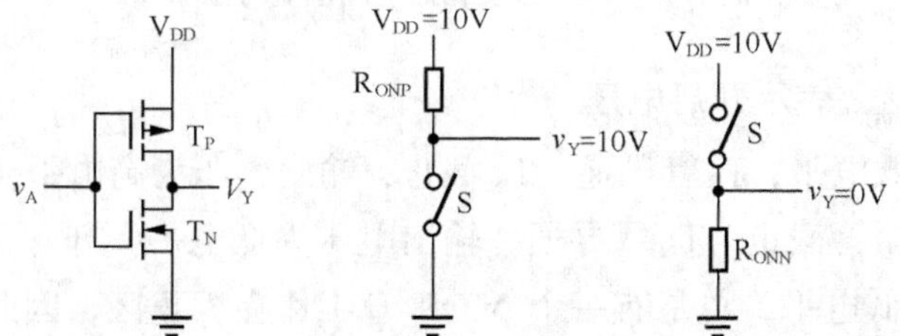

（a）电路　（b）T_N 截止、T_P 导通　（c）T_N 导通、T_P 截止

图 2-31　CMOS 反相器与等效电路

1　工作原理

（1）当 $v_A = 0V$，即输入为低电平时，根据 MOS 管的工作原理，T_N 截止，T_P 导通。输出电压 $v_Y = V_{DD} = 10V$，等效电路图如图 2-31（b）所示。

（2）当 $v_A = 10V$，即输入为高电平时，T_N导通，T_P截止。输出电压 $v_Y = 0V$，等效电路图如图 2-31（c）所示。

通过分析可以看出，输入电压 v_A 和输出电压 v_Y 值相反，从而实现了非门电路。

2. 反相器的特点

（1）无论 v_A 是高电平还是低电平，T_N 和 T_P 管总是处于一个导通一个截止的工作状态，称为互补。

（2）无论输入为低电平还是高电平，T_N 和 T_P 总是有一个是截止的，而且截止电阻很高，故流过 T_N 和 T_P 的静态电流都很小，其静态功耗也很小。

3. 电压传输特性和电流传输特性

如图 2-32（a）所示的是 CMOS 反相器，反相器电压传输特性是指输出电压 v_O 和输入电压 v_I 之间的关系曲线，如图 2-32（b）所示。电流传输特性曲线则是指漏极电流 i_D 随输入电压 v_I 变化的关系曲线，如图 2-32（c）所示。并设

$$V_{GS(th)P} = V_{GS(th)N}$$

$$V_{DD} > \left|V_{GS(th)P}\right| + V_{GS(th)N}$$

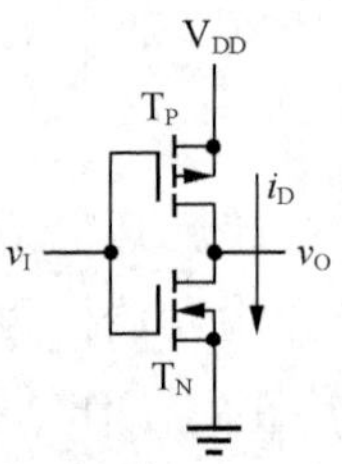

（a）CMOS 反相器

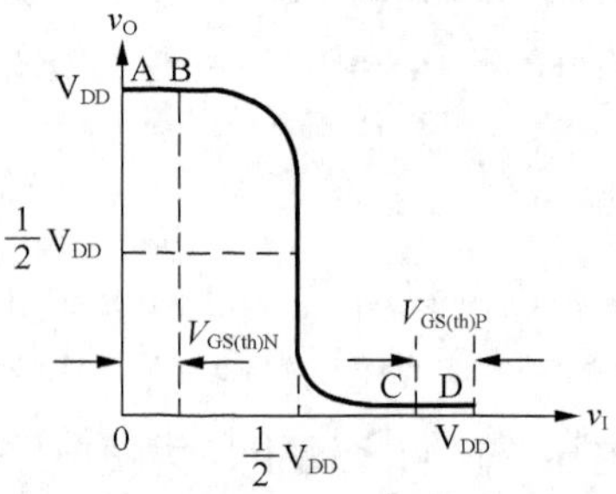

（b）电压特性曲线

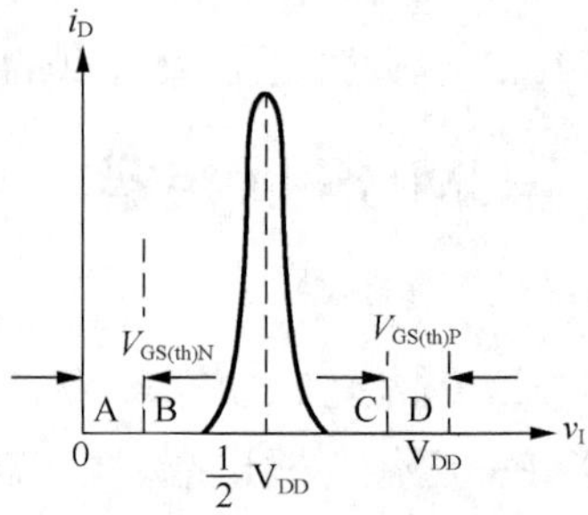

（c）电流特性曲线

图 2-32　CMOS 反相器电压电流特性曲线

其中 $V_{GS(th)P}$，$V_{GS(th)N}$ 表示开启电压。

在 AB 段，输入低电平，T_P 管导通，T_N 截止，输出电压为高电平，即 $v_O = v_{OH} = V_{DD}$。在 CD 段输入高电平，T_P 管截止，T_N 管导通，输出电压为低电平，即 $v_O = v_{OL} = 0$。在这两段，不论输入高电平还是低电平，总是有一个 MOS 管工作在截止区，因此，流过两点的电流接近于 0。

在 BC 段，$V_{GS(th)N} < v_I < V_{DD} - \left|V_{GS(th)P}\right|$，$T_P$、$T_N$ 同时导通，若 T_P、T_N 参数完全相同，则：

当 $v_I = \frac{1}{2}V_{DD}$，$v_O = \frac{1}{2}V_{DD}$。T_P、T_N 同时导通，有电流 i_D 同时通过，且在 $v_I = V_{DD}/2$ 附近处，漏极电流最大，故输入电压不应长时间工作在 BC 段，以防止由于功耗过大而损坏 MOS 管。

2.3.2　CMOS 逻辑门电路

CMOS 系列逻辑门，除了非门之外，还有与非门、或非门、异或门等，实际的 CMOS 多数带有输入保护电路和缓冲电路。

1. 与非门电路

图 2-33 是由 CMOS 构造的两输入与非门电路，它包括两个串联的 N 沟道增强型 MOS 管 T_{N1}、T_{N2} 和两个并联的 P 沟道增强型 MOS 管 T_{P1} 和 T_{P2}，输入 A、B 分别连到一个 N 沟道 MOS 管和一个 P 沟道 MOS 管的栅极。

实现与非运算的原理如下。

A、B 当中有一个或全为低电平时，T_{N1}、T_{N2} 中有一个或全部截止，T_{P1}、T_{P2} 中有一个或全部导通，输出 Y 为高电平，即 AB = 00、01、10 时，Y = 1。只有当输入 A、B 全为高电平时，T_{N1} 和 T_{N2} 才会都导通，T_{P1} 和 T_{P2} 才会都截止，输出 Y = 0。所以 $\overline{Y} = AB$，即 $Y = \overline{AB}$。

n 个输入变量的与非门必须有 *n* 个 N 沟道 MOS 管串联和 *n* 个 P 沟道 MOS 管并联。

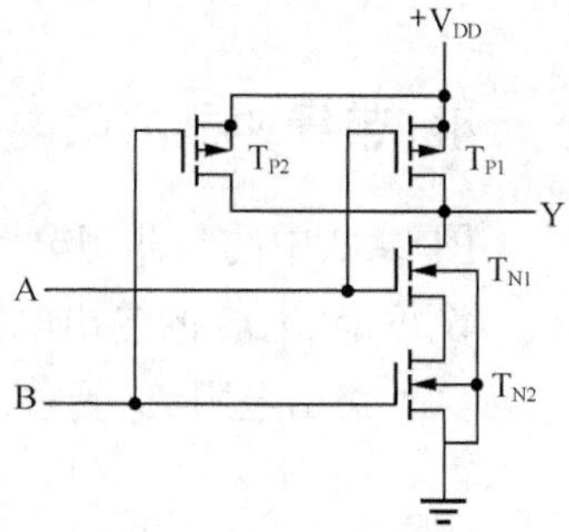

图 2-33　CMOS 与非门

2. 或非门电路

图 2-34 是由 CMOS 构造的两输入或非门电路，其中包括两个并联的 N 沟道增强型 MOS 管 T_{N1}、T_{N2} 和两个串联的 P 沟道增强型 MOS 管 T_{P1} 和 T_{P2}，输入 A、B 分别连到一个 N 沟道 MOS 管和一个 P 沟道 MOS 管的栅极。

从图中可以看出，A、B 中只要有一个输入为高电平，都会使与之相连的一个 N 沟道 MOS 管导通，与之相连的 P 沟道 MOS 管截止，输出为低电平；只有 A、B 都输入为低电平，两个与之相连的 MOS 管才会都截止，输出才会为高电平，即 AB = 00 时，Y = 1，AB 其他取值时，Y = 0。所以 $Y = \overline{A}\cdot\overline{B} = \overline{A+B}$。

n 个输入变量的或非门必须有 *n* 个 N 沟道 MOS 管并联和 *n* 个 P 沟道 MOS 管串联。

输入变量增多会增加电路负载，使低电平变高，高电平变低，因此输入引脚不应该太多。

其他电路可以由非门、与非门、或非门等复合而成，下面以异或门为例来加以说明。

3. 异或门电路

首先把异或电路的表达式转化为或非、与非、非的表达式，然后把 CMOS 电路组合起来，公式转化如下。

$$Y = A\overline{B} + \overline{A}B = \overline{\overline{A\overline{B} + \overline{A}B}} = \overline{\overline{A\overline{B}}\cdot\overline{\overline{A}B}} = \overline{\overline{A\overline{A} + A\overline{B}}\cdot\overline{B\overline{B} + \overline{A}B}} = \overline{\overline{A(\overline{A}+\overline{B})}\cdot\overline{B(\overline{A}+\overline{B})}}$$

$$= \overline{\overline{A\overline{AB}}\cdot\overline{B\overline{AB}}}$$

根据 Y 的表达式，可以设计出 CMOS 构造的异或门电路，使用国际标准符号构造的异或门电路如图 2-35 所示，A、B、Y 是设计的异或门的引脚。

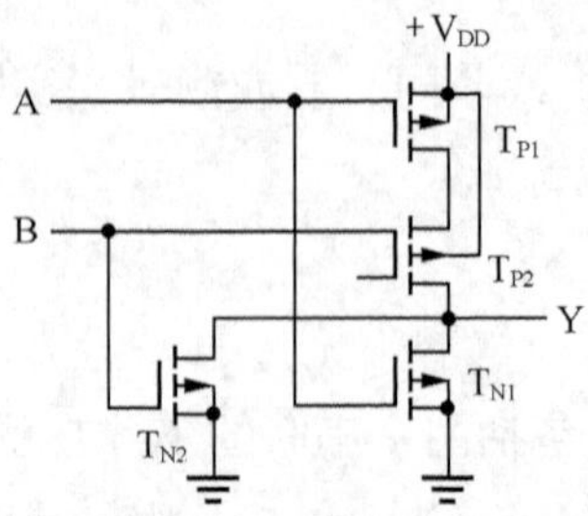

图 2-34　CMOS 或非门图

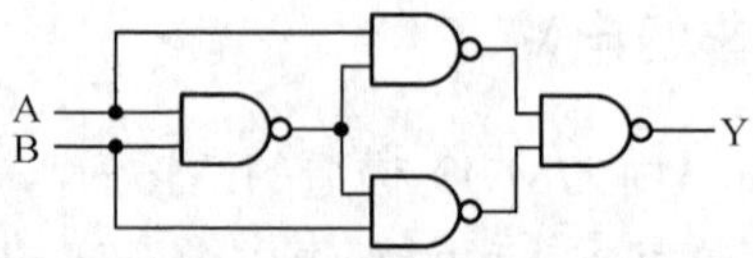

图 2-35　使用与或门实现的异或门电路

4. 带缓冲器的门电路

图 2-33 中的与非门电路存在下列问题。

设每个 MOS 的输出电阻为 R_{ON}，电路输出电阻为 R_O。

（1）输出电阻 R_O 受输入状态的影响

$$A=1,\ B=1 \text{则} R_O = R_{TN1} + R_{TN2} = 2R_{ON}$$

$$A=0,\ B=0 \text{则} R_O = R_{TP1} // R_{TP2} = \frac{1}{2}R_{ON}$$

$$A=0,\ B=1 \text{则} R_O = R_{TP1} = R_{ON}$$

$$A=1,\ B=0 \text{则} R_O = R_{TP2} = R_{ON}$$

（2）输出的高低电平受输入端数目的影响

输入端数目越多，输出为低电平时串联的导通电阻越多，低电平 V_{OL} 越高；输出为高电平时，并联电阻越多，输出高电平 V_{OH} 越高。

（3）输入状态不同对电压传输特性也有影响

表现在 T_{N1}、T_{N2} 达到开启电压时，输入电压 v_I 不同。

因此要对电路进行改进，就需要改进输入端，改进电路均采用带缓冲级的结构，如图 2-36 所示电路为带缓冲级的 CMOS 与非门电路。

带缓冲级的 CMOS 门电路其输出电阻、输出高低电平均不受输入端状态的影响，电压传输特性更陡。

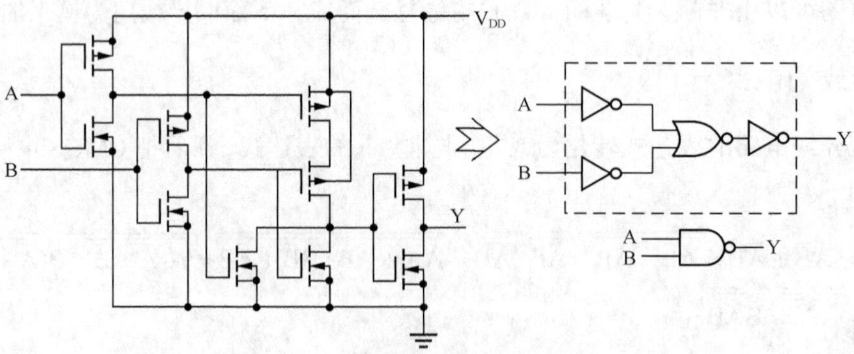

图 2-36　带缓冲级的与非门电路

2.3.3　CMOS 漏极开路及三态门

1. 漏极开路输出的门电路

为了满足输出电平的变换，输出大负载的电流，以及实现“线与”功能，将 CMOS 门电路的输出级做成漏极开路的形式，称为漏极开路输出的门电路，简称 OD（Open-Drain Output）门。

（1）结构和符号

图 2-37（a）为 OD 输出与非门 74HC03 电路结构图，其与非门和非门都是 CMOS 逻辑门，输出管为漏极开路的 NMOS 门，图 2-37（b）为 OD 门的逻辑符号。

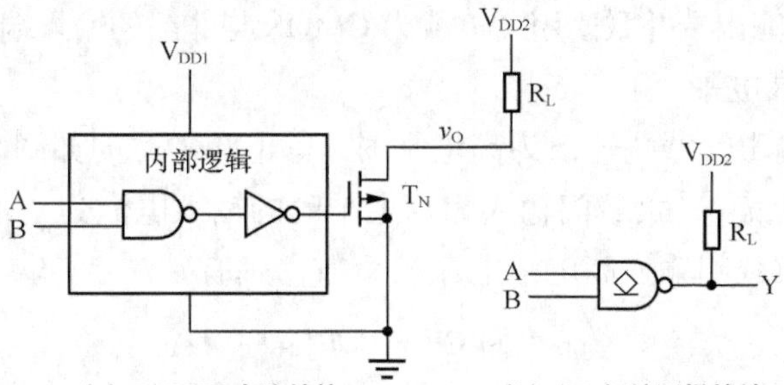

（a）74HC03 电路结构　　（b）OD 门的逻辑符号

图 2-37　OD 输出与非门 74HC03 电路结构与逻辑符号

（2）工作原理

在使用 OD 时，一定要将输出端通过电阻接到电源，当 A、B 有一个为低电平，则 T_N 截止，输出 $v_O = V_{DD2}$；当 A、B 同时为高电平，则 T_N 导通，输出 $v_O = 0$。故输出 F 和输入 A、B 的逻辑关系为 $F = \overline{AB}$。

由此可见，输出电平可以改变，故可用作电平转换。

（3）“线与”的实现

普通的 CMOS 逻辑门输出端不能并联使用，但 OD 门可以将输出端直接相接，即实现线与逻辑，其电路如图 2-38 所示。

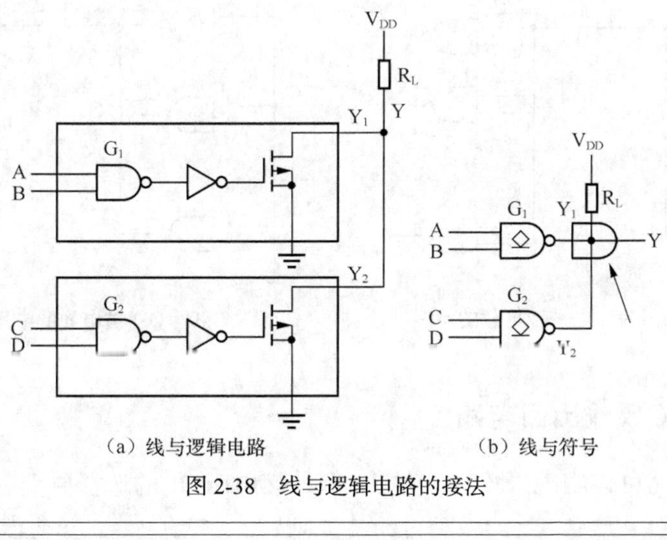

（a）线与逻辑电路　　（b）线与符号

图 2-38　线与逻辑电路的接法

其工作原理为如下。

当 Y_1、Y_2 有一个为低电平时，则 Y 为低电平；只有 Y_1、Y_2 同时为高电平，两个输出管同时截止，输出 Y 为高电平，Y 和 Y_1、Y_2 为与的关系。

$$Y = Y_1 \cdot Y_2 = \overline{AB} \cdot \overline{CD} = \overline{AB + CD}$$

故 OD 门的线与实现了与或非的逻辑功能。

（4）上拉电阻 R_L 的计算

在使用 OD 门做“线与”时，一定要外接上拉电阻 R_L。但 R_L 的大小会影响驱动门输出电平的大小。R_L 上的压降不能太大，否则高电平会低于标准值；R_L 上的压降也不能太小，否则低电平会高于标准值，故 R_L 的取值要合适。

设有 n 个 OD 门的输出端并联使用，负载为 CMOS 与非门的输入端，电路如图 2-39 所示。

① OD 门输出为高电平。

当所有的 OD 门输出管截止输出为高电平时，其电流的方向如图 2-39 所示。若 OD 门输出管截止时的漏电流为 I_{OH}，负载门输入为高电平时的输入电流为 I_{IH}，n 为并联 OD 门（驱动门）的个数，m 为负载门输入高电平电流的个数，则有

$$V_{DD} - R_L(nI_{OH} + mI_{IH}) \geqslant V_{OH}$$

那么上拉电阻 R_L 最大值为

$$R_{L(max)} = \frac{V_{DD} - V_{OH}}{nI_{OH} + mI_{IH}}$$

② OD 输出为低电平。

当只有一个 OD 门输出管导通时，其电流的实际流向如图 2-40 所示。其中 I_{IL} 是 m 个负载门低电平输入电流的绝对值；I_{OLmax} 是 OD 门最大允许的负载电流。则

$\dfrac{(V_{DD} - V_{OL})}{R_L} + m|I_{IL}| \leqslant I_{OLmax}$，那么上拉电阻最小值为 $R_{L(min)} = \dfrac{V_{DD} - V_{OL}}{I_{OLmax} - m|I_{IL}|}$。

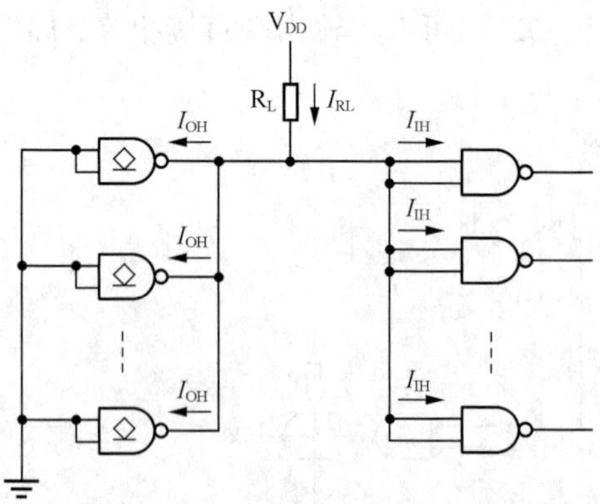

图 2-39　OD 输出为高电平带负载的情况

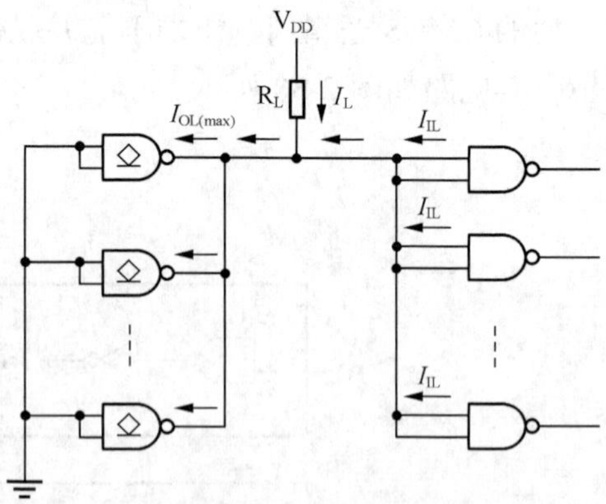

图 2-40　OD 输出为低电平带负载情况

2. 三态 CMOS 输出门电路

利用 OD 门虽然可以实现“线与”功能，但外接电阻 R_L 的选择要受一定的限制而不能取

得太小，这必然影响其工作速度。另外省去了有源负载，使得带负载的能力下降。为了克服这些缺点，人们开发了一种三态门输出电路，它除了具有高低电平两种输出之外，还具有高输出阻抗的第三态，称为高阻态。

图 2-41（a）、图 2-41（b）分别为三态门电路和三态门电路逻辑符号。

（1）E = 1 时，G_4、G_5 输出都为 1，T_P、T_N 均截止，Y 与地和电源都断开了，输出端呈现为高阻态。

（2）E = 0 时，$G_4 = A$，$G_5 = \overline{A}$，T_P、T_N 均导通，T_P、T_N 构成反相器。即 E = 0 时，电路有效，Y = A。

可见电路的输出有高阻态、高电平和低电平 3 种状态，是一种三态门。

三态输出电路主要用于总线传输，例如计算机总线，计算的数据在送到总线时，必须利用 EN 信号来控制。

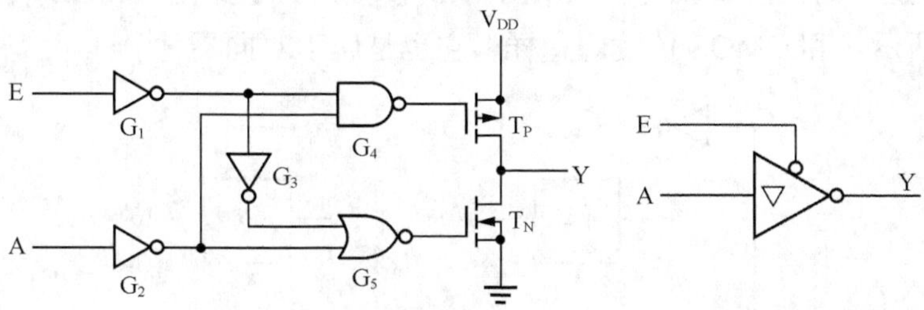

（a）三态门电路　　（b）三态门电路逻辑符号

图 2-41　三态门电路与三态门逻辑符号

2.3.4　CMOS 传输门

传输门的应用比较广泛，不仅可以作为基本单元电路构成各级逻辑电路，用于数字信号的传输，而且在取样—保持电路、模数和数模转换电路中传输模拟信号，因而又称其为模拟开关。

CMOS 传输门由一个 P 沟道和一个 N 沟道增强型 MOSFET 并联组成，如图 2-42（a）所示，它的逻辑符号如图 2-42（b）所示。

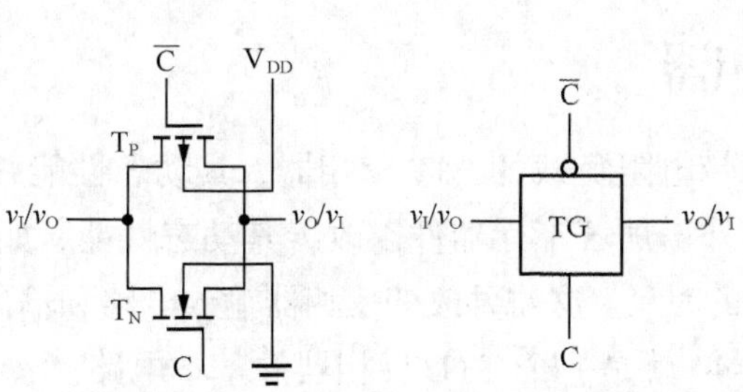

（a）传输门电路　　（b）传输门逻辑符号

图 2-42　CMOS 传输门

1. 工作原理

$C = 0$，$\overline{C} = 1$，即 C 端为低电平（0V）、$\overline{C}$ 端为高电平（$+V_{DD}$）时，T_N 和 T_P 都不具备

开启条件而截止，输入和输出之间相当于开关断开一样，$v_O = 0$。

$C = 1$，$\overline{C} = 0$，即 C 端为高电平（$+V_{DD}$）、$\overline{C}$ 端为低电平（0V），v_I 在 0～V_{DD}之间时，若 $0 < v_I < V_{DD} - V_{GS(th)N}$，$T_N$ 管导通，T_P 管截止输出为 $v_O = v_I$；若 $|V_{GS(th)P}| < v_I < V_{DD}$，$T_N$ 管截止，T_P 管导通，输出为 $v_O = v_I$。

2. 传输门的特点

（1）由于 T_N 和 T_P 管的结构对称，即漏源可以互换，故 CMOS 传输门为输入双向器件，其输出端和输入端也可以互换使用。

（2）利用 CMOS 传输门和 CMOS 反相器可以组成各种复杂的逻辑电路，如数据选择器、寄存器、计数器等。

（3）利用 CMOS 传输门可以组成双向模拟开关，用来传输连续变化的模拟电压信号，这一点是其他一般逻辑门无法实现的。CMOS 双向模拟开关电路由 CMOS 传输门和反相器组成，如图 2-43 所示。和 CMOS 传输门一样，它也是属于双向器件。

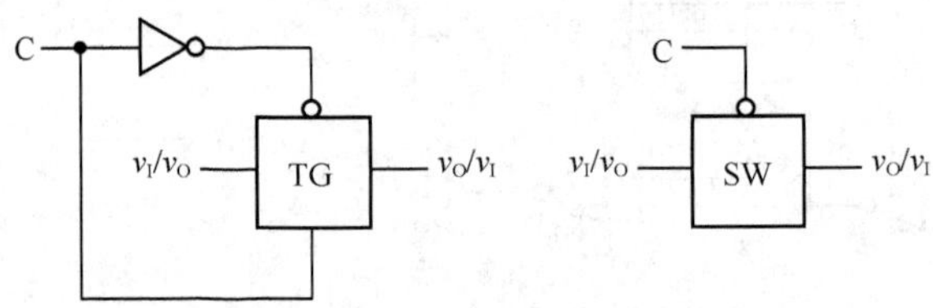

（a）模拟开关电路　　（b）模拟开关符号

图 2-43　传输门模拟开关的电路和符号

模拟开关的工作原理：当 $C = 1$，开关闭合，$v_o = v_I$；当 $C = 0$，开关断开，输出为高阻态。

2.4　TTL 逻辑门

TTL 逻辑门是由三极管复合而成的。

2.4.1　TTL 反相器

由前面的分析已知，带电阻负载的 BJT 反相器，其动态性能并不理想。在保持其逻辑功能不变的前提下，可以另外增加若干元器件以改善其动态性能，如减少由于 BJT 基区电荷存储效应和负载电容所引起的时延。这需要改变反相器输入电路和输出电路的结构，以形成 TTL 反相器的基本电路。图 2-44 就是一个 TTL 反相器的基本电路。

该电路由三部分组成：由 T_1、R_1 和 D_1 组成的输入级，由 T_2、R_2 和 R_3 组成的倒相级，由 T_3、T_4、R_4、D_2 组成的推拉式输出级。

1. TTL 反相器的工作原理

这里主要分析 TTL 反相器的逻辑关系，并估算电路中有关各点的电压，以得到简单的定量概念。

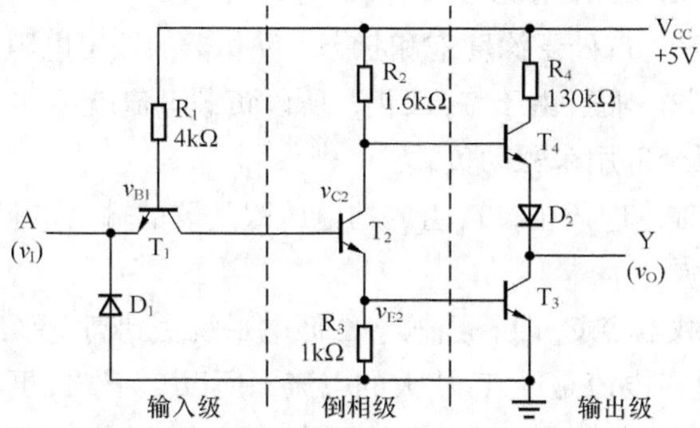

图 2-44　TTL 反相器的基本电路

（1）当输入为高电平时，若 $v_I = 3.6V$ 时，电源 V_{CC} 通过 R_1 和 T_1 的集电结向 T_2、T_3 提供基极电流，使 T_2、T_3 饱和，输出为低电平，如 $v_O = 0.2V$。此时 $V_{B1} = V_{BC1} + V_{BE2} + V_{BE3} = (0.7 + 0.7 + 0.7)V = 2.1V$。$T_1$ 的发射结处于反向偏置，而集电结处于正向偏置。所以 T_1 处于发射结和集电结倒置使用的放大状态。由于 T_2 和 T_3 饱和，输出 $V_{C3} = 0.2V$，同时可估算出 V_{C2} 的值：$V_{C2} = V_{CE2} + V_{B3} = (0.2 + 0.7)V = 0.9V$。此时，$V_{B4} = V_{C2} = 0.9V$。作用于 T_4 的发射结和二极管 D 的串联支路的电压为 $V_{C2} - v_O = (0.9-0.2)V = 0.7V$，显然，$T_4$ 和 D_2 均截止，实现了反相器的逻辑关系：输入为高电平时，输出为低电平。

（2）当输入为低电平且电压为 0.2V 时，T_1 的发射结导通，其基极电压等于输入低电压加上发射结正向压降，即 $V_{B1} = (0.2 + 0.7)V = 0.9V$。此时 V_{B1} 作用于 T_1 的集电结和 T_2、T_3 的发射结上，所以 T_2、T_3 都截止，输出为高电平。由于 T_2 截止，V_{CC} 通过 R_{C2} 向 T_4 提供基极电流，致使 T_4 和 D 导通，其电流流入负载。输出电压为 $v_O = V_{CC} - V_{BE4} - V_D = (5 - 0.7 - 0.7)V = 3.6V$。同样也实现了反相器的逻辑关系：输入为低电平时，输出为高电平。

2. 采用输入级以提高工作速度

当 TTL 反相器输入电压由高（3.6V）变低（0.2V）的瞬间，$V_{B1} = (0.2 + 0.7)V = 0.9V$。但由于 T_2、T_3 原来是饱和的，它们基区存储的电荷还来不及消散，在此瞬间，T_2、T3 的发射结仍处于正向偏置，T_1 的集电极电压为 $V_{C1} = V_{BE2} + V_{BE3} = (0.7 + 0.7)V = 1.4V$。

此时 T_1 的集电结为反向偏置［集电结电压 $= V_{B1} - V_{C1} = (1 - 1.4)V = -0.4V$］，因输入为低电平（0.2V）时，$T_1$ 的发射结为正向偏置，于是 T_1 工作在放大区。这时产生基极电流 i_{B1}，其射极电流 $\beta_1 i_{B1}$ 流入低电平的输入端。集电极电流 $i_{C1} = \beta_1 i_{B1}$ 的方向是从 T_2 的基极流向 T_1 的集电极，它很快地从 T_2 的基区抽走多余的存储电荷，使 T_2 迅速地脱离饱和而进入截止状态。T_2 的迅速截止导致 T_4 立刻导通，相当于 T_3 的负载是个很小的电阻，使 T_3 的集电极电流加大，多余的存储电荷迅速从集电极消散而达到截止，从而加速了状态转换。

3. 采用推拉式输出级以提高开关速度和带负载能力

由 T_3、T_4 和二极管 D 组成推拉式输出级。其中 T_4 组成电压跟随器，而 T_3 为共射极电路，

作为 T_4 的射极负载。这种输出级的优点是，既能提高开关速度，又能提高带负载能力。根据所接负载的不同，输出级的工作情况可归纳如下。

（1）输出为低电平时，T_3 处于深度饱和状态，反相器的输出电阻就是 T_3 的饱和电阻，这时可驱动较大的电流负载。而且由于 T_4 截止，所以负载电流就是 T_3 的集电极电流，也就是说 T_3 的集电极电流可以全部用来驱动负载。

（2）输出为高电平时，T_3 截止，T_4 组成的电压跟随器的输出电阻很小，所以输出高电平稳定，带负载能力也较强。

（3）输出端接有负载电容 C_L 时，当输出由低电平跳变到高电平的瞬间，T_2 和 T_3 由饱和转为截止，由于 T_3 的基极电流是经 T_2 放大的电流，所以 T_2 比 T_3 更早脱离饱和，于是 T_2 的集电极电压 v_{C2} 比 T_3 的集电极电压 v_{C3} 上升的更快。同时由于电容 C_L 两端的电压不能突变，致使 c_2 和 c_3 之间的电位差增加，因而使 T_4 在此瞬间基极电流很大，T_4 集电极与发射极之间呈现低电阻，故电源 V_{CC} 经 R_{C4} 和 T_4 的饱和电阻对电容 C_L 迅速充电，其时间常数很小，使输出波形上升沿陡直。而当输出电压由高变低后，输出管 T_3 深度饱和，也呈现很低的电阻，已充电的 C_L 通过它很快放电，迅速达到低电平，因而使输出电压波形的上升沿和下降沿都很好。

4. TTL 反相器的传输特性

TTL 反相器输出电压随输入电压变化的曲线，称为电压传输特性，图 2-45 为 TTL 反相器的电压传输特性曲线，传输特性曲线由 4 条线段 AB、BC、CD 和 DE 组成。

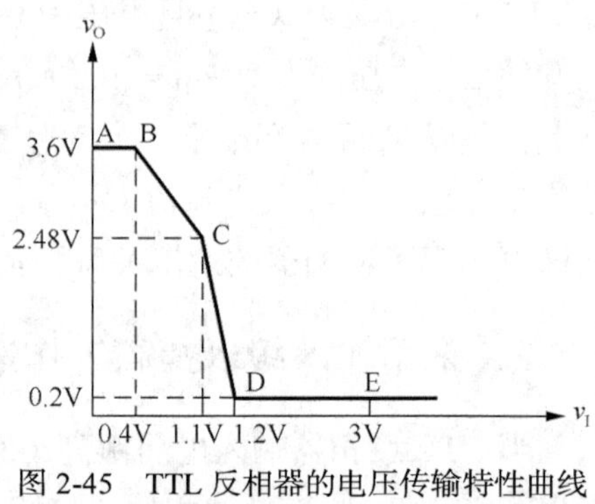

图 2-45 TTL 反相器的电压传输特性曲线

AB 段：此时输入电压 v_I 很低，T_1 的发射结为正向偏置。在稳态情况下，T_1 饱和致使 T_2 和 T_3 截止，同时 T_4 导通。输出 $v_O = 3.6V$ 为高电平。当 v_I 增加直至 B 点，T_1 的发射结仍维持正向偏置并处于饱和状态。但 $v_{B2} = v_{C1}$ 增大导致 T_2 的发射结正向偏置。当 T_1 仍维持在饱和状态时，v_{B2} 的值可表示为 $v_{B2} = v_I + V_{CES}$。为求得 B 点所对应的 v_I，可以考虑 v_{B2} 刚好使 T_2 的发射结正向偏置并开始导电，此时发射结的正向电压 $V_F \approx 0.6V$，则：

$$v_I(B) = v_F - V_{CES} = 0.6V - 0.2V = 0.4V$$

BC 段：当 v_I 的值大于 B 点的值时，由 T_1 的集电极供给 T_2 的基极电流，但 T_1 仍保持为饱和状态，这就需要使 T_1 的发射结和集电结均为正向偏置。

在 BC 段内，T_2 对 v_I 的增量作线性放大，其电压增益可表示为

$$\frac{\Delta v_{C2}}{\Delta v_{E2}} = \frac{R_2}{R_3}$$

电压增量 Δv_{C2} 通过 T_4 的电压跟随作用而引至输出端形成输出电压的增量 $-(R_2/R_3)\Delta v_{B2}$，并且在一定范围内，有 $\Delta v_{B2} = \Delta v_I$，所以传输特性 BC 段的斜率为 $dv_0/dv_1 = -R_2/R_3 = -1.6$。必须注

意在 BC 段内，R_3 上所产生的电压降还不足以使 T_3 的发射结正向偏置，T_3 仍维持截止状态。

当 R_3 上的电压 v_{R3} 达到一定的值，能使 T_3 的发射结正偏，并有 $v_{BE3} = V_F = 0.7V$ 时，则有

$$v_{BE3} = i_{E2}R_3 = V_F \text{或} i_{E2} = \frac{V_F}{R_3} = \frac{0.7V}{1k\Omega} = 0.7mA$$

式中 $V_F = 0.7V$，表示 T_3 已导通。由于 $i_{C2} = i_{E2} = 0.7mA$，C 点处的输出电压变为

$$v_O(C) = V_{CC} - i_{C2}R_2 - 2V_F = 5V - 0.7\times 1.6 - 2\times 0.7 \approx 2.48V$$

因为线段 BC 的斜率为−1.6，所以对应于 C 点的 v_I 值可由下述关系求得：

$$\frac{\Delta v_O}{\Delta v_I} = \frac{\Delta v_O(C) - \Delta v_O(B)}{\Delta v_I(C) - \Delta v_I(B)} = -1.6$$

由此得

$$v_I(C) = \frac{\Delta v_O(C) - \Delta v_O(B)}{-1.6} + v_I(B) = \frac{2.48 - 3.6}{-1.6} + 0.4 \approx 1.1V$$

CD 段：当 v_I 的值继续增加并超越 C 点，使 T_3 饱和导通，输出电压迅速下降至 $v_O \approx 0.2V$。这时 D 点处的 $v_I(D)$ 值可以根据 T_2、T_3 两发射结电压 $V_F \approx 0.7V$ 来估算。因此有：

$$v_I(D) = v_{BE3} + v_{BE2} - v_{CES1} = 0.7 + 0.7 - 0.2 = 1.2V$$

DE 段：当 v_I 的值从 D 点继续增加时，T_1 将进入倒置放大状态。保持 $v_O = 0.2V$。至此，得到了 TTL 反相器的 ABCDE 折线型传输特性。

2.4.2　TTL 逻辑门

1. TTL 与非门电路

基本 TTL 反相器不难改变成为多输入端的与非门。它的主要特点是在电路的输入端采用了多发射极的 BJT，如图 2-46 所示。器件中的每一个发射极能各自独立地形成正向偏置的发射结，并可促使 BJT 进入放大或饱和区。两个或多个发射极可以以并联方式构成一面积较大的组合发射极。

图 2-47 是采用多发射极 BJT 用作两输入端 TTL 与非门的输入器件的一个实例。

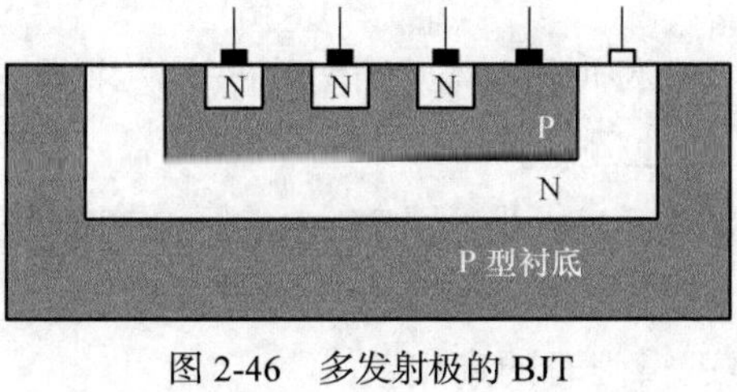

图 2-46　多发射极的 BJT

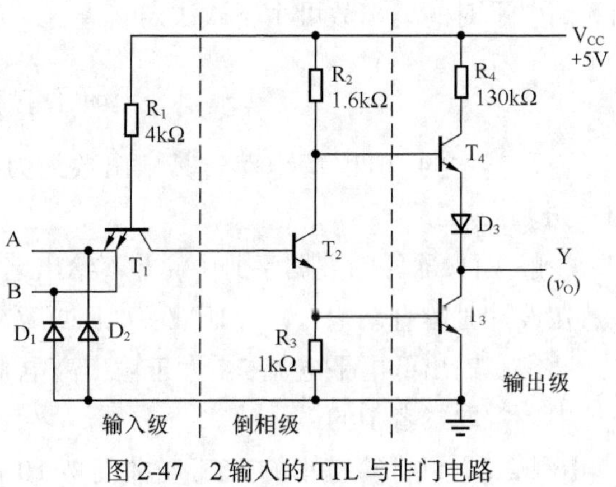

图 2-47　2 输入的 TTL 与非门电路

（1）工作原理

当 A 和 B 有一个为 0.2V 时，$V_{B1} = 0.9V$，T_3 截止，T_4 导通，$V_O = V_{OH} = 1$；当 A 和 B 有一个为高电平时，$V_{B1} = 2.1V$，T_4 截止，T_4 和 T_3 导通，$V_O = V_{OH} = 0$。

（2）TTL 与非门的技术参数

① 噪声容限。噪声容限表示门电路的抗干扰能力。

两值数字逻辑电路的优点在于它的输入信号允许一定的容差。

高电平噪声容限：$V_{NH} = V_{OH} - V_{IH} = 2.4V - 2V = 0.4V$。

低电平噪声容限：$V_{NL} = V_{IL} - V_{OL} = 0.8V - 0.4V = 0.4V$。

② 扇入与扇出数。扇出数是指门电路所能带负载个数。与非门的扇出数是指与非门输出端最多能接几个同类的与非门。

扇出数取决于负载类型，电流从外电路流入与非门经过的负载称为灌电流负载；电流从与非门流向外电路经过的负载称为拉电流负载。

● 灌电流工作情况

图 2-48 表示 TTL 与非门灌电流负载的情况。图中左边为驱动门，右边为负载门，当驱动门的输出端为逻辑 0（低电压 V_{OL}）时，负载门由电源 V_{CC} 通过 R_{b1}、T_1 的发射结产生输出电流 I_{IL} 灌入驱动门 T_3 的集电极，这就是灌电流负载的由来。不难理解，当负载门的个数增加时，总的灌电流 I_{IL} 随之增加，同时也将引起输出低电压 V_{OL} 的升高。TTL 门电路的标准输出低电压 $V_{OL} = 0.4V$，这就限制了负载门的个数。在输出为低电平的情况下，所能驱动的同类门的个数由下式决定：

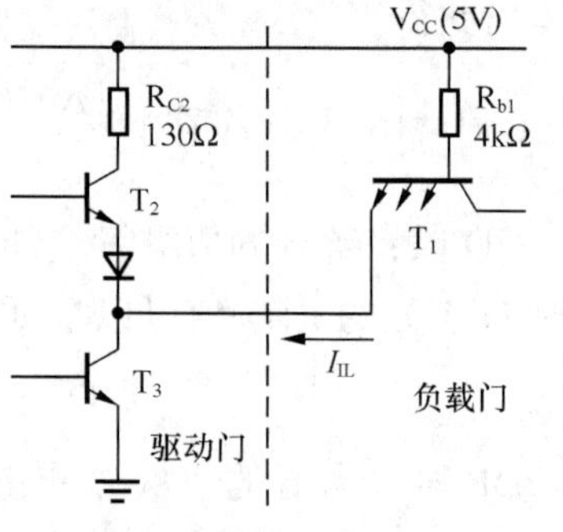

图 2-48　TTL 与非门的灌电流负载情况

$$N_{OL} = \frac{I_{OL}(\text{驱动门})}{I_{IL}(\text{负载门})}$$

● 拉电流工作情况

当驱动门的输出为高电平时，将有电流 I_{IH} 从驱动门拉出而流至负载门。当负载门的个数增多时，必将引起输出高电压的降低，但不得低于标准高电压的低限值 $V_{IH} = 2V$。这样，输出为高电平时的扇出数可由下式决定：

$$N_{OH} = \frac{I_{OH}(\text{驱动门})}{I_{IH}(\text{负载门})}$$

通常基本的 TTL 门电路，其扇出数约为 10，而性能更好的门电路的扇出数最高可达 30～50。

一般 TTL 器件的数据手册中，并不给出扇出数，而必须用计算或用实验的方法求得，并注意在设计时留有余地，以保证数字电路或系统能正常地运行。

通常，输出低电平电流 I_{OL} 大于输出高电平电流 I_{OH}，N_{OL} 不等于 N_{OH}，因而在实际工程设计中，常取二者中的最小值。

【例 2.3】 试计算基本的 TTL 与非门 7410 带同类逻辑门时的扇出数。

从 TTL 数据手册可查到 7410 的参数如下：

$$I_{OL}=16\text{mA}，I_{IL}=-1.6\text{mA}$$

$$I_{OH}=0.4\text{mA}，I_{IH}=-0.04\text{mA}$$

数据前的负号表示电流的流向，对于灌电流取负号，计算时只取绝对值。

计算低电平输出时的扇出数

$$N_{OL}=\frac{16}{1.6}=10$$

计算高电平输出时的扇出数

$$N_{OH}=\frac{0.4}{0.04}=10$$

可见这时 $N_{OL}=N_{OH}$，扇出系数为 10。

扇入数 N_I 取决于 TTL 门电路的输入端个数。

③ 传输延迟时间。这是一个表征门电路开关速度的参数，意味着门电路在输入脉冲波形的作用下，其输出波形相对于输入波形延迟了多长时间。

④ 功耗。功耗是门电路重要参数之一。分为静态功耗和动态功耗。

所谓静态功耗指的是当电路没有状态转换时的功耗，即与非门空载时电源总电流 I_{CC} 与电源电压 V_{CC} 的乘积。输出为低电平时的功耗称为空载导通功耗 P_{ON}，输出为高电平时的功耗称为截止功耗 P_{OFF}，P_{ON} 总比 P_{OFF} 大。

至于动态功耗，只发生在状态转换的瞬间，或者电路中有电容性负载时，例如 TTL 门电路约有 5PF 的输入电容，由于电容的充、放电过程，将增加电路的损耗。

对于 TTL 门电路来说，静态功耗是主要的。

⑤ 延时—功耗积。

理想的数字电路或系统，要求它既具有高速度，同时又具有低功耗。在工程实践中，要实现这种理想情况是较难的。高速数字电路往往需要付出较大的功耗为代价。一种综合性的指标叫作延时—功耗积，用符号 DP 表示，单位为焦耳（J），即 $DP=t_{Pd}P_D$。式中 t_{pd} 为电路平均延迟时间，P_D 为门电路的功耗，一个逻辑门器件的 DP 的值越小，表明它的特性越接近于理想情况。

2. TTL 或非门

TTL 或非门电路如图 2-49 所示。其工作原理如下：TTL 的输入电路是完全一样的，由于 T_2 和 T_2' 的输出并联，所以 A、B 任何一个为 1 均可使 T_3 导通，T_4 截止，从而 $v_O=V_{OL}$，Y = 0；A、B 同时为 0，T_3 截止，T_4 导通，从而 $v_O=V_{OH}$，Y = 1。

3. TTL 与或非门

TTL 与或非门电路如图 2-50 所示。与或门相比，输入管 T_1 和 T_1' 都是多发射极的三极管，构成与门电路，其输出为 $Y=\overline{AB+CD}$。

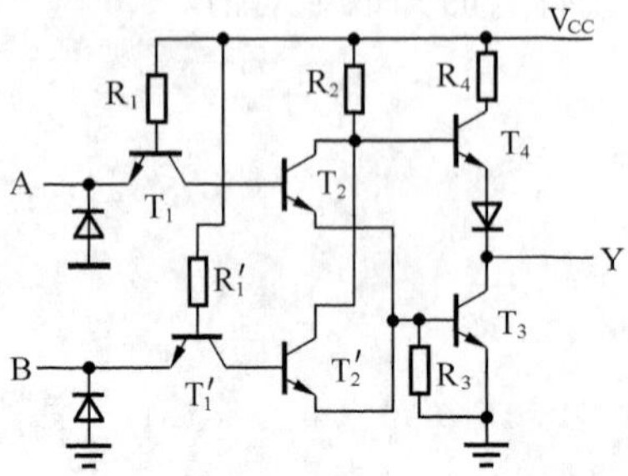

图 2-49　TTL 或非门电路

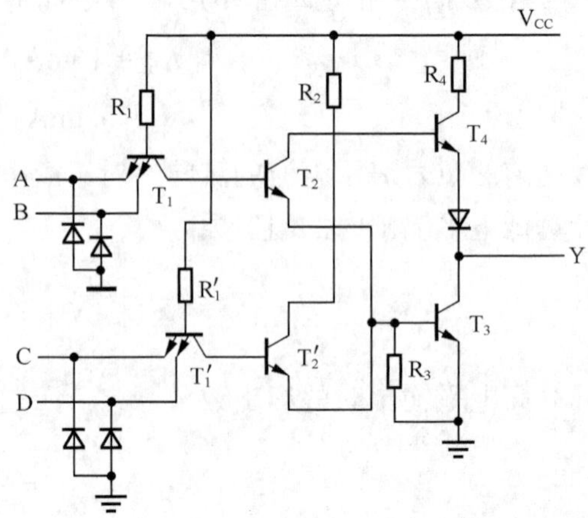

图 2-50　TTL 与或非门电路

2.4.3　TTL 集电极开路门与三态门电路

与 CMOS 电路一样，TTL 门电路也有另外两种结构不同的输出电路，它们是集电极开路门 OC（Open Collector Gate）和三态输出门 TSL。

1. 集电极开路门电路

与 CMOS 的 OD 门一样，为了实现线与结构，TTL 与非门也可以采用集电极开路的形式。当把图 2-47 所示的两个与非门输出连接在一起，并且当第一个门的输出为高电平（第一个门的 T_4 导通），第二个门的输出为低电平（第二个门的 T_3 导通）时，连线会出现一个大电流通道，而这很可能导致晶体管的损坏。为了避免线与时产生大电流，可以采用集电极开路门 OC 门来解决。

所谓集电极开路是指从 TTL 与非门电路的推挽式输出级中删去电压跟随器 T_4，将 T_3 直接接到 V_{CC}，修改后的电路如图 2-51 所示。

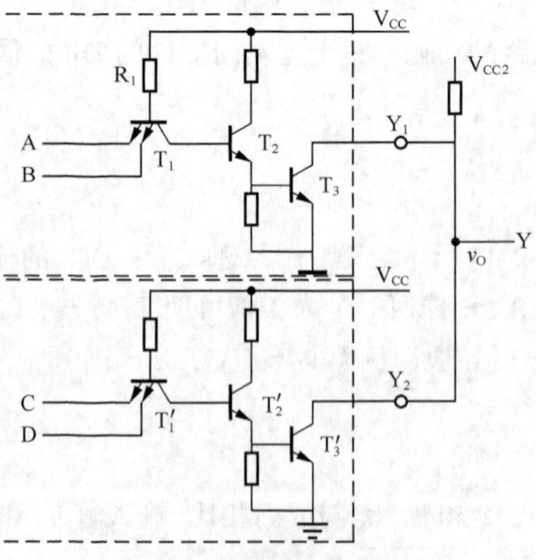

图 2-51　集电极开路门

当 Y_1、Y_2 有一个为低电平，Y 即为低电平；当 Y_1、Y_2 同时为高电平，Y 才为高电平；即 $Y=\overline{AB+CD}$。

2. TTL 三态门输出电路 TSL

TTL 三态门是在普通门电路的基础上，增加了控制电路部分。图 2-52 所示为控制端为高电平有效的三态门电路。

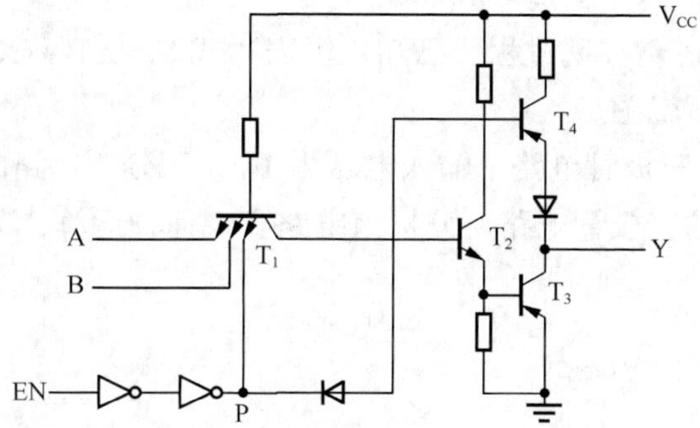

图 2-52　高电平有效的三态门电路

（1）工作原理

① 当 EN = 1 时，P = 1，D 截止，与非门为正常工作状态，即 $Y=\overline{AB}$。

② 当 EN = 0 时，P = 0，D 导通，T_4 截止；而 P = 0 使得 T_1 导通，T_2、T_3 截止，与非门为高阻态，即 Y = Z。

（2）TTL 三态门的用途

TTL 三态门除了电平转换外，还可以构成数据的双向传输和总线结构，如图 2-53 所示。

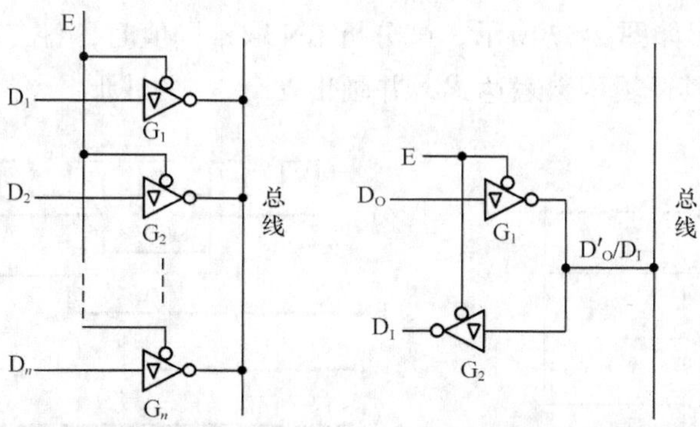

（a）三态门构成的总线结构　　（b）三态门上双向传输

图 2-53　三态门构成数据总线结构和双向传输

通过图 2-52（a）可以发现，寄存器或存储单元的并行数据是通过三态门和总线相连的，只有三态门控制信号 E 有效，数据就会输出到总线，否则数据被阻塞。图 2-52（b）通过两个三态门实现一位数据的输入输出，虽然信号都是 E，但数据是否输入输出和时间先后有一定的关系，在某一时刻，是不能同时进行输入和输出的。

习　题

2-1　根据日常生活需求，设计一个能够用干电池控制的电路，并简述其设计过程。

2-2　设计用 USB 插座组成的电源电路，阐述电源电路的组成原理。

2-3　简述用拨码开关实现赋值的过程。

2-4　简述逻辑电路逻辑实现过程。已知逻辑表达式 $Y = A\overline{B} + \overline{B}C$，请选择元件，自定义相关逻辑符号，绘制其逻辑图。

2-5　图 2-54 是一个三极管电路，输入电压为 1V，试分析电路的开关特性。

2-6　图 2-55 所示的二极管电路，分析该电路实现何种运算，其中二极管正向导电电压为 0.7V。

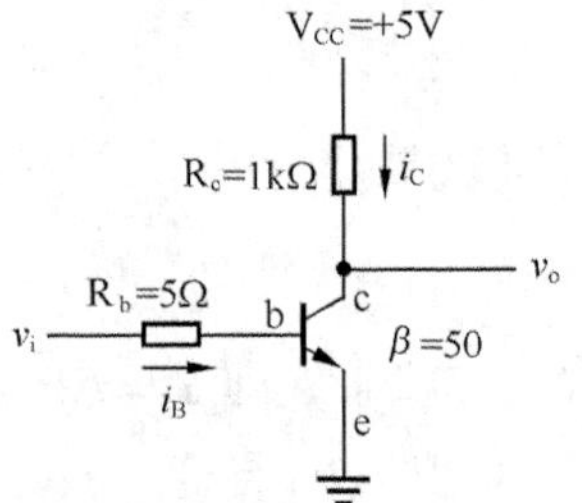

图 2-54　第 5 题图

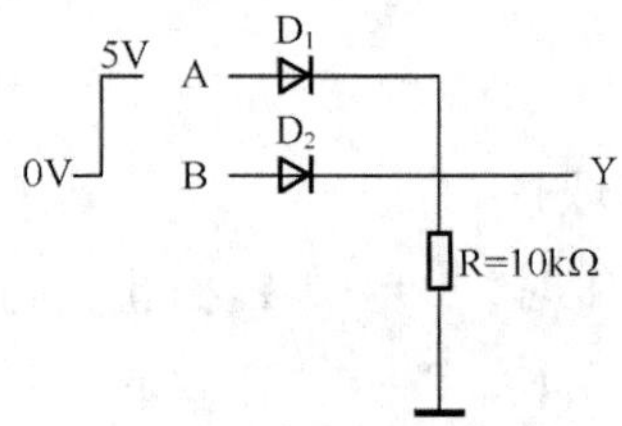

图 2-55　第 6 题图

2-7　图 2-56 所示为三态与非门组成的总线换向开关电路，其中 A、B 为信号输入端，分别接两个频率不同的信号（假定各三态与非门的另一输入端已与高电平相接）；EN 为换向控制端，控制信号波形如图 2-57 所示，试分析 EN 取不同值时，各三态门的工作状态，Y_1、Y_2 分别是什么？给出其逻辑函数表达式，并画出 Y_1、Y_2 的波形。

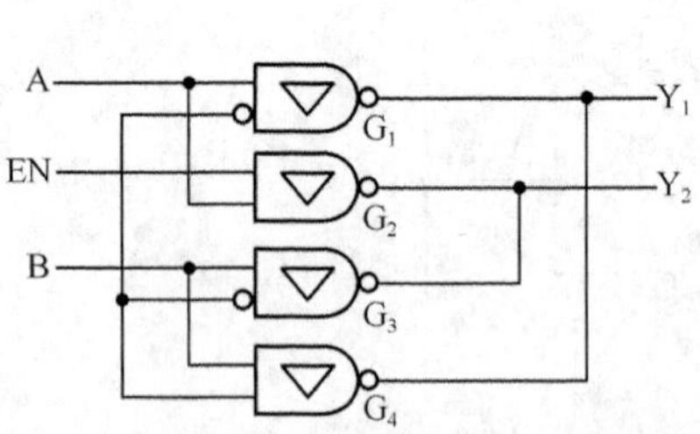

图 2-56　第 7 题电路图

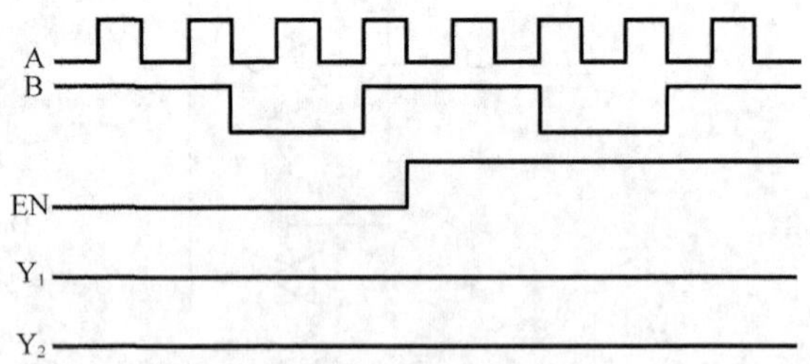

图 2-57　第 7 题波形图

2-8　说明下列各种门电路中哪些可以将输出端并联使用（输入端的状态不一定相同）。

（1）具有推拉式输出级的 TTL 电路。

（2）TTL 电路的 OC 门。

（3）TTL 电路的三态输出门。

（4）普通的 CMOS 门。

（5）漏极开路输出的 CMOS 门。

（6）CMOS 电路的三态输出门。

2-9　在图 2-58 所示的由 74 系列 TTL 与非门组成的电路中，计算门 GM 能驱动多少同样的与非门。要求 GM 输出的高、低电平满足 $V_{oH} \geqslant 3.2V$，$V_{oL} \leqslant 0.4V$。与非门的输入电流 $I_{iS} \leqslant 1.6mA$，$I_{iH} \leqslant 40\mu A$。$V_{oL} \leqslant 0.4V$ 时输出电流的最大值 $I_{oL, max} = 16mA$，$V_{oH} \geqslant 3.2V$ 时输出电流的最大值 $I_{oH, max} = 0.4mA$。GM 的输出电阻可忽略不计。

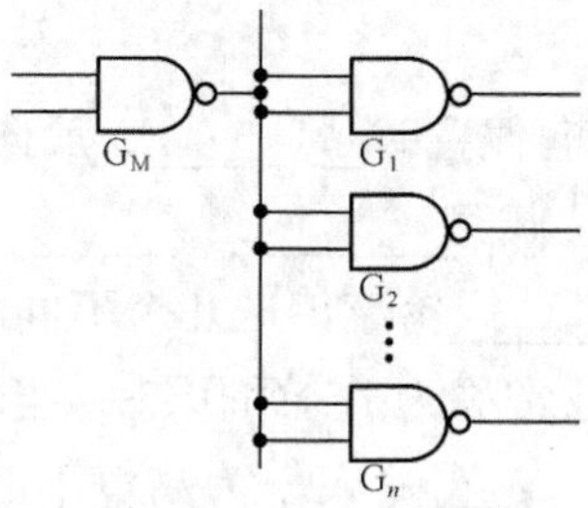

图 2-58　第 9 题图

2-10　画出实现如下功能的 CMOS 电路图。

（1）$Y = \overline{ABC}$。

（2）$Y = \overline{AB + CD}$。

2-11　二极管门电路如图 2-59 所示。

（1）分析输出 Y_1、Y_2 和输入 A、B、C 之间的逻辑关系，画出真值表，并写出逻辑表达式。

（2）已知 A、B、C 的波形如图 2-60 所示，试画出 Y_1、Y_2 的波形。

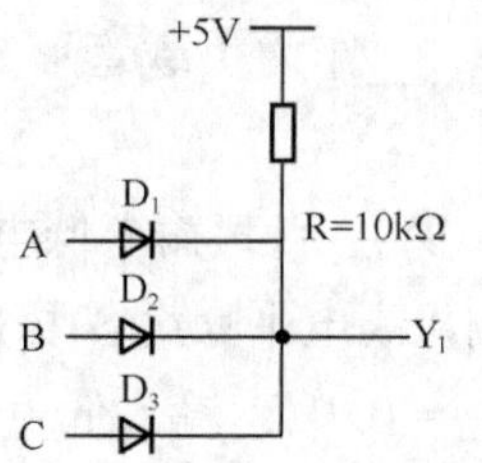

图 2-59　第 11 题电路图

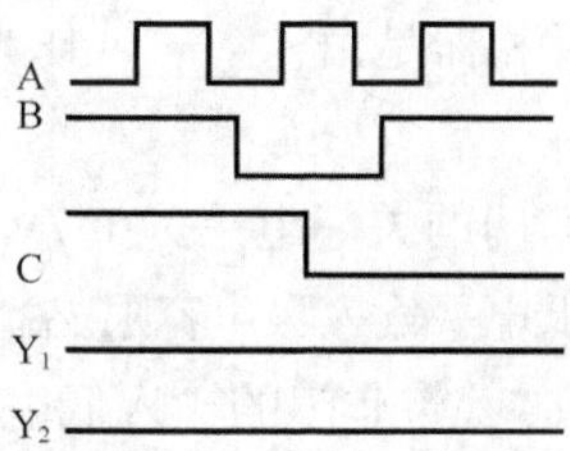

图 2-60　第 11 题时序图

2-12　在图 2-61 所示的电路中，试计算当输入端 v_i 分别接 0V、5V 和悬空时输出电压 v_o 的数值，并指出三极管的工作状态。假定三极管导通后 $V_{BE} = 0.7V$，电路参数如图中所注。

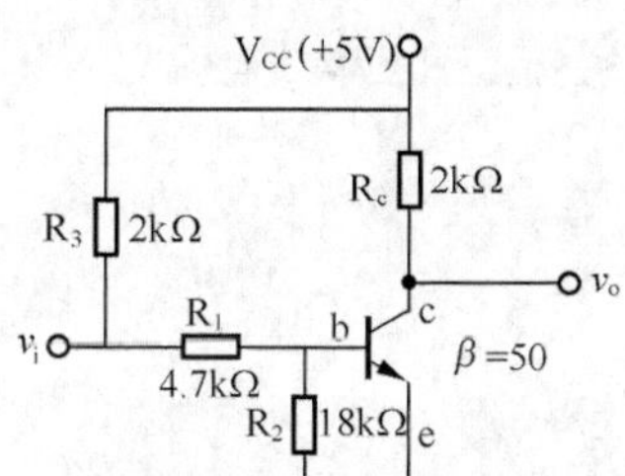

图 2-61　第 12 题图

2-13　有两个相同型号的 TTL 与非门，对它们进行的测试结果如表 2-6 所示。在输入相同高电平时，哪个抗干扰能力强？在输入相同低电平时，哪个抗干扰能力强？

表 2-6　　TTL 与非门测试结果

与非门	开门电平/V	关门电平/V
甲	1.4	1.0
乙	1.5	0.9

2-14　填空题

（1）PN 结的单向导电性即正向偏置时________，反向偏置时________。

（2）三态输出门的输出端可以出现________、________和________三种状态，其主要用途是可以在________信号线上________轮流传送几个不同的数据或控制信号。

（3）TTL 与非门的两个状态通常称为关态和开态，当输入有一为低电平时，对应的是________态，此时输出为________；当输入全为高电平时对应的是________态，此时输出为________。

（4）TTL 与非门的输入高电平额定值 V_{iH} = ________V，输入低电平额定值 V_{iL} = ________V；额定输出逻辑高电平 V_{oH} = ________V，额定输出逻辑低电平 V_{oL} = ________V。（设电源电压 V_{CC} = +5V）

（5）对于 TTL、CMOS 集成电路，按速度快慢的顺序依次为________，按抗干扰能力强弱的顺序依次为________，按静态功耗低和高的顺序依次为________。

（6）假设 VGS(TH)为开启电压，一般在 1～3V 范围内，则 NMOS 管当________时截止，当________时导通；PMOS 管当________时截止，当________时导通。

（7）CMOS 反相器是由________作为驱动管，________作为负载管形成了________电路结构。

（8）TTL 与非门的关门电平为 0.7V，开门电平为 1.9V，当其输入低电平为 0.4V，高电平为 3.2V 时，其低电平输入噪声容限 V_{NL} 为________，输入高电平噪声容限 V_{NH} 为________。

（9）如果某 TTL 与非门的输入低电平噪声容限 V_{NL} = 0.7V，输入低电平 V_{iL} = 0.2V，那么它的关门电平 V_{off} 为________。

（10）对于或非门，只要有一个输入为高电平，则输出就为________电平，所以对或非门多余输入端的处理不能接________电平。

（11）对于 TTL 与非门，只要有一个输入为低电平，则输出就为________电平，所以对于与非门多余输入端的处理不能接________电平。

第 3 章 组合逻辑电路

据前所述，利用半导体元件集成的逻辑门，实现了逻辑运算功能。逻辑问题抽象生成的逻辑函数，可用逻辑图方法表示，逻辑符号则是组成逻辑图的基本单位，将逻辑门定义为逻辑符号，从而使逻辑图和电路之间实现相互转换。逻辑门的问世，使数字电路定义的提出成为可能。本章提出数字电路的概念、分类、表示，接着讲述组合逻辑电路分析、设计的基本方法，然后分析组合逻辑电路的竞争与冒险，最后阐述常用组合逻辑元件的设计及应用。

3.1 数字电路概念、分类及表示

逻辑门的输入输出引脚只能是稳定的高低电平。从逻辑学而言，就是用逻辑常量 1、0 表示引脚的输入输出。在设计过程中，利用逻辑 1、0 而不是电平为依据，对逻辑问题进行抽象，用逻辑学的定律和方法，求出逻辑表达式，绘制逻辑图，进一步转化为电路。这种电路明显具有数字的特点。

3.1.1 数字电路与数字系统

通过逻辑常量推导设计的电路，也可以通过逻辑变量的取值，研究输入输出变量之间的规律，分析电路的逻辑功能。这种电路无论分析还是设计，都与数字有关，是利用逻辑学的数字推动进行的。

上述的电路称为数字电路，是指以数字元件逻辑门为核心元件，以分立元件为辅助元件，根据逻辑问题设计而得到的逻辑关系，实现元件引脚连接组合而成的电路。数字电路最重要的特征是电路由逻辑门组成。

与数字电路相对应的，则是模拟电路。以分立元件为主要元件设计而成的电路称为模拟电路，模拟电路中必不包含逻辑门元件。模拟电路中传递的模拟信号，是随着时间连续变化的信号，模拟电路无法可控地表示电路数据，由电路本身特性引发，无直观表示性，也容易受到外界环境的干扰。而数字电路正好克服了这个缺点。

在设计时，数字电路与模拟电路都可以绘制成电路原理图，在数字电路中，原理图称为逻辑图，为了统一研究规律，我们把模拟电路看做逻辑电路的特例，把电路原理图都称为逻辑图。

能够实现特定功能和控制过程的数字电路，是一个完整的电路系统，称为数字系统。一个数字系统，要有能提供电能的电源电路，能够实现简单或复杂逻辑过程的核心电路，能够输入数据的输入元件（或设备），能够输出结果的输出元件（或设备），还有外接的其他控制电路等。最典型的数字系统是微型计算机系统，它是由电源电路，控制器和运算器组成的微处理器（CPU），内存储器，键盘、鼠标等输入设备，显示器、打印机等输出设备组成的实现信息传递与信息处理的有机整体。其中，微处理器和内存储器为核心元件。

逻辑门的输入输出引脚承载的物理量是稳定的电压，只有高、低两种电平，在逻辑上认为实现了 1,0 数字的传递。核心电路组合后，我们主要针对电路（函数）输入引脚和输出引脚进行研究，研究其数据传递的逻辑规律，从而将电路研究和逻辑研究相联系，构建研究数字电路的完整体系。

3.1.2 数字电路分类

逻辑门元件按照其工作原理不同可分为组合逻辑元件和时序逻辑元件。组合逻辑元件实现了某一具体的逻辑功能，如与门；而时序逻辑元件具有保存、反馈、传递数据的作用，因而具有一定的时间概念。这种元件在时钟脉冲（下一章讲解）的作用下，可以实现数据的保存、更替、传递。这种元件称为触发器，如 JK 触发器 74HC73。

数字电路按照组成逻辑门元件的不同，可分为组合逻辑电路和时序逻辑电路。组合逻辑电路是由逻辑门组成的无反馈的单方向性电路，是根据具有二值条件的输入和逻辑关系，分析设计实现的具有一定功能的输出电路。电路仅仅实现某种功能，没有保存记忆的功能。而时序电路是以脉冲高低电平的重复变化为前提，在某个变化中实现某一逻辑功能，逻辑功能实现的结果可以保存、传递和反馈（在下一脉冲到来时）。所以，时序逻辑电路是以记忆元件——触发器和组合逻辑门一起组合设计而成，能够实现数据保存、反馈和传输的电路。

3.1.3 组合逻辑电路表示

本节主要研究组合逻辑电路。在第 1、2 章设计实现的电路都是组合逻辑电路，它的核心电路部分有一定的逻辑变量输入，则必有相对应的逻辑变量输出，也就实现了逻辑关系指定的逻辑功能。逻辑输入变量的任意一组输入与之组合，都有唯一的逻辑输出变量结果与之对应。设数字电路中有 n 个输入变量 $I_0 \sim I_{n-1}$，m 个输出变量 $Y_0 \sim Y_{m-1}$，每个输出对应的逻辑关系为 $f_0 \sim f_{m-1}$，则其逻辑图如图 3-1 所示。

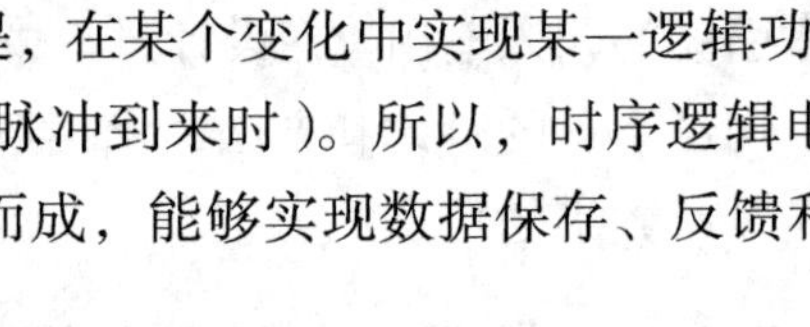

图 3-1 组合逻辑电路逻辑图

图 3-1 所表示的组合逻辑电路，方框内的电路可以是任何的数字电路，在已知逻辑关系的前提下，任意一个输出变量是所有输入变量 $I_0 \sim I_{n-1}$ 的逻辑函数。因此，输入输出之间的逻辑表达式可以表示为

$$\begin{cases} Y_0 = f_0(I_0, I_1, \cdots, I_{n-1}) \\ Y_1 = f_1(I_0, I_1, \cdots, I_{n-1}) \\ \\ Y_{m-1} = f_{m-1}(I_0, I_1, \cdots, I_{n-1}) \end{cases}$$

图 3-1 所示的是组合逻辑电路逻辑图表示法，而逻辑表达式表示了输入输出的逻辑关系，以此为基础，可以实现对电路功能的分析。

3.2　组合逻辑电路分析

逻辑代数主要是针对组合逻辑电路的逻辑函数进行表示和化简的，也具有定律和相应的规则。对于已经设计的电路，在不知电路逻辑功能的前提下，可以将电路元件转化为逻辑符号，将电路转换为逻辑图，并针对逻辑图进行电路功能的分析。并不是所有逻辑电路都能够转化为逻辑函数，对于集成度高的电路，要根据设计要求和使用情况进行电路功能的分析；而对于能够转化为逻辑函数的组合电路，我们可以将逻辑图转换为逻辑表达式、真值表、波形图 3 种方法，从而找出电路所能实现的特定功能。本节讲解的主要是能够转化为逻辑函数的组合逻辑电路功能分析。

3.2.1　概念

根据给出的组合逻辑电路，找出输入输出变量之间的逻辑关系表达式及输入输出数据变化情况，确定组合逻辑电路实现的特定功能，这就是组合逻辑电路分析。

组合逻辑电路功能分析包括逻辑功能分析和应用性功能分析，逻辑功能分析是根据输入变量的取值组合确定输出变量是否成立，也就是说，输入变量取什么组合的值，才能使输出成立；而应用性功能分析则是在逻辑功能分析的基础上，与实际应用过程相结合，分析生活中实际意义的功能。简单的电路分析实际上就是找出电路的逻辑关系。

3.2.2　功能分析方法

组合逻辑电路是针对功能进行分析，分析时，会给出一个实物的电路板，或者是提供电路图，无论如何，都需要把电路转换为逻辑图的表示形式，将逻辑图转化为其他表示形式，能够简接或直接找出电路的逻辑功能或者是逻辑运算关系。

分析组合逻辑电路功能时，一般根据逻辑函数表达式、真值表、波形图 3 种表示方法进行判别，也可以几种方法一起进行判别。

1. 针对逻辑函数进行分析

通过观察逻辑函数的输入表达式，找出所有输入变量符合何种取值原则时，输出变量结果成立。例如，$Y = AB$，通过表达式我们知道实现了与运算的逻辑功能，或者是认为只有 AB 同时为 11 时，输出才成立。那么 $Y = AB + AC$ 实现了什么逻辑功能？因为与的优先级比或运算要高，该表达式先同时进行了两个与运算，然后实现了或运算，所以，该表达式实现了与或运算的功能。

2. 针对真值表进行分析

真值表是把所有可能的输入取值组合和对应输出一一进行列举的二维表格，数据采用列举法，具有全面性的特点。我们在真值表中对数据逐组进行观察，寻找所有输入变量采用何种取值得到有效输出的变化规律，这就是分析出的逻辑功能。观察表 3-1 所示真值表，对只有 Y = 1 成立的有效取值组合进行分析。A、B 同时取值为零时，输出为 1，这就是电路的逻辑功能，但说法不是很明确。把这些取值组合的每一项看做一个与项，每项之间为或的关系，这里有效取值组合只有 AB = 00 一项，则 $Y=\overline{A}\cdot\overline{B}$，根据摩根定律，$Y=\overline{A+B}$，所以说电路实现了或非功能，这种功能分析结果是比较准确的。

表 3-1　　分析逻辑功能的真值表

A	B	Y
0	0	1
0	1	0
1	0	0
1	1	0

另一种分析方法是反函数分析法，把真值表中无效的最小项作为有效项进行分析，然后反向阐述逻辑功能，即为真值表所表示电路的功能。针对上述真值表，反函数的功能是：A、B 至少有一个条件满足，结果才成立。这句话正好是或运算的定义，则或运算的反函数是或非运算。反函数分析法的结果也是成立的。

3. 针对波形图进行分析

波形图是绘制输入输出 0、1 取值的图形，有多少组数据，就绘制多少列，绘制的 0、1 数据列宽是相等的。

将表 3-1 所示真值表转化为波形图，如图 3-2 所示。采用这种方法进行组合电路功能分析，其过程与真值表形式相同，波形图一般用来进行电路结果仿真，在实验中与理论相比较，确定实验结果的准确性。在时序电路中，波形图体现的是数据随时间变化的规律，根据数据变化情况可分析出时序电路的逻辑功能，但在组合电路中，将波形图转化为真值表，分析电路功能会更好。

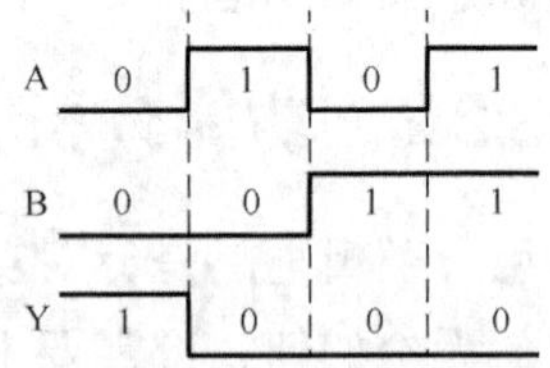

图 3-2　或非运算功能的波形图

3.2.3　组合逻辑电路分析步骤

根据给出的电路，或者提供电路设计的逻辑图，我们可以选择合适的逻辑函数表示方法，有针对性地进行分析，从多个方面找出电路所实现的逻辑关系，或者是电路实现的逻辑功能。组合逻辑电路的分析步骤如下。

（1）确定逻辑图

将要分析功能的组合逻辑电路转化为逻辑图，找出逻辑门元件符号，确定所有输入逻辑变量和所有输出变量，并在逻辑图上定义变量名称。对理论研究来说，标有变量的逻辑图是直接提供的，这一步骤可以忽略，本书一般采用这种分析方法。而对于实际应用而言，给出的是一个手工电路，或者是电路板，则需要将电路中的元件绘制为逻辑符号，然后根据元件引脚连线关系绘制逻辑图，标注变量，这种方法对初学者来说难度较大。

（2）列出并化简表达式

根据组合逻辑电路的逻辑图，确定输入输出变量。从逻辑电路的输入端开始，按照运算的优先顺序，逐级写出每个逻辑门输出的逻辑表达式，输出变量最后得到的逻辑表达式即为最后的逻辑表达式。输出逻辑表达式一般不是最简的，需要用公式法或卡诺图化简。如果得到的逻辑表达式逻辑关系比较简单，通过表达式即可得到电路的逻辑功能。

（3）将逻辑表达式转换为真值表

根据输入、输出变量绘制真值表，从小到大列举输入变量的所有二进制数，然后根据逻辑表达式求出输出变量的结果。

（4）根据真值表分析逻辑功能

针对真值表，逐行分析每组输入二进制组合和输出逻辑变量之间可能存在的共同逻辑关系，从而分析出电路的逻辑功能。也可以通过数字分析转化为文字描述的逻辑运算定义，确定逻辑功能。

【例 3.1】分析图 3-3 所示由与、或、非逻辑符号组成的组合逻辑电路的逻辑功能。要求写出逻辑表达式并化为最简，列出真值表并分析逻辑功能。

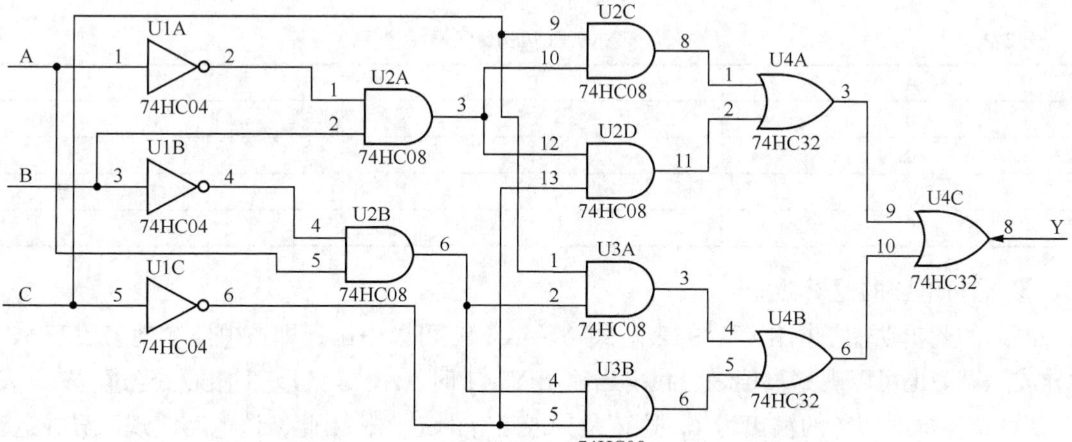

图 3-3　由与、或、非逻辑符号组成的组合逻辑电路

① 根据逻辑图列表达式。

图 3-3 中，共有 4 级（列）逻辑元件符号，同级逻辑符号优先级相同，左级逻辑符号的运算优先级要高于右级逻辑符号，因而输出 Y 的逻辑表达式要由左向右逐级推导而出。图 3-4 中标注了各逻辑符号输出的表达式，从而得到了 Y 的表达式。

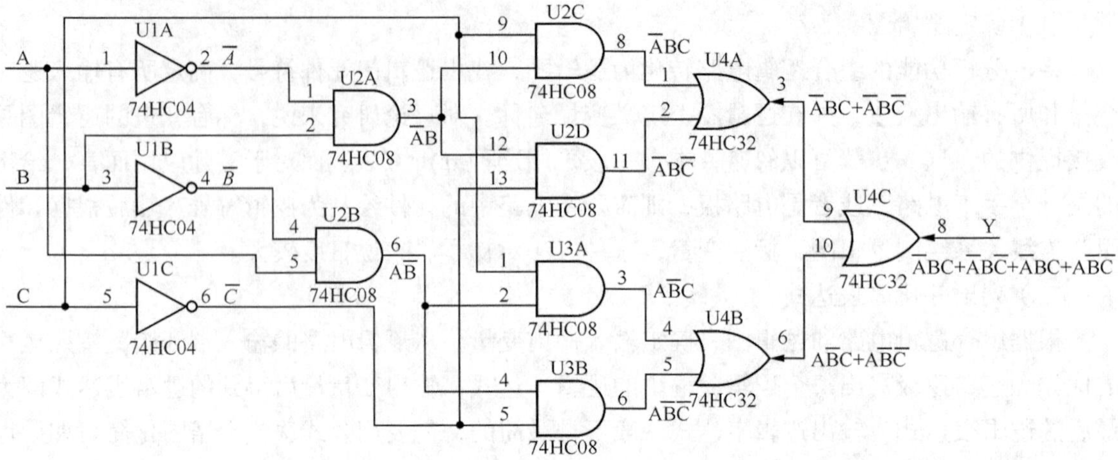

图 3-4　标注各级逻辑符号输出表达式的组合逻辑电路

写出 Y 的表达式，并用公式法进行化简：

$$
\begin{aligned}
Y &= \overline{A}BC + \overline{A}B\overline{C} + A\overline{B}C + A\cdot\overline{B}\cdot\overline{C} \\
&= \overline{A}B(C+\overline{C}) + A\overline{B}(C+\overline{C}) \\
&= \overline{A}B + A\overline{B} \\
&= A\oplus B
\end{aligned}
$$

② 根据表达式列出真值表。

在图 3-4 中，A、B、C 为输入变量，Y 为输出变量，但是化简后的表达式并没有输入变量 C，列真值表时，无须列出变量 C，只列举 A、B 关于 Y 的真值表即可。列出变量，从小到大列举 A、B 所有取值，根据公式求出 Y 的值，如表 3-2 所示。

表 3-2　表达式转换的真值表

A	B	Y
0	0	0
0	1	1
1	0	1
0	1	0

③ 分析电路的逻辑功能。

电路的逻辑功能根据化简后的表达式 $Y = A\oplus B$ 可以得出，即该电路实现了关于 A、B 的异或运算。也可以观察真值表，找出当输出 Y = 1 时，A、B 的取值情况。经过观察，发现 A、B 取值不同时，Y 的输出为 1，这正是异或运算的定义，因此，该电路实现了异或运算。如果只要求分析电路的逻辑功能，没有要求列真值表，则可以通过表达式直接分析出电路的逻辑功能。

在图 3-4 中，每个逻辑符号都标有流水号和元件型号，以最左侧的 3 个非门为例。它们的型号都是 74HC04，三个非门的流水号分别是 U1A、U1B、U1C，表示它们都是元件 U1 的组成部分，U1 是整个非门的流水号，A、B、C 是三个非门在 U1 中的顺序号。

【例 3.2】分析图 3-5 所示的组合逻辑电路，指出该电路的逻辑性功能和应用性功能。

① 列出逻辑表达式。

观察图 3-5，电路由两级电路组成，第 1 级电路由同级的 3 个二输入与非门组成，它们的输出分别用 Y_1、Y_2、Y_3 表示；第 2 级为 1 个 3 输入与非门，它们的输入为 Y_1、Y_2、Y_3，输出为要求的逻辑函数 Y。只要求出 Y_1、Y_2、Y_3，就会求出 Y 的表达式。

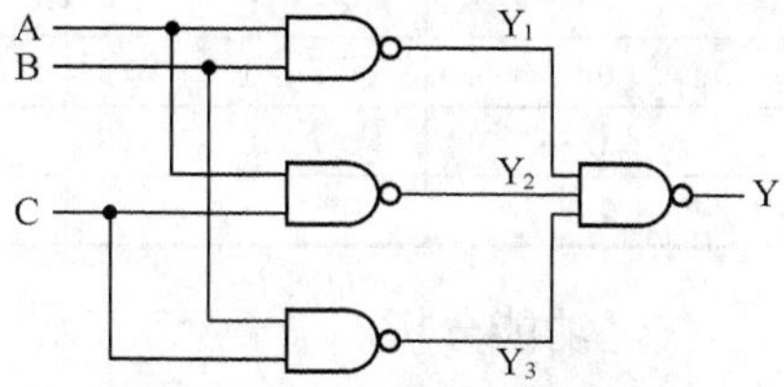

图 3-5　组合逻辑电路逻辑图

$Y_1 = \overline{AB}$；$Y_2 = \overline{AC}$；

$Y_3 = \overline{BC}$；$Y = \overline{Y_1 \cdot Y_2 \cdot Y_3} = AB + BC + AC$。

② 根据化简后的逻辑表达式列出真值表。

从小到大列举 A、B、C 的所有取值，并根据表达式 AB + AC + BC 求出每组取值对应 Y 的值，如表 3-3 所示。

表 3-3　逻辑函数转化的真值表

A	B	C	Y
0	0	0	0
0	0	1	0
0	1	0	0
0	1	1	1
1	0	0	0
1	0	1	1
1	1	0	1
1	1	1	1

③ 分析逻辑功能与应用性功能。

观察真值表，当 Y 为 1 时，对应 A、B、C 三个输入变量的取值至少两个为 1，即 A、B、C 中至少两个条件满足，输出 Y 才发生，这就是该电路实现的逻辑功能。3 个条件至少要两个条件满足，是少数服从多数的体现，将条件设为投票同意与否，则该电路变成了 3 人投票表决电路：只要有 2 票或 3 票同意，表决就通过，这是电路的应用性功能。

对于多输出变量存在的电路，我们要求出所有输出变量的表达式，并根据表达式列出真值表，观察所有输出变量功能实现过程中，输入变量的取值变化情况，确定电路共有的特征，推导出逻辑关系或逻辑功能。

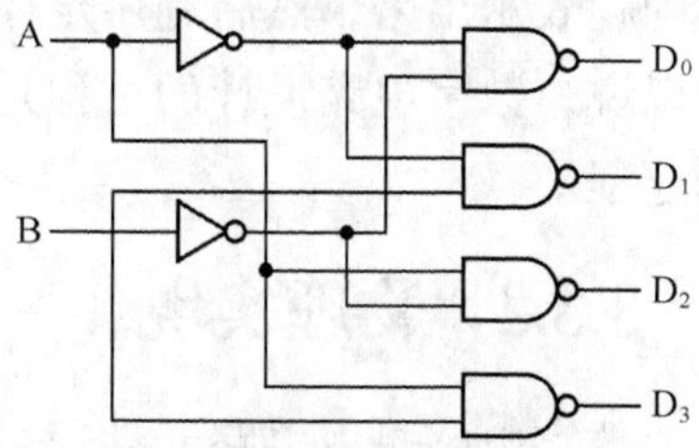

图 3-6　组合逻辑电路逻辑图

【例 3.3】分析图 3-6 所示的组合逻辑电路功能。

① 写出四个变量的逻辑表达式。

电路有 A、B 两个输入，D_0、D_1、D_2、D_3 四个输出，一级电路为 A、B 对应的非门，二级电路为独立输出的 4 个与非门，列出 4 个输出的逻辑表达式：

$$D_0 = \overline{\overline{A} \cdot \overline{B}}\text{；}\qquad D_1 = \overline{\overline{A}B}\text{；}\qquad D_2 = \overline{A\overline{B}}\text{；}\qquad D_3 = \overline{AB}$$

② 根据 A、B 四种取值组合列出真值表，如表 3-4 所示。

表 3-4　　多输出组合电路真值表

A	B	D_0	D_1	D_2	D_3
0	0	0	1	1	1
0	1	1	0	1	1
1	0	1	1	0	1
1	1	1	1	1	0

③ 功能分析。

由真值表进行分析，AB = 00，$D_0 = 0$；AB = 01，$D_1 = 0$；AB = 10，$D_2 = 0$；AB = 11，$D_3 = 0$。输入变量的数字组合和输出变量取值为 0 的情况一一对应，这种电路是 2 线输入 4 线输出的译码器电路，每个输出可作为系统电路中四个器件对应的使能信号。译码器因为一次只能输入一组二进制数，它的 4 个输出只有其中一个有效。

3.3　组合逻辑电路设计

在第 1 章卡诺图化简部分，已经讲解了将逻辑问题抽象为逻辑输入变量、逻辑输出变量及逻辑关系，并根据逻辑关系列出真值表，用卡诺图化简得到逻辑函数，接着把逻辑函数绘制为逻辑图，然后将逻辑图再转化为组合逻辑电路，这就是组合逻辑电路设计的完整步骤。

3.3.1　设计依据

组合逻辑电路是以分立元件和逻辑门元件为单元，根据逻辑关系在元件引脚之间连接导线而成的。将元件表示为逻辑符号，将电路转化为逻辑图，实现对电路逻辑功能的分析。反之，如果要把逻辑问题转化为电路，则只要能将逻辑问题转化为逻辑图，然后用逻辑元件代替逻辑符号，从而转化为实物电路板。要得到逻辑图，就要利用逻辑代数的表示方法，将逻辑问题表示出来，然后利用定律或卡诺图化简，得到最简逻辑表达式，最后绘制出逻辑图。所以说，数字电路设计的过程是逻辑问题的逻辑图表示过程，是逻辑代数多种方法综合应用的过程。

3.3.2　物理实现

数字电路是以电路元件通过导线连接而成的，可以以手工方式在元件引脚之间进行导线的连接。但是，这种方式仅仅用来研究电路的连接关系和连接方式，对于一个数字系统的开发而言，还需要解决许多问题。

用元件组成的电路必须有个载体，用来对元件进行固定和通电，这个载体是不能导电的，还要绝缘，在设计时一般选择塑料板。因为塑料板绝缘，可以在其上覆设铜制导线，导线在引脚间不交叉连接。

元件如何才能固定在塑料板上，要根据元件引脚的形状确定。元件按照引脚形状分为插针引脚和贴片引脚。每个元件都有一定数量的引脚，引脚有引脚直径、引脚间距、元件摆放范围 3 个参数。插针元件引脚可以看做是圆柱形的金属导体，它有一个最大的底面直径。通常在塑料板上挖一个孔，这个孔的直径比引脚直径大 0.1～0.3mm。然后在塑料板上下孔中架设“工”字型金属圆形通道，孔在板面上下都有连通的金属圆环，比过孔大 0.6～1mm，插针串过金属圆孔，用焊锡将其固定于金属圆环上，这个工字型金属过孔称为焊盘，如图 3-7 所示。而贴片元件引脚的焊盘则是在塑料板上固定一块与引脚相同大小的铜片即可。一个元件的所有焊盘位置要根据引脚之间的间距确定。除了焊盘设计外，还要为元件设计一定范围，这个范围尽量不要超过元件自身的范围大小，可以稍微大一些，但不能过大。

一个元件的所有焊盘和范围可以用绘图方式获得，该图形称为一个封装，如图 3-8 所示。利用 EDA 设计软件绘制出一定大小的塑料板，将封装按照一定规则导入并在其上紧凑布局，然后按照逻辑图中提供的引脚连接关系自动或手工连线，得到图 3-9 所示的印制电路板图。

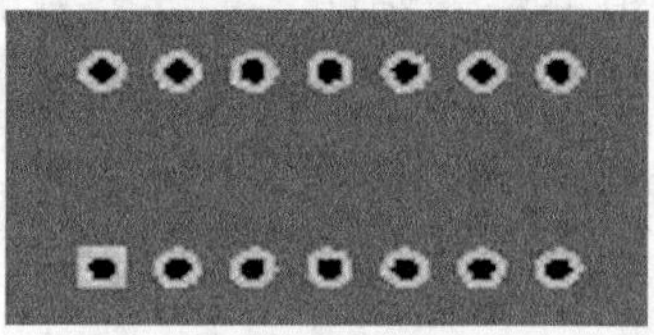

图 3-7　与门元件引脚的焊盘

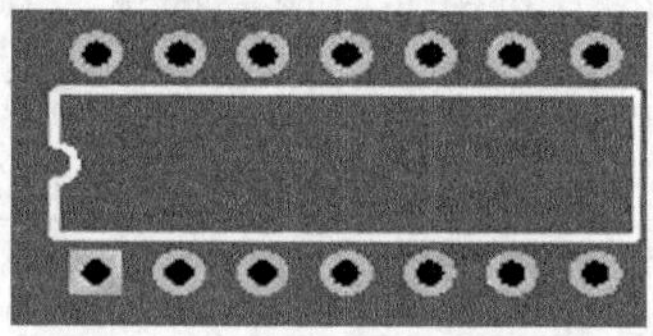

图 3-8　与门元件绘制的封装

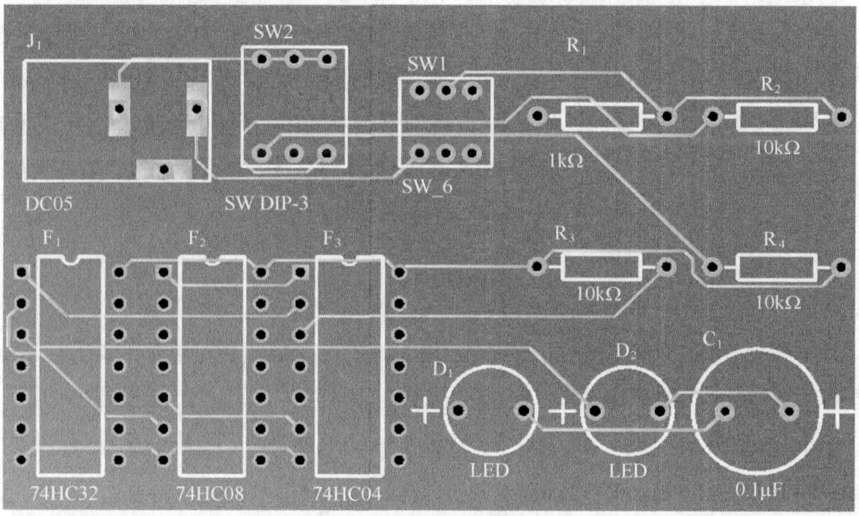

图 3-9　印制电路板仿真图

印制电路板图送给厂家后，厂家利用印刷技术在塑料板上印出图中提供的封装数据与铜质导线，制作焊盘，然后将电路板返回。设计者将所有元件插入并用焊锡进行固定，一个能够工作的电路系统就完成了设计。

3.3.3　设计方法

组合逻辑电路设计的过程，就是将电路设计问题逻辑化，并进行逻辑抽象和逻辑表示的过程。逻辑表示的过程，最主要的是能够绘制出逻辑电路图。

在设计组合逻辑电路时，根据给定的逻辑问题或逻辑电路的设计要求，使用逻辑代数的表示方法，设计出最佳（或最简）的组合电路。以逻辑门作为电路设计的基本单元，其最佳的含义是：所用门的数目要最少，而且各门输入端的数目和电路的级数也要最少，性价比最高。组合逻辑电路设计主要包括以下步骤。

（1）逻辑问题的抽象

将要设计的电路问题抽象为逻辑问题，抽象出逻辑输出变量。根据逻辑输出变量是否发生的要求，逆向定义满足条件的输入变量，确定输入与输出之间的逻辑关系。罗列输入变量所有可能的条件取值，根据逻辑关系计算出逻辑输出变量在不同取值下的结果。

在逻辑问题抽象过程中，逻辑关系有时较难发现，这里可以采用推理法、文字分析法、流程图描述法去实现。推理法是根据逻辑输出成立与否的要求，经过调查取证，推理出满足要求的条件，同时得到逻辑关系；文字描述法是通过对逻辑问题的描述，从中找出逻辑关系；流程图法是把逻辑问题进行流程描述，从中找出逻辑关系。例如，3 评委表决电路，结果是表决通过与否，这个结果的成立取决于 3 个评委投票与否，从而推理出多数服从少数的逻辑关系。设计四舍五入电路，从描述中我们能够直接发现逻辑关系为“十进制数进位四舍五入”。提倡采用推理法寻找逻辑关系。

（2）逻辑问题的真值表表示

逻辑问题抽象出了输入逻辑变量、输出逻辑变量及逻辑关系，但是无法表示出逻辑函数。

为了获得逻辑函数，必须把逻辑问题所有条件展现出来，寻找逻辑问题有效的最小项，以构造出逻辑函数最小项的与或表达式。列举逻辑问题的所有条件状况，显示有效最小项的方法，一般采用逻辑函数的真值表表示法。在真值表中第一行列出输入变量名称和输出变量名称，从小到大向下逐行列举输入变量的取值组合，然后根据逻辑关系求出输出变量的取值是 0 还是 1，为 1 表示对应输入变量的最小项是有效的。

（3）求取逻辑表达式

在已知真值表的情况下求逻辑表达式，一般有两种方法，一种是直接写出有效最小项的与或表达式，用公式法化简得出最简逻辑表达式；另一种是直接填充卡诺图，通过卡诺图化简得到最简的与或逻辑表达式。最简与或表达式，虽然在形式上是最简的，但是对于逻辑门元件来说，并不一定是最简的。以表达式 $Y=\overline{A}B+A\overline{B}$ 为例，它是一个最简表达式，但这个表达式如果选择异或门，电路会更简单。

【例 3.4】用公式法和卡诺图两种方法求表 3-5 所示真值表的最简表达式。

表 3-5　组合逻辑电路真值表

A	B	C	Y
0	0	0	0
0	0	1	1
0	1	0	1
0	1	1	0
1	0	0	0
1	0	1	1
1	1	0	1
1	1	1	0

观察真值表，表中 Y 为 1 的最小项为有效最小项，有效最小项中 A、B、C 三个输入变量的取值分别是 001、010、101、110，按照与运算表达式与逻辑运算规则对应关系，可以直接写出 Y 的与或表达式。

$$
\begin{aligned}
Y &= \bar{A}\cdot\bar{B}C + \bar{A}B\bar{C} + A\bar{B}C + AB\bar{C} \\
&= (\bar{A}\cdot\bar{B}C + A\bar{B}C) + (\bar{A}B\bar{C} + AB\bar{C}) = \bar{B}C(A+\bar{A}) + B\bar{C}(A+\bar{A}) = \bar{B}C + B\bar{C} = B\oplus C
\end{aligned}
$$

绘制三变量卡诺图，将有效最小项对应的方格填 1，其他方格填 0，如图 3-10 所示。

由卡诺图化简得 Y 的逻辑表达式为 $Y = \bar{B}C + B\bar{C} = B\oplus C$。可以看出卡诺图化简的结果只是与或表达式的最简，并不是组合电路元件的最简，我们需进一步将表达式转换为异或运算。

Y　A \ BC	00	01	11	10
0	0	1	0	1
1	0	1	0	1

图 3-10　真值表转化的卡诺图

（4）绘制逻辑图

在求出组合逻辑电路的表达式后，我们就可以绘制逻辑电路图。绘制逻辑图要根据表达式选择逻辑元件，选择的逻辑元件不同，绘制的逻辑图也不相同。以表达式 $Y = \bar{B}C + B\bar{C}$ 为例，以此表达式，可以选择非门、与门、或门逻辑符号绘制电路，如图 3-11 所示；也可以选择表达式 $Y = B\oplus C$ 来绘制逻辑图，则只需要一个异或门逻辑符号即可，如图 3-12 所示。

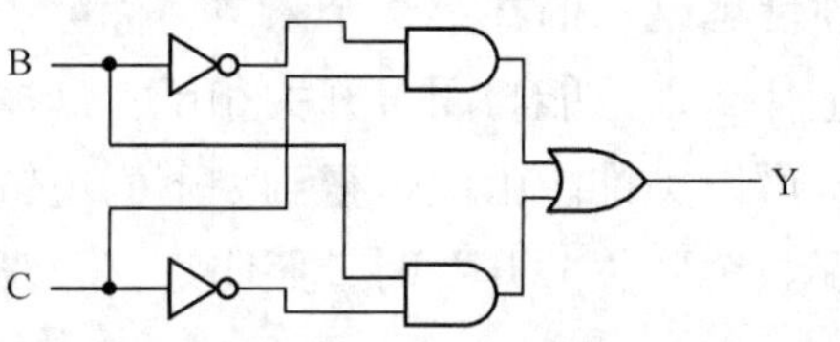

图 3-11　与非门绘制的逻辑图

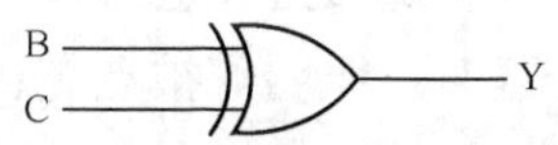

图 3-12　异或门绘制的逻辑图

比较两幅逻辑图，图 3-12 绘制的电路明显要简单得多，两电路性能相同，但 3-11 表示的电路多使用了 2 个元件，增加了电路的价格，性价比降低。

绘制逻辑图时，提倡自己绘制逻辑门的逻辑符号，使逻辑符号引脚与元件引脚特性相同，使逻辑图和实际电路接近，有助于印制电路板的设计。而用国际逻辑符号绘制的逻辑图则有助于理论性的研究。

3.3.4　设计实例

组合逻辑电路设计主要包括以下步骤：逻辑问题抽象，抽象出逻辑变量和逻辑关系；转化为真值表；根据真值表求取最简和最优的表达式；选择元件，绘制逻辑符号及逻辑图；根据逻辑图设计出电路实物板。在 5 个步骤中，最重要的是第一步，如何抽象出逻辑变量和逻辑关系，是逻辑设计是否准确的关键因素。

电路设计类型根据输入、输出变量的表现形式不同而不同，主要有单变量输出、多变量输出、对输入变量编码、代码转换、为逻辑表达式指定逻辑门、简化真值表、输出变量为控制信号等类型，下面对它们一一举例说明，全面讲解组合逻辑电路的设计过程。

【例 3.5】某建筑走廊有三个出入口，分别位于走廊的两头和中间，每个出入口都有一个开关控制走廊照明灯。设计一逻辑电路实现对照明灯的控制。

逻辑抽象过程中，根据若干输入逻辑条件满足与否，确定某事件是否发生，属于单变量输出的组合逻辑电路设计问题。

（1）逻辑问题的抽象

阅读题目，进行逻辑抽象，题目要求设计出用 3 个不同开关控制走廊照明灯亮灭的电路。逻辑抽象是根据条件的满足与否决定事情是否发生，或者根据结果发生的必要性逆向推理需要哪些条件，分析方法根据过程确定。本例中三个开关的“开”与“关”，具有二值性，任何一个开关的“开”与“关”都可以控制照明灯的亮灭。照明灯的“亮”与“灭”是对立的两个结果，是发生的两种可能，这里假定其为输出逻辑变量 F，“1”表示灯亮，“0”表示灯灭。要使灯亮灭，要通过三个开关去控制。三个开关是独立的个体，并不具有共同控制的特点，也就不具有编码的特性，三个开关的“开”与“关”是条件取值的两个方面，所以三个开关“开关与否”可被定义为 3 个输出变量 A、B、C。如果变量取值为 1，表示开关为“开”，取值为 0 表示开关为“关”。确定输入输出变量后，最关键的是找出逻辑关系，即 3 个开关“开”与“关”是如何控制照明灯亮灭的。开关“开”灯亮，开关“关”灯灭，这是一种主观的分析意识，是针对一个开关的控制过程作出的结论，这种结论明显是没有经过推理的。比如说，1 个开关开时，另两个开关是关的，这怎样理解？三个开关“关”，灯必定不亮，选择任何一个入口的开关，打开后灯必然会亮，这是惯性思维。但在第 2 个入口，你可能会发现灯是亮的，开关是“关”的，那么打开开关会发生什么，只能与闭合开关相反，灯被灭掉。如果三个开关同时打开，那么灯又会被点亮，依次可以类推。由此，得到如下的逻辑关系：当有奇数个开关“开”时，照明灯被点亮；当有偶数个开关“开”时，照明灯灭，没有开关“开”时，灯不亮。

（2）根据逻辑关系填写真值表

绘制三输入变量 A、B、C 和输出变量 F 的真值表，按照从小到大的顺序列举 A、B、C 的所有取值组合，如表 3-6 所示。按照从小到大的顺序进行排列，是符合逻辑性推理思维逐步分析需要的，先列举，后根据规律计算。这里尽量避免先按照逻辑关系排列数据：符合逻辑关系的在前，不符合的列举在后。这是带有主观意识的跳跃式的推理方法，一旦逻辑关系错误，则没有思路进行纠正。

输入变量取值列举后，根据逻辑关系：奇数个开关闭合照明灯亮，偶数个开关闭合照明灯灭。将其转化为数字含义的逻辑关系：输入变量有奇数个 1 时，输出为 1；有偶数个 1 时，输出为零，由此计算出输出 F 的逻辑结果，如表 3-6 中 F 对应的数据。

表 3-6　　照明灯控制电路真值表

A	B	C	F
0	0	0	0
0	0	1	1
0	1	0	1
0	1	1	0
1	0	0	1

续表

A	B	C	F
1	0	1	0
1	1	0	0
1	1	1	1

（3）求取逻辑表达式

观察真值表，为 1 的项（即有效项）对应的最小项取值有 001、010、100、111，没有任何相邻项，根据与、或运算的定义和运算规则，直接写出其最小项与或的表达式。书写与项时，0 用反变量表示，1 用原变量表示。

$$F=\overline{A}\cdot\overline{B}C+\overline{A}B\overline{C}+A\overline{B}\cdot\overline{C}+ABC$$

（4）根据逻辑表达式绘制逻辑图

观察所求表达式，表达式中包含与、或、非三种基本逻辑运算，可以直接用国际标准符号绘制逻辑图。由于与项中没有共同的与项因子，如果要用二输入与门、或门绘制所有与项、或项，最少需要 8 个二输入与门符号，3 个或门输入符号。绘制时，按照非、与、或顺序自左而右绘制逻辑图并连线。也可以选择 3 输入与门和 4 输入或门符号绘制上述表达式。

该表达式虽然在形式上是最简的，但在组合电路设计时可以考虑选择其他逻辑门元件代替与或非门。观察表达式，前两项有公因子 $\overline{A}$，后两项有公因子 A，通过提取公因子继续研究表达式的变化。

$$F=\overline{A}(\overline{B}C+B\overline{C})+A(\overline{B}\cdot\overline{C}+BC)$$

提取公因子后，第 1 个括号内的表达式为异或运算，第 2 个括号内的表达式为同或运算，它们互为反函数，对表达式继续进行演变。

$$\begin{aligned}F&=\overline{A}(\overline{B}C+B\overline{C})+A(\overline{B}\cdot\overline{C}+BC)\\&=\overline{A}(B\oplus C)+A(\overline{B\oplus C})\end{aligned}$$

演变后的表达式还是 1 个异或运算形式，最后所得表达式为

$$\begin{aligned}F&=\overline{A}(\overline{B}C+B\overline{C})+A(\overline{B}\cdot\overline{C}+BC)\\&=\overline{A}(B\oplus C)+A(\overline{B\oplus C})\\&=A\oplus B\oplus C\end{aligned}$$

根据变化后的表达式，用异或门实现该组合逻辑电路的设计，比用与或非门的设计节省了许多逻辑门，大大提高了元件的性价比。该表达式才是最简表达式，开始化简的表达式被视为错误的。设计后的逻辑图如图 3-13 所示。

在实际设计电路时，为了和实际逻辑门元件研究同步，不必使用标准逻辑符号绘制逻辑图，可以绘制出和实际逻辑门引脚编号、名称相同的自定义逻辑符号，然后绘制出逻辑图。自定义逻辑符号的照明灯逻辑图如图 3-14 所示。

在图 3-14 中，唯一的逻辑符号是根据异或门 74HC86 绘制的，其中 7#脚为连接电源负极的引脚，名称为 GND；14#脚为连接电源正极（+5V）的引脚，名称为 V_{CC}；其他 12 个引脚

分别表示 4 个异或门的引脚，1#（1A）、2#（1B）为第 1 个异或门的两个输入，3#（1Y）为第 1 个异或门的输出，依次类推。这里选择了第 1、第 2 个异或门，实现了表达式的两次异或运算。

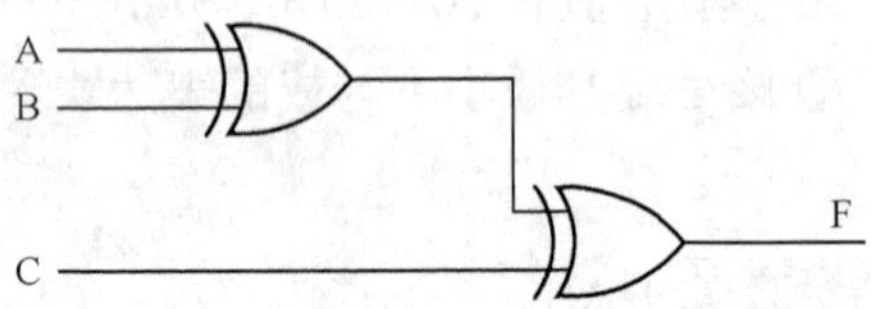

图 3-13　照明灯控制电路逻辑图

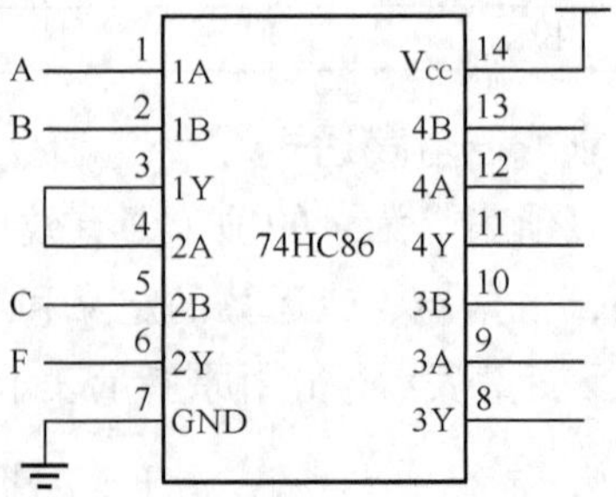

图 3-14　自定义逻辑符号的照明灯控制电路逻辑图

【例 3.6】用红、黄、绿三个指示灯表示三台设备的工作情况：绿灯亮表示全部正常；黄灯亮表示有一台不正常；红、黄灯亮表示有两台不正常；红灯全亮表示三台都不正常。设计控制电路实现该过程。

这是多变量输出的组合逻辑电路设计题。

（1）逻辑问题的抽象

“用红、黄、绿三个指示灯表示三台设备的工作情况”这句话，可以改为“三台设备工作正常与否控制不同指示灯显示”。三台设备工作正常与否是三个独立存在的条件，这 3 个条件有“工作正常”和“工作不正常”两种对立的取值，定义三个输入条件变量为 A、B、C，当它们取 1 时表示设备工作正常，取 0 时表示设备工作不正常。绿灯、黄灯和红灯的亮灭来表示 3 台设备的工作情况，亮灭表示两种不同的发生结果，具有二值性，把控制绿灯亮灭、黄灯亮灭、红灯亮灭的信号分别定义为三个输出变量 G、Y、R，当它们为 1 时，表示高电平，从正极连接指示灯，灯亮；为 0 时，表示低电平，从正极连接指示灯，灯灭。

根据题目分析，逻辑关系很容易被找出：设备全部工作正常时，只控制绿灯亮；一台设备不正常时，只控制黄灯亮；两台设备不正常时，控制黄、红灯同时亮；三台设备不正常时，只控制红灯亮。

（2）根据逻辑关系列出真值表

根据输入、输出变量绘制真值表，从小到大列举输入变量 A、B、C 的所有取值。然后将逻辑关系转换为数字意义上的逻辑关系：当设备全部工作正常，即 A、B、C 取值全为 1 时，只有绿灯亮，G = 1、Y = 0、R = 0；当有一台设备工作不正常，即 A、B、C 其中一个取值为 0 时，只有黄灯亮，Y = 1、R = 0、G = 0；当有两台设备工作不正常，即 A、B、C 有两个取值为 0 时，红、黄灯亮，Y = 1、R = 1、G = 0；当三台设备工作都不正常，即 A、B、C 都为 0 时，只有红灯亮，Y = 0、R = 1、G = 0。根据这个分析填充真值表，如表 3-7 所示。

（3）求出逻辑表达式

观察表 3-7，G 的有效项只有一项，直接写出对应最小项表达式即可；Y、R 表达式通过卡诺图化简，得到最简的逻辑表达式，卡诺图如图 3-15 所示。

表 3-7　　设备工作正常与否显示电路真值表

A	B	C	G	Y	R
0	0	0	0	0	1
0	0	1	0	1	1
0	1	0	0	1	1
0	1	1	0	1	0
1	0	0	0	1	1
1	0	1	0	1	0
1	1	0	0	1	0
1	1	1	1	0	0

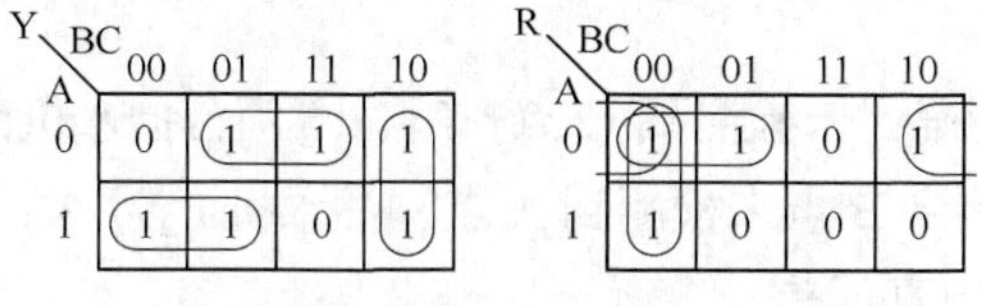

（a）变量Y的卡诺图　（b）变量R的卡诺图

图 3-15　变量对应的卡诺图

根据上面分析，列出 G、Y、R 的最简表达式。

$$G = ABC;\qquad Y = A\overline{B} + \overline{A}C + B\overline{C};\qquad R = \overline{A}\cdot\overline{B} + \overline{B}\cdot\overline{C} + \overline{A}\cdot\overline{C}$$

（4）绘制逻辑图

选取非门符号、二输入与门逻辑符号和二输入或门符号，将上述表达式组绘制为逻辑图。绘制时，可以把 3 个输出变量作为单变量输出，一一进行绘制，最后综合为三输入三输出的逻辑图。绘制的逻辑图如图 3-16 所示。

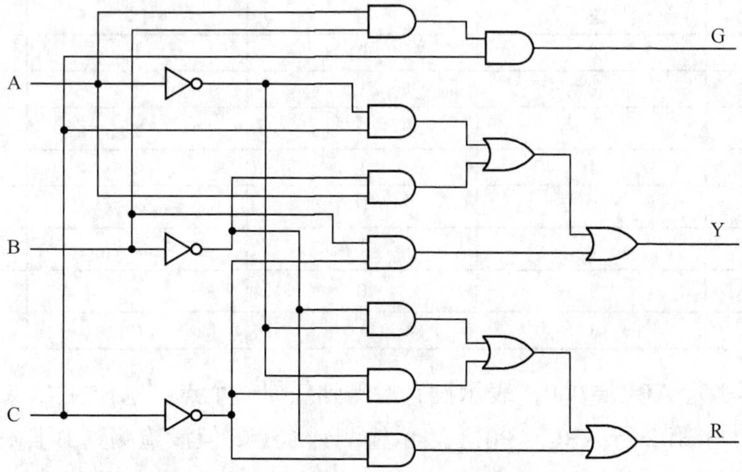

图 3-16　设备工作正常与否显示电路逻辑图

可选择三输入与门绘制 G 表达式，对应逻辑门型号为 74HC15；可选择三输入或门绘制 Y、R 表达式，逻辑门型号为 74HC4075。详情请查看附录 A。

【例 3.7】有两台抽水机 L_1 和 L_2 向水池内加水，水池自上而下有三个点 A、B、C，当水位在 C 以下时，L_1、L_2 同时注水；在 B 与 C 之间时，L_1 注水；在 B 与 A 之间时，L_2 注水；达到 A 点，停止注水。设计控制两台电机注水的电路。

在组合逻辑电路设计过程中，有时无法根据输入条件确定出逻辑输出的结果，则认为输出结果是不确定的，对应的最小项为无关项。本例为无关项组合逻辑电路设计。

（1）逻辑问题的抽象

题目指出有否检测到某个水位点确定控制那台抽水机注水，有否检测到某水位点具有二值性，3 个“水位监测到与否”可以对应定义为三个输入逻辑变量 A、B、C，输入变量取值 1，表示检测到水位点，为 0 表示未检测到水位点。根据检测到水位点与否，确定抽水机是否注水，两台抽水机 L_1、L_2 注水与否可以为两个发生的事件，分别定义为输出变量 L_1 和 L_2，1 表示注水，0 表示不注水。

题目中的逻辑关系很明确：未检测到 C 点，L_1、L_2 两台抽水机注水；检测到 C 点未检测到 B 点，抽水机 L_1 注水；检测到 B 点未检测到 A 点，抽水机 L_2 注水；检测到 A 点，停止注水。

（2）根据逻辑关系绘制真值表

根据输入变量和输出变量绘制真值表，从小到大排列输入变量 A、B、C 的所有取值。将逻辑关系转换为数字意义表述的逻辑关系：当 $C = 0$，$B = 0$，$A = 0$ 时，表示没有检测到 C 点，$L_2 = 1$，$L_1 = 1$，两台抽水机同时注水。当 $C = 1$，$B = 0$，$A = 0$ 时，检测到 C 点但没检测到 B 点，$L_1 = 1$，$L_2 = 0$，抽水机 1 注水；当 $C = 1$，$B = 1$，$A = 0$ 时，检测到 B 点但没检测到 A 点，$L_1 = 0$，$L_2 = 1$，抽水机 2 注水；当 $C = 1$，$B = 1$，$A = 1$ 时，检测到 A 点，$L_1 = 0$，$L_2 = 0$，抽水机停止注水；A、B、C 的其他四种取值组合不可能出现，对应的最小项为无关项。根据分析求出 L_1、L_2 的结果，填入真值表，如表 3-8 所示。

表 3-8　抽水机注水电路设计真值表

A	B	C	L_1	L_2
0	0	0	1	1
0	0	1	1	0
0	1	0	×	×
0	1	1	0	1
1	0	0	×	×
1	0	1	×	×
1	1	0	×	×
1	1	1	0	0

真值表的第 1 行 $ABC = 000$，表示没有检测到任何一个点，水位在 C 点以下，两台抽水机抽水，$L_1L_2 = 11$；第 2 行 $ABC = 001$，表示检测到 C 点，但没检测到 B 点，抽水机 L_1 抽水，L_2 不抽水，$L_1L_2 = 10$；第 3 行 $ABC = 010$，表示没检测到 C 点，但检测到 B 点，C 点在 B 点之下，这是不可能发生的，$L_1L_2 = ××$；依次类推，求出了所有结果。

（3）求逻辑表达式

将真值表中两个输出变量的最小项分别填入两个卡诺图，如图 3-17 所示。

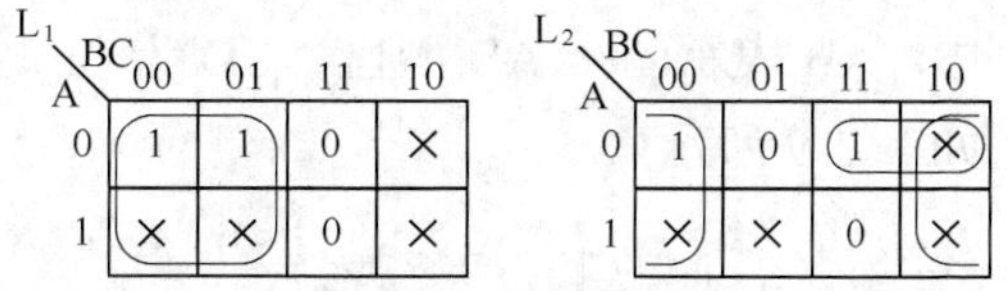

（a）L_1对应的卡诺图　　（b）L_2对应的卡诺图

图 3-17　抽水机注水电路对应的卡诺图

根据卡诺图化简，求出 L_1、L_2 对应的输出逻辑表达式。

$$L_1 = \overline{B};\qquad L_2 = \overline{A}B + \overline{C}$$

（4）绘制逻辑图

选择非门、二输入与门、二输入或门绘制逻辑表达式，所得逻辑图如图 3-18 所示。

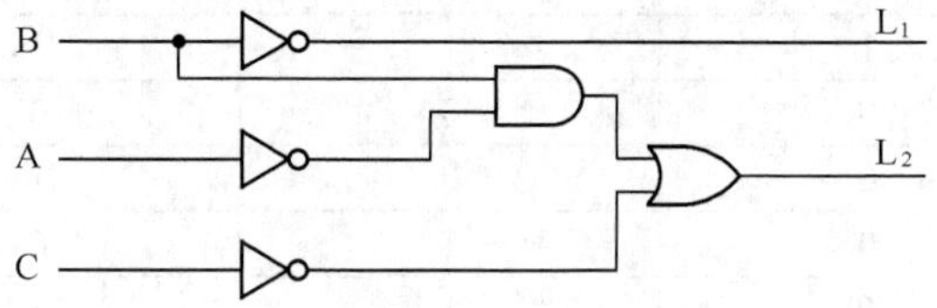

图 3-18　抽水机注水电路逻辑图

【例 3.8】人类有 A、B、AB、O 四种血型。设计血型配比器，判断输血者与受血者的血型是否匹配。

血型是血液类型的一种表示方法，对于一种血液，只能是 A、B、AB、O 型血中的一种。也就是说，针对要判断的血液，四种血型不可能同时存在。据此，血型不能作为逻辑条件对待，采用编码法表示血型会更合适。用编码的不同取值组合表示不同的血型，是以编码为分类条件，驱动逻辑事件发生的组合逻辑电路设计方法。

（1）逻辑问题的抽象

四种血型可以用两位二进制数表示，这里假定 00 表示 O 型血，01 表示 A 型血，10 表示 B 型血，11 表示 AB 型血。每两位二进制数可以指定给任何一种血型，但是不能重复，即编码具有指定的唯一性。

设计血型匹配器，需要同时提供献血者和受血者的血型，并比较是否匹配。献血者有两位编码，在不确定的情况下，定义为变量 A、B，A 为高位，B 为低位；受血者也有两位编码，定义为变量 C、D，C 为高位，D 为低位。如果献血者提供的血型对受血者来说是匹配的，那么匹配成功，即输出事件发生，否则不发生，设定输出事件为 F。

逻辑关系是血型的匹配关系，当血型 AB 和 CD 匹配时，输出 F = 1，否则 F = 0。献血者的匹配关系包括 O 型血可以献给任何的血型，A 型血可以献给 A 型、AB 型血，B 型血可以献给 B 型、AB 型血，AB 型只能献给 AB 型血。

（2）根据逻辑关系列真值表

列出关于输入变量 A、B、C、D 与输出变量 F 的真值表，从小到大排列输入变量的 16 组取值，然后将逻辑关系转化为数字对比关系，AB 为 00 时，AB 表示的是 O 型血，不管 CD 取值是多少，都是满足匹配关系的，F = 1；AB 为 01 时，AB 表示的是 A 型血，CD 为 01、11 时，实现匹配关系，F = 1；AB 为 10 时，AB 表示的是 B 型血，CD 为 10、11 时，实现匹配关系，F = 1；AB 为 11 时，AB 表示的是 AB 型血，CD 为 11 时，实现匹配关系，F = 1；其他情况 F = 0。计算结果如表 3-9 所示。

表 3-9　　血型匹配指示器真值表

A	B	C	D	F
0	0	0	0	1
0	0	0	1	1
0	0	1	0	1
0	0	1	1	1
0	1	0	0	0
0	1	0	1	1
0	1	1	0	0
0	1	1	1	1
1	0	0	0	0
1	0	0	1	0
1	0	1	0	1
1	0	1	1	1
1	1	0	0	0
1	1	0	1	0
1	1	1	0	0
1	1	1	1	1

（3）根据真值表填充卡诺图，求出逻辑表达式

列卡诺图时，献血者的血型变量 AB 和取值列在左侧，受血者的血型变量 CD 列在上侧，填充卡诺图最小项时，只要按照逻辑关系比对左上两侧，符合逻辑关系填 1，否则填 0，填充结果如图 3-19 所示。

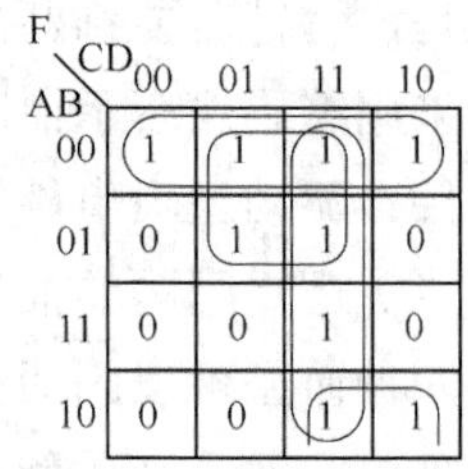

图 3-19　血型匹配指示器卡诺图

根据圈最大原则和圈最少原则，圈出所有相邻项，并写出最简的与或表达式。

$$F = \overline{A} \cdot \overline{B} + \overline{A}D + CD + \overline{B}C$$

（4）绘制逻辑图

选择非运算符号、二输入与运算符号、二输入或门运算符号绘制表达式对应的逻辑图，如图 3-20 所示。

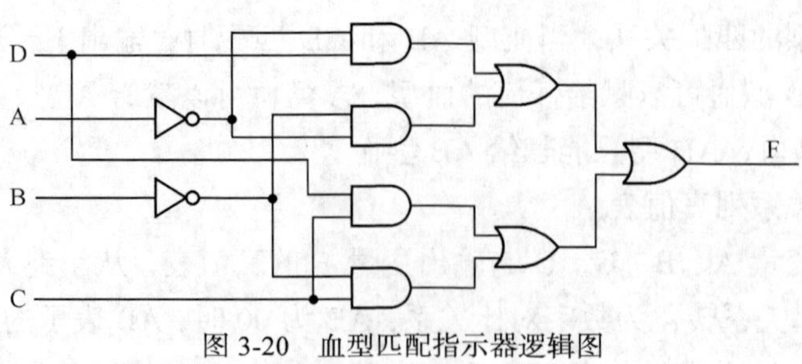

图 3-20　血型匹配指示器逻辑图

【例 3.9】设计代码转换器电路，将 4 位自然顺序码转换为 4 位格雷码。

代码转换器电路负责将一种代码转换为另一种代码。在数字电路中，经常遇到代码转换问题，如格雷码转换为自然顺序码，二—十进制编码转换为余 3 码等。

（1）逻辑抽象

分析题目，逻辑关系是从 4 位自然顺序码转换为 4 位格雷码。输入输出编码各由 4 位二进制数组成，将输入的四位自然顺序码自高而低定义为 B_3、B_2、B_1、B_0，输出的四位格雷码自高而低定义为 G_3、G_2、G_1、G_0。

（2）根据逻辑关系列出真值表

4 位自然顺序码从 0000 到 1111 按自小到大排列；4 位格雷码按照相邻的性质从 0000 依次向下排列，保证能够循环相邻。根据所述代码的特点，列出表 3-10 所示的真值表。

表 3-10　　4 位自然码转换格雷码真值表

B_3	B_2	B_1	B_0	G_3	G_2	G_1	G_0
0	0	0	0	0	0	0	0
0	0	0	1	0	0	0	1
0	0	1	0	0	0	1	1
0	0	1	1	0	0	1	0
0	1	0	0	0	1	1	0
0	1	0	1	0	1	1	1
0	1	1	0	0	1	0	1
0	1	1	1	0	1	0	0
1	0	0	0	1	1	0	0
1	0	0	1	1	1	0	1
1	0	1	0	1	1	1	1
1	0	1	1	1	1	1	0
1	1	0	0	1	0	1	0
1	1	0	1	1	0	1	1
1	1	1	0	1	0	0	1
1	1	1	1	1	0	0	0

（3）求出逻辑表达式

分别填写 G_3、G_2、G_1、G_0 对应的卡诺图，根据圈最大原则圈出最大相邻项，如图 3-21～图 3-24 所示。

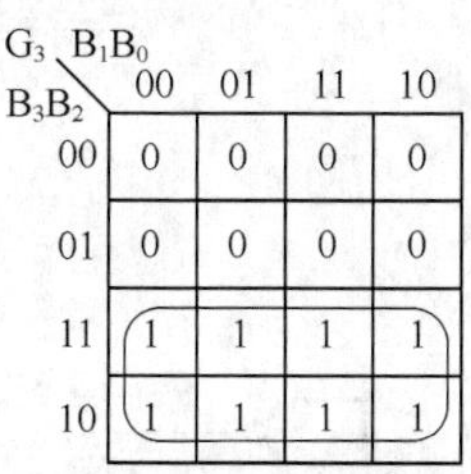

图 3-21　G_3 的卡诺图

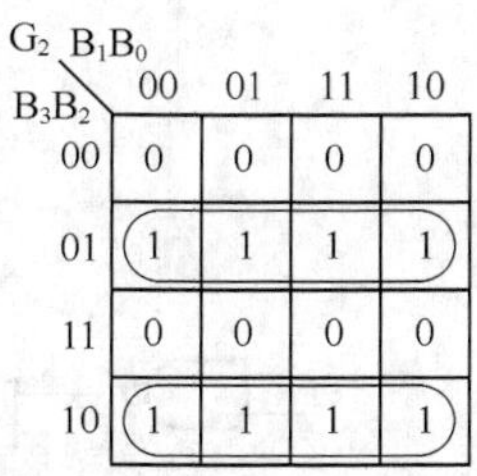

图 3-22　G_2 的卡诺图

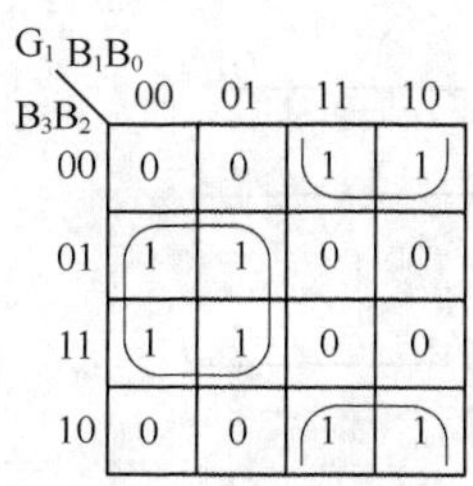

图 3-23　G_1 的卡诺图

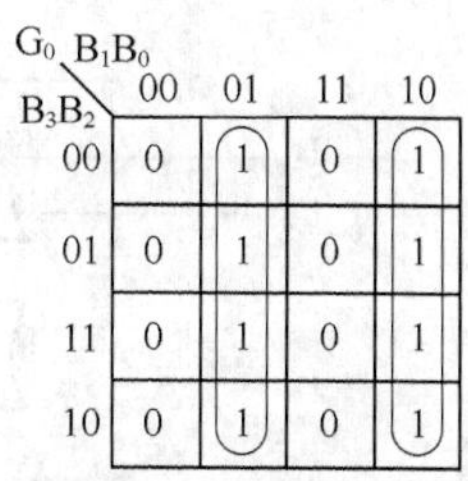

图 3-24　G_0 的卡诺图

针对卡诺图的相邻项，分别写出 G_3、G_2、G_1、G_0 的表达式。

$$G_3 = B_3；\quad G_2 = \overline{B_3}B_2 + B_3\overline{B_2} = B_3 \oplus B_2$$

$$G_1 = B_2\overline{B_1} + \overline{B_2}B_1 = B_2 \oplus B_1；\quad G_0 = \overline{B_1}B_0 + B_1\overline{B_0} = B_1 \oplus B_0$$

（4）绘制逻辑图

除表达式 G_3 外，其他表达式全是异或运算，选择国际标准的异或逻辑符号，绘制出自然码转格雷码的代码转换器逻辑图，如图 3-25 所示。

【例 3.10】将与、或、非表示的逻辑函数 $F=\overline{A}B+\overline{C}$ 转换为仅用与非门表示的逻辑表达式。

表达式已经给出，只需进行逻辑形式的转变，表达式中有非运算、与运算、或运算 3 种，首先需要研究的就是如何把 3 种表达形式 $\overline{A}$、AB、A + B 转换为与非表达形式。

与非门有两针输入引脚，而非门只有一个变量，只要把非门 1 个变量转换为 2 个变量与的形式，非门就会变为与非门。由公式法可得 A = AA，A = A · 1，则 $\overline{A}=\overline{AA}$ 或 $\overline{A}=\overline{A\cdot 1}$，与非门输入 1 要附加 1 赋值电路，选择公式 $\overline{A}=\overline{AA}$ 实现非门向与非门转换更为简单。

或运算没有非的运算，要转换为与非运算，只能考虑重叠律，A + B 转换为 $\overline{\overline{A+B}}$，根据摩根定律继续转换为 $\overline{\overline{A+B}}=\overline{\overline{A}\cdot\overline{B}}$，新的表达式中变量转换为两个非运算，根据 $\overline{A}=\overline{AA}$ 将表达式转换为两级与非门：

$$A+B=\overline{\overline{A+B}}=\overline{\overline{A}\,\overline{B}}=\overline{\overline{AA}\cdot\overline{BB}}$$

与运算也采用重叠律，AB 转换为 $AB=\overline{\overline{AB}}$，根据代入规则，把式中的 $\overline{AB}$ 看作一个变量 X，$AB=\overline{\overline{AB}}=\overline{X}$，根据 $\overline{A}=\overline{AA}$，$AB=\overline{\overline{AB}}=\overline{X}=\overline{XX}$，将 $X=\overline{AB}$ 带回上面的表达式，则得到与运算转换为与非运算表示的表达式：

$$AB=\overline{\overline{AB}}=\overline{X}=\overline{XX}=\overline{\overline{AB}\cdot\overline{AB}}$$

按照以上原理将与、或、非表示的表达式转换为与非表达式，注重转换过程的推导，不必死记硬背，转换过程为

$$F=\overline{A}B+\overline{C}=\overline{\overline{\overline{A}B+\overline{C}}}$$
$$=\overline{\overline{\overline{A}B}\cdot\overline{\overline{C}}}=\overline{\overline{\overline{AA}B}\cdot C}$$

转换时，先为整个表达式添加重叠律，然后用摩根定律展开，接着将 $\overline{\overline{C}}$ 转换为 C，使 $\overline{A}=\overline{AA}$，最后检测表达式是否都是与非表达形式。

根据逻辑表达式直接绘制逻辑图，从 $\overline{AA}$ 开始绘制，接着绘制 $\overline{\overline{AA}B}$，最后绘制 $\overline{\overline{\overline{AA}B}\cdot C}$，逻辑图如图 3-26 所示。

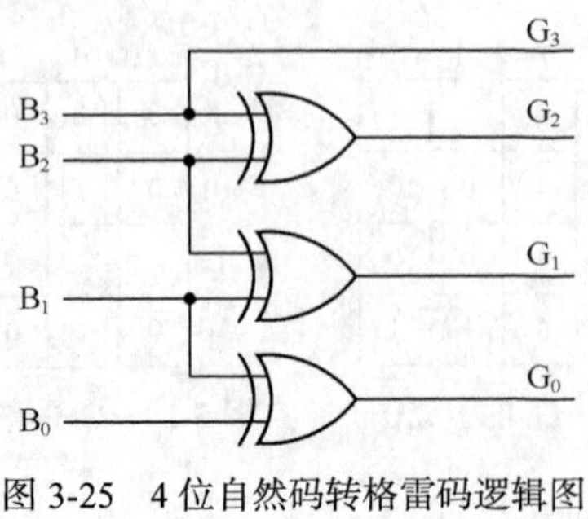

图 3-25　4 位自然码转格雷码逻辑图

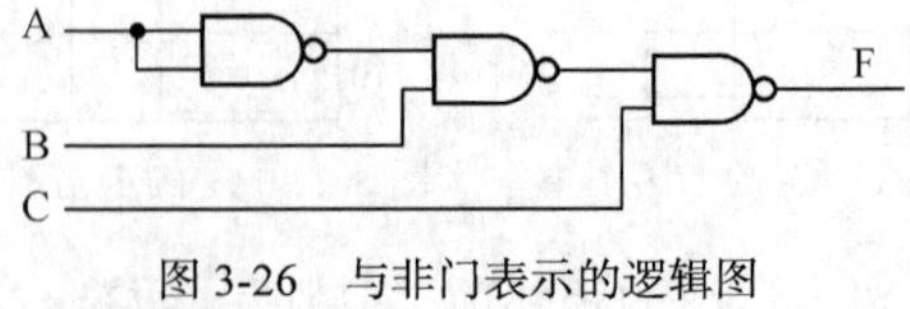

图 3-26　与非门表示的逻辑图

图 3-26 所示的逻辑图，使用了 3 个与非门实现了逻辑表达式 $F=\overline{A}B+\overline{C}$，一个与非逻辑门集成了 4 个与非门，使用 1 片与非逻辑门即可。如果使用与、或、非门实现该表达式，则

需要与门、非门、或门元件各 1 片，降低了电路的性价比。

【例 3.11】设计一个电路，比较两个两位二进制数是否大于。

在建立真值表时，一般从小到大列举输入变量的所有取值，然后根据逻辑关系求出输出变量的结果。但是，对于变量较多，可以获取输入变量关系的情况，直接通过列举数字的方法，会增加题目分析的复杂度和难度。

以数据比较为例，设两个二进制数据为 $A = A_1A_0$，$B = B_1B_0$，数字 A_1、A_0、B_1、B_0 是二进制系数，具有二值性，可以直接定义为输入变量，定义"结果大于与否"为输出变量 F，F = 1，表示结果为大于，F = 0，表示结果不大于。逻辑关系是：当 A>B 时，输出 F"大于"，事件发生。

建立输入输出变量对应的真值表后，可以从小到大列举输入变量的取值，如果 A_1A_0 取值大于 B_1B_0 取值，则输出 F 等于 1，其他情况等于 0。也可以采用两个十进制数从高位开始，逐位比较大小的方法，只要某一位比较出大于，结果就是大于。这将整体数据比较的逻辑关系改为逐位比较的逻辑关系，将数字大小的比较改为变量自身的假设比较。采用这种方法绘制真值表时，两个数据的同位置数据位应该放在一起，便于比较过程。两位二进制数比较大小的真值表如表 3-11 所示。

表 3-11　　两个两位二进制数大小比较真值表

A_1	B_1	A_0	B_0	F
$A_1>B_1$		×		1
$A_1<B_1$		×		0
$A_1 = B_1$		$A_0>B_0$		1
$A_1 = B_1$		$A_0<B_0$		0
$A_1 = B_1$		$A_0 = B_0$		0

从表中可以发现，在求 F 的过程中，先比较最高位，如果 $A_1>B_1$，不管 A_0、B_0 比较的结果如何，直接可以得到大于的结果，F 等于 1；如果 $A_1<B_1$，不管 A_0、B_0 比较的结果如何，比较结果必定小于 0，F 等于 0；如果 $A_1 = B_1$，继续比较 A_0、B_0 的大小，$A_0>B_0$，F 等于 1，$A_0<B_0$，F 等于 0，$A_0 = B_0$，F 等于 0。采用数据直接比较法，真值表数据有 16 行，采用对位比较法，真值表数据只有 5 行，大大节省了真值表的绘制空间，而且随着数据位数的增加，对位比较法的真值表规律不变，也不必列出那么多数字行。

真值表中 F 为 1 的最小项只有两项，分别求出它们对应的逻辑表达式，然后进行或运算，得到最后的逻辑表达式。

A_1、B_1 都是二进制数字，$A_1>B_1$ 表示 $A_1 = 1$，$B_1 = 0$，二者同时参与比较，是与的关系，根据这个条件可得到逻辑表达式为 $A_1\overline{B_1}$。

$A_1 = B_1$，只能是 $A_1B_1 = 00$ 或 $A_1B_1 = 11$，则其表达式为 $\overline{A_1}\cdot\overline{B_1}+A_1B_1$；$A_0>B_0$ 得到的逻辑表达式为 $A_0\overline{B_0}$。$A_1 = B_1$ 是 $A_0>B_0$ 的条件，它们之间是与的关系，所以当 $A_1 = B_1$，$A_0>B_0$ 时，F 的表达式为

$$
\begin{aligned}
&(\overline{A_1}\cdot\overline{B_1}+A_1B_1)A_0\overline{B_0} \\
&=\overline{A_1}\cdot\overline{B_1}A_0\overline{B_0}+A_1B_1A_0\overline{B_0}
\end{aligned}
$$

综合两种条件，F 的表达式为

$$F=\overline{A_1}\cdot\overline{B_1}A_0\overline{B_0}+A_1B_1A_0\overline{B_0}+A_1\overline{B_1}$$
$$=A_1\overline{B_1}+A_0\overline{B_1}\cdot\overline{B_0}+A_1A_0\overline{B_0}$$

表达式后面两个与项有公因子 $A_0\overline{B_0}$，只需选择 2 个非运算符、4 个与运算符和 2 个或运算符，绘制出图 3-27 所示的逻辑图。

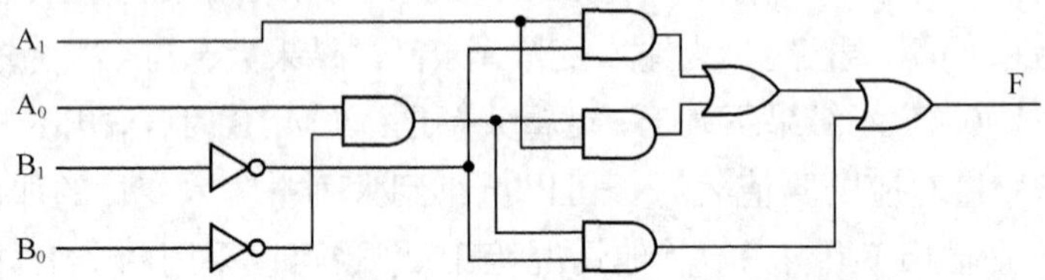

图 3-27　两个两位二进制数大小比较的逻辑图

【例 3.12】有如下四种逻辑运算 $A+B$，$\overline{A}+\overline{B}$，$AB$，$\overline{A}\cdot\overline{B}$，用控制方式设计实现四种逻辑运算的电路。

设计组合逻辑电路时，经常将一些功能不同的电路设计在一起，结果通过同一输出端输出。为了控制不同的运算，需要在输入端增加控制信号，控制不同的电路实现其功能。电路有四种运算，需要 2 位二进制编码实现 2^2 个电路的控制，设两位控制编码对应的变量为 S_1S_0，电路输出设为 F。其逻辑关系是：当 $S_1S_0=00$ 时，实现 $A+B$ 运算，$F=A+B$；当 $S_1S_0=01$ 时，实现 $\overline{A}+\overline{B}$ 运算，$F=\overline{A}+\overline{B}$；当 $S_1S_0=10$ 时，实现 AB 运算，$F=AB$；当 $S_1S_0=11$ 时，实现 $\overline{A}\cdot\overline{B}$ 运算，$F=\overline{A}\cdot\overline{B}$。$S_1$、$S_0$、A、B 是运算时的输入变量，F 是输出变量，绘制卡诺图，从小到大列举 4 个输入变量的所有取值，并根据 S_1S_0 的取值确定 A、B 参与那种运算，求出 F 输出的结果，如表 3-12 所示。

表 3-12　　实现 4 种不同运算功能电路的真值表

S_1	S_0	A	B	F
0	0	0	0	0
0	0	0	1	1
0	0	1	0	1
0	0	1	1	1
0	1	0	0	1
0	1	0	1	1
0	1	1	0	1
0	1	1	1	0
1	0	0	0	0
1	0	0	1	0
1	0	1	0	0
1	0	1	1	1
1	1	0	0	1
1	1	0	1	0
1	1	1	0	0
1	1	1	1	0

在表 3-12 中，前 4 行 $S_1S_0 = 00$，进行 $A + B$ 运算，四行的结果分别是 0、1、1、1；5～8 行 $S_1S_0 = 01$，进行 $\overline{A} + \overline{B}$ 运算，四行所得结果分别是 1、1、1、0；9～12 行 $S_1S_0 = 10$，进行 AB 运算，四行所得结果分别是 0、0、0、1；最后 4 行 $S_1S_0 = 10$，进行 $\overline{A} \cdot \overline{B}$ 运算，四行所得结果分别是 1、0、0、0。填写卡诺图，如图 3-28 所示。

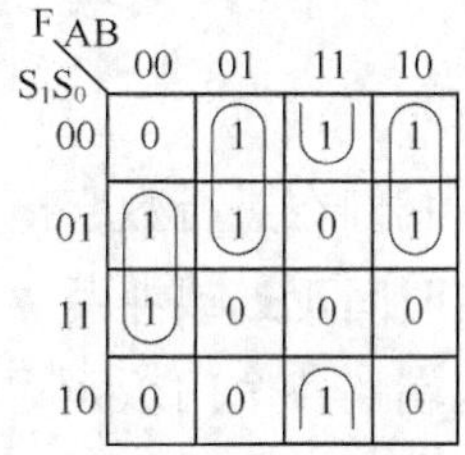

图 3-28　实现 4 种不同运算功能电路的卡诺图

在图 3-28 中圈出有效项的相邻项，并写出最简的与或表达式。

$$F = S_0\overline{A} \cdot \overline{B} + \overline{S_1} \cdot \overline{A}B + \overline{S_1}A\overline{B} + \overline{S_0}AB$$

在分析电路的逻辑关系时，在不同控制信号的作用下，F 和每个运算表达式相等，因此可以简化表 3-12 所示的真值表，把 S_1S_0 当做控制信号，F 输出的不是数字而是对应的表达式，则表 3-12 所示真值表可以改为简化真值表，如表 3-13 所示。

表 3-13　　实现 4 种不同运算功能电路的简化真值表

S_1	S_0	F
0	0	$A + B$
0	1	$\overline{A} + \overline{B}$
1	0	AB
1	1	$\overline{A} \cdot \overline{B}$

根据真值表可以直接写出逻辑表达式，输入变量是输出表达式的条件，它们之间是与的关系，据此写出逻辑表达式为

$$\begin{aligned}
F &= \overline{S_1} \cdot \overline{S_0}(A + B) + \overline{S_1}S_0(\overline{A} + \overline{B}) + S_1\overline{S_0}AB + S_1S_0\overline{A} \cdot \overline{B} \\
&= \overline{S_1} \cdot \overline{S_0}A + \overline{S_1} \cdot \overline{S_0}B + \overline{S_1}S_0\overline{A} + \overline{S_1}S_0\overline{B} + S_1\overline{S_0}AB + S_1S_0\overline{A} \cdot \overline{B} \\
&= \overline{S_1} \cdot \overline{S_0}AB + \overline{S_1} \cdot \overline{S_0}A\overline{B} + \overline{S_1} \cdot \overline{S_0} \cdot \overline{A}B + \overline{S_1}S_0\overline{A}B + \overline{S_1}S_0\overline{A} \cdot \overline{B} + \overline{S_1}S_0A\overline{B} + S_1\overline{S_0}AB + S_1S_0\overline{A} \cdot \overline{B} \\
&= (\overline{S_1}S_0 + S_1S_0)\overline{A} \cdot \overline{B} + (\overline{S_1} \cdot \overline{S_0} + \overline{S_1}S_0)\overline{A}B + (\overline{S_1} \cdot \overline{S_0} + \overline{S_1}S_0)A\overline{B} + (\overline{S_1} \cdot \overline{S_0} + S_1\overline{S_0})AB \\
&= S_0\overline{A} \cdot \overline{B} + \overline{S_1} \cdot \overline{A}B + \overline{S_1}A\overline{B} + \overline{S_0}AB
\end{aligned}$$

两种真值表所得表达式完全相同，用后面的真值表表示更加直接，便于求取输出变量的表达式。

选取非运算符、二输入与运算符、二输入或运算符绘制逻辑图，逻辑图如图 3-29 所示。

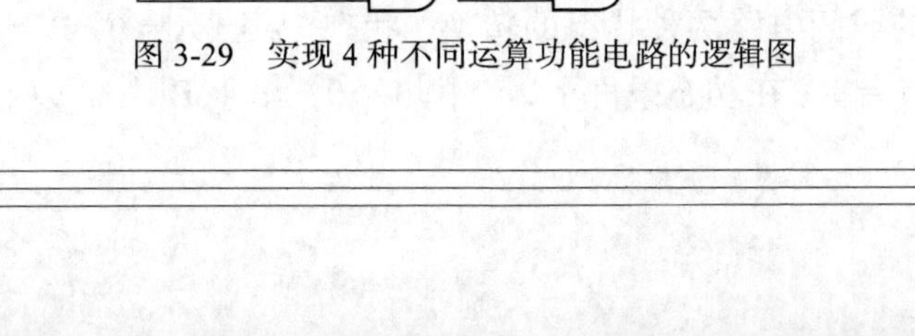

图 3-29　实现 4 种不同运算功能电路的逻辑图

3.4　组合逻辑电路的竞争与冒险

我们在进行数字电路设计与分析时，并没有具体考虑器件的输出相对输入而言总存在一定的时间延迟或滞后，某器件的多个输入通过路径上数量不同的门级不能同时到达该器件的输入端，各个门级延迟时间并不相同等问题。因此电平在变化瞬间，可能会引起输出在短时间内发生跳变后变为稳态，出现了“毛刺”，这就是组合电路的竞争与冒险。

图 3-30 是一个两级或非门组成的组合电路，我们通过它来分析毛刺产生的过程。

电路表达式为：$F=\bar{A}B$，设 B = 0，理想情况下，无论 A 怎么变化，F = 0；实际情况下：输入信号每通过一级门电路都需要一定的延迟时间 t_{pd}。当 A 由 1→0，考虑 G_1 门延迟时间，在 G_2 门的 2 个输入端出现了均为 0 的短暂时刻，使 G_2 门输出产生了不应有的窄脉冲，这个窄脉冲称为毛刺，其输入输出变化如图 3-31 所示。

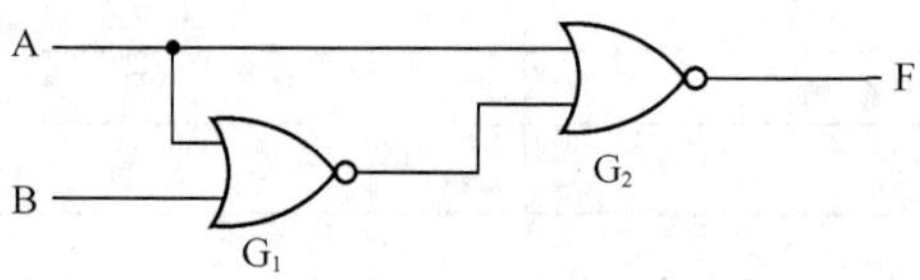

图 3-30　竞争冒险分析电路

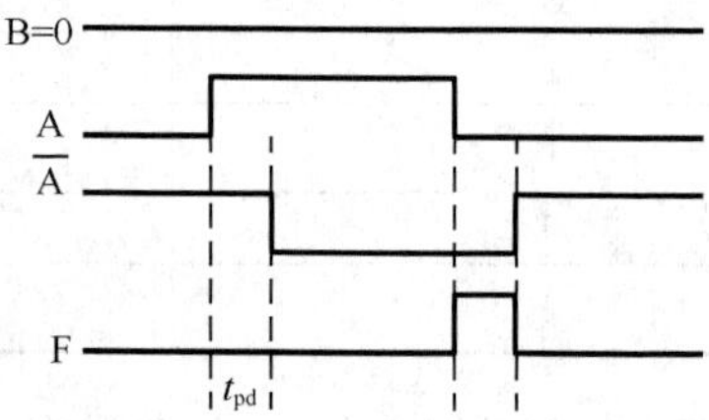

图 3-31　毛刺的产生

3.4.1　冒险的分类和产生的原因

1. 分类

从电路波形图来看，冒险可以分为静态冒险和动态冒险。

（1）静态冒险产生

输入信号变化前、后，输出的稳态值是一样的，只有输入信号发生变化时，输出才产生毛刺。

（2）动态冒险产生

输入信号变化前、后，输出的稳态值是不一样的，并在边沿处产生毛刺。动态冒险往往是由静态冒险造成的。

2. 产生原因

引起冒险的原因：函数冒险和功能冒险。

（1）函数冒险

观察 F = A + B 的或门电路两种状态的转换。状态 1：当 A = 0，B = 1 时，F = 1；状态 2：当 A = 1，B = 0 时，F = 1。在动态条件下，A 由 1→0，早于 B 由 0→1 的变化，即 A 先到达或门输入端并与变化前的 B 相加，经或门传输延迟时间 t_{pd} 后，到达 F，使 F = 0。输出出现偏 1 冒险，如图 3-32 所示。

这种冒险称为函数冒险，通过改变电路结构是不能消除的。避免函数冒险的方法是同一时刻只允许单个输入变量变化。

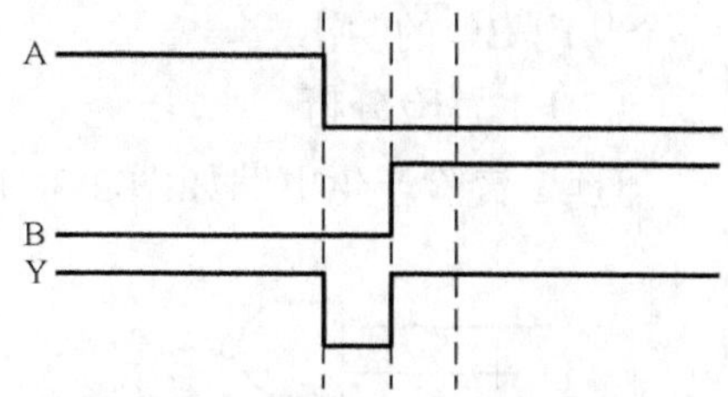

图 3-32　函数冒险波形

（2）功能冒险

分析图 3-33 所示的电路中的竞争与冒险现象。

电路表达式为：$F = AB + B\overline{C}$，其卡诺图如图 3-34 所示。

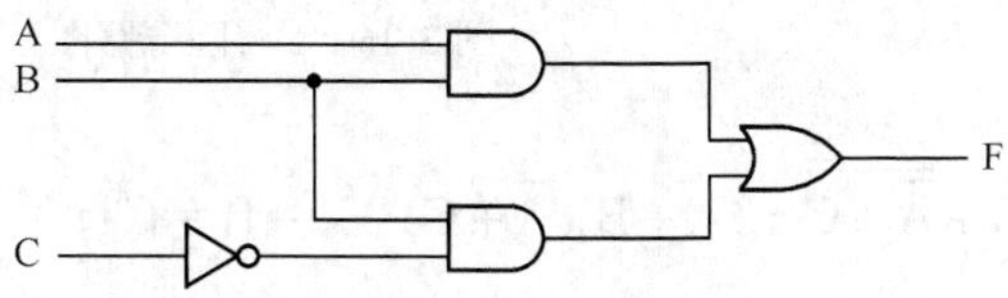

图 3-33　功能冒险分析电路图

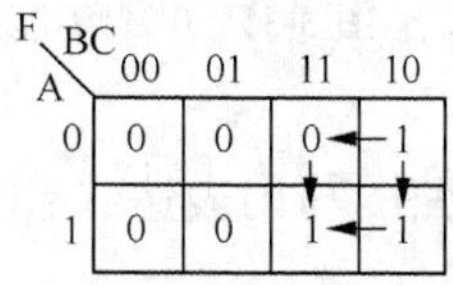

图 3-34　功能冒险卡诺图

当 ABC 从 010→111 时，由 F 的卡诺图可知，在稳定的情况下，F(0，1，0) = 1，F(1，1，1) = 1。如果 A，C 两个输入信号发生变化，是不可能同时发生变化的，若 C 先由 0→1，其路径为 010→011→111，F(0，1，0) = 1，F(0，1，1) = 0，F(1，1，1) = 1 产生偏 1 冒险；若 A 先由 0→1，其路径 010→110→111，F(0，1，0) = 1，F(1，1，0) = 1，F(1，1，1) = 1，不会产生冒险。

由以上分析可知：当有两个或两个以上的输入信号发生变化时，由于可能经过的路径不同而产生的静态冒险称为功能冒险。

3.4.2　冒险的判断和消除方法

我们可以对设计好的电路用示波器观察其是否存在竞争冒险，也可以根据输入变量的传输时间 t_{pd} 画出个点时间波形进行分析，但这相当费时费力。因此，只要判断电路是否存在竞争，也就能判断是否冒险，同时消除竞争与冒险。

1. 代数法

在 n 变量的逻辑表达式中，给 n−1 个变量以特定取值（0，1），表达式仅保留某个具有竞争能力的变量 X，使逻辑表达式变成 $X + \overline{X}$ 或 $X \cdot \overline{X}$，则实现该表达式的逻辑电路存在冒险。$X + \overline{X}$ 称为偏 1 冒险，0 冒险；$X \cdot \overline{X}$ 称为偏 0 冒险，1 冒险。图 3-35 所示电路就是 0 冒险情况。

（1）0 冒险分析

① 产生 0 冒险。

根据逻辑电路图写出表达式：$F = \overline{\overline{AB} \cdot \overline{\overline{A}C}} = AB + \overline{A}C$，令 B = C = 1，则 $F = A + \overline{A}$。产生偏 1 冒险，即 0 冒险。A 具有两条路径到达输出端，所以 A 变量为具有竞争能力的变量，会产生 0 冒险。

② 消除 0 冒险的方法。

消除冒险的方法就是消除 $A + \overline{A}$ 产生的条件，根据包含律写出：$F = AB + \overline{A}C = AB +$

$\overline{A}B+BC$，令 $B=C=1$，$F=A+\overline{A}+1=1$，不可能出现 0 冒险。即给输出 F 输入端多增加了一个与门 BC 的输出。

（2）1 冒险分析

① 1 冒险产生电路如图 3-36 所示。

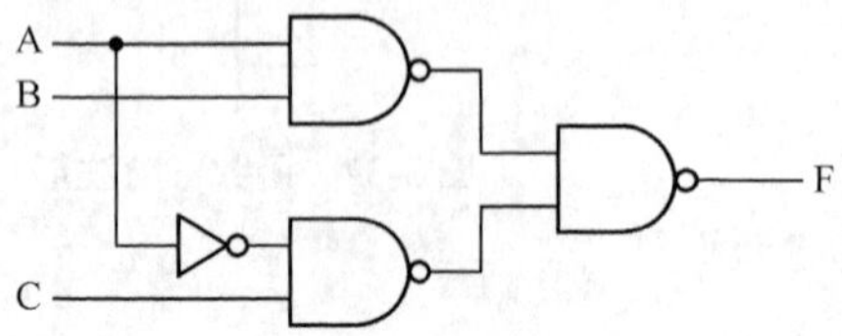

图 3-35　0 冒险电路

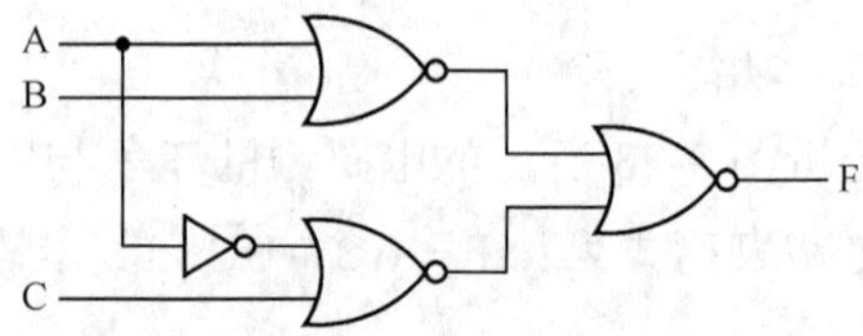

图 3-36　1 冒险电路图

根据电路图写出表达式：$F=\overline{\overline{A+B}+\overline{\overline{A}+C}}=(A+B)(\overline{A}+C)$，令 $B=C=0$，$F=A\cdot\overline{A}$，产生 1 冒险。

② 消除冒险的方法。

消除冒险的方法就是消除 $A\cdot\overline{A}$ 产生的条件，根据包含律可以写出：$F=(A+B)(\overline{A}+C)=(A+B)(\overline{A}+C)(B+C)=\overline{\overline{A+B}+\overline{\overline{A}+C}+\overline{B+C}}$，令 $B=C=0$，则 $F=A\cdot\overline{A}\cdot 0$，$F=0$，不可能产生 1 冒险，实际上 F 输入端增加了一个或门 $B+C$ 输出。

2. 卡诺图法

在卡诺图中，函数的每一个与项（或项）对应一个合并圈，若两个合并圈相切，相切之处会出现冒险。图 3-37 是 $F=AB+\overline{A}C$ 的卡诺图，在相切处，$B=C=1$，$F=A+\overline{A}=1$，产生 0 冒险。因此只要在相切处增加一个包围圈（BC 项）即可。

同理可以分析 1 冒险的情况。

F

A \ BC	00	01	11	10
0	0	1	1	0
1	1	0	1	1

图 3-37　0 冒险对应卡诺图

3. 取样脉冲法

多个输入发生状态变化时，冒险是难以消除的。当组合电路的冒险影响了整个系统的工作时，可以采用取样脉冲的方法加以解决。先判断组合电路有无冒险产生的条件 $A+\overline{A}=1$，$A\cdot\overline{A}=0$，若有冒险则加取样脉冲 CP 与组合电路相与。取样脉冲 CP 仅在输出门处于稳定值期间到来，保证输出结果正确，在取样脉冲周期之外，输出信息无效。取样脉冲法的目的是避开冒险。

图 3-38 所示是取样脉冲法对应的工作电路，图 3-39 所示是该电路对应的工作波形。电路的逻辑表达式为 $F=AB+\overline{A}C$，从图中可以看出，以 $A=1$，$B=1$，$C=1$ 输入值为前提，A 的值经 G_1 后输出 0 造成了一定时间的延迟，设延迟时间为 t_{pd}，A、B 经过 G_3 输出 0 到达 G_4 要比 G_2 早 t_{pd}，这就造成了竞争与冒险。考虑器件本身的延迟，F 的输出要比 CP 到来晚 t_{pd} 的时间。

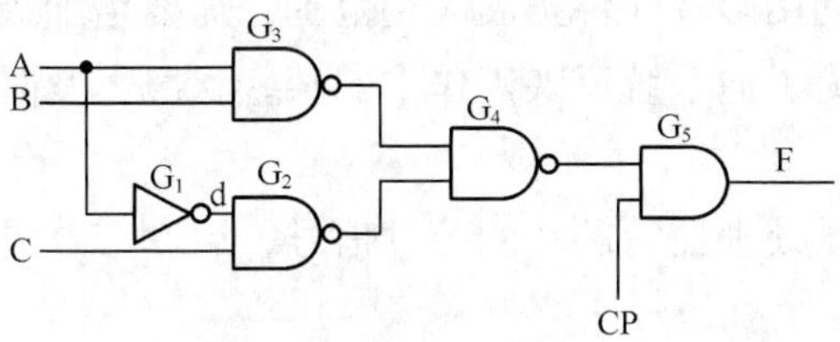

图 3-38　取样脉冲电路

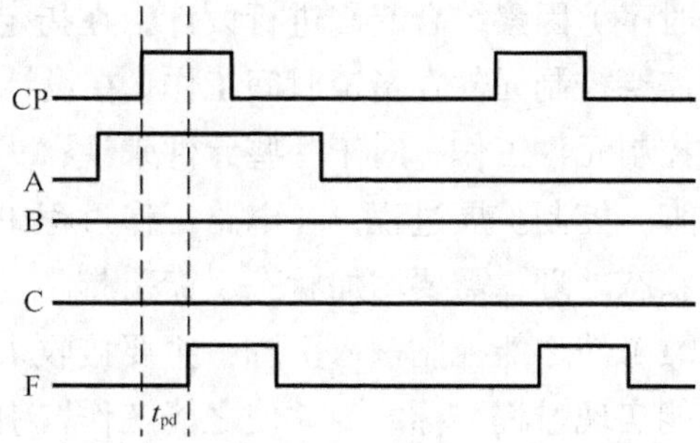

图 3-39　取样脉冲波形

4. 输出端加滤波电容

RC 积分电路如图 3-40 所示，是一阶低通滤波器，能滤除信号中高频分量，毛刺就是一个高频分量，加滤波电路能有效消除毛刺，如图 3-41 所示。

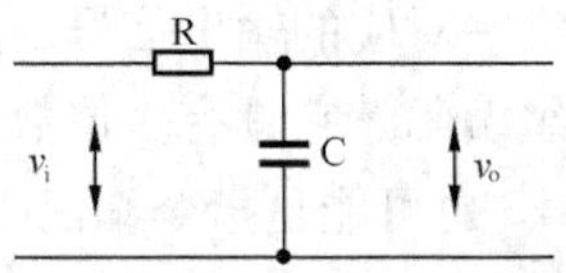

图 3-40　RC 积分电路

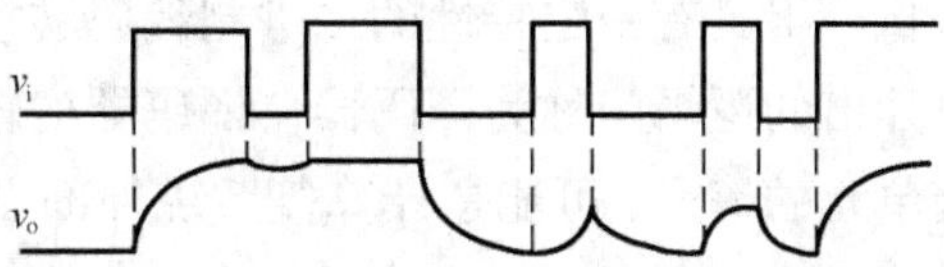

图 3-41　积分电路滤波

3.5　常用组合逻辑电路元件

在实际应用中，常用的组合逻辑元件被制成了中规模集成芯片。由于这些芯片标准化程度高、通用性强、体积小、功耗低、设计灵活，易应用于更大的集成电路，因此被广泛应用于数字电路与数字系统的设计中。本节主要介绍译码器、编码器、多路选择器、数据比较器、加法器的设计（原理）、芯片功能介绍及相关应用。

3.5.1　组合逻辑电路设计需求要素分析

1. 计算机中常用元件

在嵌入式计算机系统设计中，有对指令译码的指令译码器，有控制存储器读写数据的地址译码器，有通过编码器实现字符输出的键盘，有实现多路数据选择输出的数据选择器，有比较数据大小的比较器，有进行加法运算的并行加法器等。要了解计算的组成结构和工作原理，就需要全面掌握这些元件的设计与应用。

2. 组合元件在系统中需求要素

针对元件的开发，除了考虑其基本输入输出功能的设计之外，我们还要与数字系统的时间（时序）因素结合起来进行设计，在指定时间启动元件工作。对于数字系统的功能要求，系统需要控制元件在指定时间工作，在设计元件时，一般需要增加 “使元件能够工作”的引脚，控制元件工作；对于一些元件来说，为了利用多片元件扩展应用范围，需要增加级联扩展引脚，控制扩展过程；在电路工作过程中，为了向系统反映工作中的某些状况，及时进行相应状态处理，需要增加状态反馈引脚。

（1）使之能控制输入引脚：主要接收来自微处理器等芯片的控制信号，启动芯片进入正常功能实现过程，称之为“使之能工作”引脚。

（2）级联或扩展引脚：在设计时会考虑多个芯片位数的扩展，利用一定的输入输出引脚进行芯片外围电路的设计，可以实现级联功能。

（3）状态信号：反映元件工作情况的引脚（信号），比如是否可以译码，打印机是否有纸等。在计算机中，这种信号是反馈给微处理器的。

3.5.2 译码器

译码是将一组具有一定特性的二进制编码转换为与之唯一对应的输出信号的过程。根据译码定义设计出的逻辑门称为译码器，译码器的输入为一组编码。它具有多位数据，可能是存储器存储单元的编号，可能是计算机系统外部设备的编号，也可能是指令编码中的操作码。每输入一组编码，多个译码输出信号只有一位是有效的，一般情况下可连接到其他芯片的使能引脚，起到控制其他电路工作的功能。比如内存地址译码器的译码输出连接到存储单元的字线，导通了一个字对应的多个存储单元，指令译码器的译码输出产生导通其他电路的控制信号等。译码器一般可用做存储器的地址译码器和指令操作码的地址译码器。

译码器设计时应该首先考虑译码输出信号要控制的内存单元数目、工作元件数目、所有外设数目等，这里设为 M。这些被控制的目标从 0 开始按顺序依次增 1 编号，每个编号被认为是译码有效时输入的编码，同类编码输入的位数应该是相同的，这里设为 n，则：$2^{n-1}<M\leqslant 2^n$。通过计算，得到译码器输入 n 位编码时，输出的是 M 条译码控制线，一组编码只能使唯一对应的一条数据线有效，以便于控制其他电路工作。

上述译码器称为 n -M 线译码器，这里主要研究 2-4 线译码器、3-8 线译码器、七段数字译码器的设计、元件特性与应用。特别是研究 3-8 线译码器的扩展与应用。

1. 2-4 线译码器

（1）设计需求分析

2-4 线译码器是指有两个编码输入引脚，4 个低电平译码输出引脚的译码器。为了便于控制译码器的译码与否，需增设一个使能控制输入引脚。当该引脚为低电平时，译码器进行译码操作。为高电平时，译码器不进行译码操作，译码器输出低电平有效。任意两位二进制编码的输入，只能使 4 条译码输出线中的一条输出为低电平有效，其他 3 条译码线输出为高电平。

（2）2-4 线译码器设计

① 逻辑抽象。

译码器在设计时，输入的编码有 2 位，定义两个输入变量 A_1、A_0，输出变量为 Y_3、Y_2、

Y_1、Y_0。设定 A_1A_0 为 00 时，Y_0 有效，输出为低电平，其他输出为高电平；A_1A_0 为 01 时，Y_1 有效，输出为低电平，其他输出为高电平；A_1A_0 为 10 时，Y_2 有效，输出为低电平，其他输出为高电平；A_1A_0 为 11 时，Y_3 有效，输出为低电平，其他输出为高电平。增加输入引脚 E 为使能控制信号，E = 0 时，根据两位编码输入确定译码输出；E = 1 时，不管译码信号如何，都不进行译码操作。逻辑关系是：在使能信号有效的作用下，根据两位编码的输入，确定哪一条译码线有效。

② 列真值表。

绘制 E、A_1、A_0 关于 Y_3、Y_2、Y_1、Y_0 的真值表，将逻辑关系转换为数字分析的逻辑关系：当 E = 1，不管 A_1、A_0 输入何值，都不进行译码器，4 条译码线输出全为 1；当 E = 0，A_1、A_0 输入为 00 时，Y_0 输出为 0，Y_3、Y_2、Y_1 输出都为 1；当 E = 0，A_1、A_0 输入为 01 时，Y_1 输出为 0，Y_3、Y_2、Y_0 输出都为 1；当 E = 0，A_1、A_0 输入为 10 时，Y_2 输出为 0，Y_3、Y_1、Y_0 输出都为 1；当 E = 0，A_1、A_0 输入为 11 时，Y_3 输出为 0，Y_2、Y_1、Y_0 输出都为 1。根据分析，列出真值表，如表 3-14 所示。

表 3-14　　2-4 线译码器真值表

E	A_1	A_0	Y_3	Y_2	Y_1	Y_0
1	×	×	1	1	1	1
0	0	0	1	1	1	0
0	0	1	1	1	0	1
0	1	0	1	0	1	1
0	1	1	0	1	1	1

③ 求逻辑表达式。

每个译码器输出的无效项只有 1 项，求反函数再求函数的方法会更简单。4 个译码信号输出对应反函数的表达式为

$$\overline{Y_0}=\overline{E}\cdot\overline{A_1}\cdot\overline{A_0};\quad \overline{Y_1}=\overline{E}\cdot\overline{A_1}A_0;\quad \overline{Y_2}=\overline{E}A_1\overline{A_0};\quad \overline{Y_3}=\overline{E}A_1A_0$$

将它们转换为函数的表达式为

$$Y_0=\overline{\overline{E}\cdot\overline{A_1}\cdot\overline{A_0}};\quad Y_1=\overline{\overline{E}\cdot\overline{A_1}A_0};\quad Y_2=\overline{\overline{E}A_1\overline{A_0}};\quad Y_3=\overline{\overline{E}A_1A_0}$$

④ 绘制逻辑图。

利用非运算逻辑符号和三输入与非运算逻辑符号绘制 2-4 线译码器的逻辑图，如图 3-42 所示。

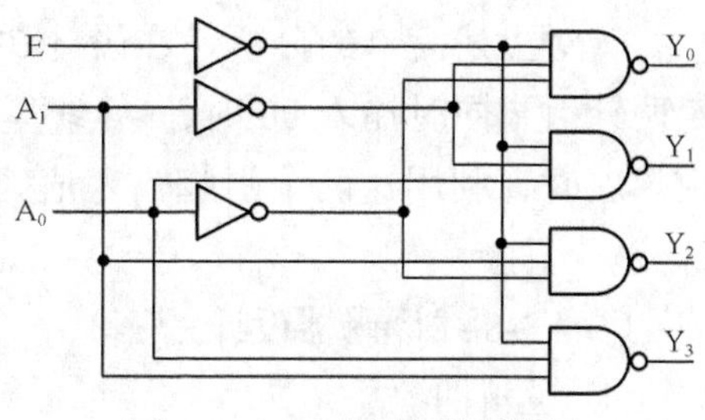

图 3-42　2-4 线译码器逻辑图

（3）2-4 线译码器元件 74HC139

2-4 线译码器对应的逻辑门元件有 74HC139，内部集成了两个 2-4 线译码器，共有 16 个引脚。74HC139 的元件实物如图 3-43 所示，引脚外部特性如图 3-44 所示。

从 74HC139 外部特性图可以观察到，元件内部集成了 a、b 两个 2-4 线译码器，1#～7# 脚为 a 译码器对应的所有引脚，E_a 为使能工作引脚，名字上面的非是指输入低电平有效，而

不是该引脚名称的组成部分，E_a才是引脚的名称，对于没有非标志的引脚，有效电平没有做出任何约定。对于后续的学习，元件外围特性中名称带有非的引脚，不管是输入引脚还是输出引脚，都表示低电平有效的意思，去掉非才是引脚的名称。A_{1a}（3#脚）、A_{0a}（2#脚）是两位编码输入引脚，Y_{0a}（4#脚）、Y_{1a}（5#脚）、Y_{2a}（6#脚）、Y_{3a}（7#脚）是译码输出引脚，低电平有效。9#～15#脚为 b 译码器对应的引脚，引脚具体功能特性与 a 译码器相同。8#脚为接电源负极引脚，16#脚为接电源正极引脚。

图 3-43　74HC139 元件实物图

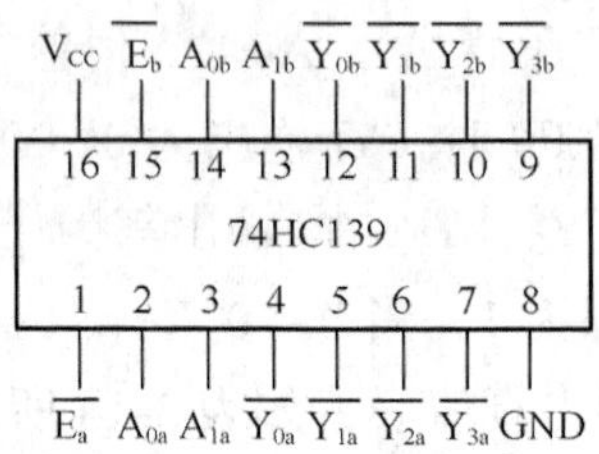

图 3-44　74HC139 外部特性图

2. 3-8 线译码器设计及应用

（1）3-8 线译码器设计需求分析

3-8 线译码器是指有 3 个编码输入引脚、8 个译码输出引脚的译码器。为了便于控制译码器的译码过程及利用它扩展具有更多译码输出的译码器，首先需要增加使能控制引脚 E_3。当 E_3 为高电平时，译码器进行译码操作；E_3 为低电平时，译码器不管其他信号如何，都不进行译码操作。同时使用 3-8 线译码器进行译码输出量的扩展，将译码输出信号的量扩大到 8 的倍数。例如，若要使输出译码控制信号扩展为 16 线，则需要 16/8 = 2 片译码器，编码输入位数增加到 4 线；若要使输出译码控制信号为 32 线，则需要 32/8 = 4 片译码器，编码输入位数增加到 5 线，依次类推。扩展后的译码器，输出译码线变为 3-8 线译码器输出 8 线的倍数，不需要进行任何修改。而在输入端，增加了编码的输入位数，编码的低 3 位直接连接到所有译码器的编码输入引脚，而增加的编码则需要确定控制那一片 3-8 线译码器在工作。这就需要在设计译码器时增加选片引脚。

针对上述需求的分析，在设计 3-8 线译码器时，增加了 E_2、E_1 两个输入使能信号，规定两针引脚同时输入 00 时，3-8 线译码器译码才进行译码，也就是这两针引脚低电平有效。在扩展时，利用这两个引脚输入值确定是哪一片译码器在工作。具体设计参照译码器扩展部分。

（2）3-8 线译码器设计

① 逻辑抽象。

通过设计的需求分析，在设计 3-8 线译码器时，需要定义 3 个使能控制信号 $E_3E_2E_1$，E_3 为工作控制使能信号，译码时必须为 1，直接连接高电平即可，E_2、E_1 为扩展选片使能引脚，取值为 00 时译码器译码。在译码状态时，$E_3E_2E_1 = 100$，其他取值译码器无译码操作。3 线编码输入自高位到低位定义为变量 A_2、A_1、A_0，按照编码自小而大的排列顺序，其对应有效的译码输出分别定义为 Y_0、Y_1、Y_2、Y_3、Y_4、Y_5、Y_6、Y_7。逻辑关系是：当使能信号 $E_3E_2E_1=100$，根据编码输入确定哪线译码输出有效，其他译码输出无效；如果使能信号不是输入的有效值，则译码输出都是无效的。

② 列真值表。

根据逻辑抽象的变量及逻辑关系，将逻辑关系转换为数字分析的逻辑关系：设 $E_3E_2E_1$ 为输入的 3 个使能信号，当 $E_3=0$，不管其他输入信号为何值（ × ），电路 8 线译码控制信号无有效控制信号输出，当 E_2E_1 只要其中有一个 1，不管其他信号为何值（ × ），电路 8 线译码控制信号无有效信号输出。只有 $E_3E_2E_1$ 为 100 时，才能进行该译码元件译码操作，对于三线输入信号 $A_2A_1A_0$，当它们分别取值 000、001、010、011、100、101、110、111 时，会使唯一对应的输出控制信号 Y_0、Y_1、Y_2、Y_3、Y_4、Y_5、Y_6、Y_7 低电平输出有效，其他信号高电平输出。据此列出 3-8 线译码器的真值表，如表 3-15 所示。

表 3-15　　3-8 线译码器真值表

E_3	E_2	E_1	A_2	A_1	A_0	Y_0	Y_1	Y_2	Y_3	Y_4	Y_5	Y_6	Y_7
0	×	×	×	×	×	1	1	1	1	1	1	1	1
×	1	×	×	×	×	1	1	1	1	1	1	1	1
×	×	1	×	×	×	1	1	1	1	1	1	1	1
1	0	0	0	0	0	0	1	1	1	1	1	1	1
1	0	0	0	0	1	1	0	1	1	1	1	1	1
1	0	0	0	1	0	1	1	0	1	1	1	1	1
1	0	0	0	1	1	1	1	1	0	1	1	1	1
1	0	0	1	0	0	1	1	1	1	0	1	1	1
1	0	0	1	0	1	1	1	1	1	1	0	1	1
1	0	0	1	1	0	1	1	1	1	1	1	0	1
1	0	0	1	1	1	1	1	1	1	1	1	1	0

③ 求逻辑表达式。

观察真值表，8 线译码输出,只有 1 项为 0，先求每个译码输出的反函数，然后再转变为译码输出的原函数，得到所有译码输出的逻辑表达式。

$$Y_0=\overline{E_3\overline{E}_2\overline{E}_1\overline{A}_2\overline{A}_1\overline{A}_0}\;;\quad Y_1=\overline{E_3\overline{E}_2\overline{E}_1\overline{A}_2\overline{A}_1A_0}\;;\quad Y_2=\overline{E_3\overline{E}_2\overline{E}_1\overline{A}_2A_1\overline{A}_0}\;;$$

$$Y_3=\overline{E_3\overline{E}_2\overline{E}_1\overline{A}_2A_1A_0}\;;\quad Y_4=\overline{E_3\overline{E}_2\overline{E}_1A_2\overline{A}_1\overline{A}_0}\;;\quad Y_5=\overline{E_3\overline{E}_2\overline{E}_1A_2\overline{A}_1A_0}\;;$$

$$Y_6=\overline{E_3\overline{E}_2\overline{E}_1A_2A_1\overline{A}_0}\;;\quad Y_7=\overline{E_3\overline{E}_2\overline{E}_1A_2A_1A_0}$$

④ 绘制 3-8 线译码器的逻辑图。

在 8 个输出表达式中，$E_3\overline{E}_2\overline{E}_1$ 看做公因子项，用 3 输入与运算实现，8 线输出变为 4 线输入的与非表达式，电路由 5 个非运算符号、1 个 3 输入与运算符号、8 个 4 输入与非运算符号绘制而成，如图 3-45 所示。

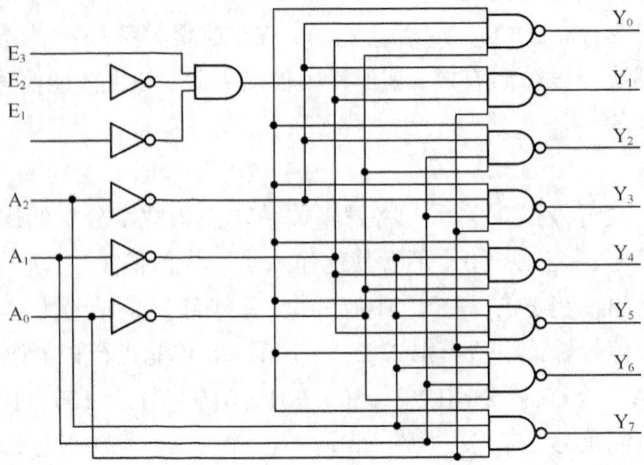

图 3-45　3-8 线译码器逻辑图

⑤ 3-8 线译码器元件 74LS138。

3-8 线译码器对应的逻辑门元件有 74LS138，内部集成了 1 个 3-8 线译码器，共有 16 个引脚。74LS138 的元件实物如图 3-46 所示，引脚外部特性如图 3-47 所示。

图 3-46　3-8 线译码器实物

图 3-47　3-8 线译码器引脚外部特性图

（3）3-8 线译码器扩展

使用 3-8 线译码可以扩展译码器输入输出的线数，将译码器扩展为 n−2^n 线译码器。2^n 线输出由多个 3-8 线译码器输出组成，自 Y_0～Y_{2^n-1} 排列，对应每片译码器输入的编码也不同。这里主要研究扩展为 4-16 线译码器和 5-32 线译码器的方法。

① 扩展为 4-16 线译码器。

- 需求分析与逻辑抽象。

74LS138 共有 8 线输出，因此只需要两片 74LS138 即可实现 16 线输出，设扩展后的元件输入为 B_3、B_2、B_1、B_0，使能信号输入为 E，同时连接两个译码器的 E_3 输入引脚，控制两个译码器同时处于译码状态。低位芯片输出 Y_0～Y_7，B_3、B_2、B_1、B_0 输入编码范围是 0000～0111，B_3 必定为 0，设两个扩展使能信号为 E_{02}、E_{01}；高位芯片输出 Y_8～Y_{15}，B_3、B_2、B_1、B_0 输入编码范围是 1000～1111，B_3 必定为 1，设两个扩展使能信号为 E_{12}、E_{11}。所以，$B_3 = 0$ 时，低位译码器在译码，$E_{02}E_{01} = 00$，E_{12}、E_{11} 至少一个为 1，这里设为 10；$B_3 = 1$ 时，高位译码器在译码，$E_{12}E_{11} = 00$，$E_{02}E_{01}$ 至少一个为 1，这里同样设为 10，这是因为约定的编码规则要一致。根据分析，可以得出扩展的逻辑关系：B_3 取值为 0 或 1，决定是低位译码器还是高位译码器在译码。由此可见，元件的扩展过程同样是组合逻辑电路的设计过程。这种设计出的电路，是利用元件自身的外围特性分析出来的，反映的是增加的输入或输出变量与元件引脚之间的逻辑关系，这类电路称为关联电路。

- 列真值表。

根据需求分析和逻辑抽象，将逻辑关系进一步数字化：增加引脚 $B_3=0$ 时，低位译码器在译码，低位译码器的扩展使能信号 $E_{02}E_{01}=00$，高位译码器的扩展使能信号 $E_{12}E_{11}=10$；同理，$B_3=1$ 时，高位译码器在译码，$E_{02}E_{01}=10$，$E_{12}E_{11}=00$。据此，列出表 3-16 所示的真值表。

表 3-16　　扩展为 4-16 线译码器关联电路设计真值表

B_3	E_{02}	E_{01}	E_{12}	E_{11}
0	0	0	1	0
1	1	0	0	0

- 写出关联电路的逻辑表达式。

根据真值表，可以直接写出 4 针使能引脚的逻辑表达式。

$$E_{02}=B_3;\qquad E_{01}=0;\qquad E12=\overline{B_3};\qquad E_{11}=0$$

- 绘制 4-16 线译码器的逻辑图

选择 1 个非运算符和两个 74LS138 自定义逻辑符号，绘制出 4-8 线译码器的逻辑图，如图 3-48 所示。

② 扩展为 5-32 线译码器。

- 需求分析与逻辑抽象。

根据以上的分析方法，设 5-32 线译码器的输入编码信号为 B_4、B_3、B_2、B_1、B_0，输出为 Y_0～Y_{31}，共需要 32/8＝4 片 74LS138 才能实现扩展功能，4 片译码器对应的扩展使能引脚分别定义为 E_{02}、E_{01}，E_{12}、E_{11}，E_{22}、E_{21}，E_{32}、E_{31}。第 1 片译码器输出为 Y_0～Y_7，编码范围是 00000～00111，B_4B_3 取值为固定的 00；第 2 片译码器输出为 Y_8～Y_{15}，编码范围是 01000～01111，B_4B_3 取值为固定的 01；第 3 片译码器输出为 Y_{16}～Y_{23}，编码范围是 10000～10111，B_4B_3 取值为固定的 10；第 4 片译码器输出为 Y_{24}～Y_{31}，编码范围是 11000～11111，B_4B_3 取值为固定的 11。逻辑关系是：根据每片 74LS138 对应的 B_4B_3 的唯一取值，使扩展使能引脚取值为 0，能够进行译码，而其他译码器的控制信号至少一个为 1，不能译码。

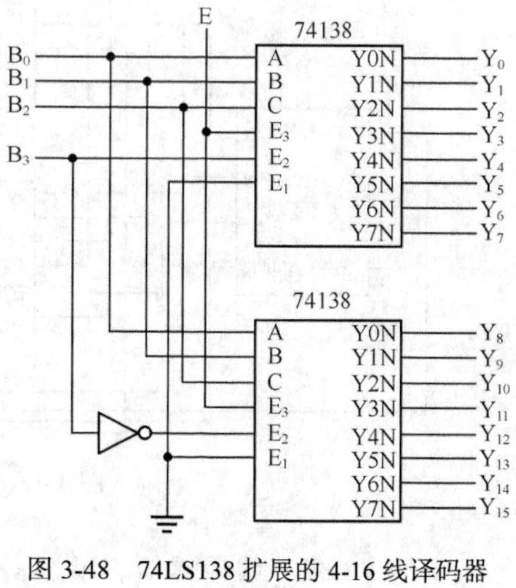

图 3-48　74LS138 扩展的 4-16 线译码器

- 列真值表。

参照 4-16 线译码器扩展时的约定，根据分析列出真值表，如表 3-17 所示。

表 3-17　　扩展为 5-32 线译码器关联电路设计真值表

B_4	B_3	E_{02}	E_{01}	E_{12}	E_{11}	E_{22}	E_{21}	E_{32}	E_{31}
0	0	0	0	1	0	1	0	1	0
0	1	1	0	0	0	1	0	1	0
1	0	1	0	1	0	0	0	1	0
1	1	1	0	1	0	1	0	0	0

● 写出关联电路的逻辑表达式。

观察真值表，可以得出表达式 $E_{01}=E_{11}=E_{21}=E_{31}=0$，将这四针引脚接电源负极即可；而对于 E_{02}、E_{12}、E_{22}、E_{32}，它们输出都只有一个 0，可以把它们看做以 B_4、B_3 为输入，E_{02}、E_{12}、E_{22}、E_{32} 为输出的 2-4 线译码器。

● 绘制 5-32 线译码器的逻辑图。

选取一片 2-4 线译码器，4 片 3-8 线译码器。2-4 线译码器的使能信号接电源负极，它的输出分别对应连接四片 3-8 线译码器的 E_2 引脚，四片译码器的 E_1 引脚接电源负极，E_3 连接外部传输来的使能控制信号。B_2、B_1、B_0 分别连接到 4 片 3-8 线译码器的 C、B、A 三个引脚。扩展后的 5-32 线译码器的逻辑图如图 3-49 所示。

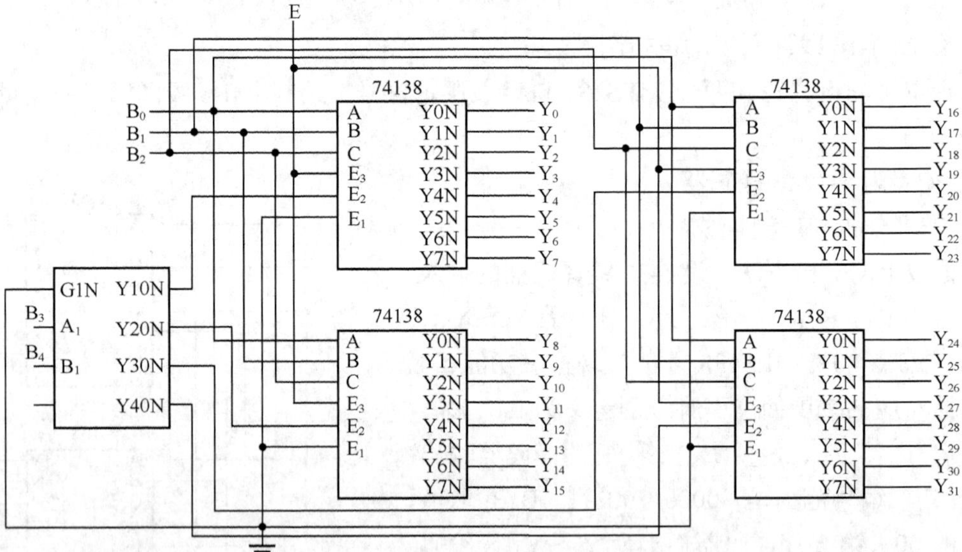

图 3-49　扩展后的 5-32 线译码器逻辑图

（4）用 3 线-8 线译码器表示逻辑函数。

从 3-8 线译码器的 8 个输出表达式可以看出，在正常译码状态下，$E_3E_2E_1=100$，表达式则转换为以下形式：

$$Y_0=\overline{\bar{A}_2\bar{A}_1\bar{A}_0}\ ;\quad Y_1=\overline{\bar{A}_2\bar{A}_1A_0}\ ;\quad Y_2=\overline{\bar{A}_2A_1\bar{A}_0}\ ;\quad Y_3=\overline{\bar{A}_2A_1A_0}\ ;$$

$$Y_4=\overline{A_2\bar{A}_1\bar{A}_0}\ ;\quad Y_5=\overline{A_2\bar{A}_1A_0}\ ;\quad Y_6=\overline{A_2A_1\bar{A}_0}\ ;\quad Y_7=\overline{A_2A_1A_0}$$

定义三变量的 8 个最小项分别为 m_0、m_1、m_2、m_3、m_4、m_5、m_6、m_7，则上述表达式可转换最小项对应的 8 个表达式。

$$m_0=\overline{Y_0}\;;\quad m_1=\overline{Y_1}\;;\quad m_2=\overline{Y_2}\;;\quad m_3=\overline{Y_3}\;;$$
$$m_4=\overline{Y_4}\;;\quad m_5=\overline{Y_5}\;;\quad m_6=\overline{Y_6}\;;\quad m_7=\overline{Y_7}$$

一个三变量的逻辑表达式可以转换为最小项或的表达形式，从而可以用 3-8 线译码器输出作为表达式的输入，用它们的反变量构建或运算表达式，再根据摩根定律将表达式转换为与非表达式，用译码器符号和与非运算符号绘制出表达式的逻辑图。

【例 3.13】用 3-8 线译码器设计实现逻辑表达式 $Y=AB+\overline{C}$，可以选择合适的逻辑门配合实现。

要用译码器设计实现表达式 $Y=AB+\overline{C}$，首先将表达式转换为最小项的与或表达式，然后将最小项用 3-8 线译码器的输出表示，接着用摩根定律将表达式转换为与非表达形式，最后选择元件，绘制逻辑符号和逻辑图。

（1）写出最小项表达式。

$$\begin{aligned}Y&=AB+\overline{C}=AB(C+\overline{C})+(A+\overline{A})(B+\overline{B})\overline{C}\\&=ABC+AB\overline{C}+AB\overline{C}+A\overline{B}\cdot\overline{C}+\overline{A}B\overline{C}+\overline{A}\cdot\overline{B}\cdot\overline{C}\\&=m_7+m_6+m_4+m_2+m_0\end{aligned}$$

（2）转换表达式为译码输出表达式，并转换为与非形式。

$$\begin{aligned}Y&=m_7+m_6+m_4+m_2+m_0\\&=\overline{Y_0}+\overline{Y_2}+\overline{Y_4}+\overline{Y_6}+\overline{Y_7}\\&=\overline{Y_0Y_2Y_4Y_6Y_7}\end{aligned}$$

（3）绘制逻辑图。

选择 3-8 线译码器逻辑符号和五输入与非门，绘制电路对应的逻辑图，如图 3-50 所示。

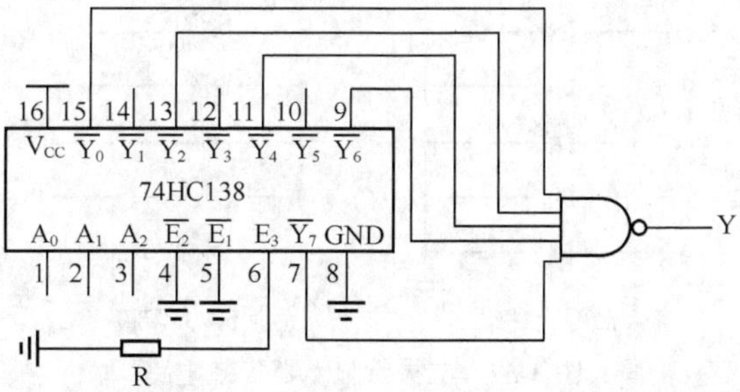

图 3-50　3-8 线译码器表示的表达式的逻辑图

在图 3-50 中，3-8 线译码器采用自绘制的逻辑符号，这种逻辑符号对应外围特性图绘制，比较接近实物元件功能，提倡在绘制逻辑图时采用。在图中，E_3 连接一个赋值电阻，赋值为 1，E_2E_1 接电源负极，表示赋值为 00，译码器处于译码状态中，译码信号输入与非门实现了表达式所表示的功能。

3. 七段显示译码器的设计与应用

（1）七段显示译码器 74LS48 设计

在数字系统集成过程中，需要把电路运行的结果直观地显示出来。数字显示电路通常由译码驱动电路和显示器等部分组成。数码显示器是用来显示数字、文字和符号的器件。七段式数字显示器是由七段发光二极管组成 8 字形状元件，如图 3-51（a）所示，该元件共有 10 个引脚，引脚的功能因生产厂家不同而不同，以共阴极发光二极管为例，一般有七针发光二极管正极电源引脚，二针公共电源负极引脚及 1 针小数点引脚。利用发光二极管发光，可以显示 0～9 之间的数字，数字显示图样如图 3-51（b）所示。

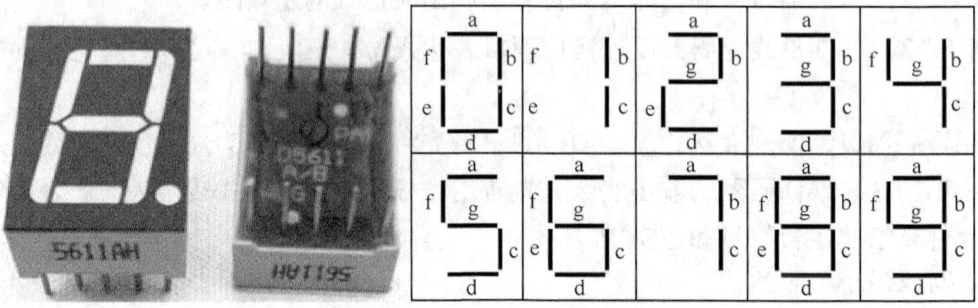

（a）七段式数字显示器元件　　（b）七段式数字显示数字表示

图 3-51　七段式数字显示器和数字表示

七段式数字显示器的七段发光二极管负极接地，称为共阴极电路，则译码驱动电路输出要使某段发光，必须输出高电平，等效电路如图 3-52（a）所示；七段发光二极管正极接高电平，称为共阳极电路，则译码驱动电路输出要使某段发光，必须输出低电平，等效电路如图 3-52（b）所示，74LS48 设计采用共阴极电路。

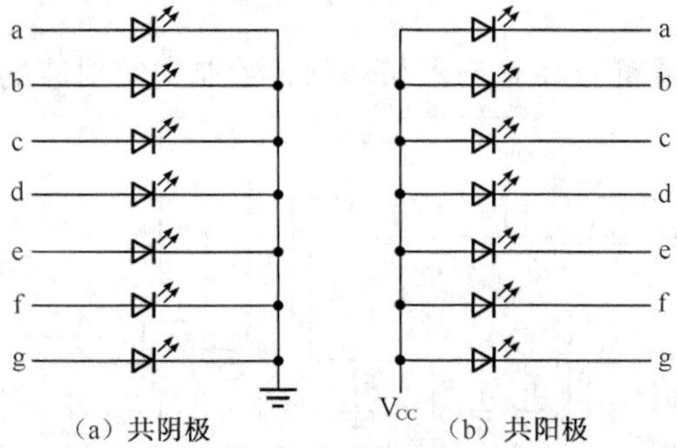

（a）共阴极　　（b）共阳极

图 3-52　二极管显示器等效电路

七段显示译码器 74LS48 是专门为七段二极管显示器设计的十进制数代码译码输出电路，输入为 0000～1001 对应的十进制数，输出为对应的发光二极管 a、b、c、d、e、f、g 段的控制电压，并将产生的输出信号分别连接到共阴极电路对应数码管端。在 74LS48 中还设置了一些辅助端。这些辅助端的功能如下。

① 试灯输入端 $\overline{LT}$：低电平有效。当 $\overline{LT}=0$ 时，数码管的七段应全亮，与输入的译码信号无关。本输入端用于测试数码管的好坏，其他情况 $\overline{LT}=1$。

② 动态灭零输入端 $\overline{RBI}$：低电平有效。当 $\overline{LT}=1$、$\overline{RBI}=0$，且译码输入全为 0 时，该位输出不显示，即 0 字被熄灭；当译码输入不全为 0 时，该位正常显示。本输入端用于消隐无效的 0。如数据 0034.50 在数码管中可显示为 34.5，前后为 0 的三个数码管不显示。

③ 灭灯输入/动态灭零输出端$\overline{BI}/\overline{RBO}$：这是一个特殊的端钮，有时用作输入，有时用作输出。当$\overline{BI}/\overline{RBO}$作为输入使用，且$\overline{BI}/\overline{RBO}=0$时，数码管七段全灭，与译码输入无关。当$\overline{BI}/\overline{RBO}$作为输出使用时，受控于$\overline{LT}$和$\overline{RBI}$：当$\overline{LT}=1$且$\overline{RBI}=0$时，$\overline{BI}/\overline{RBO}=0$；其他情况下$\overline{BI}/\overline{RBO}=1$。本端钮主要用于显示多位数字时，多个译码器之间的连接。

根据以上分析列出表 3-18 所示的真值表。

表 3-18　　　　74LS48 真值表

功能或十进制数	输入			输出	
	$\overline{LT}$	$\overline{RBI}$	$A_3\ A_2\ A_1\ A_0$	$\overline{BI}/\overline{RBO}$	a b c d e f g
$\overline{BI}/\overline{RBO}$（灭灯）	×	×	× × × ×	0（输入）	0 0 0 0 0 0 0
$\overline{LT}$（试灯）	0	×	× × × ×	1	1 1 1 1 1 1 1
$\overline{RBI}$（动态灭零）	1	0	0 0 0 0	0	0 0 0 0 0 0 0
0	1	1	0 0 0 0	1	1 1 1 1 1 1 0
1	1	×	0 0 0 1	1	0 1 1 0 0 0 0
2	1	×	0 0 1 0	1	1 1 0 1 1 0 1
3	1	×	0 0 1 1	1	1 1 1 1 0 0 1
4	1	×	0 1 0 0	1	0 1 1 0 0 1 1
5	1	×	0 1 0 1	1	1 0 1 1 0 1 1
6	1	×	0 1 1 0	1	0 0 1 1 1 1 1
7	1	×	0 1 1 1	1	1 1 1 0 0 0 0
8	1	×	1 0 0 0	1	1 1 1 1 1 1 1
9	1	×	1 0 0 1	1	1 1 1 0 0 1 1
10	1	×	1 0 1 0	1	0 0 0 1 1 0 1
11	1	×	1 0 1 1	1	0 0 1 1 0 0 1
12	1	×	1 1 0 0	1	0 1 0 0 0 1 1
13	1	×	1 1 0 1	1	1 0 0 1 0 1 1
14	1	×	1 1 1 0	1	0 0 0 1 1 1 1
15	1	×	1 1 1 1	1	0 0 0 0 0 0 0

七段显示译码器电路在电路设计中具有非常广泛的用途。对于电子开发的初学者来说，可以利用它来显示电路产生的结果，也是实验设备教学中用来显示简单实验结果的主要手段。

（2）74LS48 引脚排列图和电路符号图

74LS48 外部引脚特性如图 3-53 所示，自定义逻辑符号如图 3-54 所示。

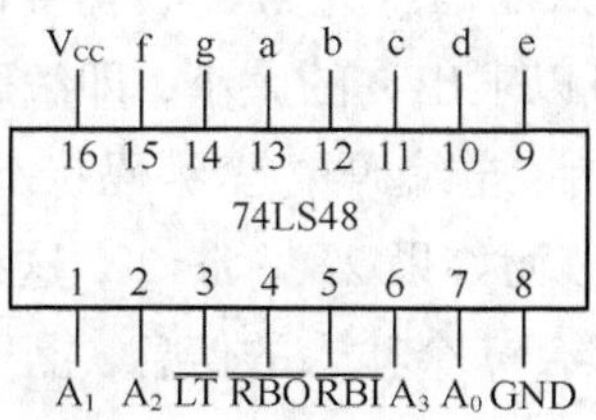

图 3-53　74LS48 引脚排列图

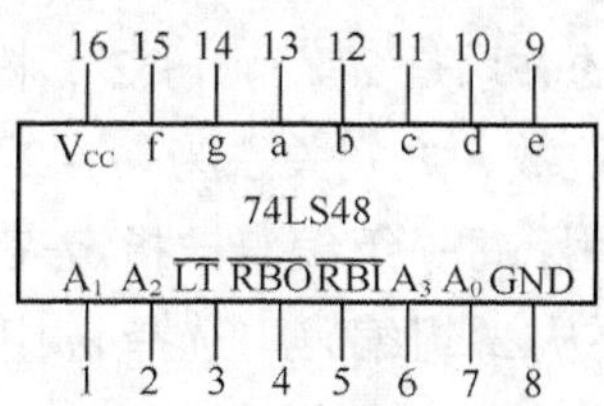

图 3-54　74LS48 电路符号

在图 3-53 和图 3-54 中，$\overline{LT}$ 为试灯控制信号，低电平有效。$\overline{RBI}$ 为灭 0 输入信号，当该引脚输入为 0，四位二进制数引脚输入为 0，a、b、c、d、e、f、g 引脚输出全为 0，连接的七段式显示器所有二极管都不发光，实现灭 0 操作。$\overline{BI}/\overline{RBO}$ 为灭 0 输出引脚，如果本位译码器灭 0 成功，则该位输出为低电平，否则为高电平。A_3、A_2、A_1、A_0 为十进制数系数对应的 8421 码输入引脚，a、b、c、d、e、f、g 引脚连接共阴极七段式显示器对应引脚，输出为 1，对应的二极管发光。

在设计时，如果只显示结果，不需要试灯和灭 0，则可以把 3#、4#、5#脚同时通过一个 10kΩ 的电阻连接到+5V 电源的正极，实现赋 1 操作。

（3）数码显示电路的动态灭零

在设计显示多位十进制数据的译码电路中，对于整数部分前面的 0，或者是小数部分后面的 0，一般不要求显示。这需要使用动态灭 0 引脚 $\overline{RBI}$ 和灭 0 输出引脚 $\overline{BI}/\overline{RBO}$ 配合完成灭 0 操作。对于整数部分，需要从最高位开始灭 0，首先将高位译码器的 $\overline{RBI}$ 置 0，如果译码器输出为 0，abcdefg 应该输出 1111110B，但在该信号控制下，abcdefg 输出全部变为 0，所有显示器都不发光。灭 0 成功后，$\overline{BI}/\overline{RBO}$ 输出为低电平，连接到下一个译码器的 $\overline{RBI}$ 引脚，控制继续灭 0，依次连接到最低整数位，小数位连接的方向是相反的，如图 3-55 所示。遇到不为 0 的译码输出后，灭 0 停止，图中，0093.70 最终只显示 93.7。

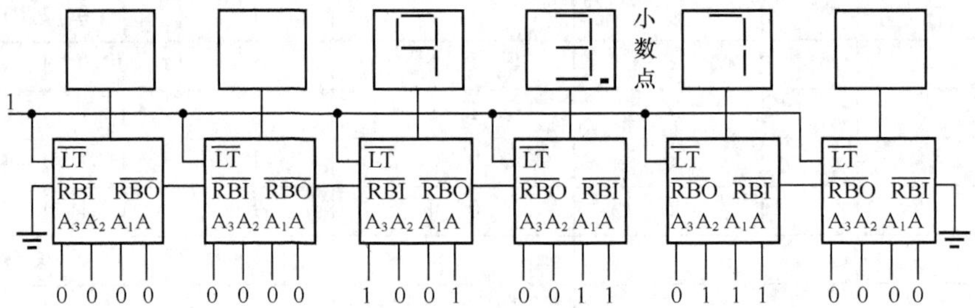

图 3-55　数码显示电路的动态灭零

3.5.3　编码器

编码是译码的逆过程，当同类性质的信息要表达到逻辑过程或存储到数字系统中，必须给予它们一组二进制编码，利用这些编码逐个表示这些信息。这组编码必须有别于其他编码的编码规则，例如，整体编码格式的规定，某几位编码的具体含义，在哪个过程中使用等。编码过程不仅体现在编码数字的本身，而且体现在编码传递信息的过程中。

对信息进行编码，编码的位数是由信息量的多少决定的。若编码后编码位数为 n，则输入的信息量最多为 2^n 个，最少为 $2^{n-1}+1$ 个。假设输入的信息为 m 个，需要的信息编码为 n 位，两者之间的关系是 $2^{n-1}<m\leqslant 2^n$，根据这个公式可以求出 n 的大小，即编码的位数。如果信息量和编码位数 n 之间关系为 $m=2^n$，这种编码称为“全编码”。全编码状态下，所有编码、信息被充分利用，每一组编码被指定表示唯一的信息。而如果 $2^{n-1}<m<2^n$，这种编码称为“部分编码”，需要从 2^n 组编码中选择 m 组编码分别指定给 m 个输入的信息，且一一对应表示，剩余 2^n-m 组编码没有被使用。

不管是“全编码”还是“部分编码”，在设计电路时都按照“全编码”进行设计，即 $m = 2^n$；设计的编码器称为 m-n 线编码器。下面主要阐述 8-3 线编码器的设计与扩展。

1. 8-3 线编码器的设计

（1）需求分析

8-3 线编码器共有 8 线信息输入，3 线编码输出。在设计时，除了确定输入输出之外，还要考虑这样一些问题：一是系统对编码器的使能控制；二是要向系统反馈编码与否的状态；三是如何利用该编码器扩展更大输入输出的编码器；四是如何解决多信息输入，先对哪个信息进行编码的问题。

① 增加使能控制信号。

键盘等编码器一般应用于数字系统特别是计算机系统中，编码器何时编码由系统工作需求决定。在设计时，该引脚主要作为是否编码的条件，该引脚为低电平时，进行编码操作，否则，无编码信息输出。

② 增加状态反馈信号。

在进行编码过程中，当输入的使能信号有效，并且有信息输入，则会进行编码；如果没有信息输入，则不会编码。有编码和无编码是两种对立的结果状态，需要增加一个输出的状态信号，反馈给系统，作为识别有无编码的标志。

③ 增加级联扩展控制信号。

8-3 线编码器只能输入 8 线信息，利用该编码器，可以通过并行排列的方法，将其扩展为 16 线、32 线、64 线、…2^n（n>3）线等信息输入的编码器。在编码时，只有一个编码器可以编码，从最低编码器开始编码，依次类推。这需要增加一个级联输出控制信号，在上一个编码器没信息输入的前提下，该级联信号输出为低电平，连接到下一编码器的使能信号端，启动下一编码器进行编码。因此，该信号为低电平有效。

④ 多信息同时输入的解决方案。

如果多线信息同时输入编码器，它们是不可能同时编码的，只能对其中一线信息进行编码。解决该问题是采用优先排序的方法，一般有两种：一是固定优先级顺序，按照序号升序排列或降序排列优先级；二是循环优先级顺序，被优先排序过的信息降为最低优先级。这里采用第一种方法，按照序号降序排列优先级。

（2）8-3 线编码器的设计

① 逻辑抽象。

根据需求分析，定义 8 线输入信息变量为 I_7、I_6、I_5、I_4、I_3、I_2、I_1、I_0，变量按照优先级顺序排列，I_7 的优先级最高，I_0 的优先级最低，0 表示信息输入，1 表示无信息输入。定义 3 线输出编码变量为 Y_2、Y_1、Y_0，I_7 的输出编码设为 000，I_6 的输出编码设为 001，依次类推，则 I_0 的输出编码为 111。定义 EI 为使能输入控制信号，低电平有效；定义 GS 为状态反馈信号，高电平表示无编码输出，低电平表示有编码输出；定义 EO 为级联输出信号，无信息输入且处于编码状态时该信号低电平有效。逻辑关系是：当 EI 无效，不管输入多少信息，输出的编码都是 111，并产生 GS = 1 的状态信号，识别该编码为无效编码，产生 EO = 1 的级联信号，表示不必级联；当 EI 有效，而无信息输入，此时 GS = 1，表示不在编码状态，EO = 0，表示传递有效的级联信号，可启动下一编码器进行编码；当 EI 有效，且有一线信息输入，按照编码规定进行编码；当 EI 有效，且有多线信息输入，按照编码规定进行编码，并按照优先级约定修改真值表的输入。

② 根据逻辑关系列真值表。

考虑只有一线信息输入的情况，将上述逻辑关系转换为数字形式的逻辑关系：当 EI = 1，无有效使能信号，不管 8 线输入信息输入那一线（输入都是不确定的），输出 $Y_2Y_1Y_0$ = 111，GS = 1，EO = 1；当 EI = 0，无任何信息输入，即 8 线输入全为 1，输出 $Y_2Y_1Y_0$ = 111，GS = 1，表示不在编码状态，EO = 0，表示可以级联编码；当 EI = 0，有一线信息输入，即 8 线输入只有一个为 0，输出 $Y_2Y_1Y_0$ = 111，GS = 0，表示正在编码，EO = 1，表示不能级联编码。根据分析，列出表 3-19 所示的真值表。

表 3-19　　只有 1 位信息输入的 8-3 线编码器真值表

EI	I_7	I_6	I_5	I_4	I_3	I_2	I_1	I_0	Y_2	Y_1	Y_0	GS	EO
1	×	×	×	×	×	×	×	×	1	1	1	1	1
0	1	1	1	1	1	1	1	1	1	1	1	1	0
0	0	1	1	1	1	1	1	1	0	0	0	0	1
0	1	0	1	1	1	1	1	1	0	0	1	0	1
0	1	1	0	1	1	1	1	1	0	1	0	0	1
0	1	1	1	0	1	1	1	1	0	1	1	0	1
0	1	1	1	1	0	1	1	1	1	0	0	0	1
0	1	1	1	1	1	0	1	1	1	0	1	0	1
0	1	1	1	1	1	1	0	1	1	1	0	0	1
0	1	1	1	1	1	1	1	0	1	1	1	0	1

③ 根据优先级约定修改真值表。

在表 3-19 中，8 线输入每次只能输入一个有效的 0，在实际应用的过程中，可能存在多信息输入的问题，例如，I_7 和 I_6 同时输入，到底对哪一线信息优先编码？这里引进优先级问题，按照信息的编号自大到小确定优先顺序，I_7 的优先级最高，I_0 最低。根据这个约定，如果一线信息输入，要实现编码，比其优先级高的信息必须没有输入，即为 1，而比其优先级低的编码，不管有没有输入，即为×，都不影响其编码。根据分析修改表 3-19，得到根据优先级顺序修改的编码真值表，如表 3-20 所示。

表 3-20　　根据优先级顺序修改的 8-3 线编码真值表

EI	I_7	I_6	I_5	I_4	I_3	I_2	I_1	I_0	Y_2	Y_1	Y_0	GS	EO
1	×	×	×	×	×	×	×	×	1	1	1	1	1
0	1	1	1	1	1	1	1	1	1	1	1	1	0
0	0	×	×	×	×	×	×	×	0	0	0	0	1
0	1	0	×	×	×	×	×	×	0	0	1	0	1
0	1	1	0	×	×	×	×	×	0	1	0	0	1

续表

EI	I_7	I_6	I_5	I_4	I_3	I_2	I_1	I_0	Y_2	Y_1	Y_0	GS	EO
0	1	1	1	0	×	×	×	×	0	1	1	0	1
0	1	1	1	1	0	×	×	×	1	0	0	0	1
0	1	1	1	1	1	0	×	×	1	0	1	0	1
0	1	1	1	1	1	1	0	×	1	1	0	0	1
0	1	1	1	1	1	1	1	0	1	1	1	0	1

④ 求逻辑表达式。

观察 3-20 对应的真值表，Y_2、Y_1、Y_0 对应的最小项中，0 项的数目比 1 项少，因此可以先求它们的反函数，然后再求原函数。对于 GS，只有两个最小项为 1，可以直接求它的原函数。而 EO 只有一个最小项为 0，先求反函数，再求原函数。求出所有输出变量的表达式为

$$\overline{Y}_2=\overline{EI}\cdot\overline{I_7}+\overline{EI}\cdot I_7\overline{I_6}+\overline{EI}\cdot I_7I_6\overline{I_5}+\overline{EI}\cdot I_7I_6I_5\overline{I_4}=\overline{EI}\cdot\overline{I_7I_6I_5I_4}$$

$$Y_2=\overline{\overline{EI}\cdot\overline{I_7}+\overline{EI}\cdot\overline{I_6}+\overline{EI}\cdot\overline{I_5}+\overline{EI}\cdot\overline{I_4}}$$

$$Y_1=\overline{\overline{EI}\cdot\overline{I_7}+\overline{EI}\cdot\overline{I_6}+\overline{EI}\cdot\overline{I_3}I_4I_5+\overline{EI}\cdot\overline{I_2}I_4I_5}$$

$$Y_0=\overline{\overline{EI}\cdot\overline{I_7}+\overline{EI}\cdot\overline{I_5}I_6+\overline{EI}\cdot\overline{I_3}I_4I_6+\overline{EI}\cdot\overline{I_1}I_2I_4I_6}$$

$$EO=\overline{\overline{EI}\cdot I_7I_6I_5I_4I_3I_2I_1I_0}$$

$$GS=EI+\overline{\overline{\overline{EI}\cdot I_7I_6I_5I_4I_3I_2I_1I_0}}=EI+\overline{EO}=\overline{\overline{EI}\cdot EO}$$

⑤ 绘制逻辑图。

根据逻辑表达式，选择非运算逻辑符号、与运算逻辑符号、与非运算逻辑符号、或非运算逻辑符号，绘制 8-3 线优先编码器的逻辑图，如图 3-56 所示。

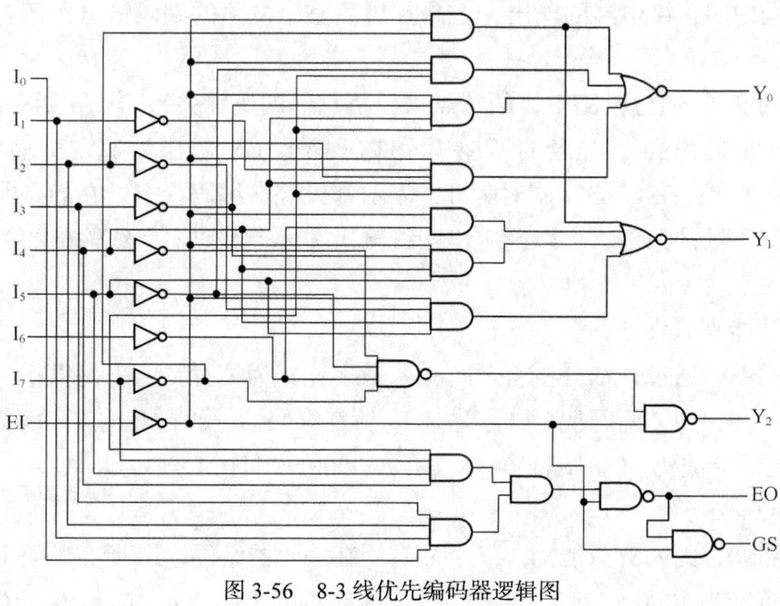

图 3-56　8-3 线优先编码器逻辑图

⑥ 元件的外围特性。

8-3 线优先编码器 74HC148 元件共有 16 针引脚，除了图 3-56 所示的 14 针引脚外，还有电源正负极两针引脚。元件引脚的外围特性如图 3-57 所示。

在使用元件设计组合逻辑电路时，要根据实际引脚和其他元件的引脚相连接，确定引脚编号和逻辑变量之间的一一对应关系。

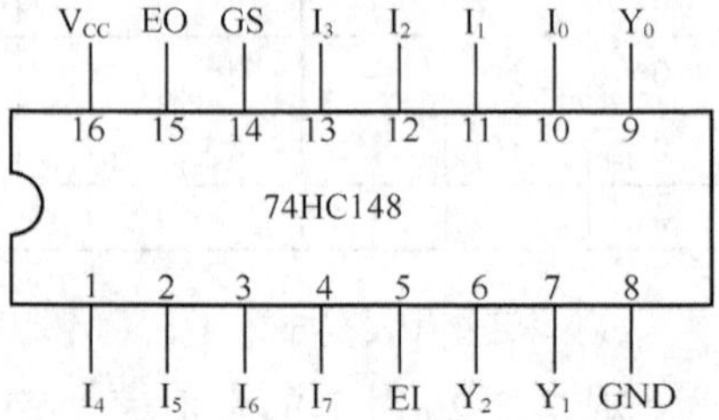

图 3-57　8-3 线译码器引脚特性图

2. 编码器扩展

使用 8-3 线编码器可以扩展编码器输入输出的线数，将编码器扩展为 2^n-n 线编码器，2^n 线输入由多个 8-3 线编码器输入组成，自 I_{2^n-1}～I_0 按优先级排列,对应每片编码器输出的编码也不同。这里主要研究扩展为 16-4 线编码器的方法。

（1）需求分析与逻辑抽象

扩展后的编码器为 16-4 线编码器，输入为 16 线信息，16/8 = 2，只需要两片 8-3 线编码器并列即可。扩展后，输入信息的编号按优先级由 I_{15}～I_0 顺序排列，输出编码从 0000～1111 一一对应。按照优先顺序，I_{15} 所在编码器应该排列在 I_7 所在的编码器之前，它的 EO 引脚连接到 I_7 所在的编码器的 EI 引脚，一旦 I_{15} 所在芯片没有信号输入，利用这个连接可以启动 I_7 所在的编码器进入编码状态。也就说两个编码器不可能同时编码，根据这个特点，利用两个编码器的输出编码和反馈信号 GS 作为组合电路的输入，四针输出编码作为输出，去研究它们之间的逻辑关系，设计出扩展需要的中间串接电路。

假定 I_{15} 所在的元件为 1#元件，I_7 所在的编码器为 0#元件，1#元件的状态反馈信号定义为 GS_1，三针编码输出定义为 Y_{12}、Y_{11}、Y_{10}，0#元件的状态反馈信号定义为 GS_0，三针编码输出定义为 Y_{02}、Y_{01}、Y_{00}，它们是要设计的中间连接电路的输入。定义 4 线输出为 L_3、L_2、L_1、L_0，它们是中间连接电路的输出，也是扩展后整个电路的编码输出，还有扩展后的状态反馈信号 GS。

根据定义的变量,通过电路工作的特点去分析它们的逻辑关系。若 I_{15} 所在的元件在编码，GS_1 输出为 0，GS_0 输出必为 1；若 I_7 所在的元件在编码，GS_1 输出为 1，GS_0 输出必为 0；GS_1、GS_0 不可能同时为 0；GS_1、GS_0 同时为 1，表示都没处在编码状态。它们是哪一片编码器编码的条件，根据不同的条件，可以确定出四线输出和两个编码器 3 线输出的关系，这就是电路扩展的逻辑关系。

（2）列出功能真值表

根据逻辑关系，通过详细分析将逻辑关系数字化，为填写真值表提供相应数据。

① 当 $GS_1 = 0$，则 GS_0 只能为 1，此时 I_{15} 所在编码器编码，其输出 EO 为 1，连接 I_7 所在编码器，使之不能编码。此时编码输出范围为 0000～0111，L_3 必为 0，$L_2 = Y_{12}$，$L_1 = Y_{11}$，$L_0 = Y_{10}$，GS = 0。

② 当 $GS_0 = 0$，则 GS_1 只能为 1，此时 I_7 所在编码器编码，I_{15} 所在编码器必定不编码。此时编码输出范围为 1000～1111，L_3 必为 1，$L_2 = Y_{02}$，$L_1 = Y_{01}$，$L_0 = Y_{00}$，GS = 0。

③ 当 $GS_0 = 1$，$GS_1 = 1$，此时两个编码器都处于不编码状态，所以 $L_3 = 1$，$L_2 = 1$，$L_1 = 1$，$L_0 = 1$，$GS = 1$。

④ 当 $GS_0 = 0$，$GS_1 = 0$，两个编码器同时编码，这种情况是不可能出现的，所以 $L_3 = \times$，$L_2 = \times$，$L_1 = \times$，$L_0 = \times$，$GS = \times$。

根据以上分析过程，列出表 3-21 所示的真值表。

表 3-21　　编码器扩展真值表

GS_1	GS_0	L_3	L_2	L_1	L_0	GS
0	0	×	×	×	×	×
0	1	0	Y_{12}	Y_{11}	Y_{10}	0
1	0	1	Y_{02}	Y_{01}	Y_{00}	0
1	1	1	1	1	1	1

（3）求逻辑表达式

$$GS = GS_0 GS_1；\quad L_3 = GS_1；\quad L_2 = GS_1 GS_0 + \overline{GS_0} Y_{02} + \overline{GS_1} Y_{12}$$

$$L_1 = GS_1 GS_0 + \overline{GS_0} Y_{01} + \overline{GS_1} Y_{11}$$

$$L_0 = GS_1 GS_0 + \overline{GS_0} Y_{00} + \overline{GS_1} Y_{10}$$

（4）绘制扩展后的电路逻辑图

选择 2 个 8-3 线编码器自绘制逻辑符号，选择非运算逻辑符号、与运算逻辑符号、或运算逻辑符号，绘制扩展后的逻辑图，如图 3-58 所示。

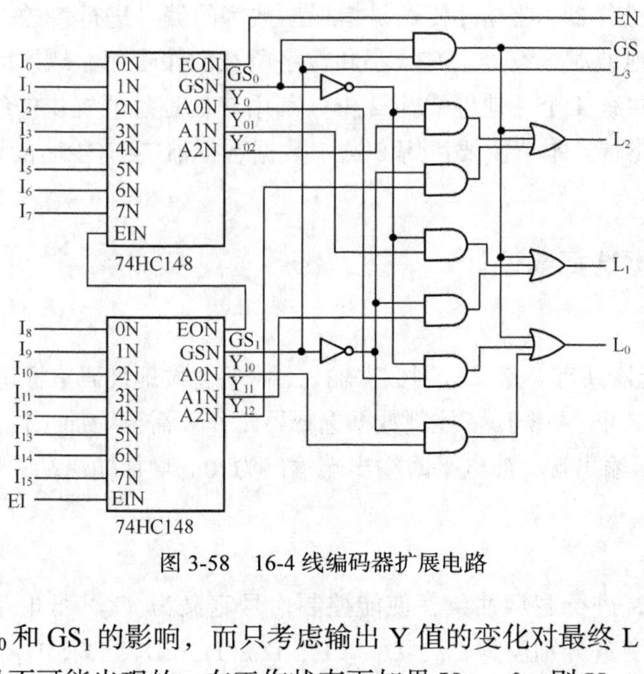

图 3-58　16-4 线编码器扩展电路

如果不考虑 GS_0 和 GS_1 的影响，而只考虑输出 Y 值的变化对最终 L 值的影响，$Y_{12} = 0$，$Y_{02} = 0$，这种情况是不可能出现的；在工作状态下如果 $Y_{12} = 0$，则 $Y_{02} = 1$，$L_2 = 0$；$Y_{12} = 1$，则 $Y_{02} = 0$，$L_2 = 0$；不在工作状态下，$Y_{12} = 1$，则 $Y_{02} = 1$，$L_2 = 1$；因此 $L_2 = Y_{12}Y_{02}$，$L_1 = Y_{11}Y_{01}$，$L_0 = Y_{10}Y_{00}$，修改后的编码器扩展电路如图 3-59 所示。

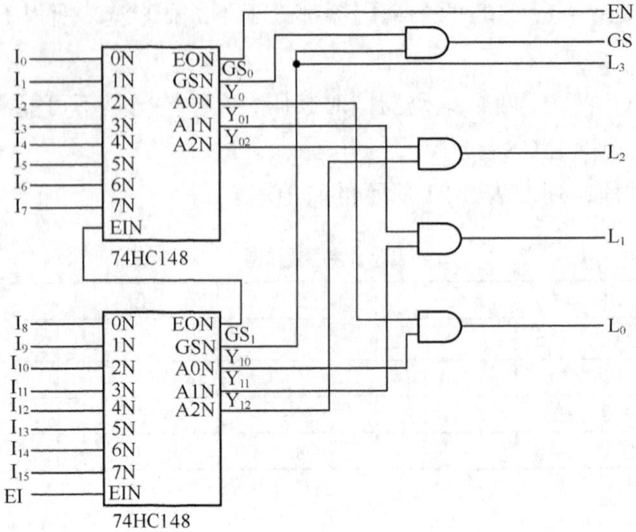

图 3-59　简化后的编码扩展电路

从以上两图来看，电路扩展具有极大灵活性，要根据实际情况进行分析，得到最佳的扩展电路。

3.5.4　数据选择器

某元件输入 2^n 个二进制数数字，把其中一个数字选择性传送到元件的输出端，这种元件称为 2^n 选 1 数字选择器。选择性传送是指根据数字的编号进行传送，这个编号称为地址，2^n 个数字需要 n 位地址对其编号，其大小和数字所在的序号相一致。以 4 选 1 数字选择器为例，输入的数字共有 4 个，地址线为 2 位，利用 2 位地址线提供的编号，决定 4 路数据的哪一路传送到输出端。本节主要讲解 8 选 1 数据选择器 74HC151 的设计、扩展与三变量逻辑函数表示。

1. 8 选 1 数据选择器设计

（1）需求分析

8 选 1 数据选择器共有 8 路二进制数据输入，需要 3 位地址码来标记每位数字的顺序号，它们都是输入变量。同时系统为了控制数据选择器工作，需要增加 1 位使能控制引脚，低电平时可以传送数据至输出端，高电平时输出端输出为 0。增加输出端的反函数引脚，便于扩展电路。

（2）逻辑抽象

根据需求分析，进行逻辑抽象，使能控制信号定义为 G_n，低电平有效。8 路输入数据自低而高对应的变量分别设为 D_0、D_1、D_2、D_3、D_4、D_5、D_6、D_7，标志它们下标序号的 3 位地址变量自高而低设为 C、B、A，输出变量设为 Y，输出反变量设为 WN。逻辑关系是：根据 CBA 的不同的取值组合，Y 等于 8 个不同的数字，如 CBA = 000 时，$Y = D_0$，$WN = \overline{D_0}$。

（3）列真值表

将 8 选 1 数据选择器的逻辑关系数字化：当 $G_n = 1$，表示使能信号无效，不管 CBA 输入为何值（×××），输出 Y 都设定为 0，WN 设定为 1。当 $G_n = 0$，表示使能信号有效，根据 CBA 的取值，决定 Y 输出 8 路数据中的哪一路，当 CBA 取值为 000、001、010、011、100、101、110、111 时，对应 Y 的输出分别为 D_0、D_1、D_2、D_3、D_4、D_5、D_6、D_7。根据分析列出表 3-22 所示的真值表。

表 3-22　　8 选 1 数据选择器真值表

G_n	C	B	A	Y	WN
1	×	×	×	0	1
0	0	0	0	D_0	$\overline{D_0}$
0	0	0	1	D_1	$\overline{D_1}$
0	0	1	0	D_2	$\overline{D_2}$
0	0	1	1	D_3	$\overline{D_3}$
0	1	0	0	D_4	$\overline{D_4}$
0	1	0	1	D_5	$\overline{D_5}$
0	1	1	0	D_6	$\overline{D_6}$
0	1	1	1	D_7	$\overline{D_7}$

观察表 3-22，输出 Y 后直接填充输出的数据变量，可以大大减少真值表列表的行数，而且可以突出地址取值和输出变量的对应关系。

（4）求逻辑表达式

对于输出 Y 而言，每一行上的变量是与的关系，使能信号 G_n、同步输入的地址编码 CBA，都是 Y 获得数据的条件。而不同的地址码不可能同时输入，不同行之间是或的关系，根据逻辑关系可以获得 8 路数据选择器的逻辑表达式。

$$Y = \overline{G_n}(\overline{C}\cdot\overline{B}\cdot\overline{A}D_0 + \overline{C}\cdot\overline{B}AD_1 + \overline{C}B\overline{A}D_2 + \overline{C}BAD_3 + C\overline{BA}D_4 + C\overline{B}AD_5 + CB\overline{A}D_6 + CBAD_7)$$

$$WN = \overline{Y}$$

（5）绘制逻辑图

表达式是由四变量与运算组成的或运算表达式，前面三个变量的取值决定那个 D_i 数据的输出，而且输入的一组地址码只能让其中一组地址与运算为 1，也就说 1 次只能输出一路数据。选取非运算逻辑符号、四输入与运算的逻辑符号、四输入或运算的逻辑符号，二输入与、或逻辑符号，绘制表达式 Y 对应的逻辑图，如图 3-60 所示。

（6）元件外围引脚特性与自绘制逻辑符号

8 选 1 数据选择器型号为 74HC151，有 1 个使能信号输入引脚，8 路数据输入引脚，3 个地址码输入引脚，2 个输出引脚 Y、WN，接电源正负极引脚，共 16 个引脚。其外部引脚特性如图 3-61 所示，自定义逻辑符号如图 3-62 所示。

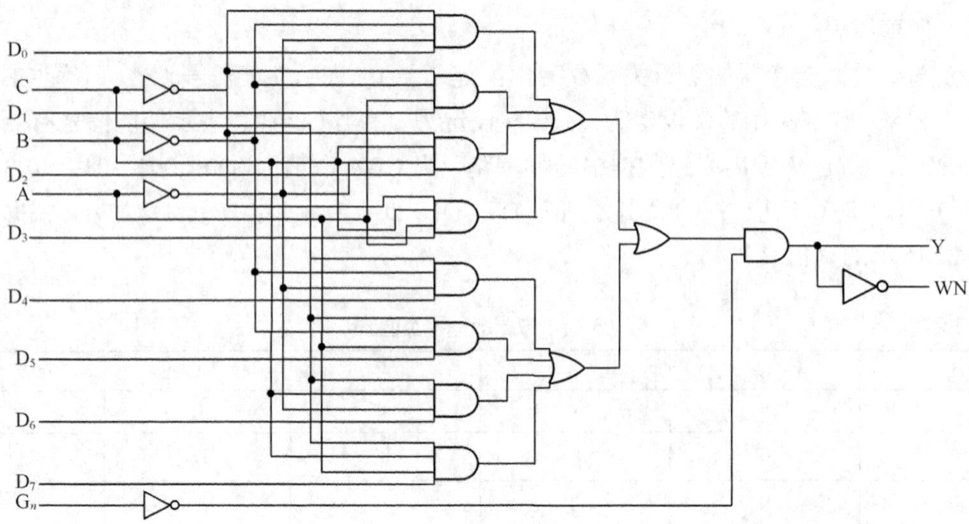

图 3-60 8 选 1 数据选择器逻辑图

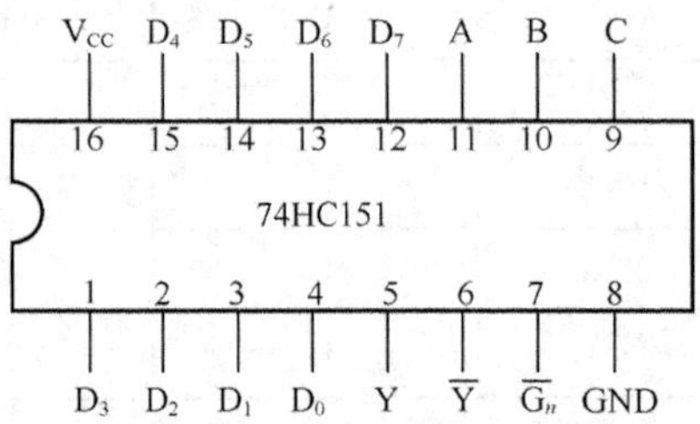

图 3-61 8 路数据选择器外部引脚特性图

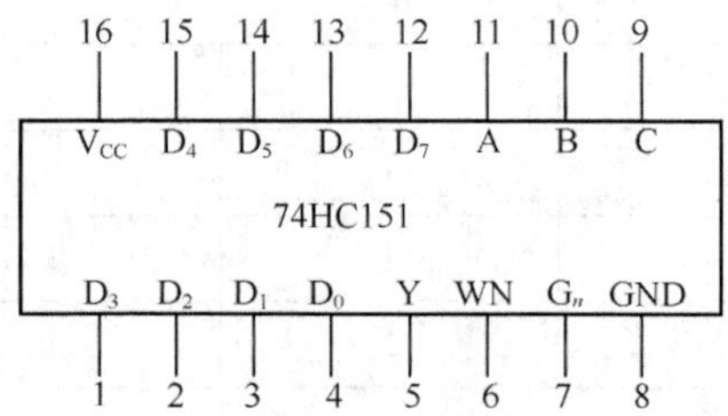

图 3-62 8 路数据选择器自定义逻辑符号

图 3-61 和图 3-62 中的不同体现在 5#和 6#脚，引脚特性图体现的是输入输出特性，变量上有非运算表示低电平有效，而自定义逻辑符号只定义引脚输出的变量名称。

2. 8 选 1 数据选择器扩展为 16 选 1 数据选择器

（1）需求分析与逻辑抽象

8 选 1 数据选择器 74HC151 共有三线输入地址引脚 C、B、A，地址码的范围为 000～111，对应 8 路数据输入 D_0、D_1、D_2、D_3、D_4、D_5、D_6、D_7，输出为 Y 和反函数 WN。假设 16 选 1 数据选择器有四线地址输入 D、C、B、A，地址码范围为 0000～1111，对应 16 路数据输入 D_0、D_1、D_2、D_3、D_4、D_5、D_6、D_7、D_8、D_9、D_{10}、D_{11}、D_{12}、D_{13}、D_{14}、D_{15}，数据输出 Y 和反函数 WN。要扩展 16 线选 1 的译码器，需要两片 8 选 1 数据选择器，设为 0 片和 1 片，D_0～D_7 在 0#元件，地址范围为 0000～0111，D＝0，CBA 范围不变；D_8～D_{15} 在 1#元件，地址范围为 1000～1111，D＝1，CBA 范围不变。

设 0 片的 G_n 为 G_{0n}，输出 Y 为 Y_0，反函数为 WN_0；1#元件的 G_n 为 G_{1n}，输出 Y 为 Y_1，反函数为 WN_1。其逻辑关系是：当 D＝0 时，0#元件选择数据输出，此时 $G_{0n}=0$，Y_0、WN_0 输出数据，$Y=Y_0$；当 D＝1 时，1#元件选择数据输出，此时 $G_{1n}=0$，Y_1、WN_1 输出数据，$Y=Y_1$。

（2）列真值表

通过逻辑关系的分析，地址线 D 的输入，作为那一片 8 选 1 数据选择器工作的条件，而输出 Y 与 Y_0、Y_1 有关。根据分析列出扩展功能真值表，如表 3-23 所示。

表 3-23　　扩展 16 选 1 数据选择器的功能真值表

D	G_{0n}	G_{1n}	Y
0	0	1	Y_0
1	1	0	Y_1

（3）求逻辑表达式

根据真值表可求出 G_{0n}、G_{1n}、Y 的表达式：

$$G_{0n} = D;\qquad G_{1n} = \overline{D};\qquad Y = Y_0 + Y_1$$

求 $Y = Y_0 + Y_1$ 反函数。

$$WN = \overline{Y} = \overline{Y_0 + Y_1} = \overline{Y_0} \cdot \overline{Y_1} = WN_0 \cdot WN_1$$

（4）绘制逻辑图

选择 8 选 1 数据选择器逻辑符号、二输入与、或逻辑符号，绘制扩展后的 16 选 1 的数据选择器逻辑图，如图 3-63 所示。

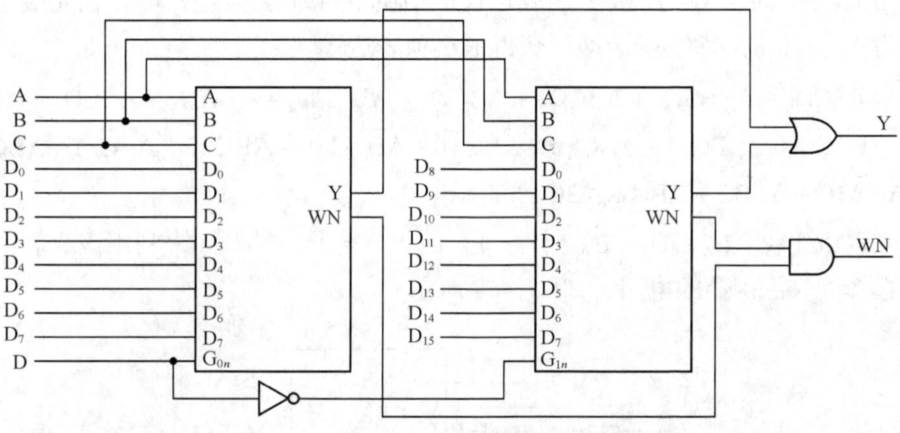

图 3-63　扩展后的 16 选 1 数据选择器逻辑图

3. 8 路数据选择器表示逻辑函数

对于地址码为 A、B、C 的 8 选 1 数据选择器，在数据输出选择时，$G_n = 0$，表达式可以转换为

$$\begin{aligned}Y &= \overline{G_n}(\overline{A} \cdot \overline{B} \cdot \overline{C}D_0 + \overline{A} \cdot \overline{B}CD_1 + \overline{A}B\overline{C}D_2 + \overline{A}BCD_3 + A\overline{B} \cdot \overline{C}D_4 + A\overline{B}CD_5 + AB\overline{C}D_6 + ABCD_7) \\ &= \overline{0}(\overline{A} \cdot \overline{B} \cdot \overline{C}D_0 + \overline{A} \cdot \overline{B}CD_1 + \overline{A}B\overline{C}D_2 + \overline{A}BCD_3 + A\overline{B} \cdot \overline{C}D_4 + A\overline{B}CD_5 + AB\overline{C}D_6 + ABCD_7) \\ &= \overline{A} \cdot \overline{B} \cdot \overline{C}D_0 + \overline{A} \cdot \overline{B}CD_1 + \overline{A}B\overline{C}D_2 + \overline{A}BCD_3 + A\overline{B} \cdot \overline{C}D_4 + A\overline{B}CD_5 + AB\overline{C}D_6 + ABCD_7\end{aligned}$$

在 8 路数据输入时，D_0～D_7 都是已知的，不是 0 就是 1，可直接代入上面的表达式，即可得到最小项或的表达式。反之，如果给出最小项表达式，与上式作比较，可得到 D_0～D_7 这 8 路数据，利用 8 路数据选择器 74HC151 可以设计并表示最小项或的表达式，为 0 的输入数据引脚接电源负极，为 1 的输入数据引脚接 1 个 10kΩ的电阻，然后连接+5V 的电源正极，

实现置 1。

如果逻辑表达式不是最小项表达式，需要利用公式$A+\overline{A}=1$，添加缺少的因子，并将表达式转换为最小项表达式，然后与 8 选 1 数据选择器的表达式作比较，求出 D_0～D_7，并转化为 74HC151 设计的电路。

【例 3.14】试用 8 选 1 数据选择器 74HC151 设计实现逻辑函数$L=\overline{A}\cdot\overline{B}+AB$，设地址变量为 A、B、C。

因为地址变量为 A、B、C，表达式$L=\overline{A}\cdot\overline{B}+AB$中缺少 C 变量，利用$C+\overline{C}=1$添加该因子，将表达式转变为关于 A、B、C 的最小项表达式。

$$\begin{aligned}L&=\overline{A}\cdot\overline{B}+AB=\overline{A}\cdot\overline{B}(\overline{C}+C)+AB(\overline{C}+C)\\&=\overline{A}\cdot\overline{B}\cdot\overline{C}+\overline{A}\cdot\overline{B}C+AB\overline{C}+ABC\end{aligned}$$

输入地址码为 A、B、C，8 路数据变量为 D_0、D_1、D_2、D_3、D_4、D_5、D_6、D_7 的 8 选 1 数据选择器的逻辑表达式为

$$Y=\overline{A}\cdot\overline{B}\cdot\overline{C}D_0+\overline{A}\cdot\overline{B}CD_1+\overline{A}B\overline{C}D_2+\overline{A}BCD_3+A\overline{B}\cdot\overline{C}D_4+A\overline{B}CD_5+AB\overline{C}D_6+ABCD_7$$

要用 74HC151 表示 L，L 和 Y 的表达式最小项相同即可，将 Y 与 L 相同最小项后面的数据项置为 1，不相同项置为 0，即可获得最小项表达式。

$$\begin{aligned}Y&=\overline{A}\cdot\overline{B}\cdot\overline{C}D_0+\overline{A}\cdot\overline{B}CD_1+\overline{A}B\overline{C}D_2+\overline{A}BCD_3+A\overline{B}\cdot\overline{C}D_4+A\overline{B}CD_5+AB\overline{C}D_6+ABCD_7\\&=\overline{A}\cdot\overline{B}\cdot\overline{C}\cdot 1+\overline{A}\cdot\overline{B}C\cdot 1+\overline{A}B\overline{C}\cdot 0+\overline{A}BC\cdot 0+A\overline{B}\cdot\overline{C}\cdot 0+A\overline{B}C\cdot 0+AB\overline{C}\cdot 1+ABC\cdot 1\\&=\overline{A}\cdot\overline{B}\cdot\overline{C}+\overline{A}\cdot\overline{B}C+AB\overline{C}+ABC\end{aligned}$$

从上式取值比较，$D_0=D_1=D_6=D_7=1$，$D_2=D_3=D_4=D_5=0$，利用该取值，绘制出 8 选 1 数据选择器表示函数的电路，如图 3-64 所示。

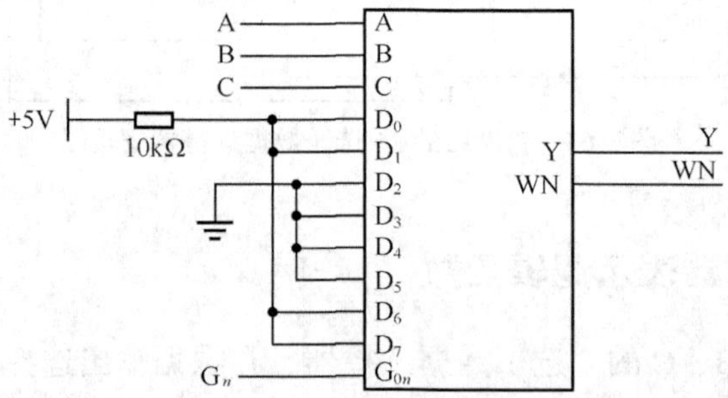

图 3-64　用 8 选 1 数据选择器表示逻辑函数

3.5.5　比较器

在数字计算机中，有时需要对两个数进行比较，计算机中的数据一般是以字节即 8 位数据为单位表示一个数据的。和十进制数一样，比较数据大小需要从最高位开始比较，如果最高位不相等，数据大小即可判别出，低位不必再比较；如果相等，就需要继续向下比较。我们只需要根据这个原理逐位列出真值表，就可设计出多位比较器的逻辑电路。

现代计算机一般是 32 位或 64 位机，一次设计一个位数过多的比较器并不现实。只能设计 4

位或8位比较器，然后对比较器进行位数扩展，这里主要介绍4位比较器的设计和扩展问题。

1. 4位比较器设计

（1）需求分析与逻辑抽象

设计一个4位二进制数比较器，假设比较的两个数据为 $A = A_3A_2A_1A_0$，$B = B_3B_2B_1B_0$，输入的两个4位数据共有8个变量：A_3、A_2、A_1、A_0、B_3、B_2、B_1、B_0。两个数比较，可能产生3种结果：大于、小于、等于，分别定义输出变量为GO、LO、EO，为1时，表示结果成立，3 种结果不可共存。比较时，从高位开始比较，按照顺序依次判别三种可能出现的情况，在相等的情况下，继续向低位进行比较，比较到最低位为止。

只有4位二进制数进行比较，在电路中并不存在，一般都是8位、16位、32位数据的比较，需要利用4位比较器进行串联扩展。假如比较并不在最高位所在的元件上，那么本比较器比较过程必须以上一比较器比较结果为前提条件。若上一比较器比较结果为大于，则本比较器没有必要进行比较，输出最终结果就是大于；若上一比较器比较结果为小于，则本比较器没有必要进行比较，输出最终结果就是小于；若上一比较器比较结果为相等，则本比较器可以继续进行比较，并输出可能的3种结果。故必须有能接受上一比较器3种结果的输入引脚，作为比较器比较的前提条件，这里分别定义为GI（大于）、LI（小于）、EI（等于），为1时，表示条件满足。

4位比较器的逻辑关系为：以GI、LI、EI为前提条件，进行两个数A、B包含的4位数据的比较，产生可能的3种输出结果GO、LO、EO。

（2）列真值表

要绘制真值表，先要根据条件进行分析，确定比较的过程，将逻辑关系数字化。主要包含以下几种情况。

① 如果接收的条件为大于，即GI = 1、LI = 0、EI = 0，不管AB为何值，比较结果GO必定为1，LO、EO为0。

② 如果接收的条件为小于，即GI = 0、LI = 1、EI = 0，不管AB为何值，比较结果LO必定为1，GO、EO为0。

③ 如果接收的条件为等于，即GI = 0、LI = 0、EI = 1，要根据A、B每位数据的大小，逐位对应比较，得出可能的结果。

根据上面数字化的逻辑关系，列出4位比较器的真值表，如表3-24所示。

表3-24 4位比较器的真值表

级联输入			比较数据输入				比较结果输出		
GI	LI	EI	A_3 B_3	A_2 B_2	A_1 B_1	A_0 B_0	GO	LO	EO
1	0	0	×	×	×	×	1	0	0
0	1	0	×	×	×	×	0	1	0
0	0	1	$A_3>B_3$	×	×	×	1	0	0
0	0	1	$A_3<B_3$	×	×	×	0	1	0
0	0	1	$A_3=B_3$	$A_2>B_2$	×	×	1	0	0
0	0	1	$A_3=B_3$	$A_2<B_2$	×	×	0	1	0

续表

级联输入			比较数据输入				比较结果输出		
GI	LI	EI	$A_3\,B_3$	$A_2\,B_2$	$A_1\,B_1$	$A_0\,B_0$	GO	LO	EO
0	0	1	$A_3=B_3$	$A_2=B_2$	$A_1>B_1$	×	1	0	0
0	0	1	$A_3=B_3$	$A_2=B_2$	$A_1<B_1$	×	0	1	0
0	0	1	$A_3=B_3$	$A_2=B_2$	$A_1=B_1$	$A_0>B_0$	1	0	0
0	0	1	$A_3=B_3$	$A_2=B_2$	$A_1=B_1$	$A_0<B_0$	0	1	0
0	0	1	$A_3=B_3$	$A_2=B_2$	$A_1=B_1$	$A_0=B_0$	0	0	1

（3）求逻辑表达式

如果 $A_i>B_i$，则只有 $A_i=1$，$B_i=0$，对应表达式为 $A_i\overline{B_i}$；如果 $A_i<B_i$，则只有 $A_i=0$，$B_i=1$，对应表达式为 $\overline{A_i}B_i$；如果 $A_i=B_i$，A_iB_i 取值为 00 或 11，对应的表达式应为 $A_iB_i+\overline{A_i}\,\overline{B_i}$，以此为依据，列出 3 个输出的逻辑表达式。

$$GO=\overline{GI}\cdot\overline{LI}\cdot EI\cdot(A_3\cdot\overline{B_3}+\overline{(A_3\oplus B3)}\cdot A_2\cdot\overline{B_2}+\overline{(A_3\oplus B_3)}\cdot\overline{(A_2\oplus B_2)}\cdot A_1\cdot\overline{B_1}$$
$$+\overline{(A_3\oplus B_3)(A_2\oplus B_2)}\cdot\overline{(A_1\oplus B_1)}\cdot A_0\cdot\overline{B_0})+GI\cdot\overline{LI}\cdot\overline{EI}$$
$$LO=\overline{GI}\cdot\overline{LI}\cdot EI(A_3\cdot\overline{B_3}+\overline{(A_3\oplus B_3)}\cdot\overline{A_2}\cdot B_2+\overline{(A_3\oplus B_3)}\cdot\overline{(A_2\oplus B_2)}\cdot\overline{A_1}\cdot B_1$$
$$+\overline{(A_3\oplus B_3)(A_2\oplus B_2)}\cdot\overline{(A_1\oplus B_1)}\cdot\overline{A_0}\cdot B_0)+\overline{GI}\cdot LI\cdot\overline{EI}$$
$$EO=\overline{GI}\cdot\overline{LI}\cdot EI\cdot\overline{(A_3\oplus B_3)}\cdot\overline{(A_2\oplus B_2)}\cdot\overline{(A_1\oplus B_1)}\overline{(A_0\oplus B_0)}$$

（4）4 位比较器常用元件外围引脚特性

该逻辑表达式比较复杂，绘制逻辑图也很麻烦，这里不再赘述，只需要了解 TTL 和 CMOS 系列集成元件的引脚特性即可。TTL 系列 4 位数值比较器引脚图如图 3-65（a）所示，CMOS 系列 4 位数值比较器引脚图如图 3-65（b）所示。

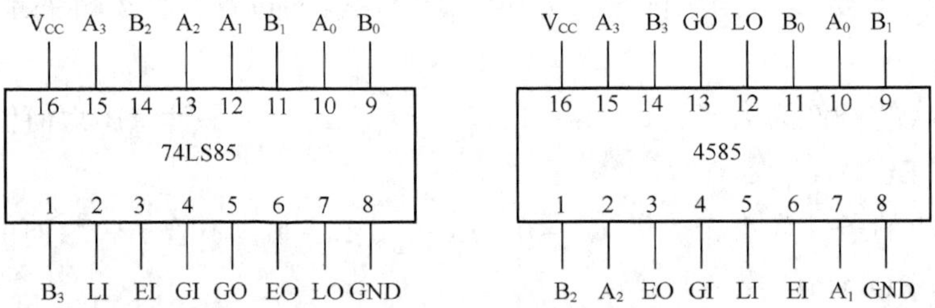

（a）TTL 系列 4 位数值比较器引脚图　　（b）CMOS 系列 4 位数值比较器引脚图

图 3-65　4 位比较器芯片的引脚特性图

从图 3-65 可以看出，TTL 系列 4 位数值比较器和 CMOS 系列 4 位数值比较器，虽然实现比较的过程完全相同，但是外围相同编号的引脚表示的特性并不一样，在使用时应该详细查看数据手册。A、B 各包含 4 位数据，A 数据自高而低依次是 A_3、A_2、A_1、A_0，B 数据自高而低依次是 B_3、B_2、B_1、B_0，共有 8 针引脚；LI（小于）、EI（等于）、GI（大于）为输入的级联条件，三者中只能一个为 1，其他两针输入为 0；GO（大于）、EO（等于）、LO（小于）是比较结果的输出引脚，输出的结果只能其中一个为 1，其他的两针输出为 0。

2. 4 位数值比较器的串行扩展

在设计时，我们增加了 GI、LI、EI 作为扩展控制条件引脚，直接将高位芯片的输出结果连接到低位芯片对应的条件控制引脚，依次串行连接，最后一个芯片输出的比较结果就是扩展后电路输出的最终结果。这里研究将 4 位数值比较器扩展为 8 位数值比较器。

（1）需求分析与逻辑抽象

设定 8 位数值比较器的两个数据为 $A = A_7A_6A_5A_4A_3A_2A_1A_0$，$B = B_7B_6B_5B_4B_3B_2B_1B_0$。选择 2 片 4 位比较器 74LS85，并列摆放，A_7、B_7 所在的数值比较器应该是高位数值比较器，A_7 输入比较器的 A_3 引脚，B_7 输入比较器的 B_3 引脚，依次类推；A_3、B_3 所在的比较器应该是低位数据比较器，A_3 输入比较器的 A_3 引脚，B_3 输入比较器的 B_3 引脚，依次类推。定义高位数值比较器为 1#比较器，输入的 3 个条件分别设为 GI_1、LI_1、EI_1，要进行高 4 位数据比较，必须将 GI_1、LI_1、EI_1 的取值设为相等条件，即取值为 001；输出设为 GO_1、LO_1、EO_1。定义低位数值比较器为 0#比较器，输入的 3 个条件分别设为 GI_0、LI_0、EI_0，低 4 位数据如何比较，取决于 1#比较器的比较结果，将 GI_0、LI_0、EI_0 与 GO_1、LO_1、EO_1 分别相连即可；输出设为 GO_0、LO_0、EO_0。它们的结果就是扩展后比较器的结果。

电路扩展的逻辑关系是：将高位数值比较器的条件变量置为相等条件，比较高 4 位数据大小，得到比较的 3 位结果，并将比较结果对应传递到低位数值比较器的条件输入引脚，根据高位比较器比较的结果继续比较，得到最终比较的结果。

（2）根据逻辑关系列出扩展真值表

通过上述逻辑关系的分析得出，级联方式扩展的比较器，实际上就是列出每片 4 位比较器输入条件的取值情况。根据逻辑抽象过程的分析，列出条件变量的真值表，如表 3-25 所示。

表 3-25　　4 位数值比较器扩展为 8 位数值比较器的功能真值表

GI_1	LI_1	EI_1	GI_0	LI_0	EI_0
0	0	1	GO_1	LO_1	EO_1

（3）求出逻辑表达式

在表 3-25 所示的真值表中，共有 6 个输出变量，可以直接写出它们的逻辑表达式。

$GI_1 = 0$；　$LI_1 = 0$；　$EI_1 = 1$；　$GI_0 = GO_1$；　$LI_0 = LO_1$；　$EI_0 = EO_1$

（4）绘制扩展后的逻辑图

自绘制 4 位数据比较器的逻辑符号，绘制 8 位串行比较器的逻辑图，如图 3-66 所示。

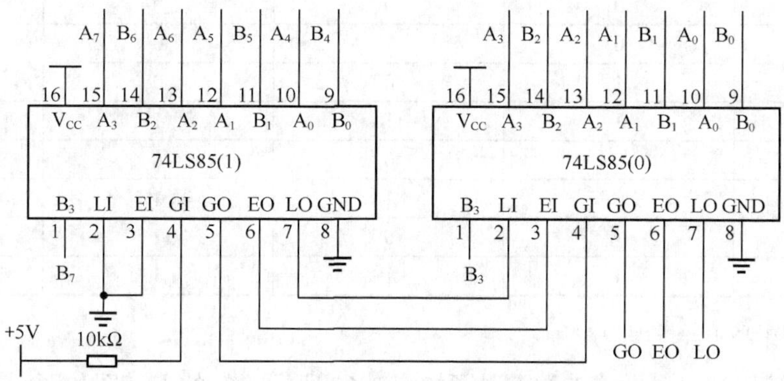

图 3-66　串行扩展的 8 位比较器

3.5.6 算术运算电路

以计算机为中心的数据处理都是通过微处理器中的运算部件来实现，全加器是构成算术运算部件的基本电路。采用串行进位，无法同时进行加法运算，这在电路设计中是不允许出现的。以 1 位全加器为设计基础，研究四位并行超前进位加法器元件 74LS283 的设计和 4 位并行加法器超前进位产生器 74LS182 的设计，它能为 4 位并行进位加法器的扩展提供进位。最后阐述微处理器中算术/逻辑部件的设计思想和集成技术。

1. 1 位全加器设计

（1）需求分析

在进行加法运算时，从加数与被加数的最低位开始，进行对位加法运算，产生本位的和与向上一位的进位，然后高位的加数、被加数和进位相加，再产生本位和与向下一位的进位，直到加法计算完成为止。若把最低位的进位看为 0，那么每一次对位加法运算都可以看做是被加数位、加数位、低位向本位进位三个输入二进制数之间的加法运算，运算的结果应该是两位，低位是本位的和，高位是向下一位的进位，它们是电路的输出。

（2）逻辑抽象

确定多位数据中的任意位 i，定义本位被加数为 A_i，加数为 B_i，低位向本位的进位为 C_{i-1}，它们是加法器的输入变量；计算的结果有两位，低位是本位和，定义为 S_i，高位是对下一位的进位，定义为 C_i。利用复合运算写出反映逻辑关系的数学表达式：$\{C_i,S_i\} = A_i + B_i + C_{i-1}$。

（3）列出真值表

以 A_i、B_i、C_{i-1} 为真值表输入变量，以 C_i、S_i 为输出变量绘制真值表，从小到大列举输入变量的所有取值，然后按照逻辑关系表达式$\{C_i,S_i\} = A_i + B_i + C_{i-1}$求出输出变量的结果。一位全加器的真值表如表 3-26 所示。

表 3-26 第 i 位全加器真值表

A_i	B_i	C_{i-1}	C_i	S_i
0	0	0	0	0
0	0	1	0	1
0	1	0	0	1
0	1	1	1	0
1	0	0	0	1
1	0	1	1	0
1	1	0	1	0
1	1	1	1	1

（4）求逻辑表达式

将真值表转化为卡诺图，S_i 的卡诺图如图 3-67 所示，C_i 的卡诺图如图 3-68 所示。

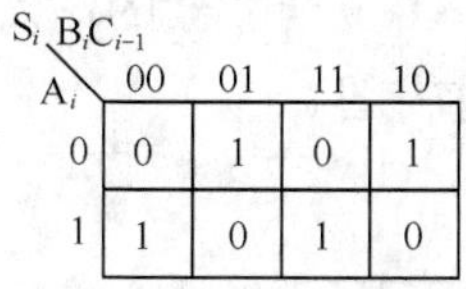

图 3-67　S_i 的卡诺图

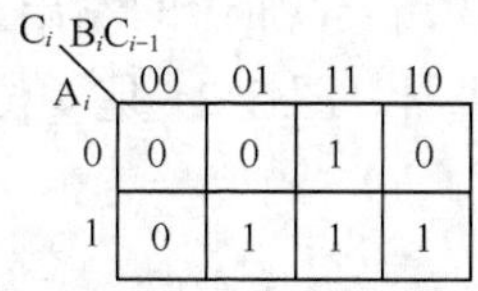

图 3-68　C_i 的卡诺图

观察图 3-67 关于 S_i 的卡诺图，没有相邻的项，只能直接写出最小项的与或逻辑表达式。

$$
\begin{aligned}
S_i &= \overline{A_i}\cdot\overline{B_i}C_{i-1} + \overline{A_i}B_i\overline{C_{i-1}} + A_i\overline{B_i}\cdot\overline{C_{i-1}} + A_iB_iC_{i-1} \\
&= (\overline{A_i}\cdot\overline{B_i} + A_iB_i)C_{i-1} + (\overline{A_i}B_i + A_i\overline{B_i})\overline{C_{i-1}} \\
&= \overline{(A_i \oplus B_i)}C_{i-1} + (A_i \oplus B_i)\overline{C_{i-1}} \\
&= A_i \oplus B_i \oplus C_{i-1}
\end{aligned}
$$

表达式经过转换，用异或运算表示，大大简化了电路的表示与设计。而对于 C_i 的逻辑表达式，可以直接利用卡诺图进行化简，但是，为了寻找与 S_i 表达式是否具有相同的公因子项，采用公式法进行化简。

$$
\begin{aligned}
C_i &= \overline{A_i}B_iC_{i-1} + A_i\overline{B_i}C_{i-1} + A_iB_i\overline{C_{i-1}} + A_iB_iC_{i-1} \\
&= (\overline{A_i}B_i + A_i\overline{B_i})C_{i-1} + A_iB_i \\
&= (A_i \oplus B_i)C_{i-1} + A_iB_i
\end{aligned}
$$

（5）绘制逻辑图

选择异或运算逻辑符号、二输入与、或运算的逻辑符号，绘制 1 位全加器电路的逻辑图，如图 3-69 所示。

（6）绘制自定义逻辑符号

为了便于用 1 位全加器设计加法运算器，需要自绘制 1 位全加器的逻辑符号，在矩形上绘制出输入输出引脚直线及变量名称即可，如图 3-70 所示。

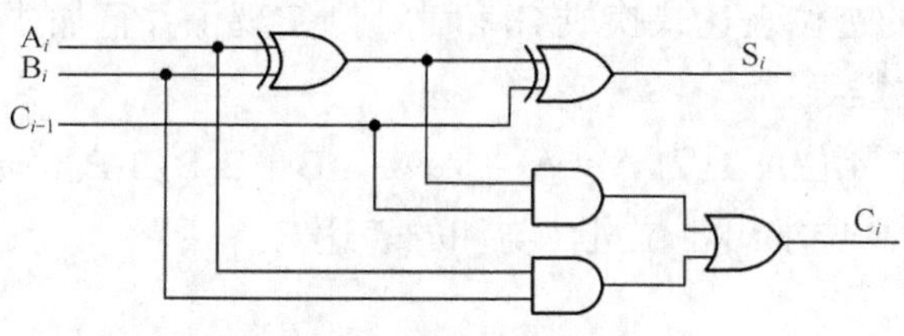

图 3-69　第 i 位全加器逻辑图

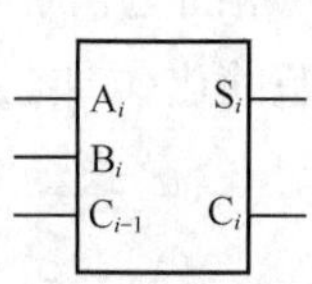

图 3-70　1 位全加器的逻辑符号

2. 4 位串行进位加法器设计

（1）设计 4 位串行加法器

4 位串行加法器的设计比较简单。从第 0 位开始进行加法运算，产生本位和为 S_0，向第 1 位全加器的进位 C_0，而第 1 位全加器的输入进位即为 C_0，两者连接在一起，与第 1 位全加器的两个加数相加，产生本位和 S_1，向下位的进位 C_1，C_1 连接到第 2 位全加器的输入进位 C_1，依次类推，可以构成串行进位加法器。

只要依次将第 i 位全加器的输出进位 C_i 连接到第 $i+1$ 位全加器的输入进位 C_i,就构成了一个串行进位加法器。图 3-71 是 4 位串行进位加法器逻辑图。

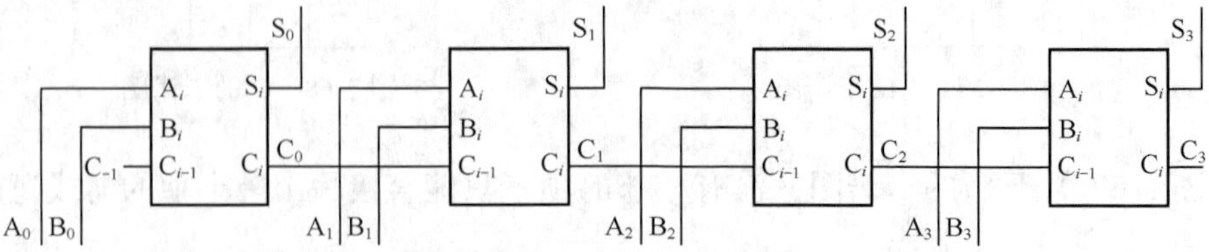

图 3-71　4 位串行进位加法器

（2）4 位串行加法器的缺点

4 位串行进位加法器只能从低位开始进行加法运算，逐位向次高位进位并继续进行加法运算，4 位数据计算不能同步，严重影响计算机计算的速度和数据计算的并发性。所以，串行加法器是不适合用于设计加法器的。

3. 4 位并行超前进位加法器 74LS283 的设计

（1）需求分析和逻辑抽象

如果几位全加器在设计时所有输出结果只与每位输入的数据位和最低位进位有关，忽略全加器之间的进位问题，并调整各个全加器之间运算的时间差，那么所有全加器的结果就会同步输出，这就是并行加法器的设计思想。要实现这个想法，就要将中间的进位消去，必须从最低位开始，逐位推导进位与数据位和最低进位之间的关系式，并代入本位和的表达式中，从而消去中间的进位变量。

定义两个中间变量 $G_i = A_iB_i$； $P_i = A_i \oplus B_i$ 。对于进位表达式 $C_i = (A_i \oplus B_i)C_{i-1} + A_iB_i$ 而言，当 $A_i = B_i = 1$，根据两个加数即可产生进位 1，此时 G_i 也等于 1，C_i 等于 1，所以称 G_i 为产生变量；当 $P_i = 1$，A_i、B_i 必不相同，$C_i = C_{i-1}$，由 C_{i-1} 产生进位，P_i 称为传输变量。进位只与这两位信号有关，将 S_i 中的进位表达式换成 G_i 和 P_i，则实现了并行加法器的设计。

（2）4 位超前进位加法器公式推导

设 4 位超前进位加法器的两个 4 位加数为 $A = A_3A_2A_1A_0$，$B = B_3B_2B_1B_0$，最低位进位为 $C_{0\text{-}1}$，根据 S_i，C_i 公式，自低位向高位求出各位进位与和的表达式。

$$\begin{cases} S_0 = P_0 \oplus C_{0-1} \\ C_0 = G_0 + P_0C_{0-1} \end{cases}$$

$$\begin{cases} S_1 = P_1 \oplus (G_0 + P_0C_{0-1}) \\ C_1 = G_1 + P_1C_0 = G_1 + P_1G_0 + P_1P_0C_{0-1} \end{cases}$$

$$\begin{cases} S_2 = P_2 \oplus (G_1 + P_1G_0 + P_1P_0C_{0-1}) \\ C_2 = G_2 + P_2C_1 = G_2 + P_2G_1 + P_2P_1G_0 + P_2P_1P_0C_{0-1} \end{cases}$$

$$\begin{cases} S_3 = P_3 \oplus (G_2 + P_2G_1 + P_2P_1G_0 + P_2P_1P_0C_{0-1}) \\ C_3 = G_3 + P_3C_2 = G_3 + P_3G_2 + P_3P_2G_1 + P_3P_2P_1G_0 + P_3P_2P_1P_0C_{0-1} \end{cases}$$

从表达式可以看出，S_i，C_i 表达式只与所有 P_j，G_j，$C_{0\text{-}1}$ 有关，是能够实现并行进位的。

（3）4 位超前进位元件引脚特性图

根据超前进位电路逻辑表达式设计出的逻辑门元件，有 TTL 系列 4 位并行加法器 74LS283，其引脚特性如图 3-72（a）所示，有 CMOS 系列 4 位并行加法器 4008，其引脚特性如图 3-72（b）所示。

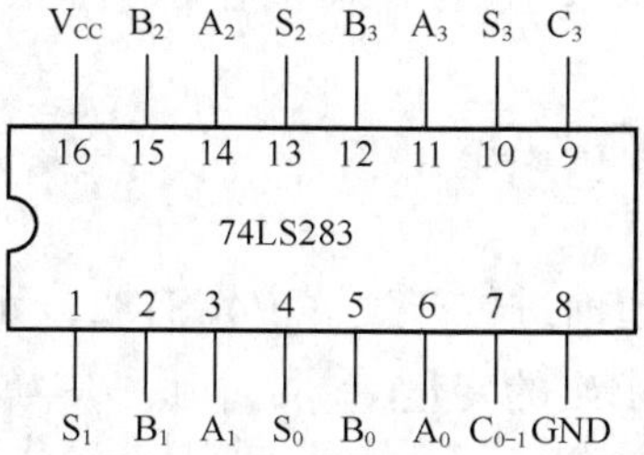

（a）TTL 4 位并行加法器 74LS283 引脚特性图

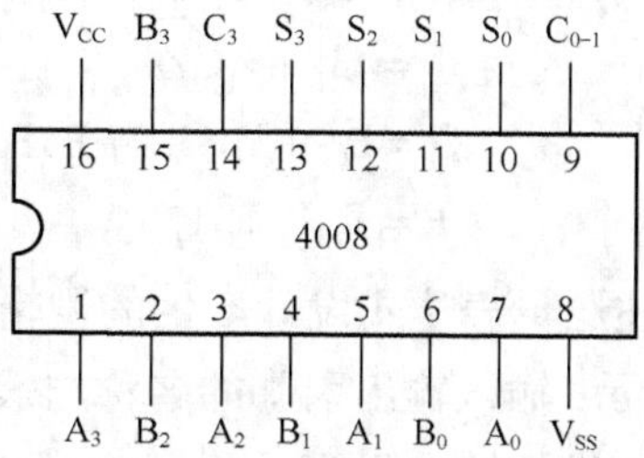

（b）CMOS 4 位并行加法器 4008 引脚特性图

图 3-72 超前进位电路的芯片引脚

4. 4 位并行超前进位加法器的扩展

4 位并行超前进位加法器可以扩展为 8 位、16 位、32 位并行加法器，如果采用串联进位的方式进行扩展，数据运算的过程无法并行计算。而要实现并行扩展过程，同样要利用公式 $C_3 = G_3 + P_3C_{-1}$ 重新推导 4 位并行加法器最高进位的逻辑表达式。

【例 3.15】利用 4 位并行加法器元件扩展 16 位并行加法器，设计进位生成电路。

（1）需求分析与逻辑抽象

电路需求是产生关于 4 位并行加法器对应的 C_3、C_7、C_{11} 的并行进位输出。

设计 16 位并行加法器，需要 4 片 4 位并行加法器元件，自高而低依次定义为 0#、1#、2#、3#元件，它们最低位进位分别定义为 C_{-1}、C_3、C_7、C_{11}，所有产生变量定义为 G_0～G_{15}，所有传输变量定义为 P_0～P_{15}。设计进位生成电路，就是设计产生进位的电路，这个电路的输入是 C_{-1}，根据所有的产生变量和传输变量设计产生新的产生变量和输出变量。按照元件自低到高的顺序，分别定义为 G_0、P_0、G_1、P_1、G_2、P_2、G、P，输出是 CX、CY、CZ。逻辑关系是利用公式 $C_3 = G_3 + P_3C_{-1}$ 进行输出变量推理。

（2）输出逻辑表达式推导

从 0#加法器开始推导输出逻辑表达式，它们的进位表达式为

$$\begin{aligned}
CX &= G_3 + P_3G_2 + P_3P_2G_1 + P_3P_2P_1G_0 + P_3P_2P_1P_0C_{0-1} \\
&= G_0 + P_0C_{-1} \\
G_0 &= G_3 + P_3G_2 + P_3P_2G_1 + P_3P_2P_1G_0 \\
P_0 &= P_3P_2P_1P_0 \\
CY &= G_7 + P_7G_6 + P_7P_6G_5 + P_7P_6P_5G_4 + P_7P_6P_5P_4CX \\
&= G_1 + P_1CX \\
G_1 &= G_7 + P_7G_6 + P_7P_6G_5 + P_7P_6P_5G_4 \\
P_1 &= P_7P_6P_5P_4
\end{aligned}$$

$$
\begin{aligned}
CZ &= G_{11} + P_{11}G_{10} + P_{11}P_{10}G_9 + P_{11}P_{10}P_9G_8 + P_{11}P_{10}P_9P_8CY \\
&= G_1 + P_1CY \\
G_2 &= G_{11} + P_{11}G_{10} + P_{11}P_{10}G_9 + P_{11}P_{10}P_9G_8 \\
P_2 &= P_{11}P_{10}P_9P_8 \\
CH &= G_{15} + P_{15}G_{14} + P_{15}P_{14}G_{13} + P_{15}P_{14}P_{13}G_{12} + P_{15}P_{14}P_{13}P_{12}CZ \\
&= G_1 + P_1CZ \\
G &= P_{15} + P_{15}G_{14} + P_{15}P_{14}G_{13} + P_{15}P_{14}P_{13}G_{12} \\
P &= P_{15}P_{14}P_{13}P_{12}
\end{aligned}
$$

根据上述逻辑表达式设计产生的逻辑元件是超前进位产生器 74LS182，元件的引脚特性如图 3-73 所示，输入输出引脚的名称与表达式所求出的变量名称相一致，进位输出引脚 CX、CY、CZ 可以同时为 1#、2#、3#加法器产生对应的进位，从而实现 16 位并行超前进位加法器的设计。

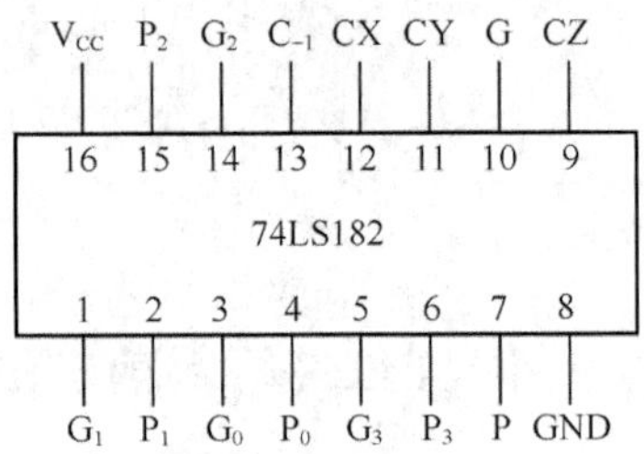

图 3-73　74LS182 超前进位产生器引脚特性图

5. 二进制加法/减法运算器

加法器除了能够实现加法运算之外，也应该能够实现减法运算。设两个数为 $A = A_3A_2A_1A_0$，$B = B_3B_2B_1B_0$。一般情况下，计算机都是补码计算机，因此减去一个数相当于加上这个数负数的补码，即：$[A\text{-}B]_补 = [A]_补 + [\text{-}B]_补 = [A]_补 + [B]_反 + 1$。

将两个整数相加，得到如下表达式：$[A + B]_补 = [A]_补 + [B]_原 + 0$。

如果是加法运算，则直接进行加法运算，把 0 送给进位端；如果是减法运算，则把加数变为反码相加，1 送进位端。所以这里定义了一个控制信号 M 来控制进位的数值，同时也来控制加数的运算，真值表如表 3-27 所示。

表 3-27　加减法加数控制电路真值表

M	B_i	B_i'	C_{-1}
0	0	0	0
0	1	1	0
1	0	1	1
1	1	0	1

通过表 3-27 可以写出如下的逻辑表达式：

$$B_i' = M \oplus B_i;\qquad C_{-1} = M$$

根据上述逻辑表达式，将 4 位并行加法器改造为 4 位并行加法/减法运算器的补码运算电路，如图 3-74 所示。

6. 集成算数/逻辑单元 74LS181

现代计算机系统中的集成算数/逻辑单元简称 ALU，多数包含在微处理器 CPU 中，它既有所有算术运算的功能，又具有逻辑运算的所有功能。因此我们需要利用控制信号 M 区分是逻辑运算还是算术运算。M = 1，表示进行逻辑运算，逻辑运算共有 16 种，需要通过控制条件对应的输入信号确定是哪一种运算。这里定义 4 位二进制数 $S_3S_2S_1S_0$，利用它们的 16 组合识别 16 种运算。M = 0，表示进行算术运算，算术运算包括带进位运算和不带进位的运算，用一位 C_n 作为控制条件来识别。$C_n = 0$ 表示无进位运算，$C_n = 1$ 表示有进位运算，各有 16 种运算，正好利用 $S_3S_2S_1S_0$ 来做控制条件，其真值表如表 3-28 所示。

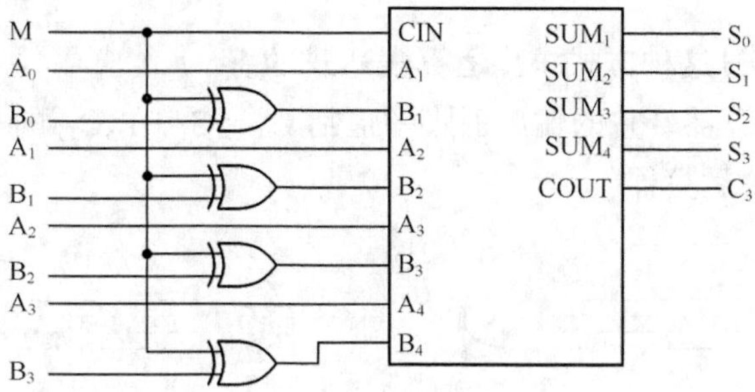

图 3-74　4 位加法/减法运算器的逻辑图

表 3-28　74LS181 功能表

控制信号 $S_3\,S_2\,S_1\,S_0$	M = 1 逻辑运算功能	M = 0 算术运算	
		$C_n = 1$	$C_n = 0$
0000	$\overline{A}$	A	A
0001	$\overline{A+B}$	A + B	(A + B)加 1
0010	$\overline{A}\cdot B$	A + B	(A + B)加 1
0011	0	减 1	0
0100	$\overline{A\cdot B}$	A 加 $\overline{A}\cdot B$	A 加 $\overline{A}\cdot B$ 加 1
0101	$\overline{B}$	(A + B)加 $\overline{A}\cdot B$	(A + B)加 $\overline{A}\cdot B$ 加 1
0110	A ⊕ B	A 减 B 减 1	A 减 B
0111	$A\cdot\overline{B}$	A · B 减 1	A · B
1000	$\overline{A}+B$	A 加 A · B	A 加 A · B 加 1
1001	$\overline{A\oplus B}$	A 加 B	A 加 B 加 1
1010	B	(A + $\overline{B}$)加 A · B	(A + $\overline{B}$)加 A · B 加 1
1011	A · B	A · B 减 1	A · B
1100	1	A 加 A	A 加 A 加 1
1101	A + $\overline{B}$	(A + B)加 A	(A + B)加 A 加 1
1110	A + B	(A + $\overline{B}$)加 A 加 1	(A + $\overline{B}$)加 A 加 1
1111	A	A 减 1	A

功能表中共有 48 种运算。设 $A = A_3A_2A_1A_0$，$B = B_3B_2B_1B_0$，可以求出所有运算的输出表达式。设来自微处理器的异或（XOR）指令将通过译码器（每条指令用二进制编码表示，作为译码器的输入）产生译码输出，译码信号和其他信号配合产生 M = 1，$S_3S_2S_1S_0 = 0110$ 的控制信息，连接到 74LS181 对应的输入控制端，这就是指令控制电路自动工作的原理。A 和

B 为两个 4 位二进制数，输出结果用 $F_3F_2F_1F_0$ 表示，则其表达式为

$$F_3 = \overline{M}\,\overline{S_3}S_2S_1\overline{S_0}(A_3 \oplus B_3)$$
$$F_2 = \overline{M}\,\overline{S_3}S_2S_1\overline{S_0}(A_2 \oplus B_2)$$
$$F_1 = \overline{M}\,\overline{S_3}S_2S_1\overline{S_0}(A_1 \oplus B_1)$$
$$F_0 = \overline{M}\,\overline{S_3}S_2S_1\overline{S_0}(A_0 \oplus B_0)$$

其他运算都可以通过这种方式求出运算表达式的。

74LS181 是 4 位运算器，它的输出引脚中包括 $C_3 = G_3 + P_3C_{\_1}$ 的 G3、P3，利用它可以和 74LS182 扩展并行 16 位运算器。

习　题

3-1　什么是数字电路？什么是模拟电路？二者有何区别？

3-2　什么是数字系统？举例说明数字系统的主要组成部分。

3-3　简述分析逻辑功能的方法，并举例证明。

3-4　分析图 3-75 所示的数字逻辑电路，完成题目要求。

（1）列出最简表达式。

（2）列出真值表。

（3）分析其逻辑功能。

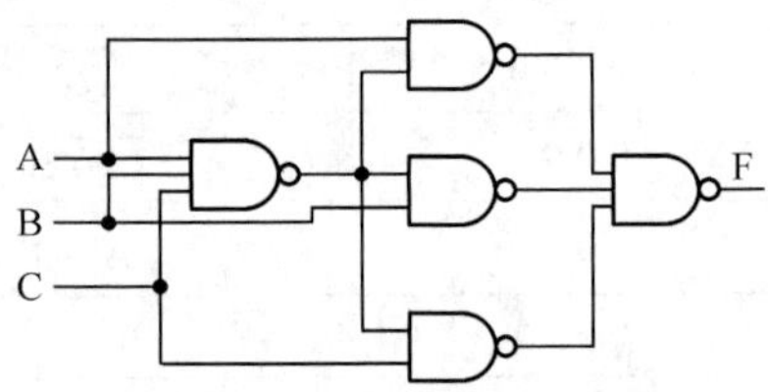

图 3-75　第 4 题图

3-5　分析图 3-76 所示的逻辑电路，写出表达式并进行简化。

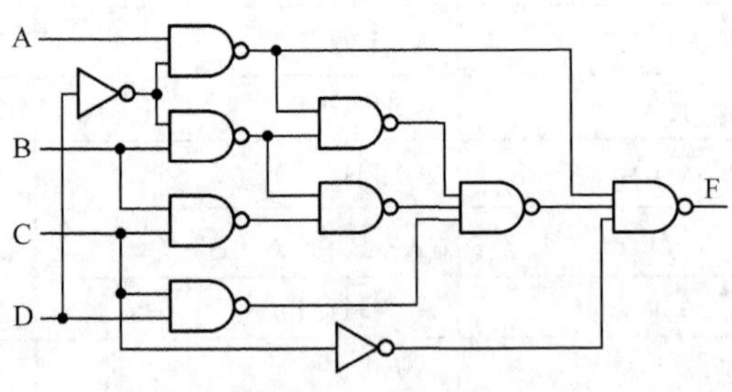

图 3-76　第 5 题图

3-6　分析图 3-77 所示逻辑电路，其中 S_3、S_2、S_1、S_0 为控制输入端，列出真值表，说明 F 与 A、B 的关系。

3-7　分析图 3-78 所示逻辑电路，列出真值表，说明其逻辑功能。

3-8　某工厂有 A、B、C 三个车间和一个自备电站，站内有两台发电机 M 和 N，M 发电机的发电能量是 N 的两倍。如果一个车间开工，启动发电机 N 就可满足要求；如果两个车间开工，启动 M 发电机即可满足要求；如果三个车间同时开工，则同时启动 M 和 N 才能满足

要求。设计数字电路，控制 M、N 启动。

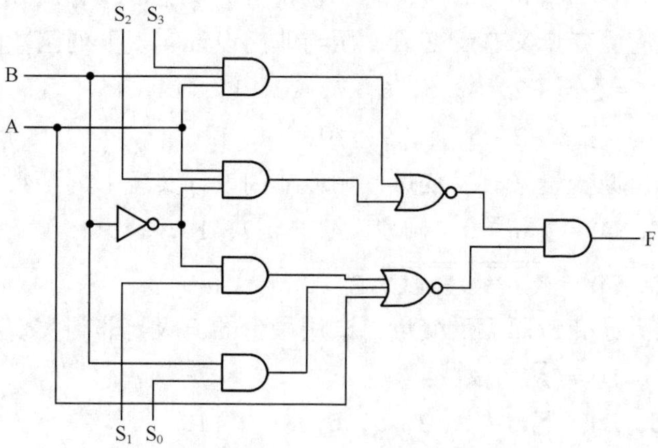

图 3-77　第 6 题图

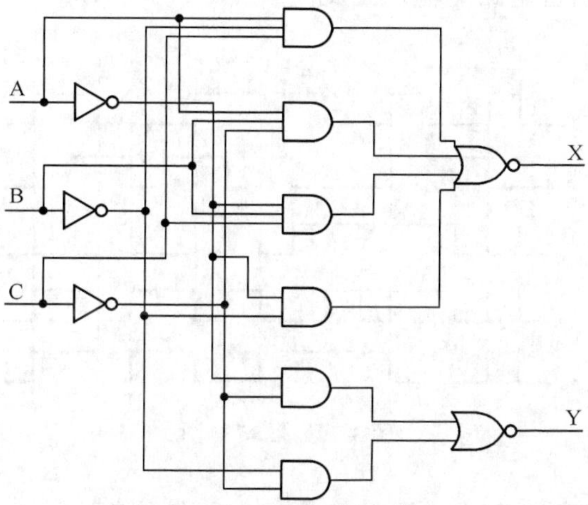

图 3-78　第 7 题图

3-9　设计 1 位半加器电路，输入只有加数与被加数，没有进位，相加后产生本位和及向高位的进位。

3-10　设计一个 1 位全减器，两个减数分别是 A、B，C_i 是低位向本位的借位，Co 是本位向高位的借位，F 是差。

3-11　投票器设计。

（1）设计 4 评委投票电路，至少 3 票通过，则投票结果成立。

（2）设计一个表决电路，共 4 人参与表决，其中 1 个教练，3 个球迷，当 3 人或 3 人以上同意，或者 2 人同意且其中 1 人是教练时，表决电路输出同意，其他则为不同意。

3-12　某同学参加 4 门功课考试，规定：（1）课程 A 及格得 1 分，不及格得 0 分；（2）课程 B 及格得 2 分，不及格得 0 分；（3）课程 C 及格得 3 分，不及格得 0 分；（4）课程 D 及格得 5 分，不及格得 0 分；若总分大于 8 分，则可结业。设计电路，实现上述过程。

3-13　在有原变量又有反变量的输入条件下，用与非门设计实现下列函数的组合电路。

（1）$F(A, B, C, D)=\sum m(0, 2, 6, 7, 10, 13, 14, 15)$

（2）$F(A, B, C, D)=\sum m(2, 4, 5, 6, 7, 10)+\sum d(0, 3, 8, 15)$

3-14　设输入既有原变量又有反变量，用与非门设计实现下列函数的多输出电路。

$F_1(A, B, C, D)=\sum m(2, 4, 5, 6, 7, 10, 13, 14, 15)$

$F_2(A, B, C, D)=\sum m(2, 5, 8, 9, 10, 11, 12, 13, 14, 15)$

3-15　设输入既有原变量又有反变量，用或非门设计实现下列函数的组合电路。

（1）$F(A, B, C, D)=\sum m(0, 1, 2, 4, 6, 7, 10, 14, 15)$

（2）$F(A, B, C, D)=\overline{\overline{A+B}+\overline{B+C}AB}$

3-16　设输入只有原变量而无反变量，试用最少的三级与非门实现下列函数。

（1）$F(A, B, C, D)=\overline{A}B+A\overline{C}+A\overline{B}$

（2）$F(A, B, C, D)=\sum m(1, 2, 5, 6, 8, 9, 10)$

3-17　已知输入信号 A，B，C，D 的波形如图 3-79 所示，选择适当的集成逻辑门电路，设计产生输出 F 波形的组合电路（输入无反变量）。

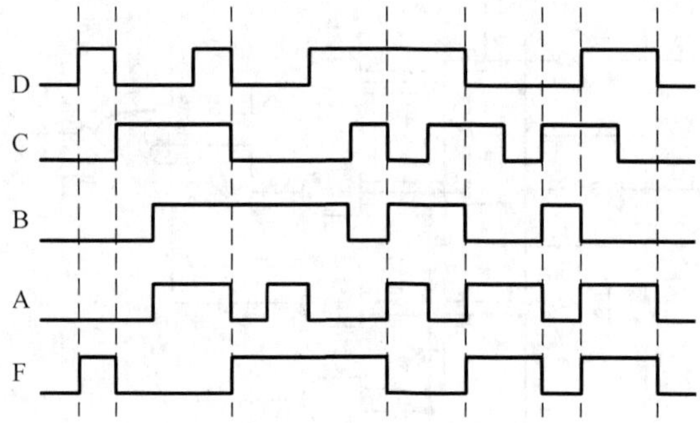

图 3-79　第 17 题图

3-18　设计代码转换器，将余 3 码转换为二—十进制编码。

3-19　使用 8 路选择器 74HC151 实现逻辑函数 $F(A,B,C)=\overline{A}B+\overline{C}$ 。

3-20　利用 3-8 线译码器实现逻辑函数 $F(A,B,\ C)=\overline{A}B+\overline{C}$。

3-21　利用真值表列举数字法和真值表比较法两种方法，设计判断两位二进制数据小于的比较器。

3-22　设计一个电路将 3 位格雷码转换为 3 位自然二进制码。

3-23　当手边只有 2 输入与非门，利用它设计一个电路判断 4 位二进制数是否大于 7。

3-24　有 4 个逻辑输入（A, B, C, D）和 4 个逻辑输出（X, Y, W, V），以及一个控制信号 S，请设计电路实现：当 S = 1 时，4 个输出分别与 4 个输入状态相同；当 S = 0 时，4 个输出分别与 4 个输入状态相反。

3-25　某公司将对符合以下条件之一的职员实行一项新政策：

（1）25 岁以上（含 25 岁）的已婚妇女；

（2）25 岁以下的未婚妇女；

（3）25 岁以下没有事故记录的未婚男子；

（4）25 岁以上（含 25 岁）的没有事故记录的已婚男子。

设计电路找出符合条件的人员。

3-26　用两片双四选一数据选择器和与非门实现循环码至 8421 码转换。

3-27　用八选一数据选择器 74HC151 实现下列函数，画出电路逻辑图。

（1）$F(A, B, C, D)=\sum m(0, 4, 5, 8, 12, 13, 14)$

（2）$F(A, B, C, D)=\sum m(2, 3, 5, 8, 11, 14)+\sum d(1, 6, 12, 13)$

3-28　应用 74HC138 和其他逻辑门设计一个地址译码器，要求地址范围为 00H～1FH。

3-29　用 2-4 线译码器 74139 扩展 4-16 线译码器。

3-30　设计一个水坝水位报警器，水位高度用四位二进制数提供。当水位上升到 8 米时，白色指示灯亮；当水位上升到 10 米处，黄色指示灯亮，其他灯灭；当水位上升到 12 米时，红色指示灯亮，其他灯灭。水位不可能上升到 14 米。

3-31　研究 4 位并行加法器的设计过程，根据书上的逻辑表达式绘制逻辑图。

3-32　下列各函数等式中无冒险现象的函数式有________。

A. $F=\overline{BC}+AC+\overline{A}B$　　B. $F=\overline{AC}+BC+A\overline{B}$

C. $F=\overline{AC}+BC+A\overline{B}+\overline{A}B$　　D. $F=\overline{BC}+AC+\overline{A}B+BC+A\overline{B}+\overline{AC}$

E. $F=\overline{BC}+AC+\overline{A}B+A\overline{B}$

3-33　函数 $F=\overline{A}C+AB+\overline{BC}$，当变量的取值为________时，将出现冒险现象。

A. B = C = 1　　B. B = C = 0

C. A = 1，C = 0　　D. A = 0，B = 0

第 4 章 时序脉冲与触发器

组合逻辑电路虽然能够实现一定的功能，但是却无法根据系统要求在指定时间内完成规定的操作。在逻辑抽象过程中，时间可以逻辑化，用 0、1 表示时间，将时间具体化、周期化，可将逻辑功能指定在规定周期内完成。脉冲实现了时间的周期化，而连续并列的脉冲实现了时间的连续性。

在连续不断发生的不同周期时间内，脉冲电路可以完成不同的逻辑功能，可以传递、处理前面周期内数据并加以记忆，为后续工作提供输入的数据，从而周而复始、连续不断地工作，实现了电路运行的自动化。连续不断工作的关键是数据的连续传递，即电路具有记忆功能，实现记忆功能的元件称为触发器。

本章主要讲述了脉冲的定义，时间的实现，脉冲电路的设计；触发器的分类、组成结构、工作原理、状态表示及相关概念的提出；脉冲波形的产生与整形。

4.1 脉冲与脉冲电路设计

4.1.1 脉冲与工作频率

1. 组合逻辑电路的缺点

组合逻辑电路设计完成后，要为输入引脚置数，输出引脚才能根据逻辑关系得到需要的逻辑结果。由于置数过程可能需要人工的参与，电路没有自动完成运行的过程，无法为其确定发生的时间，也就是电路无法提供出准确的时间段去完成对应的电路功能。

除了无法确定功能发生的时间之外，组合逻辑电路产生的最终结果和数据，可能对后续工作而言是有效的，需要对其进行记忆。记忆的方法是有规律的反馈回电路的输入端，并能够保持在电路的输出端。但是对组合电路来讲，由于缺乏记忆性（即能够反馈循环）的元件，电路也就无法保存数据。

数字系统特别是计算机系统，能够根据系统规定的顺序，连续不断、自动循环地的工作。系统具有工作时间的连续性，周而复始，除非电路电源断电。要实现这个过程，必须为组合电路增加能够产生时间的电路，能够为后续工作保存数据的元件，以及解决时间与功能如何协调工作的问题。要解决以上问题，主要通过以下 3 个途径来实现。

（1）时间的实现需要依靠逻辑抽象方式实现，用脉冲来表示时间周期，无限并发的脉冲构成了连续不断的时间。需要设计能够连续不断发出脉冲的电路，如无源、有源石英晶体振荡器电路，对脉冲进行整形和波形输出的电路等。

（2）逻辑功能需要按照规定的时间去实现，按需运行，周而复始。因此不同的时间周期和在该周期实现的逻辑功能是逻辑与的关系。

（3）每次产生的逻辑数据（结果），要通过反馈的方式存储，在需要的时候可以继续作为组合电路的输入使用，这种能够存储数据的元件称为触发器。触发器主要的作用是传递、临时存储数据，它是在脉冲时间周期的作用下实现的。

2. 时钟脉冲

时钟脉冲是实现连续不断时间的基本周期单元，用逻辑数据表示一定长度的时间，得到的就是时钟脉冲。逻辑数据只有 0、1 两个数据，要用数据表示时间段，单独的 0、1 是无法区分不同时间段的，只有用等长的 1 个 0 和 1 个 1，才能将时间表达出来。对于电路来说，每发出一个连续的高电平和低电平，组合在一起就称为一个时钟脉冲。一个时钟时间的长短称为一个时钟周期，一秒钟产生周期的数目称为频率，周期与频率互为倒数。在数字系统中，周期是一个逻辑功能实现的时间长短，若干个连续不断运行的功能需要连续不断的时间周期，图 4-1 中虚线之间的 0、1 表示的就是一个时钟周期。

3. 用脉冲去表示时间

一个时钟周期只是一段时间，也就是只表示时间中一个很短的时刻，那么如何能够表示连续不断的时间呢？只要连续、不间断地发出时钟脉冲即可。要实现这个过程，就需要设计脉冲发生电路，称为脉冲发生器。脉冲发生器发出的信号称为时钟信号，它是周期性的时钟脉冲序列，如图 4-1 所示。

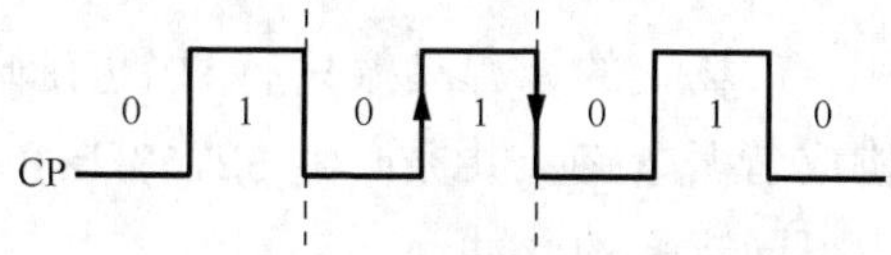

图 4-1　时序信号图

在图 4-1 中，时钟信号 CP 由一个个脉冲组成，左边的脉冲首先发出，右边的脉冲最后发出。因为发出脉冲占用了一定的时间，而且时间周期相同，相当于产生了时间。连续发出脉冲，时间就一直在产生，除非脉冲发出中断。这样，脉冲发出消耗了时间，对电路而言，则是产生了时间。

观察图 4-1 两虚线间的时钟脉冲，它表示工作周期，但是这个周期中的逻辑数字并不相同。0 段，称为低电平；0→1 段，称为上升沿；1 段，称为高电平；1→0 段，称为下降沿。在实际完成逻辑操作时，只能选择其中的一个时刻，完成电路的逻辑功能。利用低电平或高电平实现逻辑功能的，称为电平触发；利用上升沿或下降沿实现逻辑功能的称为边沿触发。电平触发因为占用时间长，可能因为输入数据的变化引起输出数据的变化，所以极不稳定，一般情况不采用这种时间触发的方法，边沿触发由于时间短而被广泛使用。

4.1.2 脉冲发生电路设计

连续不断产生时钟脉冲的电路称为脉冲发生电路。脉冲发生电路主要以石英谐振器为核心元件，通过共振产生系统需要的时钟脉冲信号。

1. 石英晶体振荡器

（1）晶体振荡器分类

晶体振荡器也分为无源晶振和有源晶振两种类型。无源晶振与有源晶振（谐振）的英文名称不同，无源晶振为 crystal（晶体），而有源晶振则叫作 oscillator（振荡器）。无源晶振需要借助于时钟电路才能产生振荡信号，自身无法振荡起来，所以“无源晶振”这个说法并不准确；有源晶振是一个完整的谐振振荡器。石英晶体振荡器与石英晶体谐振器都是提供稳定电路频率的一种电子器件。石英晶体振荡器是利用石英晶体的压电效应来起振，而石英晶体谐振器是利用石英晶体和内置 IC 共同作用来工作的。振荡器直接应用于电路中，谐振器工作时一般需要提供 3.3V 电压来维持工作。振荡器比谐振器多了一个重要技术参数——谐振电阻（RR），谐振器没有电阻要求。RR 的大小直接影响电路的性能，因此这是各商家竞争的一个重要参数。

（2）石英谐振器

石英谐振器简称为晶振，它是利用具有压电效应的石英晶体片制成的。这种石英晶体薄片受到外界交变电场的作用时会产生机械振动，当交变电场的频率与石英晶体的固有频率相同时，振动便变得很强烈，这就是晶体谐振特性的反应。利用这种特性，就可以用石英谐振器取代 LC（线圈和电容）谐振回路、滤波器等。由于石英谐振器具有体积小、重量轻、可靠性高、频率稳定度高等优点，被应用于家用电器和通信设备中。石英谐振器因具有极高的频率稳定性，故主要用在要求频率十分稳定的振荡电路中作为谐振元件。

2. 无源石英晶体振荡器电路设计

市场上的无源晶振只有两个引脚，它自身并不能直接产生时钟脉冲，需要和电阻、电容构成谐振电路，共振产生 32768Hz 的脉冲，并通过 CMOS 系列元件 4060（分频器）选择输出不同频率的脉冲。

（1）无源晶振发生电路设计分析

设计时，在晶振的输出端串接一个 22kΩ的电阻，在其输出端和输入端之间并联一个 10MΩ的电阻。这是由于连接晶振的芯片端内部是一个线性运算放大器，将输入进行反向 180° 输出，晶振处的负载电容电阻组成的网络提供另外 180° 的相移，整个环路的相移 360°，满足振荡的相位条件，同时还要求闭环增益大于等于 1，晶体才正常工作。

晶振输入输出连接的电阻作用是产生负反馈，保证放大器工作在高增益的线性区，一般在 MΩ级。输出端的电阻与负载电容组成网络，提供 180° 相移，同时起到限流的作用，防止反向器输出对晶振过驱动，损坏晶振。和晶振串联的电阻常用来预防晶振被过分驱动。晶振过分驱动的后果是将逐渐损耗减少晶振的接触电镀，这将引起频率的上升，并导致晶振的早期失效。

串进去的电阻是用来限制振荡幅度的，并入两个 20～30pF 的电容，主要用于微调频率和波形，并影响幅度。选择使用 CMOS 系列型号为 4060 的分频器，实现不同频率脉冲的输出，根据工作的需要进行脉冲选择。

（2）元件的选择与特性

脉冲发生电路的核心元件是无源晶振，各种无源晶振的实物如图 4-2 所示，绘制电路图时，无源晶振的逻辑符号如图 4-3 所示。

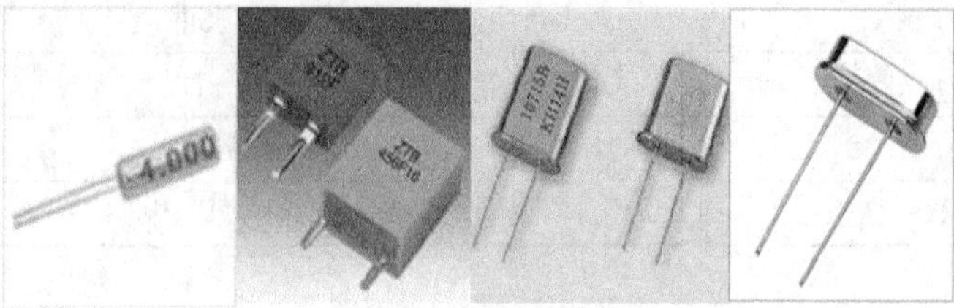

图 4-2　各种无源晶振元件的实物图

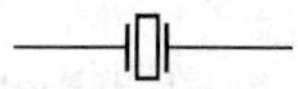

图 4-3　无源晶振的逻辑符号

选择 22kΩ的电阻与晶振的输出串联，选择 10MΩ的电阻与晶振的输入输出并联，选择 30pF 的无极性电容与晶振输入输出串联。电阻的逻辑符号如图 4-4 所示，电容的逻辑符号如图 4-5 所示。

图 4-4　电阻的逻辑符号

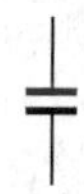

图 4-5　电容的逻辑符号

选择元件 CD4060 为分频器，将无源晶振输入输出引脚分别连接到分频器的 10#（$\overline{\text{OSC}}$）和 11#（CLK）引脚，晶振与 4060 分频器内部的非门一起共同产生 32768Hz 的方波信号。该方波信号经过 4060 的不同分频引脚输出不同频率的方波，其中 3#引脚输出的波形频率为 2Hz，周期为 0.5s。CD4060 贴片元件实物如图 4-6 所示，外部引脚特性如图 4-7 所示。

图 4-6　CD4060 贴片元件实物

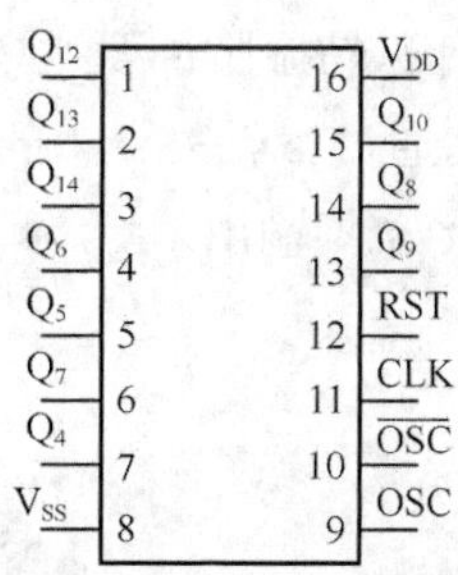

图 4-7　CD4060 外部引脚特性图

根据 CD4060 引脚的外部特性，在表中列出每个引脚的编号、名称与功能，如表 4-1 所示。在所有的引脚中，16#引脚 V_{CC} 接+5V 电源正极，8#引脚 GND 接电源负极，12#脚接电源负极用来复位。

表 4-1　　　　　　　　　　CD4060 引脚外部特性功能表

引脚名称	引脚编号	功　能	引脚名称	引脚编号	功　能
Q_{12}	1	输出脉冲	OSC	9	信号正向输出，接晶振一端
Q_{13}	2	输出脉冲	$\overline{OSC}$	10	信号反向输出，接晶振一端
Q_{14}	3	输出 2Hz 脉冲	CLK	11	脉冲输入端，接晶振一端
Q_6	4	输出脉冲	RST	12	复位引脚，接电源负极
Q_5	5	输出脉冲	Q_9	13	输出脉冲
Q_7	6	输出脉冲	Q_8	14	输出脉冲
Q_4	7	输出脉冲	Q_{10}	15	输出脉冲
V_{SS}	8	接电源负极	V_{DD}	16	接电源正极

（3）绘制逻辑图

根据电路工作过程的分析，选择元件，设计出无源晶振的发生电路，如图 4-8 所示。

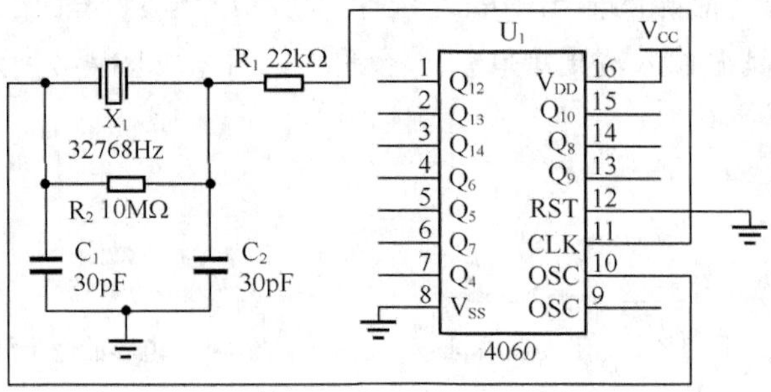

图 4-8　无源晶振设计的脉冲发生电路

3. 有源晶体振荡器设计

有源晶振是在无源晶振原理基础上集成的脉冲生成器，元件实物只有 4 个引脚，如图 4-9 所示。图 4-10 是有源晶振脉冲发生电路。1#引脚不使用，2#脚连接电源负极，4#脚连接 3.3V 的电源正极，需要通过 5V→3.3V 的电源转换元件实现，引脚同时连接 0.1μF 的电容，实现充电稳压。脉冲沿 3#脚输出。

图 4-9　有源晶振贴片、插针式元件

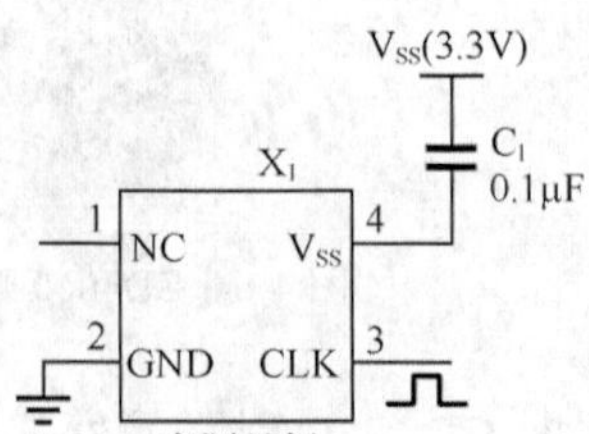

图 4-10　有源晶振脉冲发生电路

4.2 触　发　器

触发器是记忆一位二进制数据的基本元件，其特点是输出只具有 0 和 1 两种数据，这个数据称为状态。一旦状态确定，就能自行保持，长时间保持 1 位二进制码，直到有效的外部时钟输入的情况下，状态才会发生改变。在电平控制下数据发生转变的触发器一般称为锁存器，而在边沿触发情况下数据才发生变化的，称为触发器。在本书中，它们统称为触发器。

触发器由组合逻辑元件与脉冲信号 CP 复合而成，脉冲信号 CP 在电路中作为组合元件的输入，它的周期一般由 0 信号段（低电平）、0→1 段（上升沿）、1 信号段（高电平）、1→0 段（下降沿）4 个数据段组成，选取脉冲 4 个信号段中的一个，作为产生新数据（新状态）的有效时间，可逻辑抽象为 1，其他时间抽象为逻辑 0。在 CP 为 1 时，按照组合逻辑电路的运行过程，可产生一个新的输出数据，而同一脉冲的其他时间数据应该保持不变。触发器可能产生 0、1 两位数据中的一个，也可能输出数据变化前后保持不变，也可能输出数据变化前后相反。因此，触发器的输出有置 1、置 0、保持、取反四种数据状态。数据输出前的大小状态称为现态，输出后的大小状态称为次态，状态是指数据自身而言的。

根据输入端逻辑输入变量名称和逻辑功能不同，触发器分为 RS 触发器，D 触发器，JK 触发器，T 触发器和 T'触发器。R、S、D、J、K、T、T'为触发器的输入变量。根据触发器内部结构层次不同，触发器又可以分为基本 RS 触发器、同步触发器、主从触发器和边沿触发器。基本 RS 触发器由交叉耦合与门电路组成，同步触发器的输入由同步时钟和输入引脚组成，主从触发器由主同步时钟电路和从同步时钟电路交叉耦合组成，边沿触发器是利用边沿触发实现数据状态转换的主从触发器。

4.2.1 RS 触发器

触发器的基本特点是具有记忆功能，记忆功能就是将电路的输出反馈回电路输入端，并能够在输出端继续存储输出数据的功能。除此之外，可以根据输入的条件产生新的输出并反馈。如果输入的变量是 R、S，这类触发器称为 RS 触发器，RS 触发器根据内部组成结构不同分为基本 RS 触发器、同步 RS 触发器、主从 RS 触发器。基本 RS 触发器是最基本的记忆元件，其他触发器是利用基本 RS 触发器的结构逐级构造而成的。

1. 基本 RS 触发器

基本 RS 触发器由两个与非门交叉耦合而成，两个与非门的输出必须互为反变量，Q 输出对应的与非门输入为$\overline{S}$，另一个输入为反馈的$\overline{Q}$；$\overline{Q}$对应的输入为$\overline{R}$，另一个输入为 Q 的反馈信号。这里使用$\overline{S}$、$\overline{R}$作为输入变量，主要因为基本 RS 触发器是构成其他触发器的基本触发器，$\overline{S}$、$\overline{R}$是 S、R 和时序脉冲通过与非门产生的。基本 RS 触发器的逻辑图如图 4-11 所示，它是一个具有简单功能的双稳态触发器。

对于电路输出 Q，应该有两个状态，产生新数据的状态及 Q 值反馈回电路的数据状态。

它们是同一数据在不同时刻分别体现在输出、输入端的数据。为了体现不同时刻的数据，分别定义输出的数据状态为 Q^{n+1}，称为次态，反馈的数据状态用 Q^n 表示，称为现态。次态依据 RS 和现态而产生。

将 $\overline{S}$、$\overline{R}$、Q^n 作为电路输入，Q^{n+1}、$\overline{Q^{n+1}}$ 作为电路输出，对照图 4-11 的逻辑图，分析电路的工作原理、逻辑功能及电路自身存在的缺点与不足，求出电路的逻辑表达式，了解基本 RS 触发器的逻辑门元件。针对基本 RS 触发器，提出关于时序逻辑电路的相关定义。

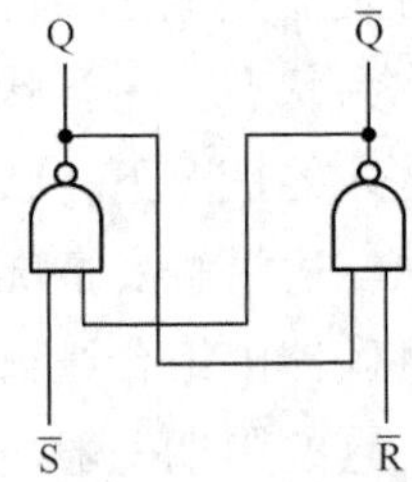

图 4-11　基本 RS 触发器的逻辑图

（1）工作原理与功能分析

针对 $\overline{S}$、$\overline{R}$ 分别取值 00、01、10、11，分别代入电路中，可以计算出电路输出 Q 的状态，并找出电路存在的问题。对于与非门而言，只要有一个输入为 0，输出必为 1。分析输出状态时，一般从输入为 0 端开始，才能求出准确的输出数据。

① 当 $\overline{S}$、$\overline{R}$ 两个引脚输入值为 00，不管电路 Q、$\overline{Q}$ 引脚反馈的数据是多少，两个与非门输出都是 1。这与两个与非门互为反变量相矛盾，这种情况是不允许出现的。也就是两个与非门不能同时输入 0，这是一种具有约束性的状态，输出定义为×。

② 当 $\overline{S}$、$\overline{R}$ 两个引脚输入值为 01，先从 $\overline{S}$ 端开始计算。不管反馈的数值是多少，Q 端输出的数据都是 1。该数据反馈到 $\overline{Q}$ 对应的与非门输入端，与 $\overline{R}=1$ 进行与非运算，$\overline{Q^{n+1}}=\overline{1\cdot 1}=0$。两个与非门输出互为反变量，符合电路运算的要求，此时电路起了一个在 Q 端置 1 的功能。

③ 当 $\overline{S}$、$\overline{R}$ 两个引脚输入值为 10，先从 $\overline{R}$ 端开始计算。不管反馈的数值是多少，$\overline{Q}$ 端输出的数据都是 1。该数据反馈到 Q 对应的与非门输入端，与 $\overline{S}=1$ 进行与非运算，$\overline{Q^{n+1}}=\overline{1\cdot 1}=0$。两个与非门输出互为反变量，符合电路运算的要求，此时电路起了一个在 Q 端置 0 的功能。

④ 当 $\overline{S}$、$\overline{R}$ 两个引脚输入值为 11，$Q^{n+1}=\overline{\overline{Q^n}\cdot 1}=Q^n$，$Q^{n+1}=\overline{\overline{Q^n}\cdot 1}=Q^n$，两个与非门输出保持不变且互为反变量，此时电路起到保持数据不变的功能。

（2）列出真值表，求逻辑表达式

根据上面的分析，当输入引脚 $\overline{S}$、$\overline{R}$ 取值不同，电路的输出实现了不同的逻辑功能，有置 1、置 0、保存 3 种功能，还有不允许约束条件的出现。根据分析列出电路的真值表，如表 4-2 所示。

表 4-2　基本 RS 触发器功能真值表

$\overline{S}$	$\overline{R}$	Q^{n+1}	$\overline{Q^{n+1}}$	逻辑功能
0	0	×	×	不允许
0	1	1	0	置 1
1	0	0	1	置 0
1	1	Q^n	$\overline{Q^n}$	保持

根据表 4-2 所列数据，写出不确定项、1 项、保持项对应的与项或运算表达式。

$$Q^{n+1}=\overline{\overline{R}}\,\overline{\overline{S}}+\overline{R}\,\overline{\overline{S}}+\overline{R}\cdot\overline{S}Q^{n}=RS+\overline{R}S+\overline{R}\cdot\overline{S}Q^{n}=S+\overline{R}\cdot\overline{S}Q^{n}=S+\overline{R}Q^{n}$$

该表达式的状态计算必须排除不允许的状况，即 $\overline{S}$ 、$\overline{R}$ 不能同时为 0，也就是两个变量至少一个为 1，这是对于表达式的约束条件。根据或运算的定义，所得约束条件表达式为

$$\overline{S}+\overline{R}=1$$

根据公式转换得 RS = 0。

基本 RS 触发器的输出逻辑表达式为

$$\begin{cases} Q^{n+1}=S+\overline{R}Q^{n} \\ RS=0 \end{cases}$$

（3）集成 RS 触发器元件

集成基本 RS 触发器，TTL 系列元件型号为 74LS279，其外部引脚外围特性如图 4-12 所示；CMOS 系列元件型号为 CC4044，外部引脚的外围特性如图 4-13 所示。

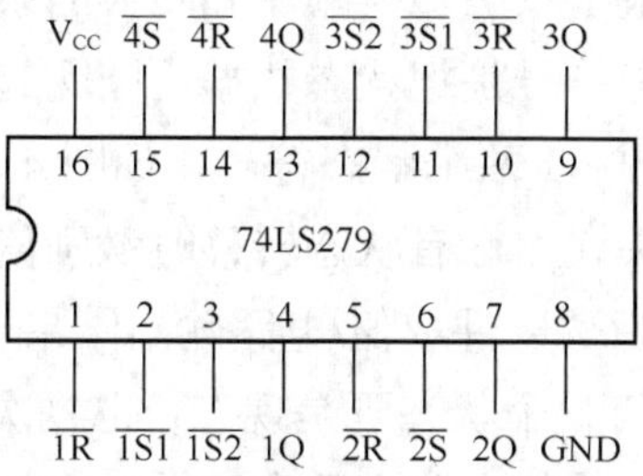

图 4-12　74LS279 引脚特性图

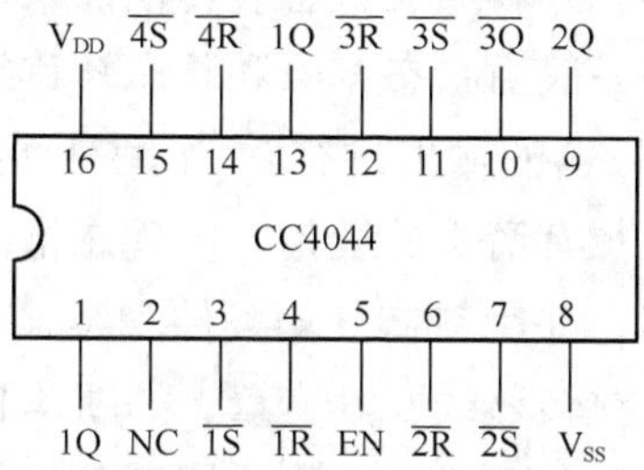

图 4-13　CC4044 引脚特性图

从图 4-12 和图 4-13 看到，元件内部都集成了 4 个基本 RS 触发器。74LS279 中，第 2、3 个触发器的 $\overline{S}$ 引脚都有两个输入引脚，可选择其中一个输入数值；CC4044 的 NC 引脚表示没有使用的引脚，EN 为使能控制引脚，为 1 时触发器工作，否则触发器不工作。

（4）时序逻辑电路

在组合逻辑电路一章已经提出了时序逻辑电路的概念，时序逻辑电路是指有触发器参与设计的电路，时序电路的输出数据称为状态。对于触发器自身而言，输出的每一位数据就是一个状态，状态随着时间的变化而变化。由于状态概念的出现，时序逻辑电路的相关概念和表示方法与组合逻辑电路也就不再一样。以状态概念为基础，以基本 RS 触发器为实例，重新定义了时序逻辑电路表示逻辑过程的一些定义与方法。

① 状态。

对于触发器而言，触发器 Q 端输出的数据称为 1 个状态，输出的数据为 1 称为“1 态”，为 0 称为“0 态”。输出数据是根据输入信号如 $\overline{S}$ 和输出反馈数据获得的，反馈的数据在新的数据产生前已经存在，称为现态；新的数据在现态之后时刻产生，称为次态。现态和次态是同一数据线在连续两个时刻获得的数据，而且现态参与了次态数据的产生。图 4-11 的 Q 端就是状态输出端。现态用 Q^n 表示，次态用 Q^{n+1} 表示。

② 激励信号。

在基本 RS 触发器中，Q 端的次态实际是根据 $\overline{S}$ 、$\overline{R}$ 的取值激励产生，可以说，这两个引脚是状态产生的条件，称为激励信号。激励信号可能来自于组合逻辑电路，由此而产生的

逻辑表达式称为激励方程。

③ 状态特性方程。

时序电路可由一个或多个触发器设计而成，每个触发器都有一个以激励信号、现态为输入变量的逻辑表达式，这个逻辑表达式称为状态特性方程，也称为次态方程、状态方程。基本 RS 触发器的状态特性方程是 $Q^{n+1}=S+\overline{R}Q^n$，约束条件是 RS = 0。

④ 状态表。

在时序逻辑电路情况下，真值表不仅反映了次态和激励信号之间的关系，而且还反映了现态到次态的状态变化关系。因此，在时序逻辑电路中，真值表称为状态转换真值表，简称状态表。表 4-2 就是基本 RS 触发器的状态转换真值表。

⑤ 状态图。

描述触发器状态转换关系和转换条件的图形称为状态图，状态图一般由设计时序逻辑电路分析获得，或者通过状态表转换而来。状态图反映了状态转换顺序和转换的条件。

状态图一般由状态符号和状态转移线组成，状态符号是把状态数据用圆圈起来的图形，基本 RS 触发器的输出只有 0、1 两种状态，也就有 0、1 两个状态符号，如图 4-14 所示。状态转移线是带有箭头的线条，由现态指向次态，箭头线上标有状态转移时激励信号的取值和电路的输出，并用斜杠分割条件和结果，表示形式为“条件取值/电路输出结果”，在状态图的左上侧标注转移线及其变量，如图 4-15 所示。任何一个状态既是现态，也是次态。状态图根据状态表绘制而成，将形成周而复始的闭环运动，能使电路自动有序的工作。如果状态图不是闭环，说明时序电路的分析与设计是错误的。

基本 RS 触发器的现态和次态只有 0、1 两种状态，可能由 0 态变为 1 态，由 1 态变为 0 态，由 0 态变为 0 态，由 1 态变为 1 态。通过对表 4-2 的分析，可以找出状态转移时的条件，并在绘制的状态图上加以标注。在表 4-2 中，当 $\overline{S}$、$\overline{R}$ 取值为 01，Q^{n+1} 输出数据为 1，而与 Q^n 反馈的数据无关，也就是说 Q^n 的数值可能是 0 也可能是 1，Q^n 向 Q^{n+1} 的状态变化存在 0→1 和 1→1 两种情况；当 $\overline{S}$、$\overline{R}$ 取值为 10，Q^{n+1} 输出数据为 0，而与 Q^n 反馈的数据无关，也就是说 Q^n 的数值可能是 0 也可能是 1，Q^n 向 Q^{n+1} 的状态变化存在 0→0 和 1→0 的两种情况；当 $\overline{S}$、$\overline{R}$ 取值为 11，$Q^{n+1}=Q^n$，保持数据不变，Q^n 向 Q^{n+1} 的状态变化存在 0→0 和 1→1 的两种情况。综合上面 3 种条件，Q^n 向 Q^{n+1} 的状态变化存在 4 种情况，0→0 转换时，$\overline{S}$、$\overline{R}$ 取值为 10 或 11，$\overline{S}$ 取值必为 1，$\overline{R}$ 取值不确定，设为×；0→1 转换时，$\overline{S}$、$\overline{R}$ 取值 01；1→0 转换时，$\overline{S}$、$\overline{R}$ 取值为 10；1→1 转换时，$\overline{S}$、$\overline{R}$ 取值为 01 或 11，$\overline{R}$ 取值必为 1，$\overline{S}$ 取值不确定，设为×。

根据分析列出状态转换关于激励信号的真值表，现态、次态为输入变量，而激励信号为输出变量，这种真值表称为状态激励表。基本 RS 触发器的状态激励表如表 4-3 所示。

表 4-3　基本 RS 触发器的状态激励表

Q^n	Q^{n+1}	$\overline{S}$	$\overline{R}$
0	0	1	×
0	1	0	1
1	0	1	0
1	1	×	1

根据状态激励表，绘制出图 4-15 所示的状态图。

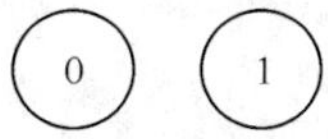

图 4-14　基本 RS 触发器的状态符号

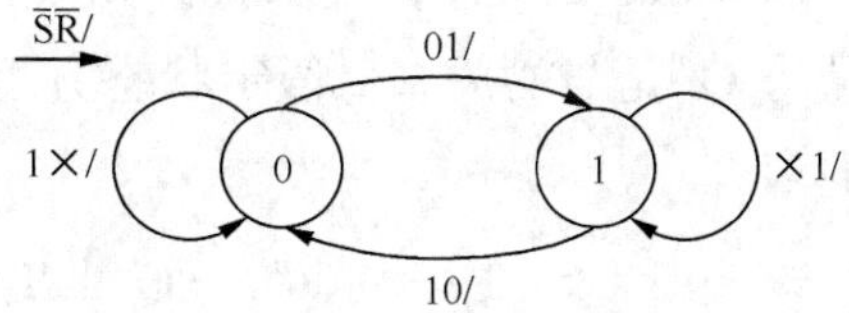

图 4-15　基本 RS 触发器的状态图

⑥ 时序图。

在脉冲信号作用下，反映触发器激励信号取值和状态之间对应关系的波形图，称为时序图。时序图反映了状态在时间上的变化情况。如果脉冲信号来自组合逻辑电路，则根据组合逻辑电路求出的输出方程称为时钟方程。

基本 RS 触发器没有时钟信号输入，状态的变化只与激励信号有关，激励信号的取值必须满足约束条件。首先绘制$\overline{S}$、$\overline{R}$的波形图，两者不能同时取值为 0，其他取值随意选择，任意变化。然后通过状态方程求解，绘制 Q 的波形图，最终得到基本 RS 触发器的仿真波形。如图 4-16 所示。

通过基本 RS 触发器的状态表，分析绘制 Q 输出取值的规律。当$\overline{S}$、$\overline{R}$取值不相同时，Q 新状态与$\overline{R}$相同，根据$\overline{R}$绘制 Q 的数值即可，Q 置 0 或置 1；当$\overline{S}$、$\overline{R}$取值为 11，Q 延续前面的数值即可，数据处于保持状态中；建议$\overline{S}$、$\overline{R}$取值不为 00，因为这种取值是不允许的，若取值为 00，绘制时无法绘制任何数据，如图 4-16 所示。

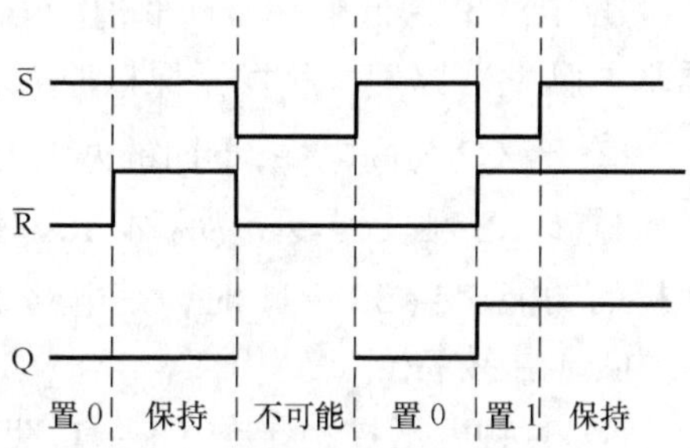

图 4-16　基本 RS 触发器的仿真波形

（5）基本 RS 触发器的特点

通过对基本 RS 触发器工作原理的分析，以及对状态表、状态图、时序图的研究，得到基本 RS 触发器如下的特点。

① 触发器的次态不仅和激励信号有关，而且还和状态反馈的信号即现态有关。

② 电路有两个稳定的状态，在无外来触发信号的作用下，电路将保持原状态不变。

③ 在外加激励信号的前提下，可以产生新的数据即状态 0 或 1。当$\overline{S}$、$\overline{R}$取值不同时，Q 输出的结果与$\overline{R}$相同。

④ 在稳定状态下，输出的状态必须是互补的，即可能存在约束条件。

2. 同步 RS 触发器

基本 RS 触发器只解决了数据反馈和记忆的问题，并没有解决时间控制、连续不断记忆和数据传递的问题，这需要引进脉冲电路发出的脉冲信号。将脉冲信号分为有效时间段和无效时间段，在有效时间段内，触发器按照状态方程求出新的状态，而在无效时刻内，状态方程无效，不会产生新的数据。输出的数据不仅反馈回输入端，而且在输出端保持不变，也就是说状态处于保持和记忆的过程。

设时钟名称为 CP，CP = 1，是指时钟有效，时钟信号可用原变量表示，此时时钟变量与状态方程构成与的关系；CP = 0，表示时钟无效，可用其反变量表示，此时数据处于保持状态，时钟反变量与 Q^n 是与的关系。假定状态方程为 Q^{n+1}，综合状态输出为 Q'^{n+1}，状态方程可以写成以下形式：

$$Q'^{n+1} = Q^{n+1}CP + Q^n\overline{CP}$$

将 S、R 作为触发器的输入，与 CP 相配合，得到 $\overline{S}$、$\overline{R}$，并输入基本 RS 触发器的两个输入端。在有效时钟 CP 的控制下，要同步将 S、R 变为 $\overline{S}$、$\overline{R}$，需要通过非门的输出，但必须在时间有效（CP = 1）的控制下进行，激励信号与时钟 CP 是与的关系，因此构成了两个与非门。此时，$\overline{SCP} = \overline{S\cdot 1} = \overline{S}$；$\overline{RCP} = \overline{R\cdot 1} = \overline{R}$。

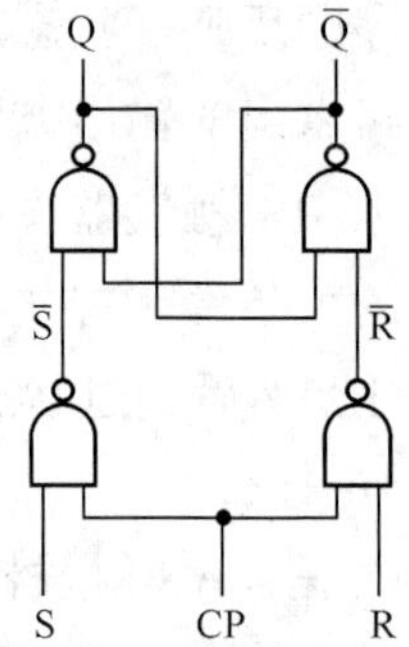

图 4-17　同步 RS 触发器的逻辑图

根据上述分析设计的触发器称为同步 RS 触发器，激励信号在同步脉冲作用下输入触发器中。同步 RS 触发器的电路图如图 4-17 所示，激励信号只有时钟信号有效时才能发挥作用。

（1）工作原理与功能分析

① 当 CP 为低电平，即取值为 0 时，$\overline{R}=1, \overline{S}=1$，根据基本触发器原理，触发器保持原来状态不变。

② 当 CP 为高电平，下面的两个与非门输出的就是 $\overline{S}$、$\overline{R}$，同步 RS 触发器转换为基本 RS 触发器，根据 S、R 的不同取值，Q 可以实现置 0、置 1、保持的功能。当 SR = 11 时，是电路不允许出现的状态。

（2）主要特点

① 时钟电平控制。在 CP = 1 期间接收输入信号，CP = 0 时状态保持不变，与基本 RS 触发器相比，对触发器状态的转变增加了时间控制。

② R、S 之间有约束。不允许出现 R 和 S 同时为 1 的情况，否则会使触发器处于不确定的状态。

3. 主从 RS 触发器

同步 RS 触发器虽然可以实现时间的控制问题，但是只能在高电平处实现状态的转换，转换周期长，如果有新的激励信号输入，则可能引发状态的改变。如果能够利用高、低电平的转换，利用电平变化在上升沿或下降沿实现状态转换，就会克服这个问题。

主从 RS 触发器采用双同步 RS 触发器构成，如图 4-18 所示。系统脉冲连接下面（左侧）主触发器的脉冲输入端，脉冲通过非门连接到上面（右侧）从同步触发器的脉冲输入端，两个触发器脉冲相反，不能同时工作，根据脉冲正负的转换即可实现边沿触发与状态的转换。主触发器 Q 的输出连接从触发器的 S 端，$\overline{Q}$ 的输出连接从触发器的 R 端。

从图 4-18 可以看出，主同步 RS 触发器由 G_5、G_6、G_7、G_8 与非门组成，从同步 RS 触发器由 G_1、G_2、G_3、G_4 与非门组成。通过对输入时钟信号 CP 变化的研究，找出时钟变化影响从触发器状态变化的规律。

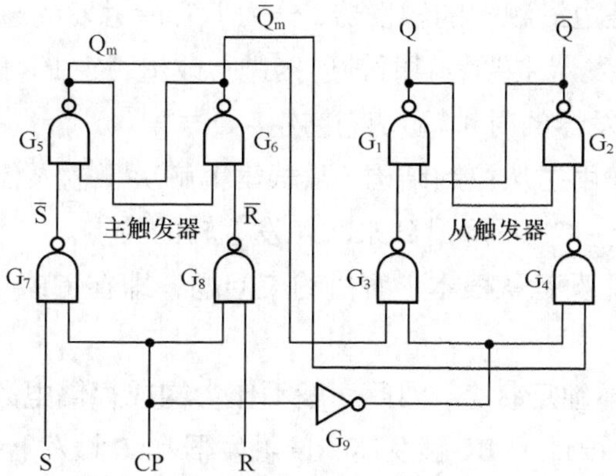

图 4-18　主从 RS 触发器的状态图

（1）状态变化规律分析

① 假设首先到达的时钟信号 CP 为高电平，主 RS 触发器与非门 G_7、G_8 导通，传递数据 $\overline{S}$、$\overline{R}$，形成基本 RS 触发器。假定主 RS 触发器输出状态用 Q_m 表示，则主触发器的状态方程为

$$\begin{cases} Q_m^{n+1} = S + \overline{R}Q_m^n \\ RS = 0 \end{cases}$$

同时，非门 G_9 输出为低电平，与非门 G_3、G_4 输出都为 1，即这两个与非门被封锁，不管主触发器的输出状态为多少，都无法传递到从触发器的输出端，从触发器保持上一脉冲时刻的数据不变。所以，在 CP = 1 期间，主 RS 触发器虽然产生了新的数据，但是无法改变从 RS 触发器输出端的数值，在这个时间段内，认为状态保持不变。

② 当 CP 的输入值从 1 突变到 0 的一刹那，与非门 G_7、G_8 输出全部变为 1，主 RS 触发器进入保持状态。G_9 门输出为 1，G_3、G_4 门导通，G_3 门输入的激励信号是 Q_m^{n+1}，G_4 门输入的激励信号为 $\overline{Q_m^{n+1}}$，它们互为反变量，从 RS 触发器实现的是置 1 或置 0 的操作，必定会产生一个新的数据，实现了状态的变化，从触发器的 $\overline{R} = Q_m^{n+1}$，$Q^{n+1} = Q_m^{n+1}$。这种变化主要是发生在 CP：1→0 的下降沿，通过状态方程的计算获得。

③ 在 CP 由 1 跳变到 0 后，在 CP = 0 阶段。主 RS 触发器 G_7、G_8 输出一直为 1，$\overline{Q_m^{n+1}}$ 输出处于保持状态，G_3、G_4 门输出为 $\overline{S}$、$\overline{R}$，根据基本 RS 触发器的公式一直得到 $Q^{n+1} = Q_m^{n+1}$，即从 RS 触发器输出保持新产生的数据不变。

④ 当时钟脉冲再次由 0 到 1 变化，然后重复①的过程，继续保持上一周期得到的数据不变……周而复始，重复①～③的步骤。

综上所述，主从 RS 触发器的基本功能是：在脉冲 CP 的下降沿通过状态方程得到新的状态，在下降沿之前保持上一时间周期获得的状态不变，下降沿之后保持新获得的状态不变。

（2）主从触发器的特点

① 主从RS触发器是边沿触发的触发器，分为上升沿触发的触发器和下降沿触发的触发器两种。上升沿触发的触发器主要是对时钟连接进行改造，主RS触发器的时钟输入连接CP对应的非门，而从RS触发器的时钟输入直接连接CP。

② 主从RS触发器采用主从控制结构，从根本上解决了输入信号直接控制的问题，具有CP = 1期间接收输入信号，CP下降沿到来时触发翻转的特点。

③ 主从RS触发器并没有从根本上解决约束问题，即在CP = 1期间，输入信号R和S不能同时为1。

RS触发器因为具有不确定状态，因此一般不作为构成存储电路的部件。在它的基础上进行改造，去除无效状态，设计了JK触发器、D触发器和T触发器等。

4.2.2 D触发器

RS触发器虽然具有了记忆、连续状态转换的功能，但是却存在约束条件RS = 0，就是R、S的输入至少一个为0，或者是说二者不能同时为1。观察RS触发器的置1、置0的功能，S、R取值是相反的，它们互为反变量。如果令 $S = D$，$R = \overline{D}$，RS触发器两个激励信号的输入互为反变量，电路在有效的时钟内，只能置1或置0，去除了无效状态和保持功能，可以利用时钟无效时实现保持数据不变的功能。通过这种方式改造的触发器就具有了保持、置1、置0三种功能，这种触发器因为输入的激励信号为D，故称为D触发器。本节主要分析同步D触发器、边沿触发D触发器的工作原理和表示方法。

1. 同步D触发器

同步D触发器是在同步RS触发器的基础上改造而成的，输入端变量名称定义为D，输入S端，把D通过反相器连接到R端，即 $R = \overline{D}$，同步D触发器的逻辑图如图4-19所示。

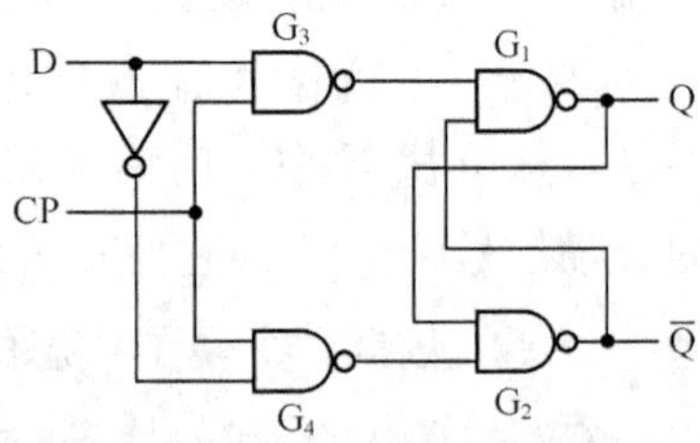

图4-19 同步D触发器逻辑图

（1）状态方程与状态表表示

在有效的时钟脉冲作用下，通过图4-19所示的逻辑图，得到 $S = D$，$R = \overline{D}$，将其代入基本RS触发器的状态方程中，通过公式法化简，求出D作为激励信号输入时，Q输出端的状态方程。同步D触发器的状态方程为

$$Q^{n+1} = S + \overline{R}Q^n = D + \overline{\overline{D}}Q^n = D$$

通过同步D触发器的状态方程可以看出，触发器次态的变化只与激励信号D有关，而与现态数据无关。

状态方程只能在CP = 1期间才能够运行并得到新的状态，而在CP = 0时，G_3、G_4这两个与非门输出为1、1，顶端的基本RS触发器处于保持数据的作用，实现了数据保存的功能。根据这个特点，以CP脉冲作为条件，以激励信号D、现态信号 Q^n 为输入，次态信号 Q^{n+1} 为输出，列出同步D触发器对应的状态转换真值表，如表4-4所示。

表 4-4　　同步 D 触发器的状态表

CP	D	Q^n	Q^{n+1}
0	×	×	Q^n
1	0	×	0
1	1	×	1

根据真值表，列出与时钟信号有关的状态方程。

$$Q^{n+1} = Q^n \cdot \overline{CP} + D \cdot CP$$

该表达式同样可以反映时钟与状态转换的关系，当 CP = 1，$Q^{n+1} = D$，触发器实现了状态方程状态转换的功能；当 CP = 0，$Q^{n+1} = Q^n$，触发器实现保持数据的功能。

（2）状态图、时序图、逻辑符号表示

由状态表可知，在有效的时钟内，$Q^{n+1} = D$，不管 Q 的现态值如何，Q 状态的结果就是 D，得到这个状态的条件就是 D 的取值。因此，在状态图中，条件 D 的取值和次态应该完全相同。同步 D 触发器的状态图如图 4-20 所示。

同理，在时钟脉冲作用下，根据激励信号的取值情况，绘制脉冲 CP 与激励信号的波形图。然后依据“CP = 0 时，Q 保持前面的数据不变；CP = 1 时，Q 的取值与 D 相同，产生新的数值”的原则求出 Q 并绘制 Q 的波形。同步 D 触发器的时序图如图 4-21 所示。

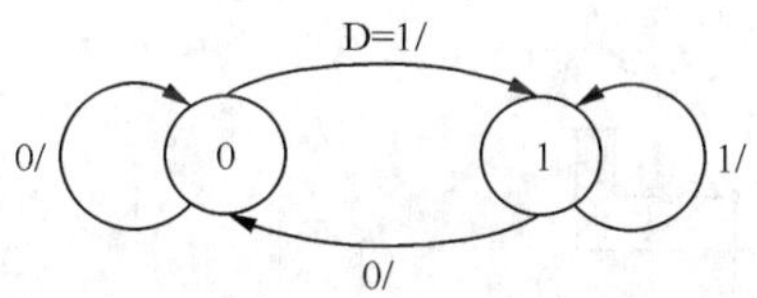

图 4-20　同步 D 触发器的状态图

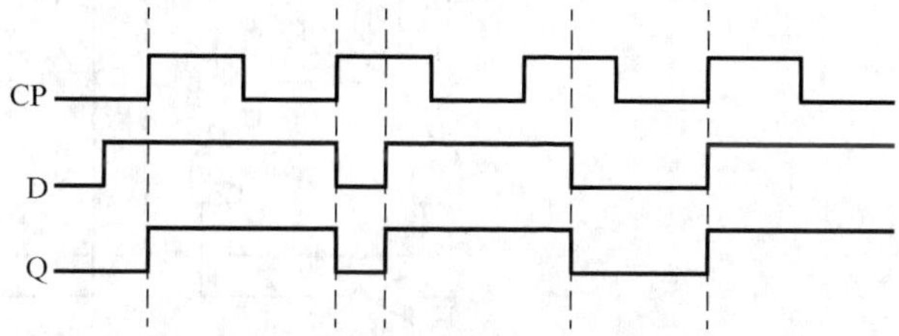

图 4-21　同步 D 触发器的时序图

为了利用触发器设计时序逻辑电路，绘制时序逻辑电路的逻辑图，需要为 D 触发器设计逻辑符号。在实际绘图过程中，逻辑符号有两种表示形式，一种是不带置 1 清零功能的同步 D 触发器，另一种是带置 1 清零功能的同步 D 触发器，分别如图 4-22 和图 4-23 所示。

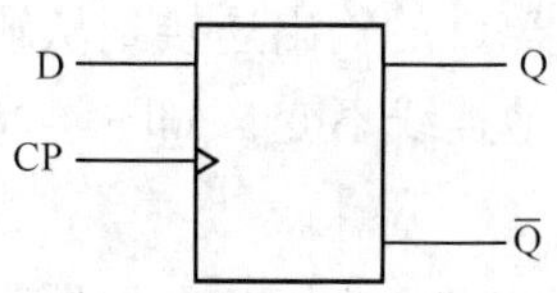

图 4-22　不带置位复位引脚的 D 触发器逻辑符号

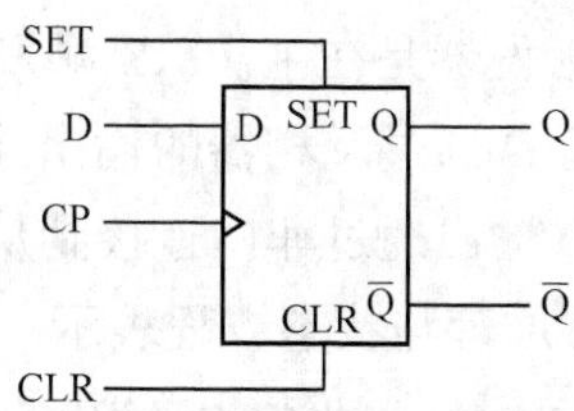

图 4-23　带置位复位引脚的 D 触发器逻辑符号

图 4-23 中的 CLR 为清零引脚，低电平有效，优先级最高，即清零时，其他操作无法进行。SET 为置 1 引脚，低电平有效，当 CLR = 1，SET = 0 时，Q 输出端为 1，完成输出 1 的功能。

（3）集成同步 D 触发器元件

市场上集成的同步 D 触发器有 TTL 系列元件 74LS375，其外部引脚特性如图 4-24 所示；

有 CMOS 系列元件 CC4042，其外部引脚特性如图 4-25 所示。

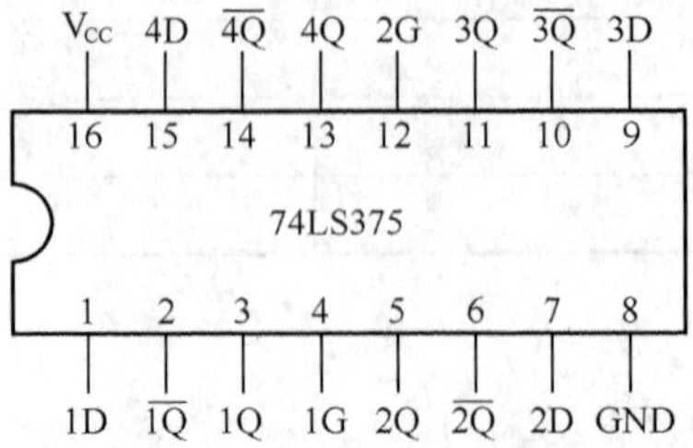

图 4-24　74LS375 引脚特性图

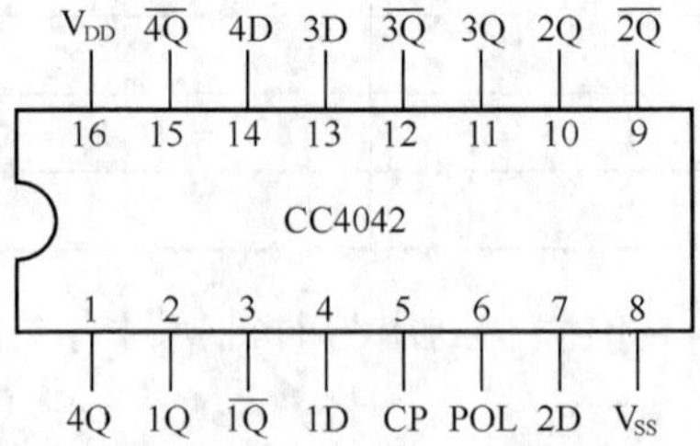

图 4-25　CC4042 引脚特性图

图 4-25 与图 4-26 中都集成了 4 个同步 D 触发器，由引脚名称指出每个触发器的激励信号，输出状态信号及其反变量。74LS375 中的 1G、2G 为脉冲输入引脚，可选择其中一个作为脉冲输入端。CC4042 内含 4 个独立的锁存 D 型触发器，4 个 D 型触发器共用时钟脉冲端 CP 和极性选择端 POL。只有当 CP 与 POL 逻辑状态相同时，D 端数据才被传输至 Q 端，否则数据被锁存。

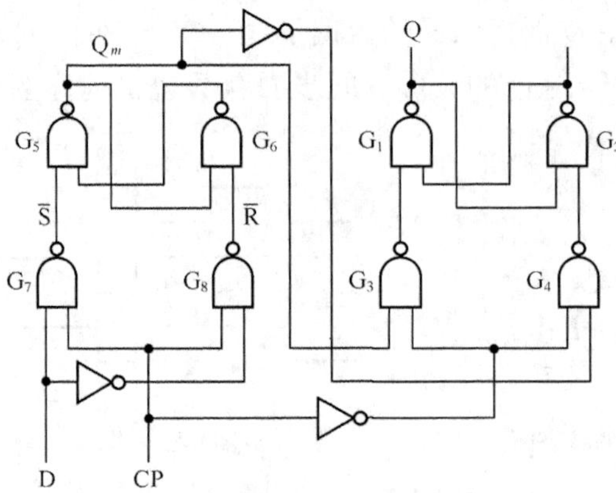

图 4-26　边沿 D 触发器的逻辑图

2. 边沿触发的 D 触发器

边沿 D 触发器是在主从 RS 触发器的基础上改造而成。主从 RS 触发器的主触发器 S 端用 D 表示，而 D 通过反相器的输出连接到 R 端；主触发器 Q 的输出连接到从触发器的 S 端，主触发器的 Q 输出通过非门连接到从触发器的 R 端，其他连线不变，如图 4-26 所示。

（1）工作原理与状态方程表示

① CP = 1 时，与非门 G_7 输出为 $\overline{D}$，与非门 G_8 输出为 D，主同步触发器产生新的数据，输出 $Q_m^{n+1}=D$。同时进入 G_3、G_4 两个与非门的时钟输入为 0，两个与非门输出为 1，从触发器处于保持数据不变的状态，$Q^{n+1}=Q^n$，主触发器输出的新数据 D，无法通过 G_3、G_4 两个门传递到从触发器的输出端。也就是说，在 CP = 1 期间，整个触发器数据保持不变，不变的数据是上一个 CP 产生的数据。

② 在 CP 由 1 变为 0 时，与非门 G_7、G_8 输出都为 1，主 RS 触发器输出端输出数据保持

不变。从触发器对应的与非门 G_3、G_4 同步脉冲输入都为 1，G_3 门的输出为 $\overline{Q_m^{n+1}}$，G_4 门输出是 $\overline{R}=Q_m^{n+1}$，从而 $Q^{n+1}=\overline{R}=Q_m^{n+1}$，主触发器在 CP = 1 期间获得并存储的数据传递到从触发器输出端。这个变化在由 1 变 0 的一瞬间完成，虽然经历了一个传递的过程，但认为是在下降沿实现了 $Q^{n+1}=D$，其他时刻都认为数据保持不变，这也是绘制时序图的依据。

③ 当 CP 下降沿到来后，在随后的 CP = 0 期间，与非门 G_7、G_8 输出都为 1，主触发器输出 Q_m^{n+1} 保持不变。与非门 G_3、G_4 时钟输入为 1，输出数据互为反变量 $\overline{Q_m^{n+1}}$ 和 Q_m^{n+1}，$Q^{n+1}=\overline{R}=Q_m^{n+1}$，从触发器输出的数据不变。这个不变的数据是在下降沿时刚产生的新数据 $Q^{n+1}=Q_m^{n+1}$。

④ 当 CP 由 0 变 1 时，又回到①所分析的过程中。

根据上面的分析，在 CP = 1 期间，$Q^{n+1}=Q^n$，$Q_m^{n+1}=D$，保持上一时刻的数据不变，产生的新数据 D 存储在主触发器中。在下降沿时，$Q^{n+1}=Q_m^{n+1}=D$，在 CP = 0 期间，继续保持这个新的数据不变。所以，边沿 D 触发器的特性方程为：$Q^{n+1}=Q_m^{n+1}=D$，在脉冲下降沿时执行该方程，其他时刻保持 Q 前面的数据不变。

根据工作原理分析，主从 RS 触发器的状态方程、在下降沿时的状态表和状态图、触发器的逻辑符号和同步 RS 触发器是完全相同的。但是因为状态的变化，或者说是状态方程的实现是在下降沿时刻，所以时序图是完全不相同的。

（2）时序图表示

绘制边沿 D 触发器的时序图，必须以时序波形为基础，以激励信号作为绘制 Q 状态数据的条件。只有在时序下降沿的那一刻，Q 的状态才发生变化，变化的数值为激励信号 D，一旦取得这个数据，在 CP = 0 期间就会向下记忆这个数据。而 CP = 1 期间记忆的则是上个 CP 周期下降沿时获得的数据。与同步 D 触发器作比较，将图 4-21 所示的同步 D 触发器的逻辑图，在 CP 与 D 取值不变的前提下，转换为边沿 D 触发器的逻辑图，如图 4-27 所示。

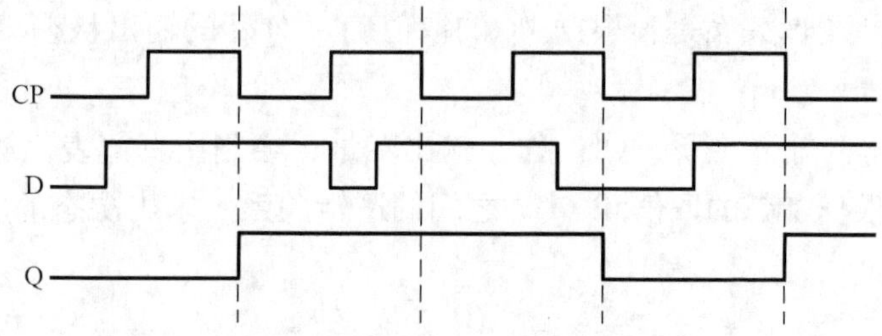

图 4-27　边沿 D 触发器的时序图

（3）集成边沿 D 触发器的引脚特性图

市场上集成的边沿 D 触发器，有 TTL 系列元件 74LS74，其引脚外围特性如图 4-28 所示；有 CMOS 系列元件 CC4013，其引脚外围特性如图 4-29 所示。

从图 4-28 和图 4-29 看出，两个触发器的引脚除了排列顺序不同之外，所有引脚的外部特性都完全相同。触发器都集成了两个 D 触发器，每个触发器由激励输入信号 D、输出状态信号 Q 和 $\overline{Q}$，置位信号 S_D，复位清零信号 R_D、时钟脉冲组成。

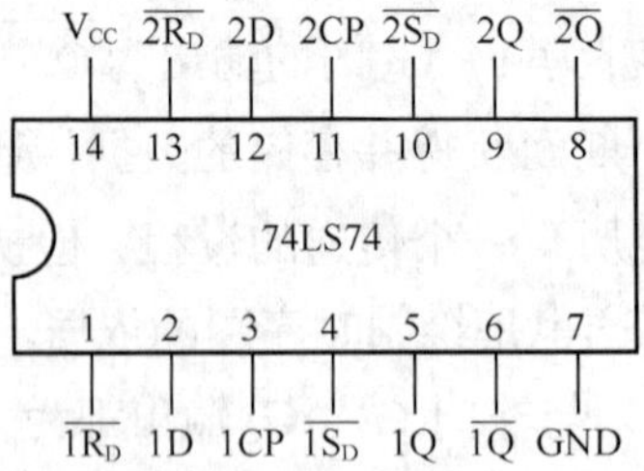

图 4-28　74LS74 引脚外围特性图

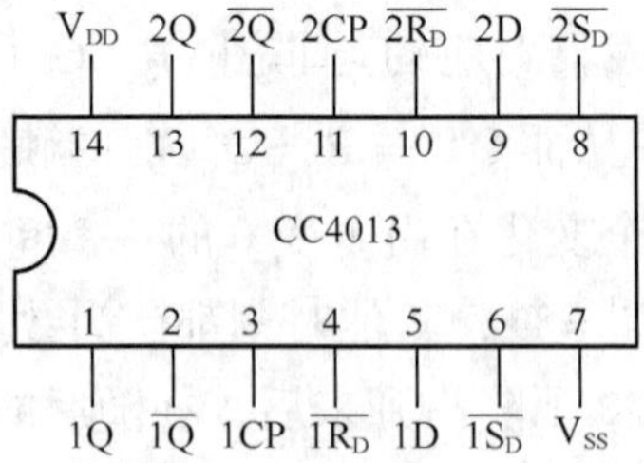

图 4-29　CC4013 引脚外围特性图

4.2.3　JK 触发器

D 触发器虽然改善了 RS 触发器的不足，但是只保留了置 0 和置 1 的功能，同时，只有 1 个激励信号，也不便于多种功能的控制。在同步 RS 触发器或者是主从 RS 触发器的基础上，可以考虑在 S、R 端分别输入激励信号 J、K，通过 JK 对应的四种不同的取值，分别为 Q 次态指定四种不同的功能：保持、置 0、置 1 和翻转。利用组合电路的设计方法，可以设计出次态关于 JK 的状态方程。取值组合对应关系不同，状态方程并不相同，将状态方程与 RS 触发器的状态方程比较，求出 S、R 的表达式，实现对同步 RS 触发器的改进，这是 JK 触发器设计的基本思想和需求分析。

1. JK 触发器的改进研究

（1）逻辑抽象

电路设计的目的是求出次态方程，也就是 Q 关于 JK 的逻辑表达式。J、K 为两个输入的逻辑条件，利用 JK 作为条件为 Q 指定四种功能：当 JK = 00，电路实现保存功能；当 JK = 01，实现置 0 功能；当 JK = 10，实现置 1 功能；当 JK = 11，实现状态翻转功能。JK 触发器就是按照这种条件约束设计的。在设计过程中，因为状态有保持和翻转情况存在，设计中现态 Q^n 变量作为输入处理。逻辑关系是：根据 JK 的取值确定 Q^{n+1} 的输出状态。

（2）列出真值表

将 J、K、Q^n 作为输入变量，Q^{n+1} 作为输出变量，绘制出真值表，从小到大列举输入变量的所有取值，并根据 JK 的取值和 Q^{n+1} 之间的逻辑关系，求出次态的所有结果，如表 4-5 所示。

表 4-5　　以 JK 为激励的触发器次态真值表

J	K	Q^n	Q^{n+1}
0	0	0	0
0	0	1	1
0	1	0	0
0	1	1	0
1	0	0	1
1	0	1	1
1	1	0	1
1	1	1	0

通过真值表可以发现，根据逻辑关系计算的结果，当 JK 为 00 时，$Q^{n+1}=Q^n$；当 JK = 01 时，不管 Q^n 为多少，Q^{n+1} 都为 0；当 JK = 10 时，不管 Q^n 为多少，Q^{n+1} 都为 1；当 JK = 11 时，Q^{n+1} 和 Q^n 的取值相反。

（3）填充卡诺图化简，求出最小项表达式

将真值表中的最小项填充到卡诺图中，圈出相邻项，如图 4-30 所示。

根据卡诺图的化简方式，写出 JK 触发器的状态方程：

$$Q^{n+1}=J\overline{Q^n}+\overline{K}Q^n$$

（4）与基本 RS 触发器的表达式比较，求出 R、S 的逻辑表达式

基本 RS 触发器的逻辑表达式为 $Q^{n+1}=S+\overline{R}Q^n$，需要将 JK 触发器的表达式转换为与其对应的格式，才能求出 S、R 的表达式，并使它们的表达式与现态变量有关。对 $Q^{n+1}=J\overline{Q^n}+\overline{K}Q^n$ 进行变形，得到如下的过程和表达式：

$$\begin{aligned}Q^{n+1}&=J\overline{Q^n}+\overline{K}Q^n=J\overline{Q^n}+\overline{K}Q^n+\overline{Q^n}Q^n\\&=J\overline{Q^n}+(\overline{K}+\overline{Q^n})Q^n=J\overline{Q^n}+\overline{KQ^n}Q^n\end{aligned}$$

通过两个状态方程的比对，求得如下的表达式。

$$S=J\overline{Q^n}\text{；}\quad R=KQ^n$$

针对求出的表达式，改造 RS 触发器，只要将 S 输入用激励信号 J 和反馈信号 $\overline{Q^n}$ 双输入代替，将 R 输入用激励信号 K 和反馈信号 Q^n 双输入代替，就构成 JK 触发器。

本节主要研究同步 JK 触发器、主从 JK 触发器及带清零端和预置端的主从 JK 触发器的工作原理及表示方法。

2. 同步 JK 触发器

根据 RS 触发器改造为 JK 触发器的方法，将同步 RS 触发器改造为同步 JK 触发器，改造后的触发器逻辑图如图 4-31 所示。

Q^{n+1} J \ KQ^n	00	01	11	10
0	0	1	0	0
1	1	1	0	1

图 4-30　JK 触发器的状态方程卡诺图

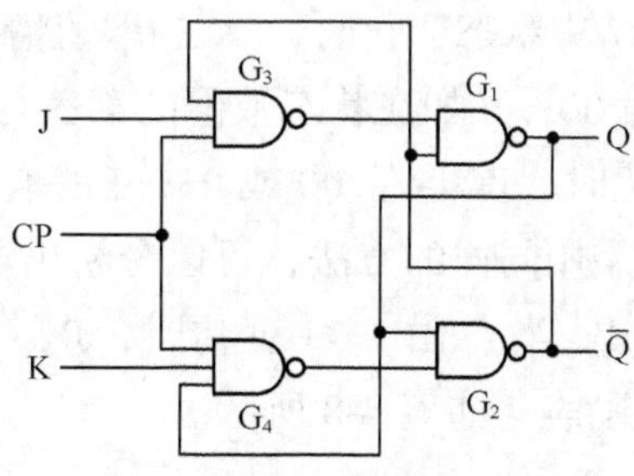

图 4-31　同步 JK 触发器逻辑图

（1）工作原理分析及状态方程

① 当 CP = 0 时，不管 JK 输入为何值，与非门 G_3、G_4 输出都为 1，门 G_1、G_2 组成的基本 RS 触发器保持原先状态不变，即 $Q^{n+1}=Q^n$。即在 CP = 0 时，Q 输出端的数据保持不变。

② 当 CP = 1，把其看做同步 RS 触发器，则 $S=J\overline{Q^n}$、$R=KQ^n$，将 S、R 的逻辑表达式

代入基本 RS 触发器的状态方程，可以得到 JK 的状态特性方程。

$$Q^{n+1} = S + \overline{R}Q^n = J\overline{Q}^n + \overline{KQ^n}Q^n = J\overline{Q}^n + \overline{K}Q^n$$

也就是说，只有在 CP = 1 时，才能执行该状态特性方程，得到次态新数值。次态实现哪种逻辑功能由 JK 的取值决定。绘制次态关于 JK 在不同取值情况下实现不同逻辑功能的真值表，如表 4-6 所示。

从表中可以看出，在时序脉冲为高电平时，该触发器消除了 RS 触发器的不确定的状态，同时为电路增加了两种功能，电路共有保持、置 1、置 0、翻转四种功能。

表 4-6　　同步 JK 触发器状态表

J	K	Q^{n+1}
0	0	Q^n
0	1	0
1	0	1
1	1	$\overline{Q^n}$

（2）同步 JK 触发器的状态激励表、状态图表示

要绘制 JK 触发器的状态图，需要分析表 4-6 所示的状态变化情况，以及状态变化时，激励信号发生的条件取值。根据状态表分析 JK 取值时状态变化的所有可能，如表 4-7 所示。

表 4-7　　JK 取不同值时状态变化情况表

J	K	Q^n	Q^{n+1}
0	0	0	0
		1	1
0	1	0	0
		1	0
1	0	0	1
		1	1
1	1	0	1
		1	0

观察表 4-7 中状态变化时，JK 的取值情况。如在状态数值的第一行，现态 0 变为次态 0 时，JK 输入为 00；又如在状态数值的第三行，现态 0 变为次态 0 时，JK 输入为 01。所以当 Q 由 0→0 变化时，JK 取值 00 或 01，J 的取值必为 0，K 的取值不确定，用×表示，因此，此时 JK = 0×。用同样的方法，可以分析出当 Q 由 0→1 变换时，JK = 1×；当 Q 由 1→0 变化时，JK = ×1；当 Q 由 1→1 变化时，JK = ×0。根据分析，列出状态变化时激励信号取值情况的状态激励表，如表 4-8 所示。

表 4-8　　JK 触发器的状态激励表

Q^n	Q^{n+1}	J	K
0	0	0	×
0	1	1	×
1	0	×	1
1	1	×	0

在表 4-8 中，前面两列数值是状态变化的 4 种情况，后面两列数值是状态变化时，激励信号的条件取值。根据这四种情况绘制出 JK 触发器的状态图，如图 4-32 所示。绘制时，先画出所有状态，根据状态转换方向绘制状态转向线，然后将对应的 JK 取值标注在转向线上。

（3）同步 JK 触发器的时序图表示

用时序图可以表示 JK 触发器在时序脉冲作用下，触发器状态变化的情况。绘制时，首先要绘制一定数量的时序脉冲，然后绘制 JK 的波形图，其绘制时可以任意取值，最后根据时钟状况和 JK 取值求出 Q 的次态并绘制在波形图上。求次态的过程时，CP = 0 时，Q 延续前面的数据。只有 CP = 1 时，将 JK 的值代入同步 JK 触发器的状态方程，得到新的 Q 值，或者根据 JK 取值直接表示 Q 的值。同步 JK 触发器的状态图如图 4-33 所示。

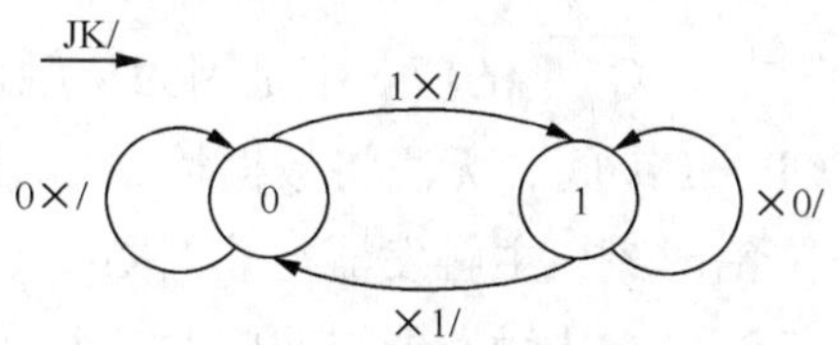

图 4-32　JK 触发器的状态图

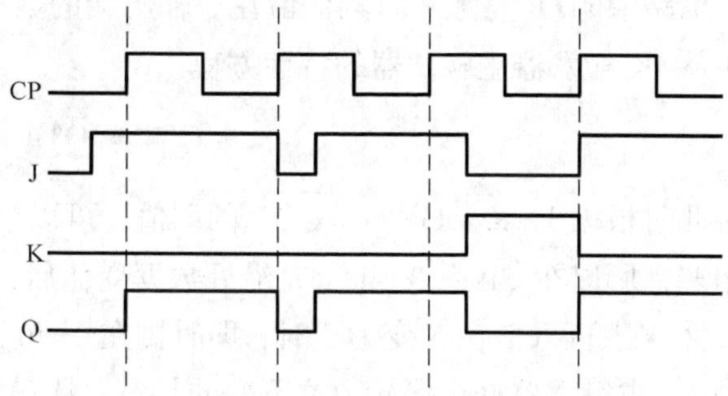

图 4-33　同步 JK 触发器的时序图

对于同步 JK 触发器，当 JK = 11 时，次态实现翻转功能，根据状态方程 $Q^{n+1}=J\bar{Q}^n+\bar{K}Q^n$ 是很难完成这过程的。因为 CP = 1 时间较长，次态不停变为现态，次态也不停地变换，虽然这段时间较短，变化不易觉察，但数据很可能失真，得不到需要的次态数据。因此，不建议使用同步 JK 触发器实现翻转功能，使用主从 JK 触发器可以很好解决这个问题。

3. 主从 JK 触发器

根据 RS 触发器改造为 JK 触发器的方法，将主从 RS 触发器改造为主从 JK 触发器，其逻辑图如图 4-34 所示。

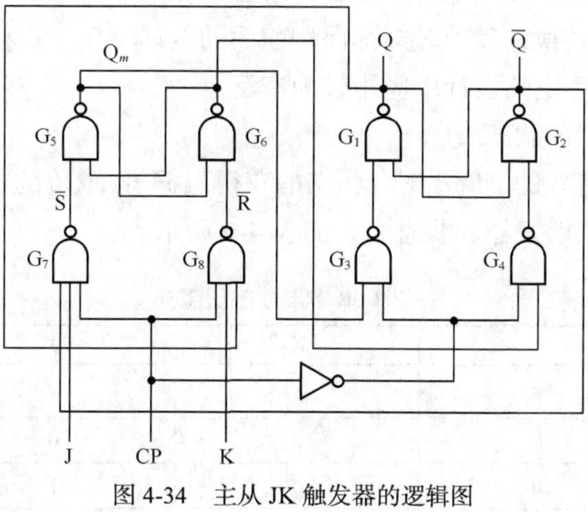

图 4-34　主从 JK 触发器的逻辑图

（1）工作过程分析

① 当 CP 变为高电平时，从触发器 CP 为低电平，从触发器与非门 G_3、G_4 输出都为 1，从触发器处于保持数据不变的状态，保持的数据为上一周期产生的数据。主触发器与非门 G_7、G_8 导通，$S = J\overline{Q}^n, R = KQ^n$，代入主从 RS 触发器的特性方程，得到主从 JK 触发器主触发器的特性方程：

$$
\begin{aligned}
Q_m^{n+1} &= S + \overline{R}Q_m^n \\
&= J\overline{Q}^n + \overline{KQ^n}Q_m^n \\
&= J\overline{Q}^n + \overline{K}Q_m^n + \overline{Q^n}\ Q_m^n
\end{aligned}
$$

电路中的 Q_m^n 是上一时刻保留在 Q 输出端的数据，即 $Q_m^n = Q^n$，将其代入上面的方程，得到主从 JK 触发器主触发器的特性方程：

$$Q_m^{n+1} = J\overline{Q}^n + \overline{K}Q^n$$

此时根据 J、K、Q^{n+1} 、$\overline{Q^{n+1}}$ 的取值，可以求出 Q_m^{n+1} 、$\overline{Q_m^{n+1}}$ 的值。但是因为从触发器被阻塞，所以在 CP 由 0→1 上升沿处数据变化后，在 CP = 1 期间，无法将数据传到 Q 端。

② 在随后 CP 由 1 变为 0 时，即时钟在 1→0 的下降沿时刻，主触发器与非门 G_7、G_8 输出为 1，主触发器处于保持数据不变的状态，从触发器 CP = 1，从触发器与非门 G_3、G_4 的激励信号 S = Q_m^{n+1} ，R = $\overline{Q_m^{n+1}}$ ，因此得从触发器的特性方程：

$$Q^{n+1} = S + \overline{R}Q^n = Q_m^{n+1} + Q_m^{n+1}Q^n = Q_m^{n+1} = J\overline{Q}^n + \overline{K}Q^n$$

这就是主从 JK 触发器的特性方程，它和同步 JK 触发器的特性方程是相同的。

③ 当时钟脉冲 CP 处于低电平后，主触发器与非门 G_7 与 G_8 输出都为 1，与非门 G_5、G_6 的输出 Q_m 和 $\overline{Q_m}$ 保持原有数据状态不变。从触发器与非门 G_3、G_4 通过非门输入的时钟 CP 为高电平，Q_m^{n+1} 和 $\overline{Q_m^{n+1}}$ 传送数据到从触发器 G_3、G_4 的 S、R 端，G_4 输出端 $\overline{R} = Q_m^{n+1}$，因此 $Q^{n+1} = Q_m^{n+1}$。但因为 Q_m^{n+1} 数据没有发生变化，因此 Q 依然保持原有数据不变。这个状态下，保持刚产生的新数据不变。

主从 JK 触发器实际上是一个下降沿触发的边沿触发器，只在下降沿处产生新的状态，或者是说发生了状态的转换，其他时刻都保持前面的数据不变。这种触发器能够很好地控制状态的转换过程，在时序电路设计中应用较为广泛。

（2）主从 JK 触发器的状态表

主从 JK 触发器在有效的下降沿时，状态的获得根据 JK 取值的不同而不同。根据工作过程的分析，列出主从 JK 触发器的状态表，如表 4-9 所示。

表 4-9 主从 JK 触发器的状态表

CP	J	K	Q^n	Q^{n+1}
$\overline{CP\downarrow}$	×	×	×	Q^n
CP↓	0	0	0	0
CP↓	0	0	1	1

续表

CP	J	K	Q^n	Q^{n+1}
CP↓	0	1	0	0
CP↓	0	1	1	0
CP↓	1	0	0	1
CP↓	1	0	1	1
CP↓	1	1	0	1
CP↓	1	1	1	0

（3）主从 JK 触发器的时序图表示

同步 JK 触发器在 CP = 1 期间随着 JK 取值的变化，状态会发生变化，而主从 JK 触发器只有在下降时才能发生状态的变化，其他时间保持前面的数据不变，这就是绘制主从 JK 触发器时序图的依据。将图 4-33 表示的同步 JK 触发器的时序图，转换为下降沿触发的主从 JK 触发器的时序图，如图 4-35 所示。

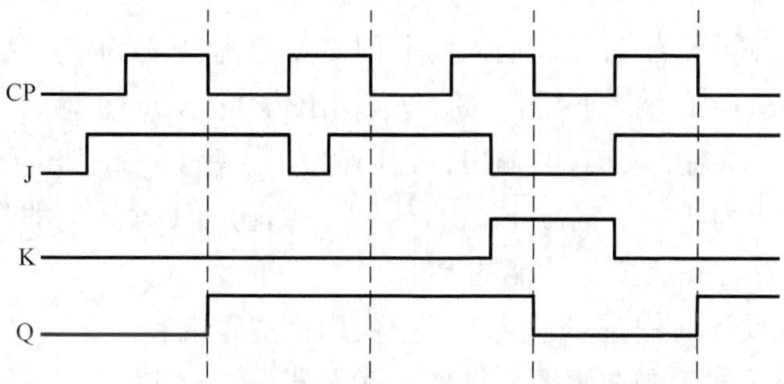

图 4-35　下降沿触发的主从 JK 触发器的时序图

从图 4-35 可以看出，Q 的初始状态为 0，一直保持到第 1 个下降沿不变；在第一个下降沿时，JK = 10，实现置 1 功能，Q 端输出为 1，并一直保持到第 2 个下降沿不变；在第 2 个下降沿，JK = 10，Q 端输出还是 1，并一直保持到第 3 个下降沿不变；在第 3 个下降沿，JK = 01，实现置 0 功能，Q 端输出为 0，并一直保持到第 4 个下降沿不变；第 4 个下降沿时，JK = 10，Q 端输出变为 1，并一直保持到最后。

（4）带清零端和预置端的主从 JK 触发器

在实际应用过程中，主从 JK 触发器具有置位复位功能，需要在原主从 JK 触发器的基础上为电路增加控制信号：清零（复位）控制信号和置 1（置位）控制信号。清零端和预置端的主从 JK 触发器的逻辑图如图 4-36 所示。从图 4-36 所示的逻辑图，可以分析出清 0 和置 1 对应的功能实现的过程。

① 清 0 操作。

当 RD 置为 1 时，对其输入的所有与非门而言，并不影响电路的运行。而 RD 输入为 0，称为低电平有效，与非门 G_2 输出为 1，即 $\overline{Q}$ 输出的数据是 1。与 RD 连接的与非门 G_6 输出为 1，G_6 输出连接到 G_4 与非门的输入，在 CP = 0 时，G_4 的另一个输入为 1，G_4 的输出为 0，则 Q 的输出也为 0，实现清零操作。但是与非门 G_1 的输入端因为增加了 SD 引脚，从原则上 SD 应该为 1。

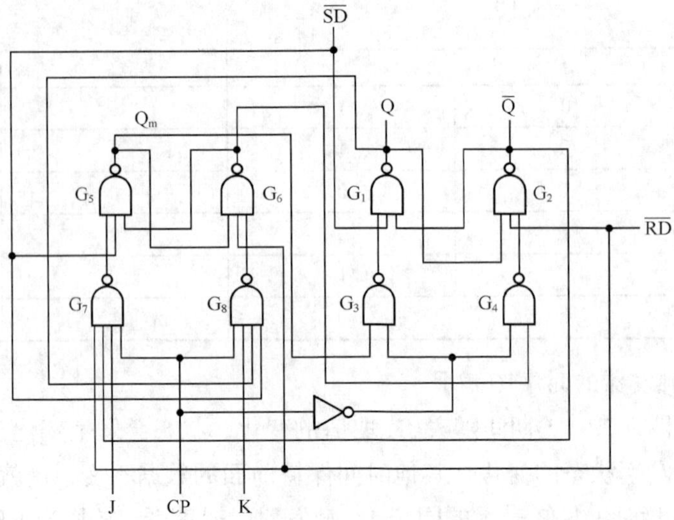

图 4-36　带清零端和预置端的主从 JK 触发器

② 置 1 操作。

当 SD = 0，RD 必须置为 1，SD 输入与非门 G_1，Q 输出必为 1，完成置 1 功能。但是必须考虑 $\overline{Q}$ 是否为 0，SD = 0 输入与非门 G_8，G_8 输出为 1；SD = 0 输入 G_5，G_5 输出为 1，G_6 三个输入分别是 RD、G_8 输出、G_5 的输出，它们都为 1，所以 G_6 输出为 0，G_6 输出 0 传送到与非门 G_4，则 G_4 输出为 1。G_4 输出 1，RD = 1、Q 的输出 1 输入与非门 G_2，G_2 的输出则为 0，和 Q 取值相反，符合完成置 1 功能的要求。

选择 JK 触发器设计时序逻辑电路，一般使用带清零端和预置端的主从 JK 触发器绘制逻辑图，需要为触发器设计对应的逻辑符号，如图 4-37 所示。J、K 为激励信号输入引脚，CP 为时钟脉冲输入引脚，Q 为状态输出引脚，$\overline{Q}$ 为状态反变量数据的输出，SET 是为 Q 置 1 的控制信号，CLR 是为 Q 清零的控制信号。

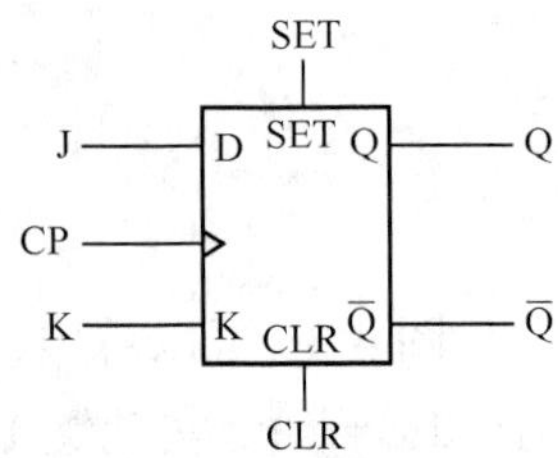

图 4-37　JK 触发器的逻辑符号

（5）集成 JK 触发器引脚外围特性

市场上集成的带清零端和预置端的主从 JK 触发器，TTL 系列元件有 74LS76，如图 4-38 所示；CMOS 系列元件有 CD4096，如图 4-39 所示。

图 4-38 所示的触发器共集成了两个 JK 触发器，它们有独立的时钟 CP、激励信号 J、激励信号 K、置位信号及复位信号，两个触发器可以同时使用。图 4-39 集成了三个 JK 触发器，它们共用相同的时钟、置位控制信号、复位控制信号，可分时复用这三个触发器。

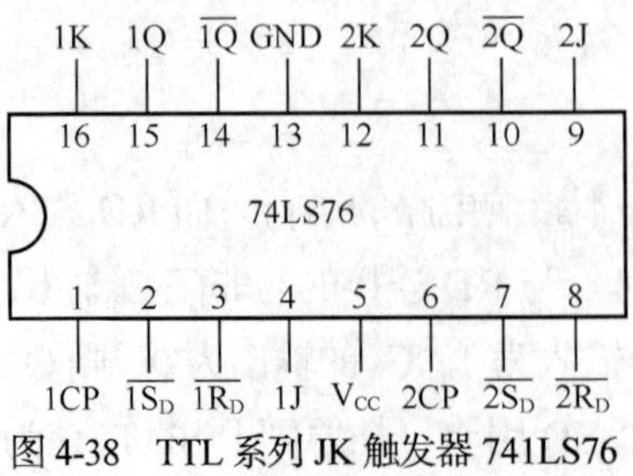

图 4-38　TTL 系列 JK 触发器 741LS76

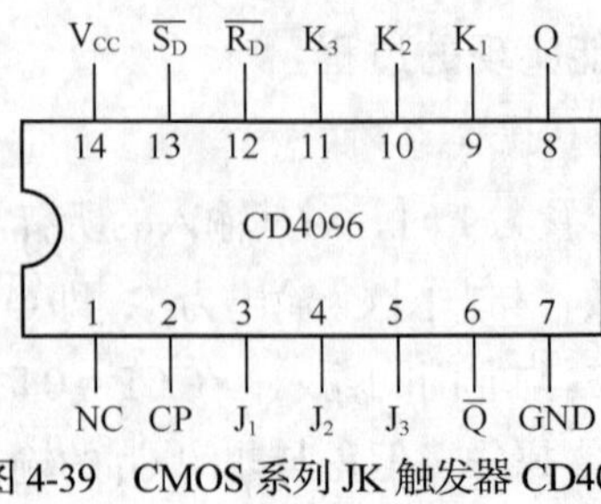

图 4-39　CMOS 系列 JK 触发器 CD4096

4. 边沿 JK 触发器

和边沿 D 触发器一样，让 D 触发器的输入端连接 JK 触发器对应的特征方程，就构成了边沿 JK 触发器，公式如下：

$$Q^{n+1} = D = J\overline{Q}^n + \overline{K}Q^n = \overline{\overline{J + Q^n} + KQ^n}$$

将 D 的逻辑表达式绘制为关于 JK 的逻辑图，连接到 D 边沿触发器的激励信号端，所得逻辑图如图 4-40 所示。

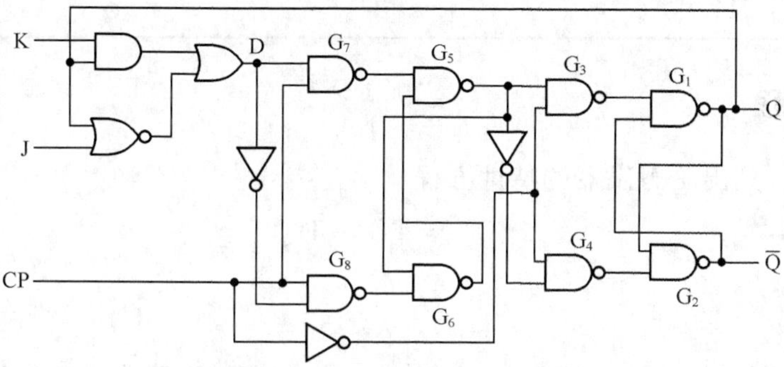

图 4-40　边沿 JK 触发器逻辑图

边沿触发的 D 触发器，工作原理和边沿 D 触发器相同，在这里不再阐述。市场上常见的边沿触发器，有 TTL 系列的边沿 JK 触发器 74LS112，其引脚外部特性如图 4-41 所示；有 CMOS 系列边沿 JK 触发器 CC4027，如图 4-42 所示。

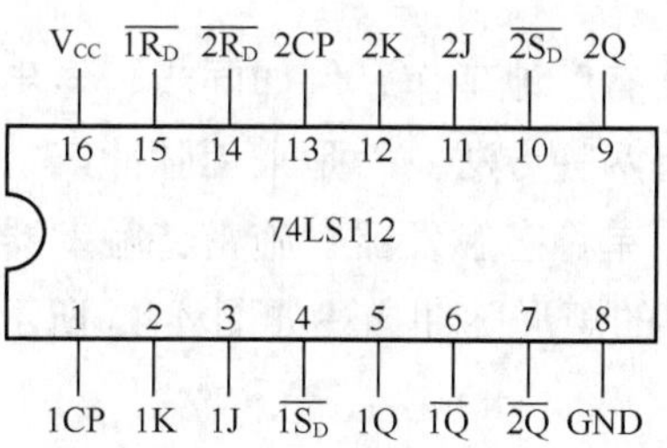

图 4-41　TTL 系列边沿 JK 触发器 74LS112

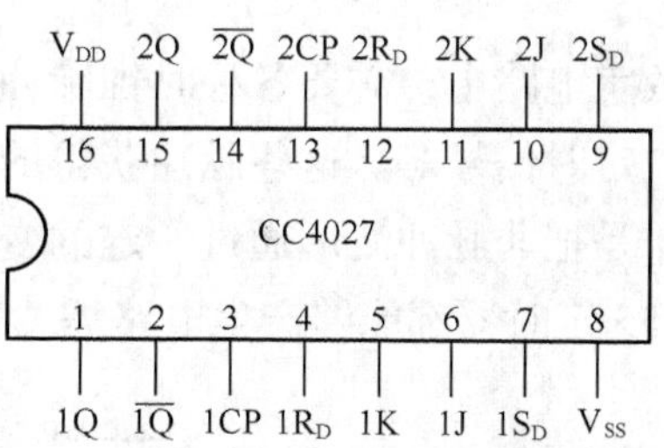

图 4-42　CMOS 系列边沿 JK 触发器 CC4027

图 4-41 中 74LS112 集成了两个 JK 触发器，独立工作，时钟脉冲 CP 为下降沿触发。图 4-42 中的 CC4027 也集成了两个独立分触发器，时钟脉冲 CP 为上升沿触发，且其异步输入端 RD 和 SD 为高电平有效。

4.2.4　T 与 T'触发器

在使用触发器设计电路时，常常单独使用其翻转功能或记忆功能，可以利用 JK 触发器的 JK 取值控制实现，也可以设计只具有这两种或一种功能的触发器，它们分别是 T 触发器或 T′触发器。

1. T 触发器

当控制信号 T = 1 时，每来一个有效的 CP 脉冲，触发器状态就进行翻转；而当 T = 0，则保持数据不变。具备这种逻辑功能的触发器，称为 T 触发器。根据这个定义列出 T 触发器的状态表，如表 4-10 所示。

表 4-10　　T 触发器状态表

T	Q^{n+1}
0	Q^n
1	$\overline{Q^n}$

2. 特性方程

根据状态表，列出 T 触发器的特性方程

$$Q^{n+1} = T\overline{Q}^n + \overline{T}Q^n$$

3. T′触发器

如果 T = 1，则 T 的特性方程变为：$Q^{n+1} = \overline{Q}^n$，这种触发器称为 T′触发器。

T 和 T′触发器的逻辑符号参考 D、JK 触发器的绘制方法。

4.3　脉冲波形的产生与整形

在数字电路中，需要各种时钟脉冲支持不同电路有序地工作，例如同步、异步时序电路的时钟，定时信号等。这些脉冲获得的方法，通常有两种方法：一是采用脉冲产生电路直接得到，二是把非脉冲波形通过一定的变换电路获得。单稳态触发器、施密特触发器、多谐振荡器、555 定时器都能够产生电路需要的脉冲。通常的矩形脉冲描述如图 4-43 所示。

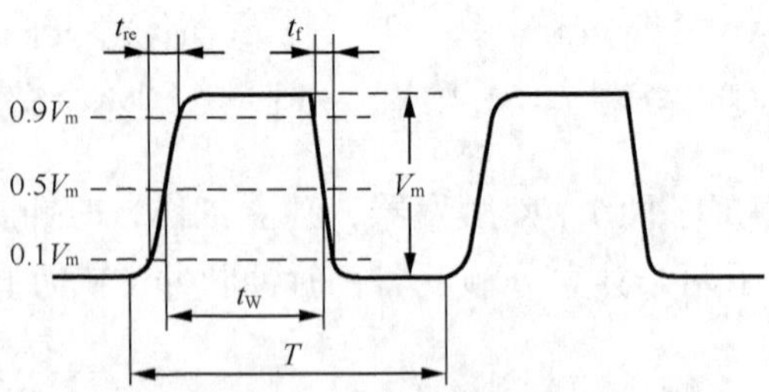

图 4-43　矩形脉冲描述

描述脉冲的主要参数包括以下几种。

（1）脉冲周期 T：周期重复的脉冲序列中，两个相邻脉冲之间的时间间隔。有时也用频率 $f = 1/T$ 表示单位时间内脉冲重复的次数。

（2）脉冲幅度 V_m：脉冲电压的最大变化幅度。

（3）脉冲宽度 t_W：从脉冲前沿到达 $0.5V_m$ 起，到脉冲后沿到达 $0.5V_m$ 为止的一段时间。

（4）上升时间 t_{re}：脉冲上升沿从 $0.1V_m$ 上升到 $0.9V_m$ 所需要的时间。

（5）下降时间 t_f：脉冲下降沿从 $0.9V_m$ 下降到 $0.1V_m$ 所需要的时间。

（6）占空比 q：脉冲宽度与脉冲周期的比值，即 $q = t_w /T$。

4.3.1　单稳态触发器

在前面所述的触发器有两个稳定的状态，我们称之为双稳态触发器。在数字电路中，还有另一种只有一个稳定状态的电路，称之为单稳态触发器。单稳态触发器主要有以下特点。

（1）它有稳态和暂稳态两个不同的工作状态。

（2）在外界触发脉冲的作用下，能从稳态翻转到暂稳态，在暂稳态维持一段时间以后，再自动返回稳态。

（3）暂稳态维持时间的长短取决于电路本身的参数，与触发脉冲的宽度和幅度无关。

单稳态触发器主要应用于脉冲的整形、延时和定时。

1. 用门电路组成的单稳态触发器

单稳态触发器的暂稳态通常是靠 RC 电路的充放电过程来维持的，根据 RC 的电路不同接法，把单稳态触发器分成微分型和积分型。

（1）微分型单稳态触发器

① 微分型单稳态触发器的电路与工作原理。

图 4-44 是由 CMOS 门电路 G_1、G_2 和 R_d、C_d 微分电路构成的单稳态触发器。

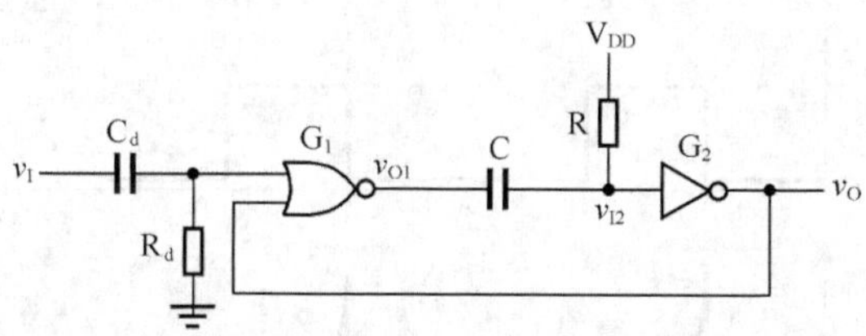

图 4-44　CMOS 门组成的微分型单稳态触发器

为了更好地研究，在这里将 CMOS 门电路的电压传输特性理想化，设 $V_{OH}\approx V_{DD}$，$V_{OL}\approx 0$，且 CMOS 门的转折电压为 $V_{TH}\approx \dfrac{V_{DD}}{2}$。

- 无触发信号，电路处于一种稳定状态。

在稳态下 $v_I = 0$，$v_{I2} = V_{DD}$，故 $v_O = 0$，$v_{O1} = V_{DD}$，电容 C 两端无电压，$v_c = 0$。

- 外加触发信号时，电路由稳态翻转到暂稳态。

当输入信号 v_I 加触发脉冲时，在 R_d、C_d 组成的微分电路输出端得到很窄的正负脉冲 v_d，如图 4-45 波形所示。当 v_I 上升，v_d 也随之上升，当上升到 V_{TH} 后，此时存在下列正反馈：

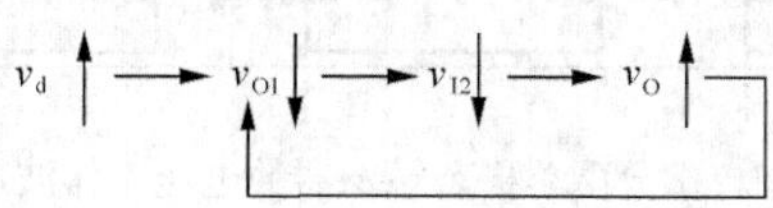

则 v_{o1} 迅速跳变为低电平，由于电容电压不能跃变，故 v_{I2} 同时为低电平，使得输出翻转为高电平，此时电路进入暂态，电容随后开始充电。

- 电容充电，电路由暂稳态自动返回至稳态。

电源 V_{DD} 通过 R 和 G_1 门的输出电路给电容 C 充电，随着 v_{I2} 的增加，当增加到 $v_{I2} = V_{TH}$，产生另一正反馈，即

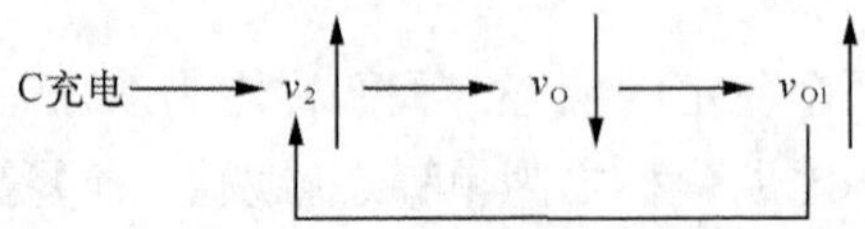

如果此时脉冲已消失，正反馈使 G_1 门迅速截止，G_2 门迅速导通，v_{O1} 和 v_{I2} 迅速跳变为高电平，电路马上翻为稳态，即 $v_O = 0$。此时电容 C 通过 R 和 G_2 门的输入保护电路很快放电，直到电容电压为 0，电路恢复到稳态。

② 参数计算。

- 输出脉冲宽度 t_W。

从图 4-45 可以看到，触发信号作用后，RC 充电过程决定了暂稳态持续时间。输出脉冲宽度就是 v_{I2} 从 0V 上升到 V_{TH} 所需时间。根据 RC 电路过渡过程的分析，得到 t_W 的数值计算公式。

$$\begin{aligned} t_w &= \mathrm{RC}\ln\frac{V_{(\infty)} - V_{(0)}}{V_{(\infty)} - V_{(t)}} \\ &= \mathrm{RC}\ln\frac{\mathrm{V_{DD}} - 0}{\mathrm{V_{DD}} - V_{TH}} \\ &= \mathrm{RC}\ln 2 \end{aligned}$$

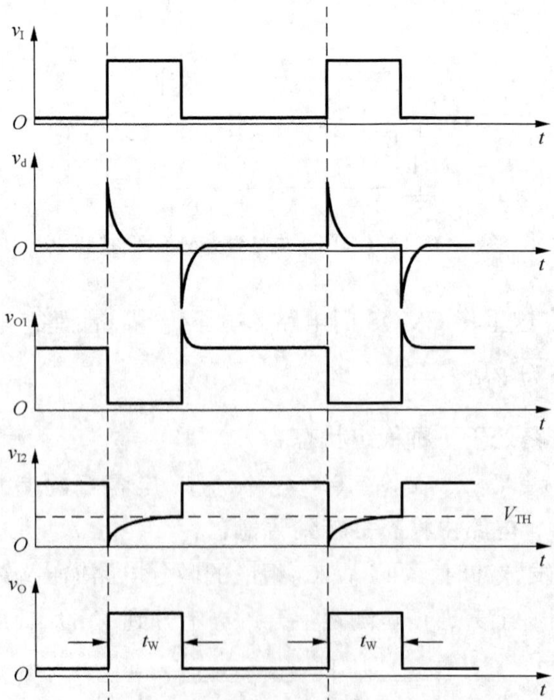

图 4-45 微分型单稳态触发器的电压工作波形图

● 恢复时间 t_{re}。

暂稳态结束后，要使电路恢复到触发前的起始状态，还需要经一段恢复时间，使电容上的电荷释放完，恢复时间 $t_{re}=RC$。

（2）积分型单稳态触发器

如图 4-46 所示为由 TTL 与非门、反相器及 RC 积分电路构成的积分型单稳态触发器，用于正脉冲触发。

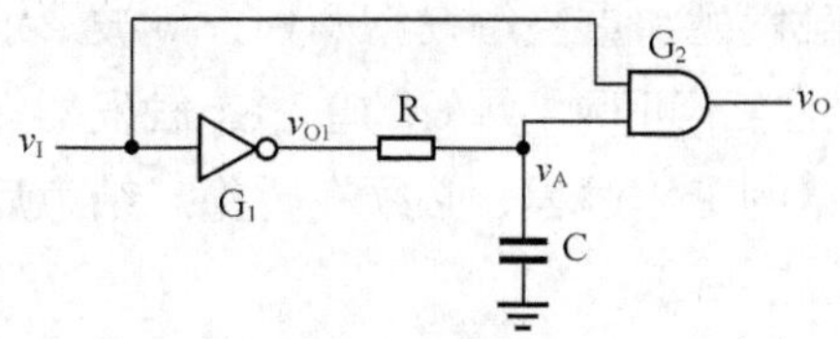

图 4-46　积分型单稳态触发器

① 无触发信号时，电路处于稳态。

当 $v_I=0$ 时，输出电压 $v_O=V_{OH}$ 为高电平，$v_{O1}=V_{OH}$，v_{O1} 通过 R 很快给电容 C 充电到 $v_A=V_{OH}$（R 值比较小）。

② 当有正脉冲输入后，电路进入暂稳态。

当 v_I 由低电平转为高电平时，$v_{O1}=V_{OL}$。由于电容不能突变，v_A 仍保持高电平，使得输出 $v_O=V_{OL}$ 为低电平，电路进入暂态过程，此时电容 C 放电。

③ 电容放电，电路回到稳态。

随着电容 C 的放电，v_A 下降到 G_2 门的开启电压 V_{TH} 时，输出翻转为高电平，回到稳定状态（“1”）。当 v_I 回到低电平后，v_{O1} 重新为低电平，并向电容 C 充电。

积分型单稳态触发器各点电压工作波形如图 4-47 所示。

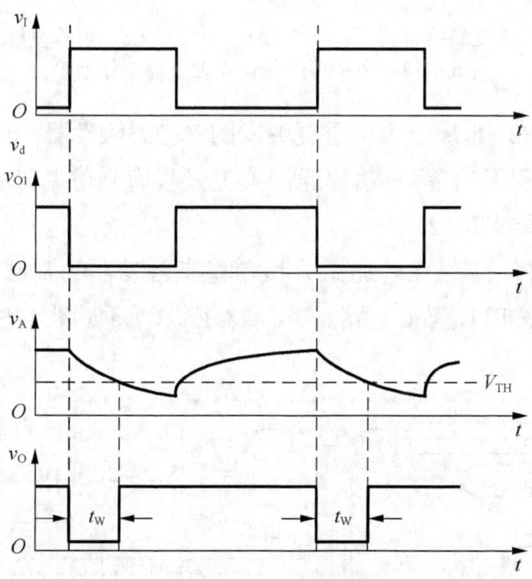

图 4-47　积分型单稳态触发器各点电压工作波形

（3）两种单稳态触发器的比较

微分型单稳态触发器输出波形比较理想，前后沿比较陡，有正反馈存在，但抗干扰能力差；积分型单稳态触发器抗干扰能力强，但输出波形边沿比较差，而且要求输入触发脉冲的宽度要大于输出脉冲宽度。

2. 集成单稳态触发器

用逻辑门组成的单稳态触发器虽然电路结构简单，但存在触发方式单一、输出脉冲稳定性差、调节范围小等缺点。为了克服这些缺点，提高单稳态触发器的性能指标，在 TTL 和 CMOS 产品中，生产了许多型号的集成单稳态触发器。目前使用的单稳态触发器有不可重复触发型和重复触发型两种，其波形如图 4-48 所示。

不可重复触发的单稳态触发器一旦被触发进入暂稳态后，再加入触发脉冲也不会影响电路的工作过程，必须在暂稳态结束后，它才能接受下一个触发脉冲而转入暂稳态，如图 4-48（a）所示。

可重复触发的单稳态触发器在电路被触发进入暂稳态后，若再次加入触发脉冲，电路将重新被触发，使输出脉冲再继续维持一个 t_W 的脉冲宽度，如图 4-48（b）所示。

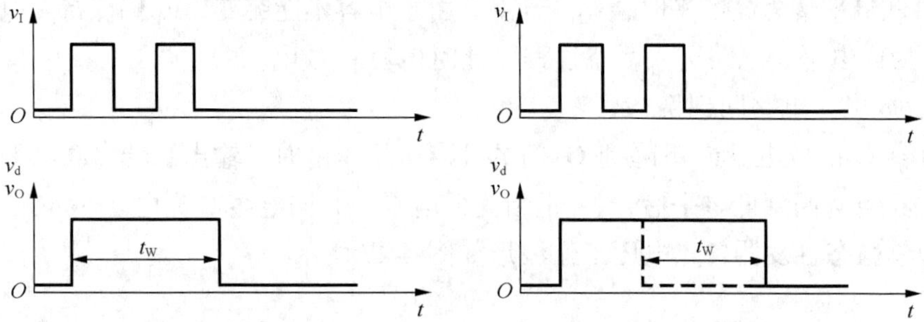

（a）不可重复触发器　　（b）可重复触发器

图 4-48　两种集成单稳态触发器工作波形

74121、74221、74LS221 都属于不可重复触发的单稳态触发器；而 74122、74LS122、74123、74LS123 等都属于可重复触发的单稳态触发器；有些还设有复位端，如 74221、74122、74123 等。

（1）集成单稳态触发器 74121

集成单稳态触发器 74121 是在普通微分型单稳态触发器的基础上，附加了输入控制电路和输出缓冲电路组成，是 TTL 逻辑电路，其简化逻辑电路如图 4-49 所示。

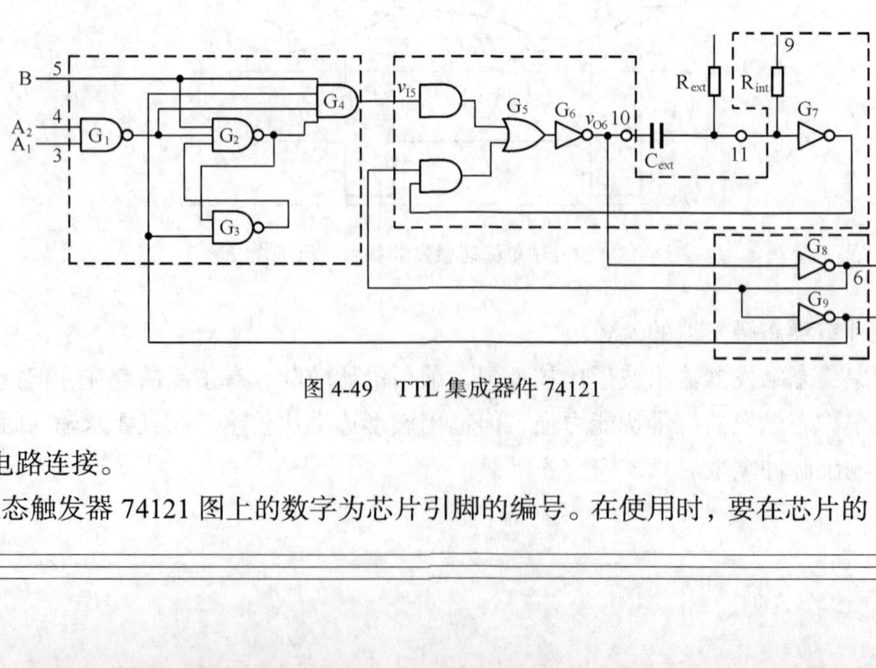

图 4-49　TTL 集成器件 74121

① 电路连接。

单稳态触发器 74121 图上的数字为芯片引脚的编号。在使用时，要在芯片的 10、11 引脚之间接定时电容，若采用电解电容时，电容 C 的正极端接 10 引脚。根据输出脉冲的要求，定时电容 R 可采用外接电阻 R_{ext} 或芯片内部电阻 R_{int}(2kΩ)。如果要求输出脉冲较宽，通常 R 的取值在 2～30kΩ之间，C 的数值则在 10pF～10μF 之间，得到的脉冲宽度 t_W 的范围为 20ns～200ms。采用外部电阻和内部电阻组成单稳态触发器，电路连接图如图 4-50 所示。（a）为使用外接电阻 R_{ext} 的电路连接，下降沿触发；（b）为使用内部电阻 R_{int} 的电路连接方式，上升沿触发。

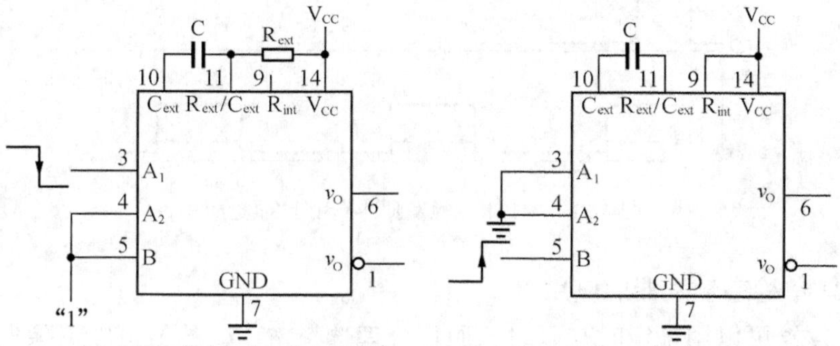

（a）使用外接电阻 R_{ext} 的电路连接　　（b）使用内部电阻 R_{int} 的电路连接

图 4-50　74121 电阻器和电容器的连接

② 工作原理。

如图 4-49 所示，G_5、G_6 合起来，看成一个或非门，它与 G_7 非门及定时电阻（R_{ext} 和 R_{int}）、电容 C_{ext} 组成为积分型单稳态触发器，其工作原理和前面介绍的微分型单稳态触发器相类似。电路只有一个稳态 $Q=0$，$\bar{Q}=1$。当 A_1 和 A_2 为下降沿触发端，B＝1，B 为上升沿触发端，此时 A_1 和 A_2 当中至少要有一个接低电平，电路进入暂态 $Q=1$，$\bar{Q}=0$。$\bar{Q}$ 的低电平使触发信号控制电路中 SR 锁存器的 G_2 门输出为低电平，于是 G_4 门被锁存，此时即使有触发信号输入，在 G_4 的输出也不会得到触发信号。只有在电路返回稳态后，触发信号才能使电路再次被触发。由以上分析可知，电路具有边沿触发的性质，且属于不可重复触发的单稳态触发器。输出脉冲宽度可由下面公式计算：$t_W=0.69R_{ext}C_{ext}$。

根据分析，列出 74121 的逻辑功能表，如表 4-11 所示。

表 4-11　　74121 逻辑功能表

输入			输出		输入			输出	
A_1	A_2	B	v_O	$\bar{v}_O$	A_1	A_2	B	v_O	$\bar{v}_O$
0	×	1	0	1	↓	1	1	⊓	⊔
×	0	1	0	1	↓	↓	1	⊓	⊔
×	×	0	0	1	0	×	↑	⊓	⊔
1	1	×	0	1	×	0	↑	⊓	⊔
1	↓	1	⊓	⊔					

图 4-51 为 74121 在触发脉冲作用下的波形图。

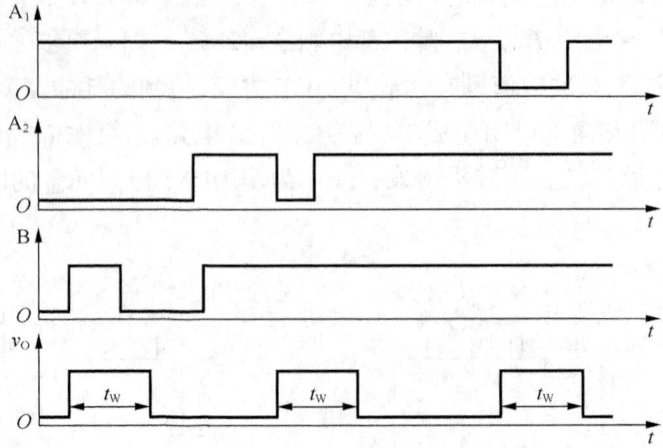

图 4-51　74121 在触发脉冲作用下的波形图

（2）74121 单稳态触发器的应用

单稳态触发器可以用来定时与延时，而且合理选择 R、C 的值可以消除尖脉冲输出的单稳态电路的噪音。

① 定时。

通过图 4-49 可以看到，只有在单稳态触发器输出脉冲的 t_W 时间内，G_4 门的输出才能通过与门。单稳态触发器的取值不同，与门的开启时间不同，通过与门的脉冲个数也就随之改变。

② 延时。

可以将一片 74121 芯片的输入通过 V_O 连接到第二片 74121 芯片的 A_1 引脚，那么第二片芯片的输出是对第一片芯片 v_I 的一个 t_W 时间的延时。前提是第一片 74121 芯片的 A_1、A_2 引脚接地，v_I 自 B 端输入，第二片 74121 芯片的 A_2、B 引脚接高电平。

③ 74121 举例分析。

由集成单稳态触发器 74121 组成的电路如图 4-52 所示，试定性画出输出端 Q_1 和 Q_2 的波形，并说明电路的功能。

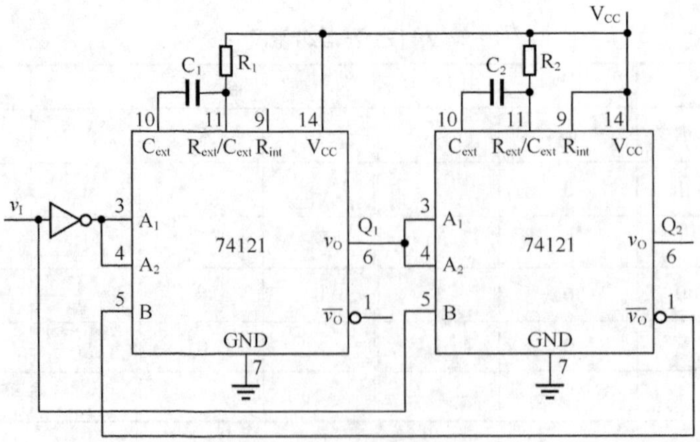

图 4-52　74121 组成的电路

第一片的 $A_1 = A_2 = \overline{v_I}$，$B = \overline{Q_2}$，第二片的 $A_1 = A_2 = Q_1$，$B = v_I$。当 $v_I = 0$ 时，第一片 $A_1 = A_2 = 1$，其输出 $Q_1 = 0$；第二片的 $B = 0$，$A_1 = A_2 = 0$，其输出 $Q_2 = 0$，$\overline{Q_2} = 1$。

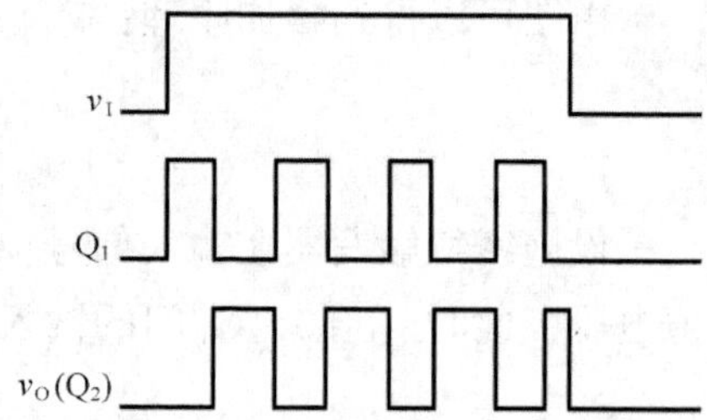

图 4-53　输出波形图

当 v_I 跳变为高电平时，其波形图如图 4-53 所示，则第一片的 A_1、A_2 出现下降沿，而 $B = \overline{Q_2} = 1$，故在 Q_1 端输出一个正脉冲。而第二片 $B = v_I = 1$，$A_1 = A_2 = Q_1$，则在 Q_1 的下降沿，Q_2 输出正脉冲。而第一片的 $B = \overline{Q_2}$，$A_1 = A_2 = 0$，在 $\overline{Q_2}$ 上升沿的作用下，Q_1 输出一个正脉冲电路不断振荡下去。

4.3.2　施密特触发器

施密特触发器是脉冲波形变换中经常使用的一种电路，具有下面两个性能特点。

（1）输入信号从低电平上升的过程中，电路状态转换时对应的输入电平与输入信号从高电平下降过程中对应的输入转换电平不同。

（2）在电路状态转换时，通过电路内部的正反馈过程使输出电压波形的边沿变得很陡。

利用这两个特点不仅能将边沿变化缓慢的信号波形整形为边沿陡峭的矩形波，而且可以将叠加在矩形波脉冲高、低电平上的噪声有效地清除。因此，施密特触发器能够把输入波形整形成为适合于数字电路需要的矩形脉冲。

1．用门电路组成的施密特触发器

（1）电路组成

用 CMOS 门组成的施密特触发器如图 4-54 所示。电路中两个反相器串接，分压电阻 R_1、R_2 将输出端的电压反馈到 G_1 门的输出端，并对电路产生影响。

（2）工作原理

设反相器 G_1 和 G_2 均为 CMOS 门，其阈值电压为 $V_{TH} = \frac{V_{DD}}{2}$，输出高低电平分别为 $V_{OH} = V_{DD}$，$V_{OL} = 0$，且 $R_1 < R_2$。由图 4-54 可以看出，G_1 门的输入电平 v_A 决定着电路的输出状态。

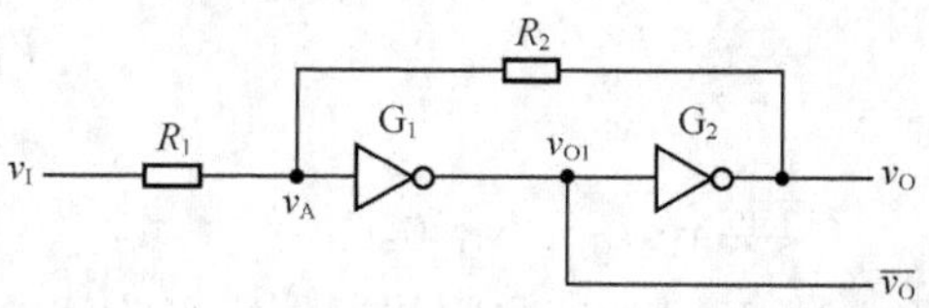

图 4-54　CMOS 反相器组成的施密特触发器

① 当 $v_I = 0$ 时，$v_{O1} = V_{OH}$，$v_O = V_{OL} \approx 0$，此时 G_1 门的输入电压为

$$v_A = \frac{R_1}{R_1 + R_2} v_O \approx 0$$

② 当 v_I 从 0 逐渐升高到使得 $v_A = V_{TH}$ 时，反相器进入电压传输特性的放大区（转折区），故 v_A 的增加，会引起下面的正反馈，使电路迅速跳变到 $v_O = V_{OH} \approx V_{DD}$。

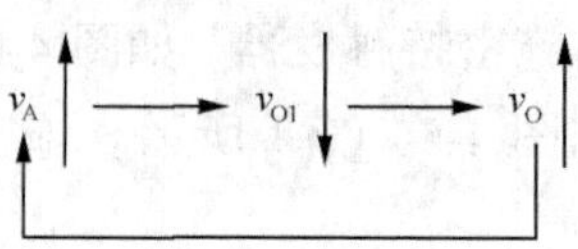

由图可以得到叠加原理：

$$v_{\mathrm{A}}=\frac{R_2}{R_1+R_2}v_{\mathrm{I}}+\frac{R_1}{R_1+R_2}v_{\mathrm{O}}$$

设施密特触发器在输入信号 v_{I} 正向增加时的门槛电压（阈值电压）为 $V_{\mathrm{T+}}$，称为正向阈值电压，此时 $v_{\mathrm{O}}=0$，G_1 门的输入电压为

$$v_{\mathrm{A}}=V_{\mathrm{TH}}=\frac{R_2}{R_1+R_2}V_{\mathrm{T+}}$$

可以推得：

$$V_{\mathrm{T+}}=\frac{R_1+R_2}{R_1}V_{\mathrm{TH}}=\left(1+\frac{R_2}{R_1}\right)V_{\mathrm{TH}}$$

当 $v_{\mathrm{A}}>V_{\mathrm{TH}}$ 时，电路状态维持在 $v_{\mathrm{O}}=V_{\mathrm{OH}}=\mathrm{V_{DD}}$ 不变。

当 v_{I} 从高电平 $\mathrm{V_{DD}}$ 逐渐下降到 $v_{\mathrm{A}}=V_{\mathrm{TH}}$ 时，由于存在以下正反馈，使电路迅速跳变到 $v_{\mathrm{O}}=V_{\mathrm{OL}}\approx 0$。

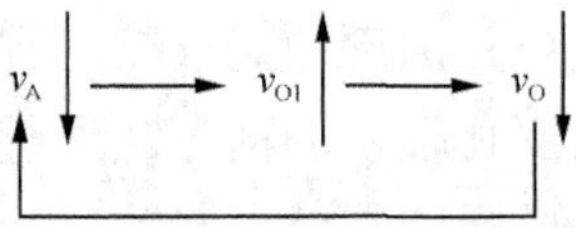

此时施密特触发器在 v_{I} 下降时对应输出电压由高电平转为低电平时的输入电压 $V_{\mathrm{T-}}$，称为负向阈值电压，此时 $v_{\mathrm{O}}=\mathrm{V_{DD}}$，$G_1$ 门的输入电压为

$$v_{\mathrm{A}}=V_{\mathrm{TH}}=\frac{R_2}{R_1+R_2}v_{\mathrm{I}}+\frac{R_1}{R_1+R_2}v_O=\frac{R_2}{R_1+R_2}V_{\mathrm{T-}}+\frac{R_1}{R_1+R_2}\mathrm{V_{DD}}$$

由于 $V_{\mathrm{TH}}=\frac{\mathrm{V_{DD}}}{2}$，故：

$$V_{\mathrm{T-}}=\left(1-\frac{R_1}{R_2}\right)V_{\mathrm{TH}}$$

只要 $v_{\mathrm{I}}<V_{\mathrm{T-}}$，$v_{\mathrm{O}}\approx 0$。

将 $V_{\mathrm{T+}}$ 和 $V_{\mathrm{T-}}$ 之间的差值定义为回差电压，用 ΔV_{T} 表示，即：

$$\Delta V_{\mathrm{T}}=V_{\mathrm{T+}}-V_{\mathrm{T-}}=2\frac{R_1}{R_2}V_{\mathrm{TH}}$$

上式表明，电路的回差电压与 $\frac{R_1}{R_2}$ 成正比，改变 R_1、R_2 的比值即可调节回差电压的大小。

（3）电压传输特性和工作波形

根据以上分析，可以画出电路电压传输特性。如图 4-55 所示。从波形图可以看出，以 v_{O} 为电路的输出，电路为同相输出施密特触发器，如图 4-55（a）所示；以 v_{O1} 为电路的输出，电路为反相输出施密特触发器，如图 4-55（b）所示。施密特触发器的工作波如图 4-55（c）所示。

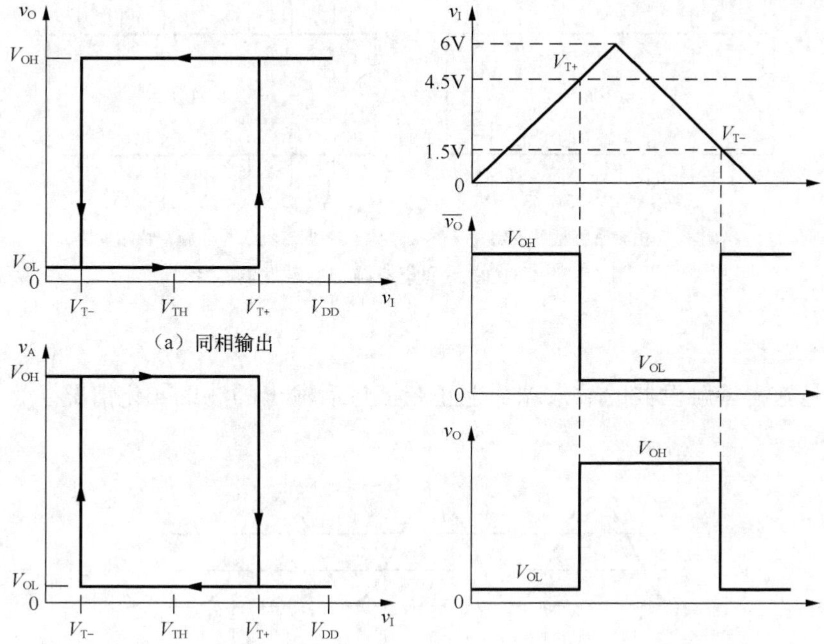

（a）同相输出　（b）反相输出　（c）工作波形

图 4-55　施密特触发器传输特性曲线

图 4-55（a）是以 v_O 作为输出的，v_O 和 v_I 同相位；而图 4-55（b）是以 v_A 做为输出的，v_A 和 v_I 反相位。另通过调节 R_1 和 R_2 的比值，可调节 V_{T+}、V_{T-}和回差电压ΔV_T 的大小。

（4）集成施密特触发器芯片

市场上集成的施密特触发器有 TTL 系列的施密特六反相器 74LS14，如图 4-56（a）所示，有施密特四与非门 74LS132，如图 4-56（b）所示。

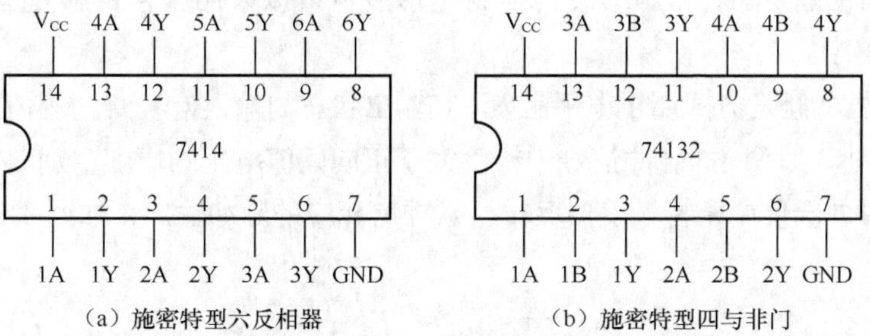

（a）施密特型六反相器　（b）施密特型四与非门

图 4-56　TTL 系列施密特型逻辑元件

有 CMOS 系列的六反相施密特型触发器 40106，如图 4-57（a）所示，有四二输入与非施密特触发器 4093，如图 4-57（b）所示。

2. 施密特触发器应用

施密特触发器应用十分广泛，下面介绍几个典型应用。

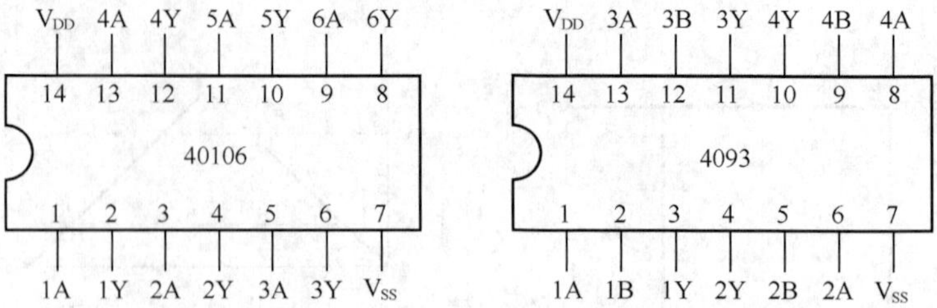

（a）六反相施密特型触发器　　（b）四二输入与非施密特触发器

图 4-57　CMOS 系列集成施密特触发器芯片

（1）波形变化

图 4-58 是施密特触发器的输入端加上正弦波形后输出的波形变化情况。

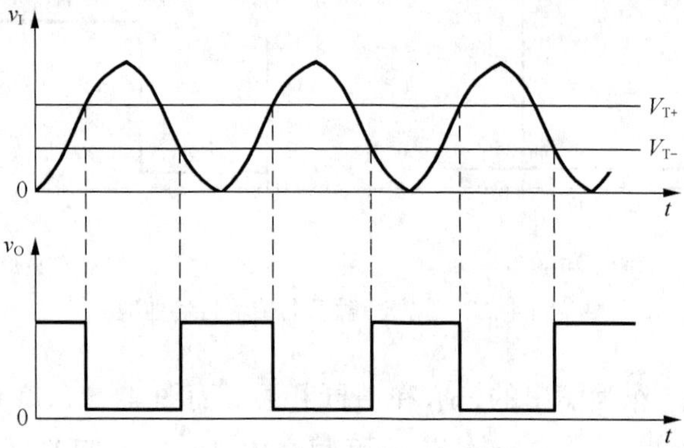

图 4-58　用施密特触发器实现波形转换

根据图 4-58 在施密特触发器的输入端加上输入正弦波形，根据电路的传输特性，可对应画出输出电压波形，施密特触发器将正弦波变换为同频率的矩形波。改变施密特触发器的 V_{T+} 和 V_{T-}就可调整 v_O 的脉宽。非矩形波转换为矩形波也可以采用施密特触发器。

（2）幅度鉴别

施密特触发器的触发方式属于电平触发，其输出状态与输入信号 v_I 的幅值有关。根据这一工作特点，将一系列幅度不同的脉冲信号中幅度大于正向阈值电压的幅度鉴别出来，也就是只有大于 V_{T+}的那些脉冲才会使施密特触发器反转，v_O 才有相应的脉冲输出，如图 4-59 所示。

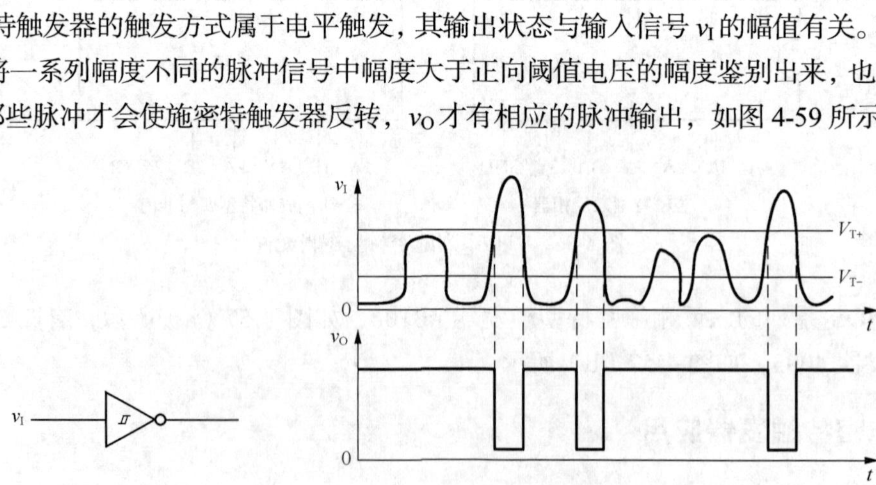

（a）施密特触发器逻辑符号　　（b）幅度鉴别波形

图 4-59　施密特触发器进行幅度鉴别

（3）波形的整形

当传输线上的电容较大时，矩形波上升沿和下降沿都会明显地延缓，如图 4-60（a）所示。如果传输线较长，且接收端的阻抗与传输线的阻抗不匹配，则在波形的上升沿和下降沿还会产生阻尼振荡，如图 4-60（b）所示。

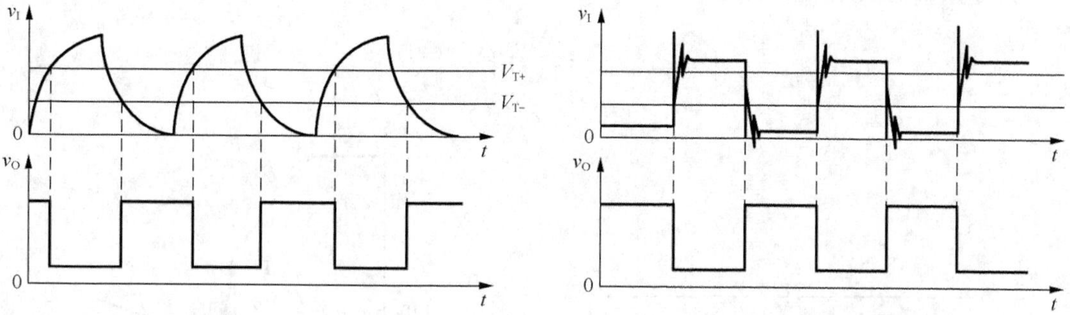

（a）改善上升沿与下降沿　　（b）消除振荡影响

图 4-60　用施密特触发器实现脉冲波形的整形

对于上述信号传输过程中的畸变，只要回差电压选择恰当，就可达到理想的整形效果。

4.3.3　多谐振荡器

多谐振荡器是一种自激振荡器，在接通电源后，不需要外加触发信号便能自动产生矩形波形。由于矩形波中含有高次谐波，故把矩形波振荡器叫作多谐振荡器。

多谐振荡器有多种电路形式，包括非对称型多谐振荡器（CMOS 门电路）、环形多谐振荡器、对称型多谐振荡器、由施密特触发器构成的多谐振荡器、石英晶体振荡器。前两种振荡器的电路图如图 4-61 所示。本书重点讲解后面三种振荡器。

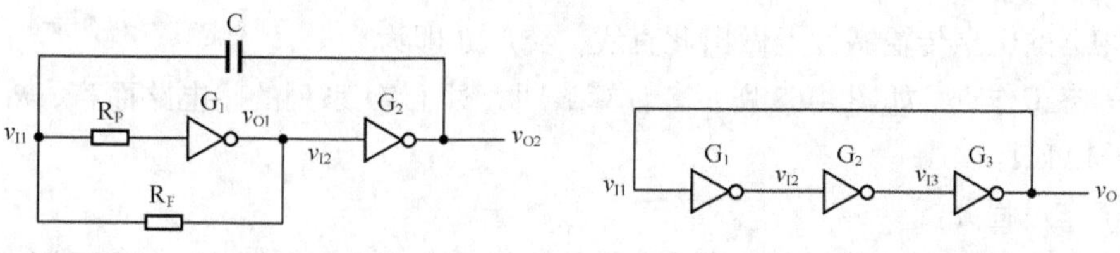

（a）非对称性多谐振荡器　　（b）环形多谐振荡器

图 4-61　多谐振荡器

多谐振荡器都具有以下结构特点：电路由开关元件和反馈延时环节组成。开关元件可以是逻辑门、电压比较器、定时器等，其作用是产生脉冲信号的高低电平。反馈延时电路一般为 RC 电路，RC 电路将输出电压延时后，恰当地反馈到开关元件输入端，以改变其输出状态。

1. 用门电路组成的对称式多谐振荡器

（1）电路组成

由 TTL 门电路组成的对称式多谐振荡器其原理图如图 4-62 所示。它是由两个反相器 G_1、

G_2经耦合电容C_1、C_2连接起来的正反馈电路。

（2）产生自激的条件

为了产生自激振荡，电路不能有稳定状态，即静态（未振荡）时应是不稳定的。由图 4-63 所示 TTL 反相器电压传输特性可知，若静态时G_1和G_2工作在转折区或线性区，它们就工作在放大状态，其电压放大倍数为

$$A_v = \frac{|\Delta v_O|}{|\Delta v_i|} > 1$$

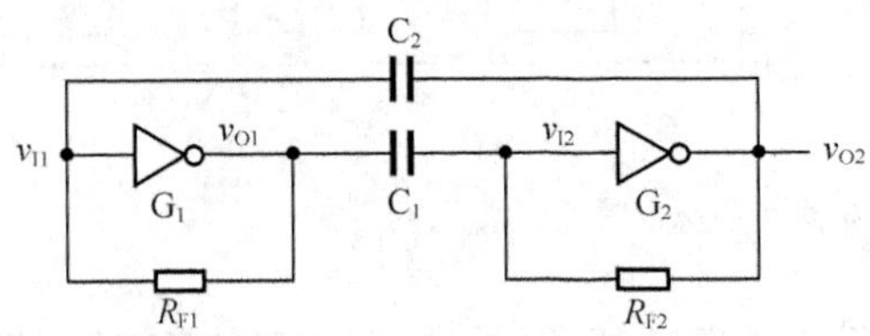

图 4-62　对称式多谐振荡器原理图

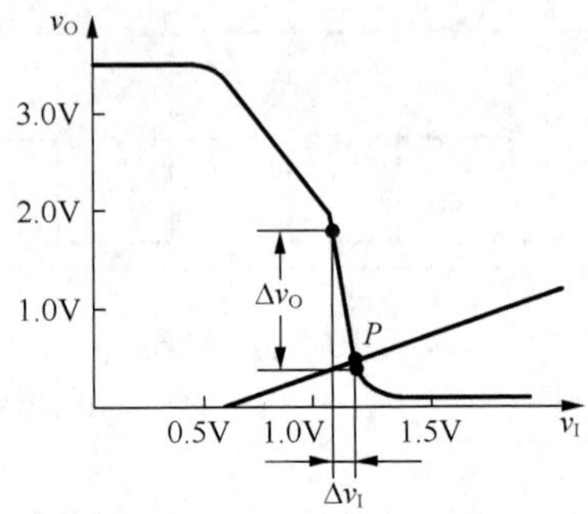

图 4-63　对称式多谐振荡器电压传输特性

此时只要输入电压有微小的波动，就会被正反馈回路放大而引起振荡。故为了使反相器工作在放大状态，则要给它们设置适当的偏置电压，其数值在高、低电平之间。这个偏置电压可以由R_F来设定。

由反相器的输入电路（见图 4-64）和叠加原理可得：

$$v_I = \frac{R_{F1}}{R_1 + R_{F2}}(V_{CC} - V_{BE}) + \frac{R_1}{R_1 + R_F} v_O$$

此式是输出与输入的线性关系方程。

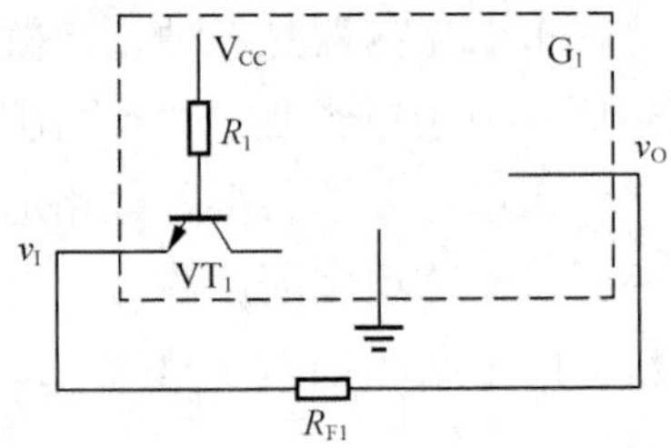

图 4-64　反相器的输入电路

在反相器的电压传输特性上做出此直线，交点 P 即为反相器的静态工作点，如图 4-63 所示。计算表明，对于 74 系列的门电路而言，R_{F1}的阻值应取 0.5kΩ～1.9kΩ。

（3）工作过程分析

假使当电路接通电源后，由于电冲击，使得输入有微小的正跳变，则有下列正反馈：

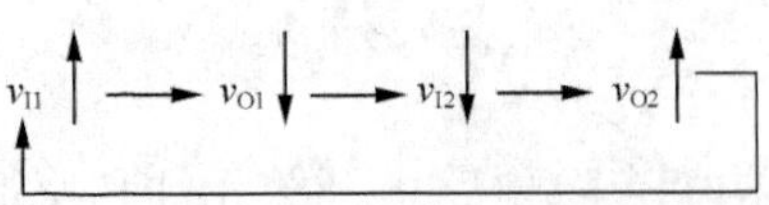

此正反馈使得v_{O1}迅速跳变为低电平，v_{O2}翻转成高电平，电路进入第一个暂稳态。同时C_1充电，而C_2放电。由于充电的速度比放电速度快，故v_{I2}首先达到阈值电压V_{TH}，并有下面的正反馈：

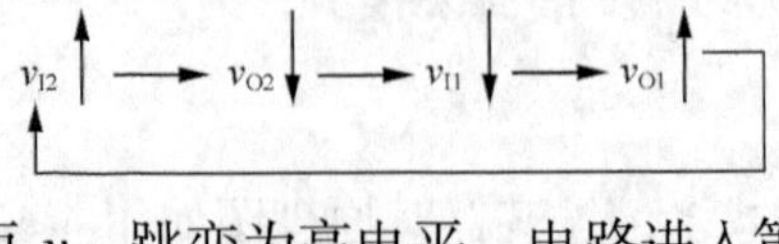

v_{O2}迅速跳变为低电平，而v_{O1}跳变为高电平，电路进入第二个暂稳态，同时C_1放电，

C_2 充电。由于电路对称，过程与前相似，C_2 充电的速度比 C_1 充电快，很快 v_{I1} 首先达到阈值电压 V_{TH}，使得 v_{O1} 迅速跳变为低电平，而 v_{O2} 跳变为高电平，又回到第一暂稳态。

电路中各处的电压波形如图 4-65 所示。若取 $R_{F1}=R_{F2}=R_F$，$C_1=C_2=C$，则振荡周期为

$$T=2R_E C\ln\frac{V_E-V_{IK}}{V_E-V_{TH}}$$

其中

$$V_E=V_{OH}+(V_{CC}-V_{BE}-V_{OH})\frac{R_{F2}}{R_1+R_{F2}}$$

$$R_E=R_1 // R_{F2}$$

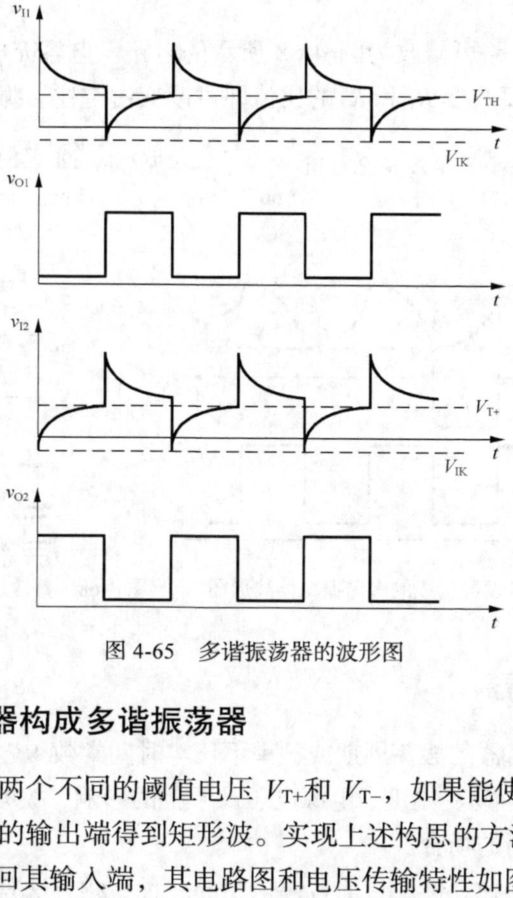

图 4-65　多谐振荡器的波形图

2. 用施密特触发器构成多谐振荡器

由于施密特触发器有两个不同的阈值电压 V_{T+}和 V_{T-}，如果能使其电压在 V_{T+}和 V_{T-}之间不停地变换，就可以在它的输出端得到矩形波。实现上述构思的方法就是将施密特触发器的输出端经 RC 积分电路接回其输入端，其电路图和电压传输特性如图 4-66 所示。

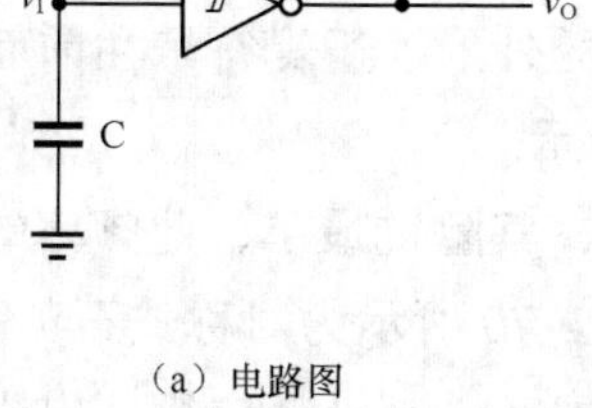

（a）电路图

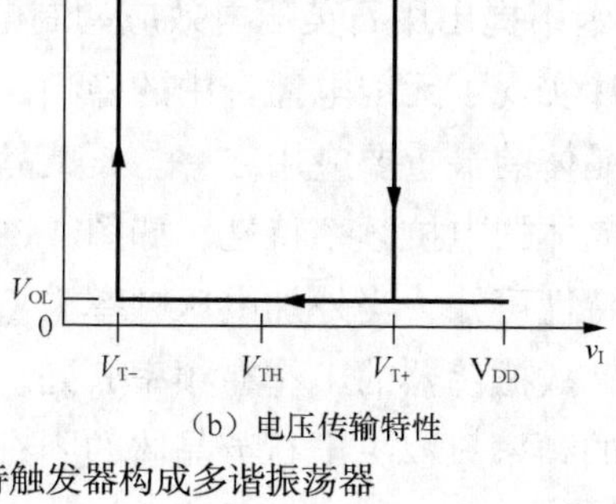

（b）电压传输特性

图 4-66　用施密特触发器构成多谐振荡器

设接通电源瞬间，电容器 C 上的初始电压为 0，输出电压 v_O 为高电平，v_O 通过电阻 R 对电容器 C 充电，当 V_I 达到 V_{T+} 时，施密特触发器翻转，v_O 跳变为低电平。此后，电容器开始放电，V_I 下降，当它降到 V_{T-} 时，电路又发生翻转，输出电压 v_O 由低电平变为高电平，v_O 通过电阻 R 对电容器 C 重新充电。如此周而复始，在电路输出端形成了矩形波。形成的波形图如图 4-67 所示。

电路产生波形的振荡周期为

$$T = RC\ln\left(\frac{V_{DD}-V_{T-}}{V_{DD}-V_{T+}}\cdot\frac{V_{T+}}{V_{T-}}\right)$$

为了可调占空比，电路可修改为图 4-68 所示的电路。电容充电是通过 R_2 进行，电容放电是通过 R_1 进行，故只要改变 R_1 和 R_2 的比值即可改变占空比。振荡周期为

$$T = T_1 + T_2 \approx R_2C\ln\frac{V_{DD}-V_{T-}}{V_{DD}-V_{T+}} + R_1C\ln\frac{V_{DD}-V_{T+}}{V_{DD}-V_{T-}}$$

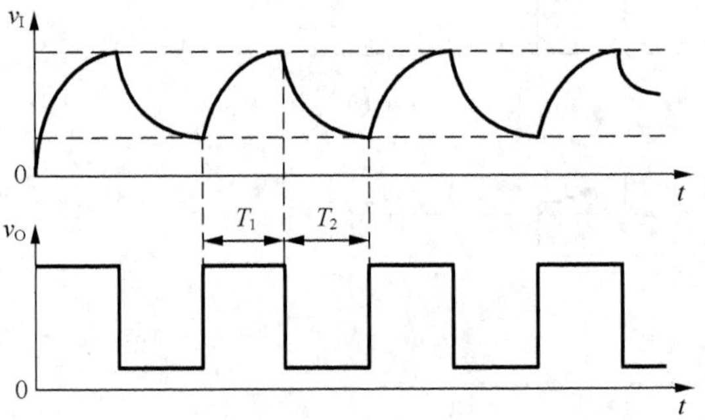

图 4-67　施密特触发器构成的多谐振荡器波形图

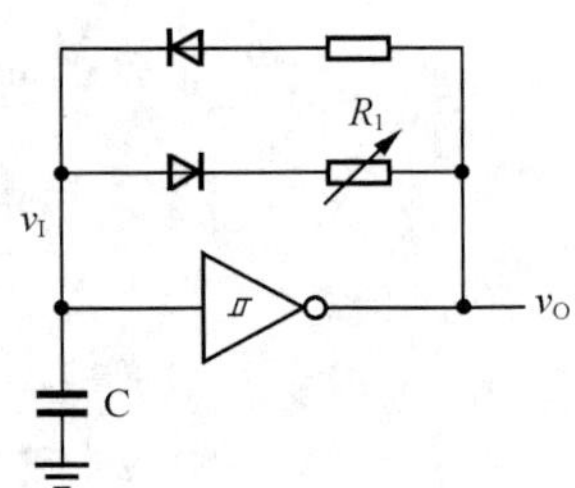

图 4-68　修改后的施密特触发器多谐振荡器

3. 石英晶体振荡器

前面介绍的多谐振荡器的振荡周期或频率不仅与时间常数 RC 有关，而且还取决于门电路的阈值电压 V_{TH}。V_{TH} 容易受温度、电源电压及干扰的影响，故频率的稳定性很差，不能适应对频率稳定性要求较高的场合。

为了提高振荡频率的稳定性，目前普遍采用的一种稳频方法是在多谐振荡器电路中，接入石英晶体，组成石英晶体多谐振荡器。

1922 年美国卡第提出用石英压电效应调制电磁振荡的频率。巴黎广播电台首先用严济慈制作的石英振荡片实现了无线电播音中的稳频，随后各国相继采用，使无线广播振荡电磁回路稳频成为压电晶体的最重要应用之一。石英晶体的外形、逻辑符号在前面已经讲述过，这里仅给出了石英晶体的电抗频率特性，如图 4-69 所示。

由电抗频率特性可知，当外加电压频率为 f_0 时，其阻抗最小，此频率的信号最易通过，其他频率被衰减，故振荡器的工作在频率 f_0 处。图 4-70 所示为对称式石英晶体多谐振荡器。

由于振荡器的频率只取决于石英晶体的固有频率 f_0，与外接电容、电阻和门电路的阈值

电压无关，其固有频率 f_0 是由石英晶体本身特性决定，故石英晶体多谐振荡器的频率稳定性极高，达到 10^{-11}～10^{-10}。目前石英晶体已被制成标准化和系列化出售。

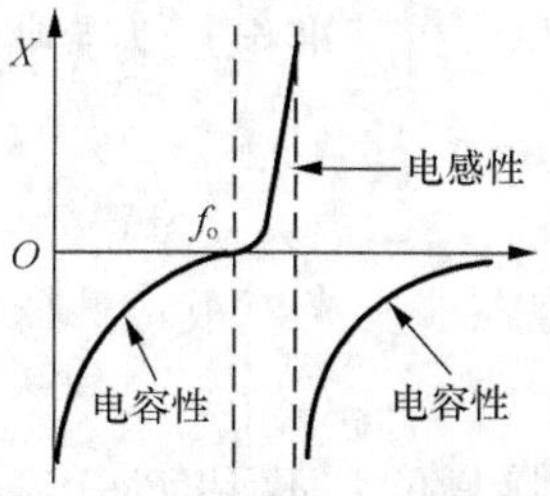

图 4-69　石英晶体的电抗频率特性

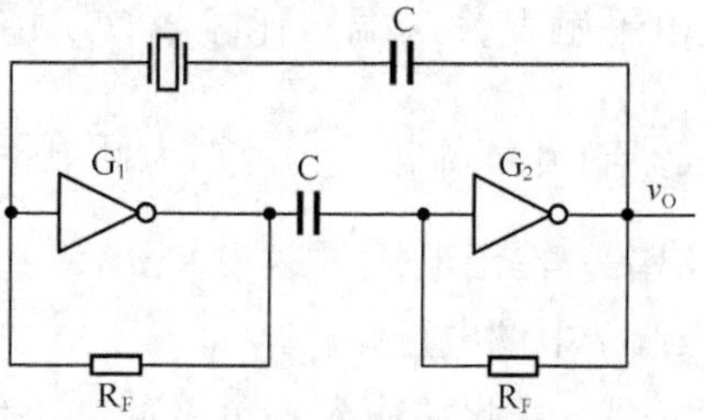

图 4-70　石英晶体多谐振荡器

4.3.4　555 定时器及应用

555 定时器是一种多用途的数字—模拟混合的集成电路，其应用极为广泛。它不仅用于信号的产生和变换，还常用于控制与检测电路中。它可以很方便地构成多谐振荡器、单稳态触发器和施密特触发器。

555 定时器为双极型产品，7555 为 CMOS 型的产品。根据实际需求，又出现了双极型 556 和 CMOS 型 7556。尽管生产厂家不同，但各种类型的 555 定时器的功能及外部引脚排列都是相同的。

1. 555 定时器

（1）电路结构

图 4-71 是国产双极型定时器 CB555 的电路结构图。

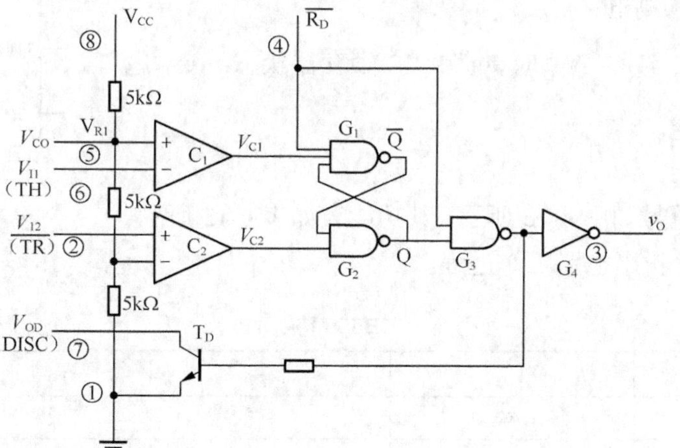

图 4-71　国产双极型定时器 CB555 的电路结构图

555 定时器内部电路由分压器、电压比较器（C_1，C_2）、简单 SR 锁存器、触发器输出缓冲器（G_3，G_4）、放电三极管（T_D）组成。三个 5kΩ的电阻串联组成分压器，为比较器 C_1 和 C_2 提供参考电压。比较器的 C_1 和 C_2 的基准电压分别为 $\frac{2}{3}V_{CC}$ 和 $\frac{1}{3}V_{CC}$。

（2）引脚与功能（图 4-71 中的圈码）

① 为接地端，连接系统电源负极。

② 为低电平触发输入端，比较器 C_2 控制电压输入端，基准电压为 $\frac{1}{3}V_{CC}$，控制电压 $>\frac{1}{3}V_{CC}$，比较器输出为高电平，否则为低电平。

③ 为输出端，输出电流可达 200mA，直接驱动继电器、发光二极管、扬声器、指示灯等，输出电压低于电源电压 1～3V。

④ 为复位端，若此端输入一负脉冲，可使触发器直接复位。不用时加以高电平。

⑤ 为电压控制端，此端可外加一电压以改变比较器的参考电压为 $\frac{2}{3}V_{CC}$，不用时可悬空或通过 0.01μF 的电容接地。

⑥ 为高电平阈值输入端，如果 C_1 控制端电压>输入端阈值，比较器输出为高电平，否则为低电平。

⑦ 为三极管放电端，当触发器的 Q＝0 时，T_D 导通，外接电容 C 通过此管放电。

⑧ 为电源端，可在 5～18V 范围内使用。

（3）工作原理分析

当 $V_{I1}>\frac{2}{3}V_{CC}$，$V_{I2}>\frac{1}{3}V_{CC}$ 时，比较器 C_1 输出低电平，比较器 C_2 输出高电平，简单 SR 锁存器 Q 端置 0，放电三极管 T_D 导通，输出端 v_O 为低电平。

当 $V_{I1}<\frac{2}{3}V_{CC}$，$V_{I2}<\frac{1}{3}V_{CC}$ 时，比较器 C_1 输出高电平，比较器 C_2 输出低电平，简单 SR 锁存器 Q 端置 1，放电三极管 T_D 截至，输出端 v_O 为高电平。

当 $V_{I1}<\frac{2}{3}V_{CC}$，$V_{I2}>\frac{1}{3}V_{CC}$ 时，简单 SR 锁存器状态不变，电路保持原状态不变。

（4）电路功能

CB555 逻辑符号如图 4-72 所示，其功能表如表 4-12 所示，通过功能表可以分析出电路工作过程。

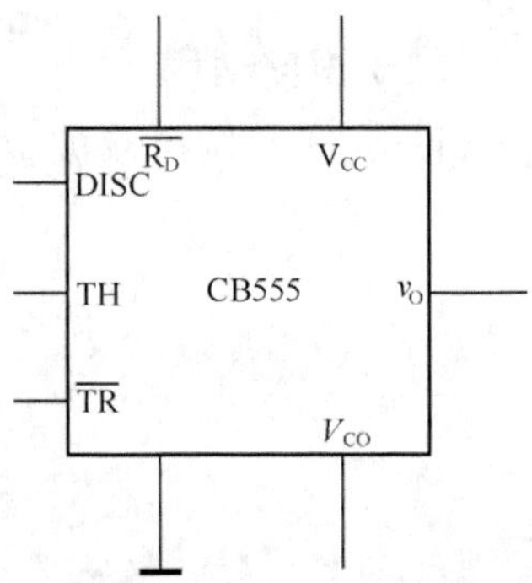

图 4-72　CB555 逻辑符号

表 4-12　　CB555 功能表

$\overline{R_D}$	v_{I1}	v_{I2}	v_O	T_D
0	×	×	低	导通
1	$>\frac{2}{3}V_{CC}$	$>\frac{1}{3}V_{CC}$	低	导通
1	$<\frac{2}{3}V_{CC}$	$>\frac{1}{3}V_{CC}$	不变	不变
1	$<\frac{2}{3}V_{CC}$	$<\frac{1}{3}V_{CC}$	高	截止
1	$>\frac{2}{3}V_{CC}$	$<\frac{1}{3}V_{CC}$	高	截止

2. 用 555 定时器组成的施密特触发器

（1）电路组成

将 555 定时器的阈值输入端和触发输入端相接，即构成施密特触发器。电路如图 4-73（a）所示，简化电路如图 4-73（b）所示。

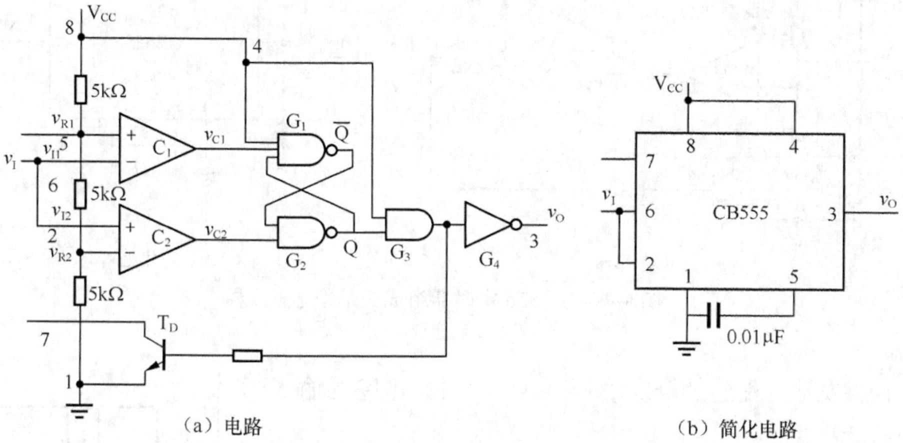

图 4-73　555 定时器组成的施密特触发器

（2）工作原理

① 如果 v_I 由 0V 开始逐渐增加，当 $v_I<\frac{V_{CC}}{3}$ 时，根据 555 定时器的功能表可知，输出 v_O 为高电平；v_I 继续增加，当 $\frac{V_{CC}}{3}<v_I<\frac{2V_{CC}}{3}$ 时，输出 v_O 保持高电平不变；v_I 再增加，当 $v_I>\frac{2V_{CC}}{3}$ 时，输出 v_O 跳变为低电平；之后 v_I 再增加，当 $v_I>\frac{2V_{CC}}{3}$ 时，输出 v_O 保持低电平不变。

② 如果 v_I 由大于 $\frac{2V_{CC}}{3}$ 的电压逐渐下降，只要 $\frac{V_{CC}}{3}<v_I<\frac{2V_{CC}}{3}$，电路输出状态不变，仍为低电平；只有当 $v_I<\frac{V_{CC}}{3}$ 时，电路才再次翻转，v_O 由低电平跳变为高电平。

故其正向阈值电压为 $V_{T+}=\frac{2V_{CC}}{3}$，负向阈值电压为 $V_{T-}=\frac{V_{CC}}{3}$，电路的回差电压为 $\Delta V_T=\frac{V_{CC}}{3}$。若改变回差电压的大小，则可通过 5 脚外接电压 V_{CO} 来改变。

3. 用 555 定时器组成的单稳态触发器

用 555 组成的单稳态触发器电路和简化电路如图 4-74 所示。工作过程分析如下。

（1）没有触发信号时，v_I 处于高电平 $\left(v_I>\frac{V_{CC}}{3}\right)$，如果接通电源后 Q = 0，$v_O=0$，$T_D$ 导通，电容通过放电三极管 T_D 放电，使 $v_C=0$，v_O 保持低电平不变。如果接通电源后 Q = 1，放电三极管 T_D 就会截至，电源通过电阻 R 向电容 C 充电，当上升到 $\frac{2V_{CC}}{3}$ 时，由于 R = 0，S = 1，

锁存器置 0，v_O 为低电平。此时，放电三极管 T_D 导通，电容 C 放电，v_O 保持低电平不变。

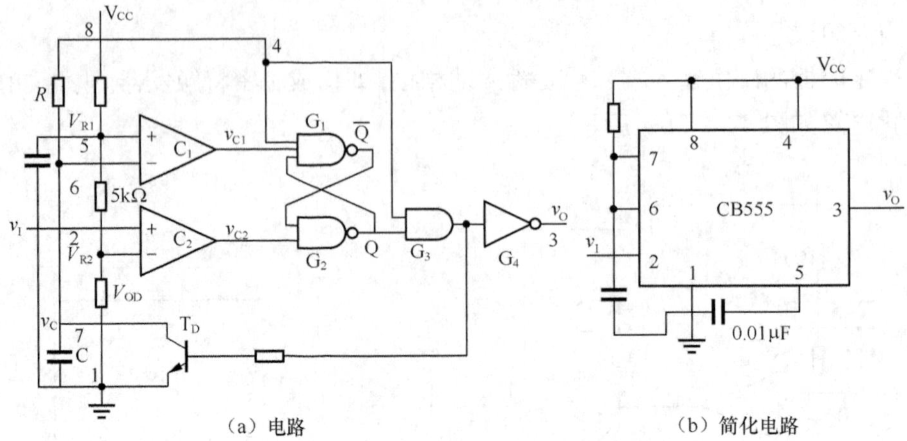

（a）电路　　（b）简化电路

图 4-74　用 555 定时器组成的单稳态触发器

（2）若触发输入端施加触发信号$\left(v_I < \dfrac{V_{CC}}{3}\right)$，电路的输出状态由低电平跳变为高电平，电路进入暂稳态，放电三极管 T_D 截至。此后电容 C 充电，当 C 充电至 $v_C = \dfrac{2V_{CC}}{3}$ 时，电路的输出电压 v_O 由高电平翻转为低电平，同时 T_D 导通，于是电容 C 放电，电路返回到稳定状态。电路的工作波形如图 4-75 所示。

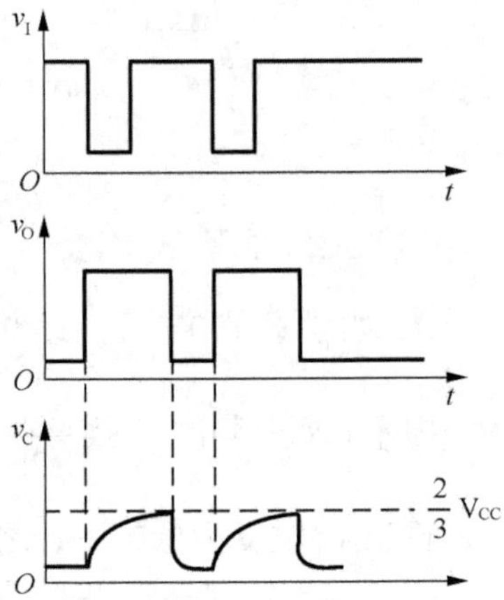

图 4-75　用 555 组成的单稳态触发器的工作波形

如果忽略 T_D 的饱和压降，则 v_C 从零电平上升到$\dfrac{2V_{CC}}{3}$的时间，即为输出电压 v_O 的脉宽 t_W。

$$t_W = RC\ln 3 = 1.1RC$$

通常 R 的取值在几百欧姆到几兆欧之间，电容的取值范围为几百皮法到几百微法，t_W 的范围为几微秒到几分钟。但 t_W 越大，其精度和稳定度也要下降。

4. 用 555 定时器组成的多谐振荡器

用 555 组成的多谐振荡器电路图与简化电路图如图 4-76 所示。

接通电源后，电容 C 被充电，当 v_C 上升到$\dfrac{2V_{CC}}{3}$时，使 v_O 为低电平，同时放电三极管 T_D 导通，此时电容 C 通过 R_2 和 T_D 放电，v_C 下降。当 v_C 下降到$\dfrac{V_{CC}}{3}$时，v_O 翻转为高电平。电容 C 放电所用时间为

$$t_1 = R_2 C\ln 2 \approx 0.7R_2C$$

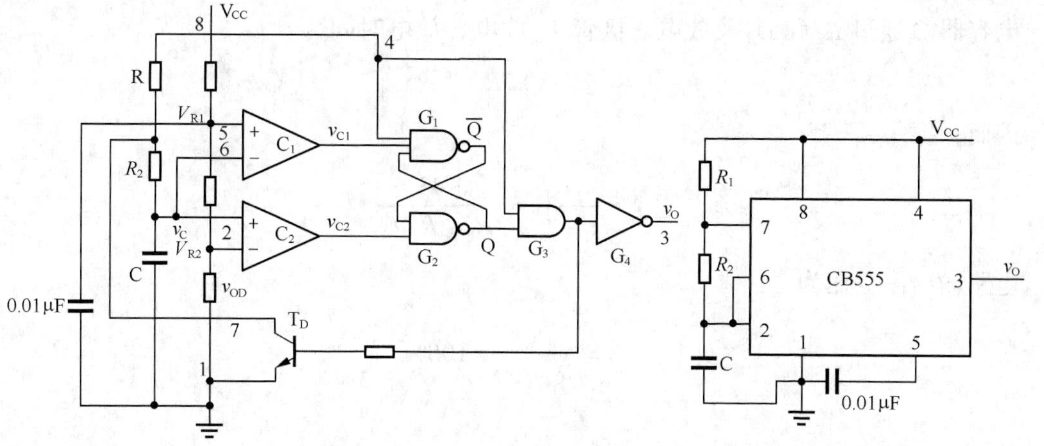

（a）电路图　　（b）简化电路图

图 4-76　用 555 组成的多谐振荡器

当放电结束后，T_D截至，V_{CC}将通过R_1、R_2向电容器 C 充电，v_C由$\frac{V_{CC}}{3}$上升到$\frac{2V_{CC}}{3}$的时间为

$$t_2=(R_1+R_2)C\ln 2\approx 0.7(R_1+R_2)C$$

当v_C上升到$\frac{2V_{CC}}{3}$时，电平又翻转为低电平。如此周而复始，于是在电路输出端就得到一个周期性的矩形波，工作波形如图 4-77 所示。其振荡频率为

$$f=\frac{1}{t_1+t_2}\approx\frac{1.43}{(R_1+2R_2)C}$$

上式标明，改变 R 和 C 就可改变振荡频率。用 CB555 组成的多谐振荡器最高频率为 500kHz，用 CB7555 组成的多谐振荡器最高频率可达 1MHz。前面 555 组成的多谐振荡器$t_1\neq t_2$，而且占空比固定不变。为了改变占空比，可采用图 4-78 所示电路。

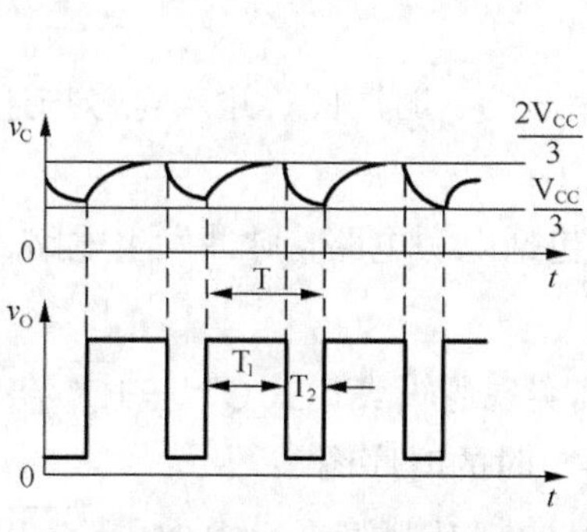

图 4-77　由 555 定时器组成的多谐振荡器工作波形

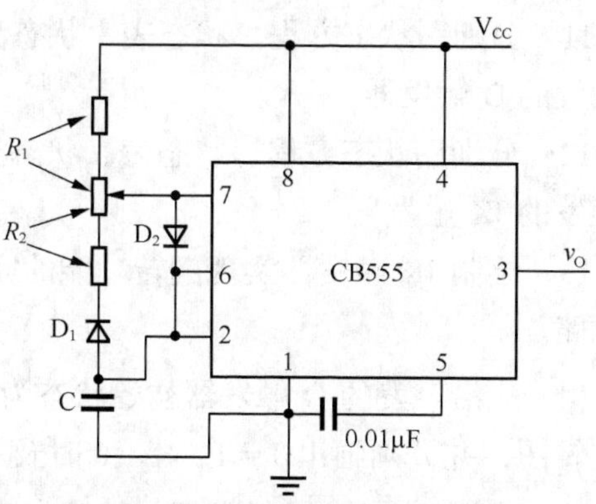

图 4-78　改进的 555 定时器组成的多谐振荡器

由于电路中的二极管D_1、D_2的单向导电特性，使电容器 C 的充放电回路分开，调节电位器，就可调节多谐振荡器的占空比。图 4-78 中，V_{CC}通过R_1、D_1向电容器充电，充电时间为

$$t_1\approx 0.7R_1C$$

电容器 C 通过 R_2 和 D_2 及放电三极管 T_D 放电，放电时间为

$$t_2 \approx 0.7R_2C$$

因而，振荡频率为

$$f = \frac{1}{t_1 + t_2} \approx \frac{1.43}{(R_1 + R_2)C}$$

电路输出占空比为

$$q = \frac{R_1}{R_1 + R_2} \times 100\%$$

习　题

4-1　对于数字系统而言，组合逻辑电路有哪些缺点？

4-2　时序电路的时间是如何实现的？请提出构思。

4-3　绘制脉冲波形，指出一个时钟脉冲由哪四个时刻组成。

4-4　绘制无源晶振脉冲发生电路，阐述其设计原理。

4-5　触发器能够表示哪些状态？如何对其进行分类？

4-6　触发器时间和存储功能是如何实现的？

4-7　绘制基本 RS 触发器的逻辑图，分析其工作原理，推导其状态方程及约束条件。

4-8　解释概念：状态、现态、次态、状态方程、状态表、状态图、时序图。

4-9　绘制上升沿触发的主从 RS 触发器，分析其工作原理。

4-10　分别用状态方程、状态表、状态激励表、状态图、时序图、逻辑符号描述 1 位同步 D 触发器。

4-11　分别用状态方程、状态表、状态激励表、状态图、时序图、逻辑符号描述 1 位上升沿触发的 D 触发器。

4-12　分别用状态方程、状态表、状态激励表、状态图、时序图、逻辑符号描述 1 位上升沿触发的 JK 触发器。

4-13　绘制 JK 触发器实现翻转功能的完整电路。包括电源电路，脉冲发生电路，触发器翻转电路。

4-14　边沿触发的 D 触发器初始状态为 1，利用其实现逻辑表达式 $Q^{n+1} = J\overline{Q^n} + \overline{K}Q^n$，绘制其逻辑图，并分别画出 J = 1，K = 0 时及 J = 0，K = 1 时的时序图。

4-15　边沿触发的 JK 触发器初始状态为 0，利用其实现其逻辑表达式 $Q^{n+1} = \overline{Q^n}$，绘制其逻辑图、时序图。

4-16　设计同步 JK 触发器，要求实现 4 种功能：当 JK = 00，实现置 0 功能；当 JK = 11，实现置 1 功能；当 JK = 01，实现保持功能；当 JK = 10，实现状态翻转。根据组合电路设计方法，求出 JK 触发器状态方程，并与 RS 触发器的状态方程比较求出 S、R 的表达式，实现

对同步 RS 触发器的改进。

4-17 在图 4-79 所示电路中，已知 CMOS 反相器 G1 和 G2 的电源电压等于 5V，V_{DD} 等于 5V，$V_{OH}≈5V$，$V_{OL}≈0V$，$V_{TH}≈2.5V$。若 $R_A = 22kΩ$，$R_B = 51kΩ$，试求电路的正向阈值电压 V_{T+}，负向阈值电压 V_{T-} 和回差电压 $ΔV_T$，并画出电路的电压传输特性。

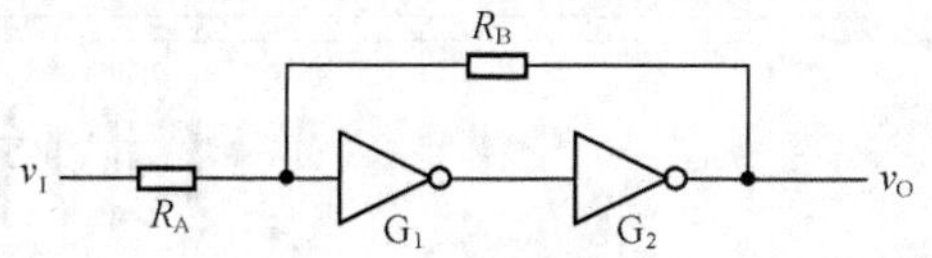

图 4-79 第 17 题图

4-18 在图 4-80 所示的单稳态电路中，已知 CMOS 门电路 G_1 和 G_2 的电源电压 V_{DD} 等于 5V，高电平输出电阻 $R_{ON(P)} = 150Ω$，$V_{TH} = V_{DD}/2$。若 $R = 11kΩ$，$C = 0.001μF$，试求输出脉冲的宽度和电路的分辨时间。假定触发脉冲的高电平持续时间远小于输出脉冲的宽度。

4-19 用集成单稳态电路 74121 设计一个脉冲展宽电路，将图 4-81 所示的输入脉冲展宽为宽度等于 1ms 的等宽的脉冲。

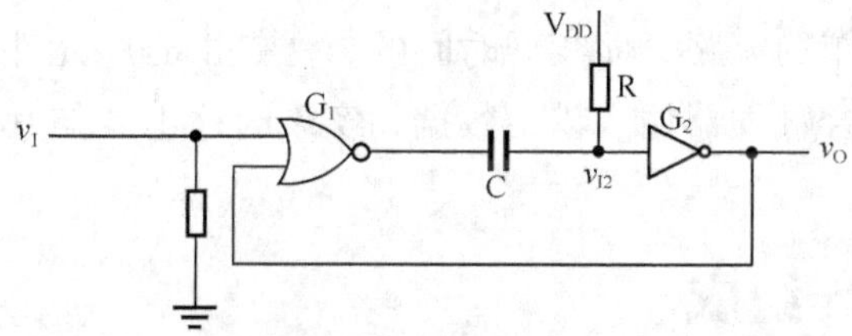

图 4-80 第 18 题图

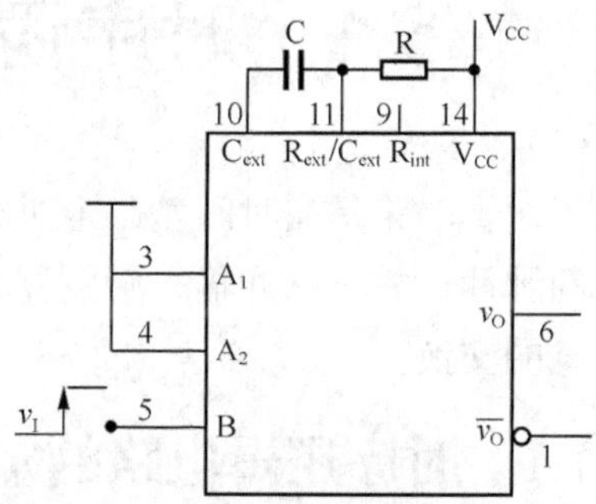

图 4-81 第 19 题图

4-20 在图 4-82 所示的施密特触发电路中，若将输入端 V_{co} 经 10kΩ电阻接地，如图中所示，试求电路中的 V_{T+}、V_{T-}和 $ΔV_T$。其中比较器的输入电流可忽略不计。

4-21 图 4-83 所示是用 555 定时器接成的多谐振荡电路。已知 $R_1 = 10kΩ$，$R_2 = 20kΩ$，$C = 0.015μF$，试求输出脉冲的频率和占空比。

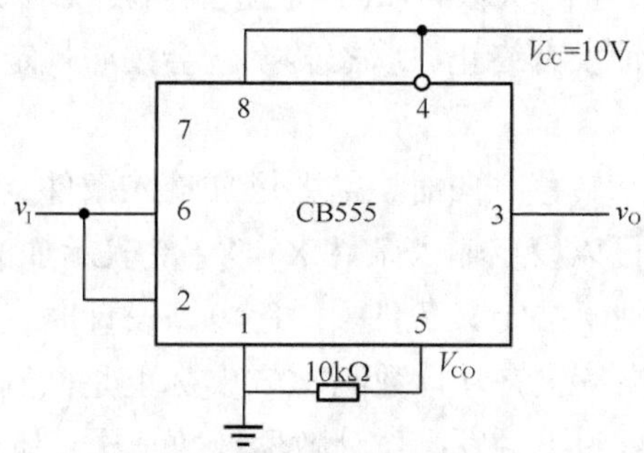

图 4-82 第 20 题图

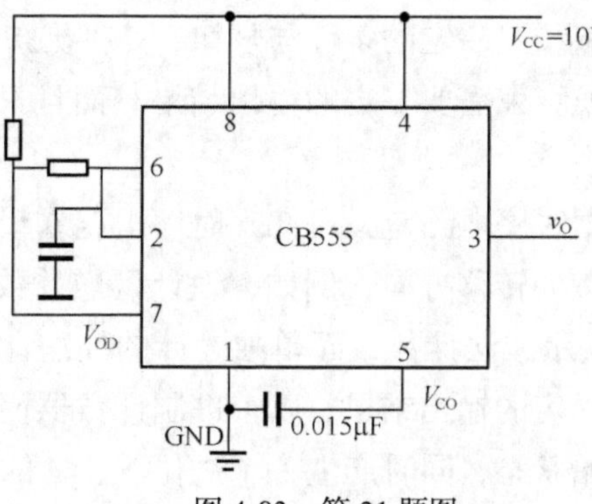

图 4-83 第 21 题图

第 5 章 时序逻辑电路

时序电路是指有触发器参与设计的数字电路，一个触发器在脉冲作用下，能够完成存储数据、置 1、置 0、翻转等功能，其本身就是一个简单的时序逻辑电路。本章以触发器知识为基础，主要讲述时序逻辑电路的定义、分类、表示，同步时序逻辑电路的分析与设计，异步时序电路的分析与设计，常用时序逻辑元件的设计与应用。

5.1 时序逻辑电路的定义及表示

时序逻辑电路是在时间基础上进行工作的电路，而实现时间的方法是由时序元件发出连续不断的脉冲，并将脉冲输入触发器，配合触发器输入输出数据，实现时序电路与其他数字电路信息的交换。

5.1.1 时序逻辑电路的定义与组成

1. 时序逻辑电路的定义

如前面所述，以一个或多个触发器为核心，在触发器输入脉冲信号的作用下，在每个时钟周期的有效时刻，触发器激励信号接收来自其他数字电路的数据，和状态反馈信号一起得到输出的次态信号，这样的数字逻辑电路称为时序逻辑电路。也就是说，只要有触发器参与设计的数字电路必然是时序逻辑电路，时钟连续不断输入，保证了电路状态不断产生与反馈，电路能够按照一定的条件与规律，实现状态转换和检测状态的输出。状态如何转换需要条件，状态转换结束需要一定的输出结果，而且只要时钟没有终止，状态转换就会按照规定的顺序循环下去。

根据时序电路定义可知，时序电路在设计状态转移方向时，需要增加输入条件，由条件确定状态的转移方向，例如，设计可逆计数器，可以设定输入条件 X，X = 0 表示加法计数，X = 1 表示减法计数，而单独设计的加法计数器则不必定义条件。时序电路设计时，同样需要确定一定的输出结果，以十进制计数器而言，当从状态 9 计数到 10，实际上是回到状态循环的起始状态，同时产生一个进位 Y，Y 的进位是为了触发高位计数器计数 1 次，所以 Y 的取值是由时钟脉冲决定的。

2. 时序逻辑电路分类

如果时序电路所有触发器的时钟 CP 同时连接到系统提供时钟的脉冲发生端，这种时序电路称为同步时序逻辑电路；而每个触发器的时钟是根据时间安排从系统或电路中逐个获得的，这种电路称为异步时序电路。

同步时序逻辑电路在设计时无须考虑时钟对电路的影响，而异步时序逻辑电路则需要在状态变化的基础上，去分析和针对性地选择时钟脉冲，并针对每个触发器设计时钟电路。同步时序逻辑电路在分析时无须写脉冲方程，而异步时序逻辑电路则必须写出时钟方程，并根据时钟方程的变化去确定状态如何变化。

3. 时序逻辑电路组成结构

时序逻辑电路核心部分是以一个或多个触发器组成的存储单路，存储电路的输入是脉冲信号、激励信号。脉冲信号来自于脉冲发生电路，激励信号来自于由条件或反馈信号作为输入的组合逻辑电路，电路的输出（如进位）同样来自于由条件或反馈信号作为输入的组合逻辑电路。根据这个分析，时序逻辑电路的组成结构如图 5-1 所示。

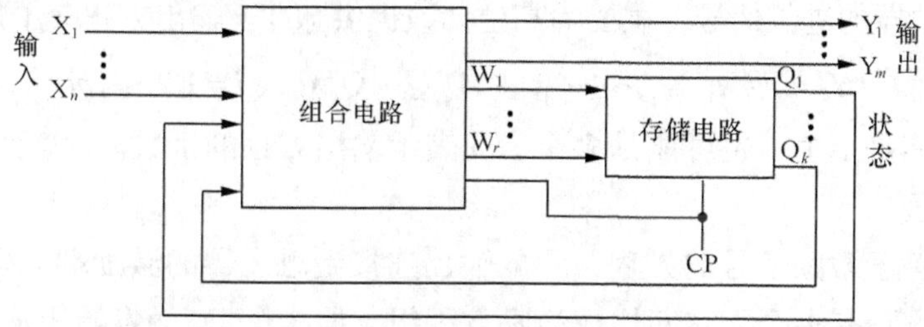

图 5-1　时序逻辑电路组成结构图

从图 5-1 可以看出，整个时序电路是由组合电路部分和具有记忆功能的触发器组合构成的。在图中，信号 $X_1 \sim X_n$ 为时序电路的输入信号，它不仅是组合电路部分输出函数 $Y_1 \sim Y_m$ 的输入变量，也是存储电路输入函数 $W_1 \sim W_r$ 的输入变量，$W_1 \sim W_r$ 是存储器输出 $Q_1^{n+1} \sim Q_k^{n+1}$ 的输入信号，我们称它们为激励信号。$Q_1^n \sim Q_k^n$ 现态数据可以反馈回组合电路，作为组合电路输出和激励信号输出及异步电路时钟信号 CP 的输入信号，现态信号的下一时刻的取值称为次态信号，用 $Q_1^{n+1} \sim Q_k^{n+1}$ 来表示。

5.1.2　时序逻辑电路的表示方法

在触发器研究过程中，提到了关于触发器状态特性方程、状态表、状态图、时序图等表示方法。除此之外，针对图 5-1 所示，电路中应该有激励方程、输出方程、时钟方程等表达式需要表示，以及图 5-1 对应的逻辑图表示法。所以，时序电路主要有方程、状态表、状态图、时序图、逻辑图等几种表示方法。

1. 逻辑表达式

从图 5-1 可以看出，表示时序电路的方程主要有时钟方程、输出方程，激励方程、状态方程。

（1）时钟方程 CP

在同步电路中，所有触发器都是同步变化的，所以 h 个触发器中第 b 个触发器的时钟方程为 $CP_b = CP$，所有触发器时钟方程相同。同步时序电路的时钟一般来自于系统时钟，也可能来自为系统专门设计的时钟电路。

而在异步电路中，时钟的获得可能来自触发器反馈的现态信息，也可能来自组合电路的输入，h 个触发器中第 b 个触发器的特性方程 CP_b 为

$$CP_b = M_i(X_1, X_2, \cdots, X_n; Q_1^n, Q_2^n, \cdots, Q_k^n) \qquad b = 1, 2, \cdots, h$$

从表达式可以看出，异步时序逻辑电路时钟方程的输入有逻辑条件和反馈的现态信息，CP_b 连接到第 b 个触发器脉冲输出端。

在设计异步时序电路时，一般是根据状态变化确定时钟方程。而在分析时序电路过程中，要根据时钟方程时钟的变化确定状态方程是否产生新的状态数据。如果状态变化规定的时钟到来，可执行状态方程得到新的状态，否则，电路中的状态数据处于保持的状态下。

（2）输出方程

输出方程是状态变化结束的标志，提供状态变化的结果和时钟元件扩展的级联条件，输出方程由组合逻辑电路产生，它的输入条件可能是反馈的现态信号，也可能是状态变化的前提条件，如十进制计数器的进位信号，主要为高位计数提供脉冲。输出方程 Y_i 的逻辑表达式为

$$Y_i = F_i(X_1, X_2, \cdots, X_n; Q_1^n, Q_2^n, \cdots, Q_k^n) \qquad i = 1, 2, \cdots, m$$

输出方程可能是 1 个，也可能是多个，m 表示输出方程的个数。i 表示第 i 个输出方程。

（3）激励方程

激励方程是关于激励信号的方程，它的输出连接到触发器的激励端，多个触发器存在的时序电路，激励方程有多个，它们构成激励方程组，如 3 个 JK 触发器组成的时序逻辑电路，激励信号 J、K 共有 6 个方程，构成 3 个方程组。激励方程的表达形式 W_j 如下式所述，其中 j 表示第 j 组对应的激励方程。

$$W_j = G_j(X_1, X_2, \cdots, X_n; Q_1^n, Q_2^n, \cdots, Q_k^n) \qquad j = 1, 2, \cdots, r$$

（4）状态方程

状态方程是将激励方程代入状态特性方程获得的，以 JK 触发器为例，J = 1，K = 0，代入状态特性方程 $Q^{n+1} = J\overline{Q^n} + \overline{K}Q^n$ 中，$Q^{n+1} = 1 \cdot \overline{Q^n} + \overline{0} \cdot Q^n = 1$，触发器实现了置 1 的功能。多个触发器的状态方程构成了状态方程组。状态方程的表示形式如下：

$$Q_a^{n+1} = P_a(X_1, X_2, \cdots, X_n; Q_1^n, Q_2^n, \cdots, Q_k^n) \qquad a = 1, 2, \cdots, k$$

从式中可以看出，状态方程的输入是逻辑条件和现态变量，表达式中的 a 表示第 a 个触发器的状态方程，k 表示共有 k 个触发器或状态方程。

各种方程的书写方法与组合逻辑电路相同，找出输入、输出变量，然后根据逻辑门或特性方程写出输出的逻辑表达式。

2. 状态表

状态表是状态转换真值表的简称，它是在指定条件下，反映现态向次态转换的真值表。

这种表格的输入是条件变量和反馈的现态信息变量，输出的是次态信息和反映状态转换结果的输出。以八进制加法计数器状态表为例，表 5-1 就是表示其状态转换的状态表。

表 5-1　　八进制加法计数器状态表

Q_2^n	Q_1^n	Q_0^n	Q_2^{n+1}	Q_1^{n+1}	Q_0^{n+1}	Y
0	0	0	0	0	1	0
0	0	1	0	1	0	0
0	1	0	0	1	1	0
0	1	1	1	0	0	0
1	0	0	1	0	1	0
1	0	1	1	1	0	0
1	1	0	1	1	1	0
1	1	1	0	0	0	1

从表中可以看出，表示八进制状态数据需要 3 位二进制数，也就是需要 3 个触发器表示八进制数的状态，3 位八进制数的编码一般设为计数值大小，这样便于观察计数规律。初始状态设定为 000，加 1 后变为 001，依次加 1，经过 8 个脉冲，当 7 加 1 变 8 时，回到初始计数状态 0 并产生进位 1。真值表中的状态必须是循环的，是一个完整的闭环循环系统，否则无法构成时序逻辑电路，电路操作无法自动循环实现。

表 5-1 定义的变量中，输入变量中无条件变量，只有反馈的现态信号 Q_2^n 、Q_1^n 、Q_0^n ，输出信号有 Q_2^{n+1} 、Q_1^{n+1} 、Q_0^{n+1} 、Y。不管是现态变量还是次态变量，状态信号变量必须自高位向低位排列，否则绘制状态图时会使状态数据变反，无法构成或者构成错误的状态图。Y 变量的结果，只有在 111 变为 000 时会产生进位，这个进位并不是真正的进位，而是提供了一个脉冲，用来连接到次高位计数器的脉冲输入引脚，使之计数 1 次，相当进了一次位。表 5-1 中 Y 的变化表示电路采用了上升沿触发的触发器，因为高位计数时，提供的脉冲为 0→1，这也是判别电路中触发器边沿触发方式的方法。

从真值表可以找出状态转换的过程，第一行状态从 000→001，然后把 001 当做现态，在表中第二行找到现态 001，该行状态由 001→010，依次类推，直到找到 111→000，返回初始计数状态，并得到进位 1。这个过程展示了八进制计数器计数的完整过程。

3. 状态图

状态图一般根据状态表绘制而成，状态表中现态包括所有二进制编码，对每一条状态转移线来说，箭头线出发点是现态，箭头指向的状态是次态。从状态表中选择一个起始状态，在表同行的次态栏中找出次态，注意每个状态表示必须自高位向低位排列，接着绘制出两个状态，用状态转移线由现态指向次态，并在状态转移线上标注条件取值和结果取值，然后把次态看做左侧的现态，找出右侧的次态，绘制次态，用状态转移线由现态指向次态，并标注条件和结果取值。用这种方法绘制出所有的状态和状态转移线后，会构成一个闭环的状态转换图，如果不是闭合的循环，说明电路设计错误，需要修改状态图、状态表，重新设计时序逻辑电路。

根据上面所述的方法，绘制出表 5-1 所示的状态转换图。绘制该图时，选择 000 为初始状态，它在表中第 1 行的次态是 001，输出 Y = 0，没有输入条件；001 的现态在第 2 行，它的次态是 010，Y = 0；…。依次类推，找出所有的现态和次态，按顺序绘制出所有的状态、状态转移线和输出结果。绘制的状态图如图 5-2 所示。

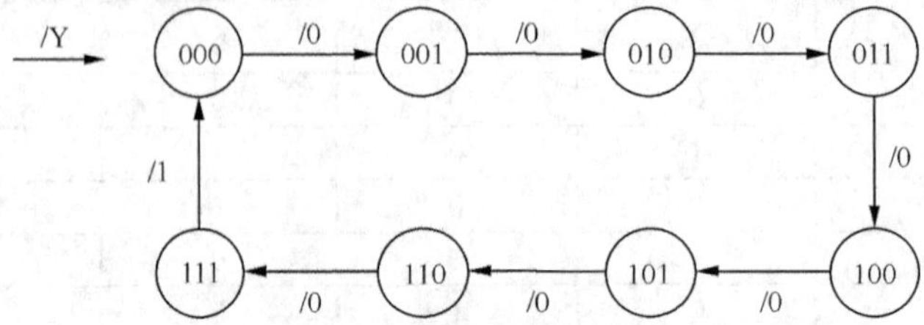

图 5-2　八进制加法计数器的状态图

最后一个状态从 111 转变为 000，恢复到起始状态，同时 Y 由 0 变 1，产生了一个计数进位，实际上是提供了一个 0→1 的上升沿脉冲，这个进位输出会连接到到高位计数器的脉冲输入端 CP，利用上升沿为高位计数器计数 1 次。也就是说，低位计数器计数 8 次，高位计数器计数 1 次，实现高位进位过程。通过这一点可知，图中使用的是上升沿触发的触发器。

4. 时序图

利用时序的变化画出的状态信号的转换波形，就是时序图。时序图可以根据状态表和状态图绘制而成，根据时序的变换，在每个时钟脉冲的有效时刻，完成一次状态的转换。在图 5-2 中，8 个状态的转换顺序是 000→001→010→011→100→101→110→111→000。进行一个循环的状态转换需要 8 个时钟，绘制时序图时，绘制 8 个时钟即可。为时序转换指定初始状态 000，它们分别对应状态变量 Q_2、Q_1、Q_0，在第一个上升沿，000 变为 001，并保存到第 2 个上升沿为止，依次绘制转换的波形，绘制的时序图如图 5-3 所示。

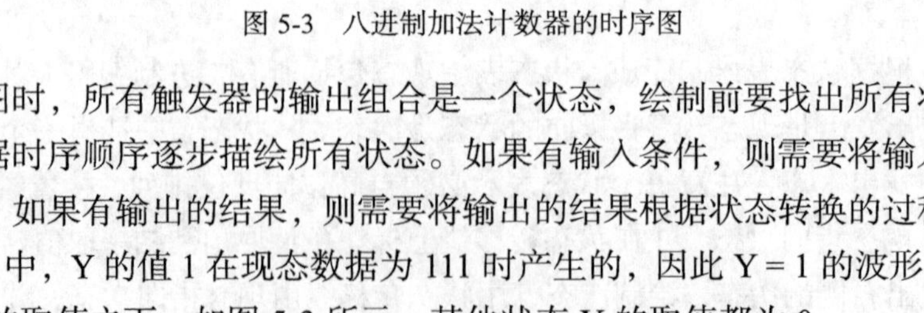

图 5-3　八进制加法计数器的时序图

绘制时序图时，所有触发器的输出组合是一个状态，绘制前要找出所有状态及相互转换关系，然后根据时序顺序逐步描绘所有状态。如果有输入条件，则需要将输入条件的波形绘制在状态之前；如果有输出的结果，则需要将输出的结果根据状态转换的过程绘制于状态的下方。在图 5-2 中，Y 的值 1 在现态数据为 111 时产生的，因此 Y = 1 的波形应该绘制在 Q_2、Q_1、Q_0 为 111 的取值之下，如图 5-3 所示，其他状态 Y 的取值都为 0。

5. 逻辑图

时序逻辑电路是以触发器为核心组成的，在绘制时序逻辑电路的逻辑图时，一般使用触发器的逻辑符号和组合逻辑门的逻辑符号进行绘制，也可以自绘制触发器逻辑门元件的逻辑符号代替第 4 章所讲触发器的逻辑符号。图 5-4 是一个由 T 触发器组成的时序电路逻辑图。逻辑图是由 2 个 T 触发器逻辑符号、1 个异或门逻辑符号、1 个与非门逻辑符号及 1 个非门逻辑符号组成的。

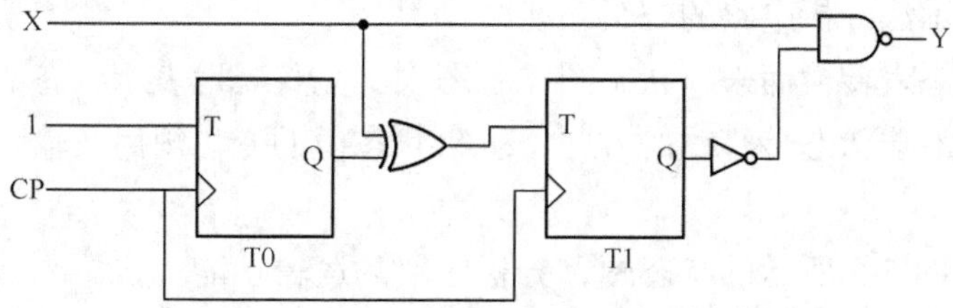

图 5-4　由 T 触发器组成的时序电路逻辑图

5.2　同步时序逻辑电路的分析与设计

触发器是时序电路的记忆部件，它通过输入信号、时钟、激励信号实现了时序电路的逻辑功能。所有触发器都使用相同的时钟信号，这类电路称为同步时序逻辑电路。因为时钟信号相同，所以不必考虑时钟方程，而只需考虑时钟对电路状态转换的影响。

5.2.1　同步时序逻辑电路的分析

同步时序逻辑电路分析是指针对给出的同步时序逻辑电路的逻辑图，根据时序逻辑电路的定义和表示方法，或者根据元件的实际应用，分析出电路的逻辑功能。

1. 同步时序逻辑电路功能分析方法

时序逻辑电路的元件主要有存储多位数据和用于移位的寄存器、计数使用的计数器、产生脉冲的顺序脉冲发生器、序列检测器等。在分析电路逻辑功能时，可以根据绘制的逻辑图直接发现电路是何种元件，但却无法确定电路具体的功能。只有采用时序逻辑电路的表示方法，寻找状态变化的共同规律，才能根据状态变化的规律，定义出同步时序逻辑电路的逻辑功能。

时序逻辑电路一般有逻辑图、方程、状态表、状态图、时序图等 5 种表示方法。逻辑图是与实际电路相当的图形表示法，方程是对逻辑图功能状态的转换，只有状态表、状态图、时序图这 3 种方法体现了状态的转换过程，通过这 3 种方法，我们可以分析出电路的逻辑功能。

（1）状态表表示法分析电路逻辑功能

状态表反映的是输入条件下，现态数据与次态数据的转换关系，以及输出的结果。只要能够将所有状态转换的数据分析出来，构成一个闭环的循环系统，然后根据数据的转换过程寻找其运行的规律，找出电路的逻辑功能。表 5-1 所示是 8 进制加法计数器的状态表，从表中可以发现状态转换过程为 000→001→010→011→100→101→110→111→000。通过数字可以发现，经过一个时序脉冲后，状态编码的值会加 1，将状态编码值和数字对等，相当于计数加 1，计数到 7 后，产生进位 1，再回到计数值 0。从 0 开始，逐脉冲加 1，经过 8 个脉冲，完成了 8 次计数，回到初始状态。因此该电路为八进制加法计数器，也可称为模 8 加法计数器，是一种二进制计数器。又因为其进位输出的变化是由 0→1，因此计数器使用了上升沿触发的触发器。

（2）状态图表示法分析电路的逻辑功能

状态图是由状态表转换而来，状态图比状态表更能直观地表示状态的转换关系。通过状态图的初始状态，沿着状态转移线的方向，观察状态值的变化规律及输入输出取值，从而找出电路的逻辑功能。

【例 5.1】 查看图 5-5 所示的状态图，分析电路的逻辑功能。

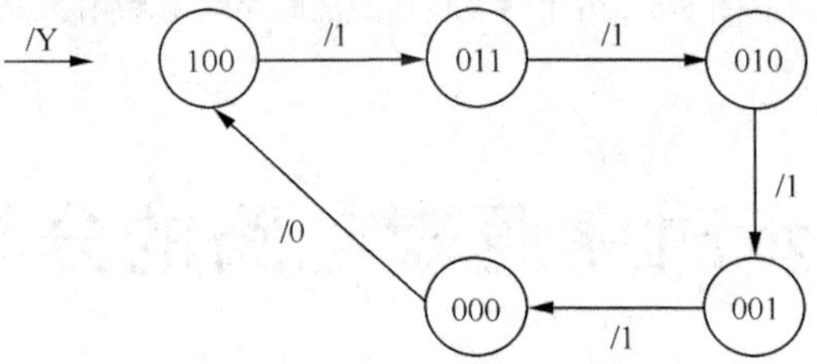

图 5-5　分析时序逻辑电路功能的状态图

从状态图可以看出，状态数据变化过程为 100→011→010→001→000→100，数字逐步减 1，经过 5 个时钟脉冲，状态回到初始状态 100，计数 5 次，数字逐步减 1，符合减法计数器的特点，因此是五进制减法计数器。在恢复到初始状态时，进位由 1 变 0，相当于提供了脉冲下降沿，连接到高位的计数器脉冲引脚，实现了高位减 1 的操作。所以，该电路实现了下降沿触发的五进制减法计数器功能。

（3）时序图表示法分析电路的逻辑功能

时序图表示法是根据状态图绘制而成的。根据时序图的不同条件找出状态的变化过程，如果没有条件则直接找出状态变化过程即可，并根据输出变化确定有效的脉冲时钟，然后确定电路的逻辑功能。

【例 5.2】 分析图 5-6 所示时序图表示的逻辑功能。

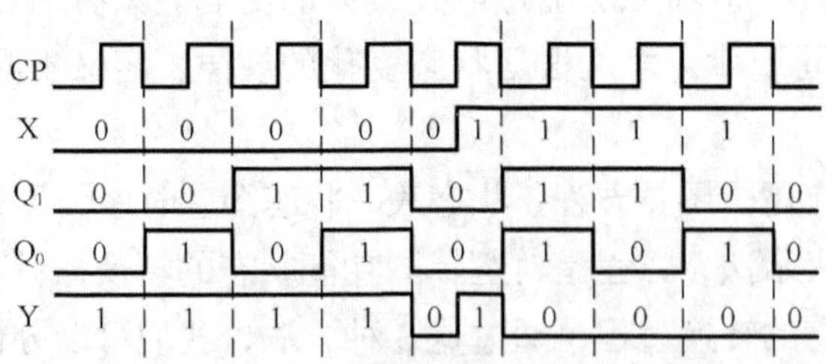

图 5-6　分析电路逻辑功能的时序图

从图中可以看出，当 X = 0 时，Q_1、Q_0 的状态变化是 00→01→10→11→00，在 11 变 00 时，Y 由 1 变 0，实现了下降沿触发的四进制加法计数器；当 X = 1 时，Q_1、Q_0 的状态变化是 00→11→10→01→00，在 00 变 11 时，Y 由 1 变 0，实现了下降沿触发的四进制减法计数器。综合电路的功能，该时序图实现了下降沿触发的四进制加减法可逆计数器功能。

2. 同步时序逻辑电路分析步骤

电路分析的目的是通过电路的表示方法，将电路自身（逻辑图）表达的意图或逻辑功能给展示出来，以便于更好地选择时序逻辑元件，在实际研发的过程中得到最佳的应用。根据时序逻辑电路的表示方法，对于电路的分析过程，应该遵循一定的过程去完成，主要包括以下步骤。

（1）根据逻辑图列出相关方程

由图 5-1 所示，根据时序逻辑电路的逻辑图，可以直接写出输出方程和激励方程，然后把激励方程代入状态特性方程，求出次态对应的状态方程。

【例 5.3】根据图 5-7 所示时序逻辑电路的逻辑图，写出输出方程、激励方程和特性方程。

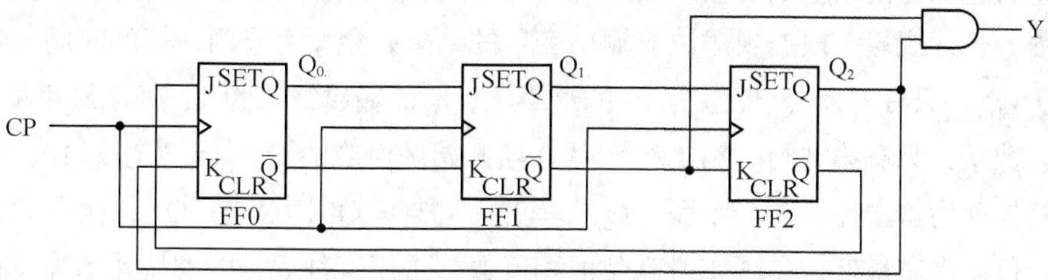

图 5-7　同步时序逻辑电路时序图

① 求输出方程：$Y = Q_2^n \overline{Q_1^n}$。

② 求激励方程组：

$$\begin{cases} J_2 = Q_1^n & K_2 = \overline{Q_1^n} \\ J_1 = Q_0^n & K_1 = \overline{Q_0^n} \\ J_0 = \overline{Q}_2^n & K_0 = Q_2^n \end{cases}$$

③ 根据激励方程求出状态方程组。

把激励方程代入 JK 触发器的特性方程 $Q^{n+1} = J\overline{Q^n} + \overline{K}Q^n$，得到如下状态方程组：

$$\begin{cases} Q_2^{n+1} = J_2\overline{Q_2^n} + \overline{K}_2 Q_2^n = Q_1^n\overline{Q_2^n} + Q_1^n Q_2^n = Q_1^n \\ Q_1^{n+1} = J_1\overline{Q_1^n} + \overline{K}_1 Q_1^n = Q_0^n\overline{Q_1^n} + Q_0^n Q_1^n = Q_0^n \\ Q_0^{n+1} = J_0\overline{Q_0^n} + \overline{K}_0 Q_0^n = \overline{Q_2^n}\cdot\overline{Q_0^n} + \overline{Q_2^n} Q_0^n = \overline{Q_2^n} \end{cases}$$

（2）列出状态表

状态表的输入变量有条件变量和现态变量，输出变量有次态变量和输出变量。它们都按照序号自高位向低位排列，一般把输出变量放置在次态变量之后。

填写状态真值表，先根据输入输出变量绘制好真值表，接着按照从小到大的顺序列出输入变量的所有取值，然后把每一组输入数据代入次态方程和输出方程，求出数值后代入状态表中。根据这个分析，针对例 5.3 所求输出方程、次态方程，绘制出表 5-2 所示的状态表。

表 5-2　　同步时序逻辑电路的状态表

Q_2^n	Q_1^n	Q_0^n	Q_2^{n+1}	Q_1^{n+1}	Q_0^{n+1}	Y
0	0	0	0	0	1	0
0	0	1	0	1	1	0
0	1	0	1	0	1	0
0	1	1	1	1	1	0
1	0	0	0	0	0	1
1	0	1	0	1	0	1
1	1	0	1	0	0	0
1	1	1	1	1	0	0

在填充次态和输出取值的时候，如果逐行计算是非常烦琐的，可以通过观察找出次态方程和输出方程的表达规律，根据规律填充输出变量的结果，会大大节约计算的时间。观察输出表达式 $Y = Q_2^n\overline{Q_1^n}$，只有 Q_2、Q_1 现态为 10 的最小项，Y 的输出结果为 1，其他最小项都为 0。观察表中现态数据，只有第 4 行、第 5 行（从 0 项开始）对应的 Q_2、Q_1 现态为 10，所以对应的 Y 为 1，其他项为 0。观察次态方程：$Q_2^{n+1} = Q_1^n$，$Q_1^{n+1} = Q_0^n$，$Q_0^{n+1} = \overline{Q_2^n}$，次态的高两位就是现态的低两位，次态最低位是现态最高位的相反数，采用这种规律能够快速填充真值表。

（3）由状态表转换为状态图

从状态表的第 1 行开始，依次找出所有的状态，并按照状态表中现态和次态转换的顺序，绘制所有状态，并用状态转移线指向，在状态转移线上标出每次状态转换时的输入条件和输出结果，就将状态表转换为状态图。

表 5-2 所示的同步时序逻辑电路的状态表，第 1 行的现态为 000，次态为 001，将 001 当做现态，在第 2 行找到它的次态为 011，在第 4 行找到 011 的次态为 111，在第 8 行找到 111 的次态为 110，在第 7 行找到 110 的次态为 100，在第 5 行找到 100 的次态为 000，回到初始状态，构成一个封闭循环过程，循环过程为 000→001→011→111→110→100→000，共有六个状态参与其中。剩余的现态为 010 和 101，它们在状态表中的第 3 行和第 6 行，次态分别为 101 和 010，两个状态构成自循环系统，因其状态少，属于无效的状态循环。在 100 转换为 000 时，输出 Y 为 1，在 101 转换为 010 时输出 Y 为 1，根据状态表状态转换过程的分析，绘制了图 5-8 所示的状态图。

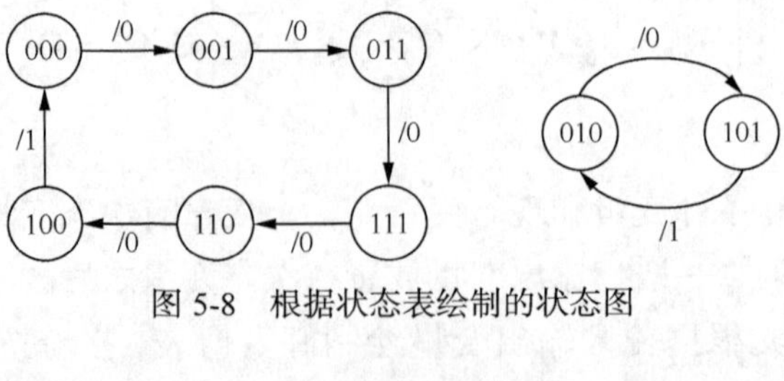

图 5-8　根据状态表绘制的状态图

从图 5-8 可以发现，010 和 101 组成的无效循环没有指向有效的循环，如果三个触发器对应的初始值为 010 或 101，那么该电路就无法进入有效的状态转换过程中去，也就是无法启动电路，则称这个电路不具有自启动功能。不具有自启动功能的电路是错误设计的电路，需要将无效状态看做现态，把状态转移线重新指向有效循环中的任何一个状态作为次态，然后重新逆向设计电路即可。

（4）根据状态图绘制时序图

状态图绘制完成后，需要根据状态图确定状态转换有哪些条件，每个条件下有多少个状态转换，从而确定需要绘制的时序的多少，时序的个数为各种条件下所有转换的状态总和。每个条件下状态转换顺序按照状态图的顺序转换。状态转换的位置要根据输出取值变化确定，如果最后的状态回到初始状态，输出由 0 变 1，则在上升沿触发时进行状态转换；若输出由 1 变 0，则在下降沿时进行状态变换。

图 5-8 中，没有输入条件，只有六个状态的转换过程，在由 100 变为 000 时，Y 由 0 变 1，所以电路提供的是上升沿触发的脉冲，每到上升沿，便完成 1 次状态的转换，根据这个分析，绘制的时序图如图 5-9 所示。

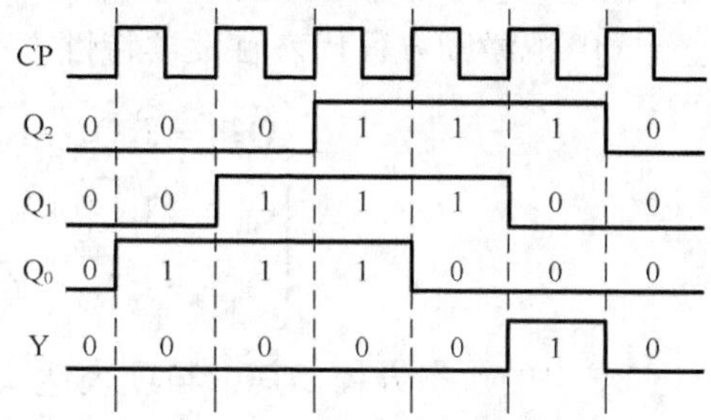

图 5-9　由状态图绘制的时序图

（5）分析电路的逻辑功能

电路的逻辑功能主要是通过状态变化及输出变化来确定，而状态变化主要通过状态表、状态图、时序图来分析，相比较而言，状态图的变化比较容易观察得到。

从图 5-8 所示的状态图进行观察，6 个状态按照 000→001→011→111→110→100→000 的顺序循环变化，经过了六个时钟完成了一次循环，相当于完成了六次计数过程，又回到初始状态。在回到初始状态时，输出 Y 由 0 变 1，因此这是一个上升沿触发的模六计数器。

3. 同步时序逻辑电路分析实例

【例 5.4】同步时序逻辑电路的逻辑图如图 5-10 所示，分析其逻辑功能。

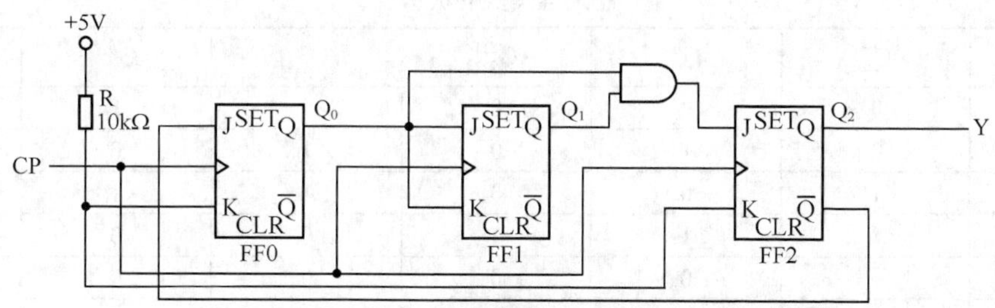

图 5-10　同步时序逻辑电路逻辑图

同步时序逻辑电路的分析，主要包括写输出方程、激励方程，将激励方程代入触发器的特性方程中求次态方程；根据输出方程和次态方程绘制状态表；根据状态表绘制状态图；根据状态图绘制时序图；根据状态表、状态图、时序图分析电路实现何种逻辑功能这几个步骤。

（1）列方程

① 列输出方程。

观察电路图，发现输出 Y 与 Q_2 直接连接，故输出方程为

$$Y = Q_2^n 。$$

② 求激励方程组。

考虑状态自高位向低位表示，建议先求编号（2#）高的触发器的激励方程组，最后求编号最小触发器的激励方程组。根据各个触发器 J、K 连接的变量，或反馈的现态变量，或组合逻辑电路的输出，写出所有 J、K 的方程，构成激励方程组。

$$\begin{cases} J_2 = Q_1^n Q_0^n \\ K_2 = 1 \end{cases} \quad \begin{cases} J_1 = Q_0^n \\ K_1 = Q_0^n \end{cases} \quad \begin{cases} J_0 = \overline{Q_2^n} \\ K_0 = 1 \end{cases}$$

J_2 连接一个与门，与门的输入是 Q_1、Q_0，J_1 和 K_1 都连接在 Q_0 的输出端，J_0 连接在 $\overline{Q_2^n}$ 的输出端，K_2、K_0 连接到置 1 电路上，因此得到上述逻辑表达式。

③ 把激励方程代入触发器特性方程，求出次态方程：

$$\begin{cases} Q_2^{n+1} = J_2\overline{Q_2^n} + \overline{K_2}Q_2^n = Q_1^n Q_0^n \overline{Q_2^n} + \overline{1} \cdot Q_2^n = \overline{Q_2^n} Q_1^n Q_0^n \\ Q_1^{n+1} = J_1\overline{Q_1^n} + \overline{K_1}Q_1^n = Q_0^n\overline{Q_1^n} + \overline{Q_0^n}Q_1^n = Q_1^n \oplus Q_0^n \\ Q_0^{n+1} = J_0\overline{Q_0^n} + \overline{K_0}Q_0^n = \overline{Q_2^n} \cdot \overline{Q_0^n} + \overline{1} \cdot Q_0^n = \overline{Q_2^n} \cdot \overline{Q_0^n} \end{cases}$$

求出的次态方程，其中与项表达式中的现态变量自高编号向低编号排列，防止数据计算时出现顺序错误。

（2）根据输出方程、次态方程列出状态表

将现态作为输入变量，从高位向低位排列，将次态、输出作为输出变量，次态自高位向低位排列，列举现态变量的所有取值，并逐行代入输出方程和次态方程中，求出输出变量的所有结果。输出变量 Y 和 Q_2 现态的取值相同，在现态 $Q_2Q_1Q_0$ 的取值为 011 时，Q_2 的次态输出为 1，Q_2、Q_1 进行异或运算得到 Q_1 的次态，当 Q_2、Q_0 现态取值为 00 时，Q_0 次态输出为 1。根据上述分析结果，列出如表 5-3 所示的状态表。

表 5-3　　由方程转换的状态表

Q_2^n	Q_1^n	Q_0^n	Q_2^{n+1}	Q_1^{n+1}	Q_0^{n+1}	Y
0	0	0	0	0	1	0
0	0	1	0	1	0	0
0	1	0	0	1	1	0
0	1	1	1	0	0	0
1	0	0	0	0	0	1
1	0	1	0	1	0	1
1	1	0	0	1	0	1
1	1	1	0	0	0	1

（3）根据状态表绘制状态图

根据现态中的每一组取值，找出它们的次态，第 1 行现态 000 的次态为 001，第 2 行现态 001 的次态为 010，第 3 行的现态 010 的次态为 011，第 4 行现态 011 的次态为 100，第 5 行现态 100 的次态为 000，回到初始状态，构成一个闭合循环的回路。在由 100 变为 000 时，Y 由 0 变为 1，说明电路使用上升沿触发的触发器。剩余 3 种状态，101 的次态为 010，110

次态为 010，111 的次态为 000。根据现态与次态关系、状态转换时输出变量 Y 的值，绘制出图 5-11 所示的状态图。

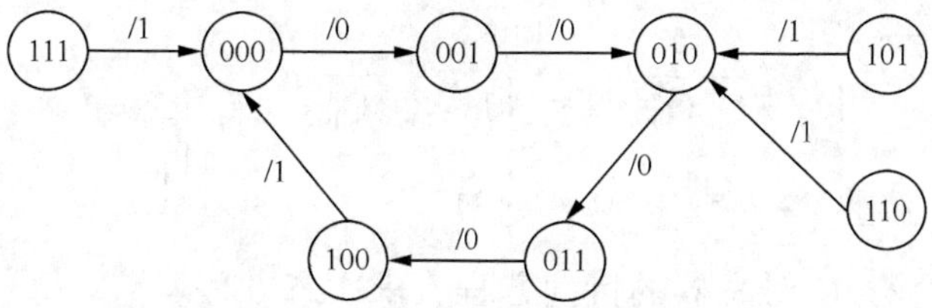

图 5-11　由状态表绘制的状态图

（4）根据状态图绘制时序图

状态图 5-11 中，有效的转换状态有 5 个，也就是发出 5 个脉冲，完成一次状态的转换。在绘制时序图时需要至少绘制 5 个时钟脉冲。触发器为上升沿触发的触发器，在上升沿处实现状态转换，设定初始状态为 000，则在 5 个上升沿，依次转换的状态数据为 001，010，011，100，000，且在 100 时，Y 为 1，其他时刻 Y 为 0。通过这个分析，绘制出图 5-12 所示的时序图。

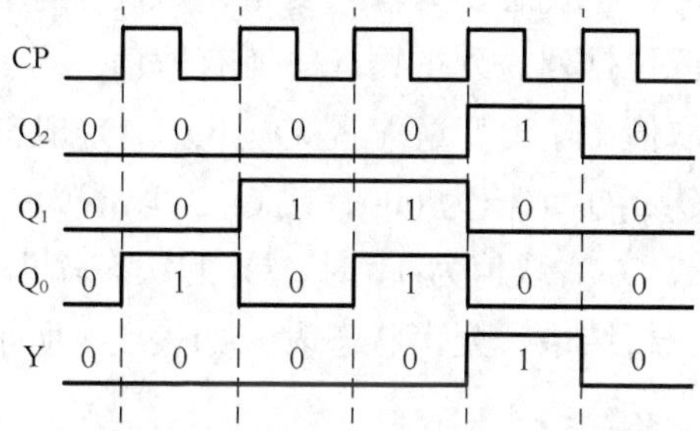

图 5-12　由状态图绘制的时序图

（5）分析电路的逻辑功能

观察状态图，有效状态之间的状态转换遵循 000→001→010→011→100→000 的数字变化，每发出一个脉冲上升沿，数值增加为 1，相当于计数 1 次，当增加到 100 时，计数数值变为最大。而 100 在最后一个脉冲上升沿加 1，应该变为 101，但是却回到 000，这是因为进位 Y 产生了一个向高位进位的脉冲 0→1，高位计数 1 次，相当于实现了一次进位，逢 5 进 1，回到初始状态 000。该电路实现了同步五进制加法计数器的功能。

分析电路的逻辑功能主要是根据状态图实现的，如果不做特别要求，可以不必绘制同步时序逻辑电路的时序图。

【例 5.5】同步时序逻辑电路的逻辑图如图 5-13 所示，分析其逻辑功能。

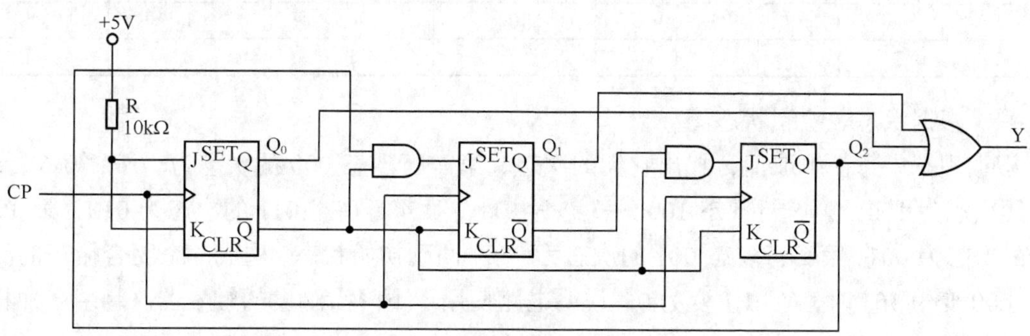

图 5-13　同步时序逻辑电路逻辑图

（1）根据逻辑图列方程

① 求输出方程。

输出 Y 对应的是一个 3 输入的或门，输入的变量为三个触发器的现态，则输出方程为

$$Y = Q_2^n + Q_1^n + Q_0^n$$

② 求激励方程组。

$$\begin{cases} J_2 = \overline{Q_1^n Q_0^n} \\ K_2 = \overline{Q_0^n} \end{cases} \qquad \begin{cases} J_1 = Q_2^n \overline{Q_0^n} \\ K_1 = \overline{Q_0^n} \end{cases} \qquad \begin{cases} J_0 = 1 \\ K_0 = 1 \end{cases}$$

③ 将激励信号代入 JK 触发器的特性方程，求次态方程。

$$\begin{cases} Q_2^{n+1} = J_2\overline{Q_2^n} + \overline{K_2}Q_2^n = \overline{Q_1^n Q_0^n}\,\overline{Q_2^n} + \overline{\overline{Q_0^n}} \cdot Q_2^n = \overline{Q_2^n Q_1^n Q_0^n} + Q_2^n Q_0^n \\ Q_1^{n+1} = J_1\overline{Q_1^n} + \overline{K_1}Q_1^n = Q_2^n\overline{Q_0^n}\,\overline{Q_1^n} + \overline{\overline{Q_0^n}}Q_1^n = Q_2^n\overline{Q_1^n}\,\overline{Q_0^n} + Q_1^n Q_0^n \\ Q_0^{n+1} = J_0\overline{Q_0^n} + \overline{K_0}Q_0^n = 1 \cdot \overline{Q_0^n} + \bar{1} \cdot Q_0^n = \overline{Q_0^n} \end{cases}$$

（2）根据输出方程、次态方程列出状态表

将现态作为输入变量，从高位向低位排列，将次态、输出作为输出变量，次态自高位向低位排列。列举输入的所有取值，并逐行代入输出方程和次态方程中，求出输出变量的所有取值。输出变量 Y 是 Q_2、Q_1、Q_0 现态的或运算，只要其中一个为 1，Y 的输出即为 1；现态 $Q_2Q_1Q_0$ 取值为 000，或 Q_2Q_0 取值为 11 时，Q_2 的次态输出为 1；现态 $Q_2Q_1Q_0$ 的取值为 100，或 Q_1Q_0 取值为 11 时，Q_1 的次态输出为 1；当 Q_0 现态取反时，得到 Q_0 次态数据。根据上述分析结果，列出状态表，如表 5-4 所示。

表 5-4　由方程转换的状态表

Q_2^n	Q_1^n	Q_0^n	Q_2^{n+1}	Q_1^{n+1}	Q_0^{n+1}	Y
0	0	0	1	0	1	0
0	0	1	0	0	0	1
0	1	0	0	0	1	1
0	1	1	0	1	0	1
1	0	0	0	1	1	1
1	0	1	1	0	0	1
1	1	0	0	0	1	1
1	1	1	1	1	0	1

（3）根据状态表绘制状态图

根据现态中每一组取值，找出它们的次态，第 1 行现态 000 的次态为 101，第 6 行现态 101 的次态为 100，第 5 行现态 100 的次态为 011，第 4 行现态 011 的次态为 010，第 3 现态 010 的次态为 001，第 2 行现态 001 的次态为 000，回到初始状态，构成一个闭合循环的回路。在由 000 变为 101 时，Y 由 1 变为 0，说明电路使用了下降沿触发的触发器。剩余 2 种状态，110 次态为 001，111 的次态为 110。根据现态与次态关系、状态转换时输出变量 Y 的值，绘制出图 5-14 所示的状态图。

（4）分析电路逻辑功能

从图 5-14 可以发现，有效的闭环中共有 6 个状态，从 101（十进制数 5）开始计数，每

来一个脉冲，在下降沿处状态发生变化，依次减 1，经过 5 个脉冲计数到 000（十进制数 0），然后产生一个借位脉冲，为高位计数器提供下降沿脉冲，高位计数器减去 1，相当于借 1 变 6，减 1 后，回到本计数器的初始状态 101。因此该同步时序逻辑电路实现了同步六进制减法计数器的功能。

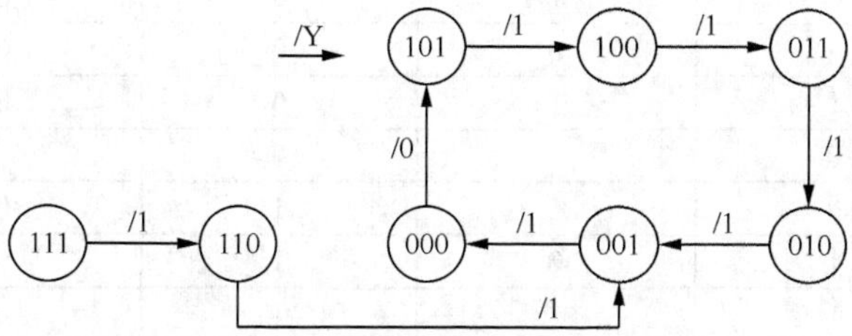

图 5-14　由状态表转换的状态图

【例 5.6】图 5-15 所示的同步时序逻辑电路为数据序列检测电路，其功能是对输入序列数据进行检测，如对 1110 进行检测。作出状态表和状态图，说明这个电路能对何种序列数据进行检测。

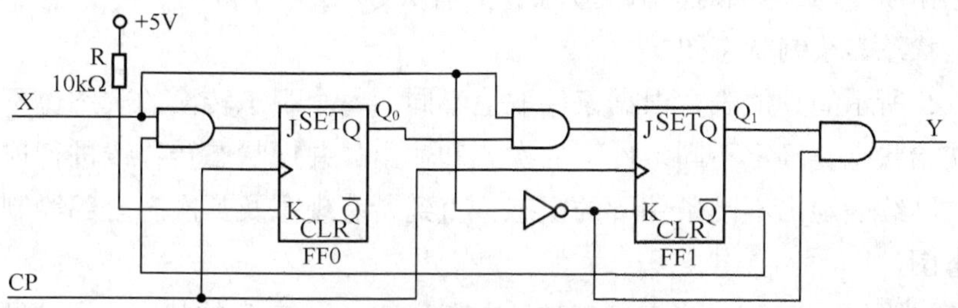

图 5-15　同步时序逻辑电路逻辑图

（1）列方程

① 列输出方程。

输出 Y 对应的与门输入为条件 X 的反变量和现态变量 Q_1^n，所以 $Y=\overline{X}Q_1^n$。

② 激励方程组。

激励信号 J_0 对应与门的输入为 X 和现态 Q_1 的反变量，K_0 连接赋 1 电路；J_1 对应与门的输入为 X 和现态 Q_0，K_1 连接 X 的反变量。写出两个 Jk 触发器的激励方程组如下：

$$\begin{cases}J_1=XQ_0^n\\K_1=\overline{X}\end{cases}\qquad\begin{cases}J_0=X\overline{Q_1^n}\\K_0=1\end{cases}$$

③ 将激励方程组代入状态特性方程，求出次态方程组。

$$\begin{cases}Q_1^{n+1}=J_1\overline{Q_1^n}+\overline{K_1}Q_1^n=XQ_0^n\overline{Q_1^n}+\overline{\overline{X}}Q_1^n=X\overline{Q_1^n}Q_0^n+XQ_1^n=XQ_0^n+XQ_1^n\\Q_0^{n+1}=J_0\overline{Q_0^n}+\overline{K_0}Q_0^n=X\overline{Q_1^n}\cdot\overline{Q_0^n}+\overline{1}\cdot Q_0^n=X\overline{Q_1^n}\cdot\overline{Q_0^n}\end{cases}$$

（2）根据输出方程、次态方程列出状态表

在所有方程中，输入变量有条件变量 X、现态变量 Q_1^n、Q_0^n，输出变量为次态变量 Q_1^{n+1}、

Q_0^{n+1}、输出变量 Y。绘制表 5-5 所示的状态表。

表 5-5　　由方程转换的状态表

X	Q_1^n	Q_0^n	Q_1^{n+1}	Q_0^{n+1}	Y
0	0	0	0	0	0
0	0	1	0	0	0
0	1	0	0	0	1
0	1	1	0	0	1
1	0	0	0	1	0
1	0	1	1	0	0
1	1	0	1	0	0
1	1	1	1	0	0

绘制状态表时，条件变量一般放在状态变量之前。按照从小到大顺序列举所有输入的取值，然后代入输出方程和次态方程，计算出所有次态变量和输出变量的结果。

计算结果时，可以利用逻辑表达式中的与运算取值，快速计算出输出的结果。$Y = \overline{X}Q_1^n$，则只有输入变量 $XQ_1^n = 01$ 时，对应的输出 Y 为 1；对于 Q_1^{n+1}，X 必须为 1，Q_1^n、Q_0^n 中至少一个为 1，输出为 1，其他项对应输出为 0；只有 $XQ_1^n\,Q_0^n = 100$ 时，Q_1^{n+1} 输出才为 1。

（3）根据状态表绘制状态图

观察表 5-5 所示的真值表，根据条件取值不同，每个现态转换的次态也不相同。这里需要确定一个初始状态，确定不同条件下的次态和输出，并用状态转移线进行连接，然后把次态看做现态，继续确定出不同条件下的次态，直到所有现态及其次态全部绘制完成，就得到了电路的状态图。

这里确定初始状态为 00，当 X = 0 时，次态为 00，为自身的状态，不必再寻找其次态，输出 Y = 0；当 X = 1 时，次态为 01，输出 Y = 0。接着将 01 作为现态，当 X = 0 时，次态为 00，输出 Y = 0；当 X = 1 时，次态为 10，输出 Y = 0。然后将 10 作为现态，当 X = 0 时，次态为 00，输出 Y = 1；当 X = 1 时，次态为 10，输出 Y = 0。最后，在上述过程中，并没有出现次态 11，说明 11 不是有效的循环状态，但我们仍然要绘制其状态，当 X = 0 时，次态为 00，输出 Y = 1；当 X = 1 时，次态为 10，输出 Y = 0。根据数据分析，绘制出图 5-16 所示的状态图。

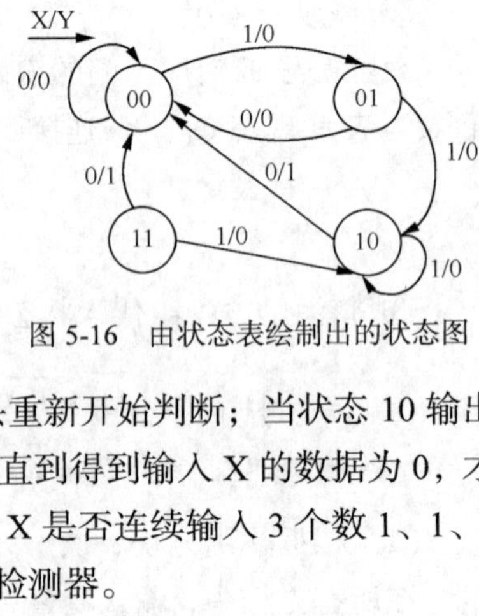

图 5-16　由状态表绘制出的状态图

（4）分析电路逻辑功能

图 5-16 所示的状态图中，11 不是有效的状态，我们不做功能判别的状态使用。通过图可以看出，当逻辑条件在连续 3 个脉冲依次输入 1、1、0 三个数后，Y 输出为 1。当输入第一个数 X = 0 时，因为不是 1，返回初始状态重新输入；当状态 01 输出为 1 时，第 2 个数为 0，也只能从头重新开始判断；当状态 10 输出为 1，应该是输入连续 3 个 1，则次态只能停留在本状态上，直到得到输入 X 的数据为 0，才返回初始状态 00。通过这个分析，可以发现该电路具有检测 X 是否连续输入 3 个数 1、1、0 的功能，这种电路称为序列数据检测器。本电路为 110 序列检测器。

5.2.2 同步时序逻辑电路的设计

1. 同步时序逻辑电路设计依据

从同步时序逻辑电路的逻辑图看出，电路是以触发器为核心，由触发器和组合逻辑电路组合而成。在设计电路时，首先要确定触发器的个数，然后求出每个触发器的激励方程，以及电路的输出方程。设计出每个方程对应的组合逻辑电路，并将激励信号连接到对应的触发器，即可设计出对应的时序逻辑电路。因此，要实现电路的设计，主要解决以下几个问题。

（1）如何确定触发器的个数

绘制时序逻辑电路逻辑图，到底需要绘制几个触发器的逻辑符号，这是设计电路时首先要解决的问题。时序逻辑电路实际上是反映状态变化及规律的逻辑电路，状态的位数就是触发器的个数，而状态是一种编码，状态编码是由触发器输出组成。和编码一样，在循环中有效的状态数目就是编码的信息量，这里设为 N，触发器个数设为 n，则两者之间的关系可以由 $2^{n-1}<N\leqslant 2^n$ 表示。如 5 进制加法计数器共计数 5 次，N = 5，$2^{n-1}<5\leqslant 2^n$，计算得 $n=3$。

（2）如何求激励方程

在设计电路时，首先要根据设计需求进行分析，找出有效状态之间的转换关系，并对状态进行编码。对照状态编码绘制状态表，绘制状态表，并将状态表转换为状态激励表，根据状态激励表求出激励方程。

在设计时，需要选择合适的触发器，一般选择 D 触发器和 JK 触发器，有时候也会因为特殊需要选择 T 触发器。D 触发器只有一个激励信号 D，而其激励方程就是 $D=Q^{n+1}$。求出 Q^{n+1} 就是求出 D，因此对 D 触发器而言状态表和状态激励表是对等的。对 T 触发器来说，当状态不变，T = 0；当状态翻转，T = 1，根据状态变化时 T 的取值绘制状态激励表。对 JK 触发器而言，当状态由 0→0 变化时，JK = 0×；当状态由 0→1 变化时，JK = 1×；当状态由 1→0 变化时，JK = ×1；当状态由 1→1 变化时，JK = ×0，根据状态变化时 JK 的取值绘制状态激励表。

（3）如何检查设计电路是否正确

正确时序电路的特点是所有有效状态转换能够构成闭合的回路，并且无效的状态必须都能够进入有效的循环中，即具有自启动功能。因此电路设计完成后，应该把求出的激励方程，代入特性方程，绘制状态表和状态图，然后观察状态表是否具有自启动功能，如果没有，则将无效的状态指向有效的状态，重新设计该电路即可。

2. 同步时序逻辑电路设计步骤

依据前面所述，根据设计同步时序电路的需求分析，设定出输入条件、输出结果、状态等变量，确定状态之间的转换关系，消除冗余的状态，并根据有效状态的数目确定触发器的个数，选择触发器，对状态进行编码，绘制状态激励表，求出激励方程及输出方程，检查自启动功能，绘制同步时序逻辑电路的状态图。这就是同步时序逻辑电路的设计步骤。

（1）逻辑抽象

和组合逻辑电路的设计相同，设定变量与找出状态转换关系的过程称为逻辑抽象过程，在这个过程中，输入、输出及状态变量都是未知的，需要通过分析进行定义，然后找出状态之间的转换关系、状态转换时的前提条件和输出结果。前提条件是进行状态转换的条件，如八进制可逆计数器，可设定前提条件 X，X = 0 进行加法计数，X = 1 进行减法计数。输出结果则是状态转换结束，回到初始状态时，电路应该提供的输出结果，如计数器的进位。状态转换则是确定现态，逐步找出次态的过程，状态转换是一个重复循环的过程。

【例 5.7】设计同步十进制加法计数器。

设计计数器，首先要了解计数器的计数过程。计数器计数时，一般从一个计数初值开始，假定十进制加法计数器计数时从 0（状态 0）开始，经过一个计数脉冲后，计数值变为 1（状态 1），再经过一个计数脉冲，计数值变为 2（状态 2），依次类推，经过 10 个计数脉冲后，计数值由 9 变回 0，同时产生一个进位。为了扩展计数位数，需要给高位计数器提供计数脉冲，即计数 10 次后，在由 9 变 0 时，高位计数器计数 1 次，所以产生的进位实际上是为了给高位计数器提供脉冲的。进位输出的取值和触发器触发特性有关，如果选择上升沿触发的触发器，则在 9 变 0 时，产生上升沿，进位输出为 1，其他脉冲时刻保持输出为 0。

根据分析可知，十进制数加法计数器共有 10 个计数值 0～9，分别对应 10 个有效的状态，因其编码位数和编码值没有设定，则临时为其定义状态变量 S_0、S_1、S_2、S_3、S_4、S_5、S_6、S_7、S_8、S_9，提供上升沿脉冲的输出进位定义为 Y。根据计数过程，不难得出状态之间的转换关系为：$S_0 \to S_1 \to S_2 \to S_3 \to S_4 \to S_5 \to S_6 \to S_7 \to S_8 \to S_9 \to S_0$。这是闭合的循环过程，在 $S_9 \to S_0$ 时，Y 输出为 1，其他状态转换时，Y 的输出为 0。

（2）绘制原始状态图和原始状态表

根据逻辑抽象定义的状态变量对应的状态编码是不可知的，但可以根据定义的状态变量转换关系、输入变量取值、输出变量结果绘制状态图，并将状态图转换为状态表，分别称它们为原始状态图和原始状态表。

绘制原始状态图时，选定一个初始状态，然后根据条件找出所有的次态，并计算输出的结果，用状态转移线分别指向次态，在线上标出输入输出的取值，然后将每个次态做为现态，重复上述过程，直到绘制完所有有效状态、输入输出取值，才能构成一幅完整的状态图。原始状态表可由原始状态图直接转换、绘制而成。

例 5.7 中的十进制计数器，把计数值 0（S_0）做为初始状态，按照状态之间的转换关系“$S_0 \to S_1 \to S_2 \to S_3 \to S_4 \to S_5 \to S_6 \to S_7 \to S_8 \to S_9 \to S_0$，在 $S_9 \to S_0$ 时，Y 输出为 1，其他状态转换时，Y 的输出为 0”，绘制出原始状态图，如图 5-17 所示。

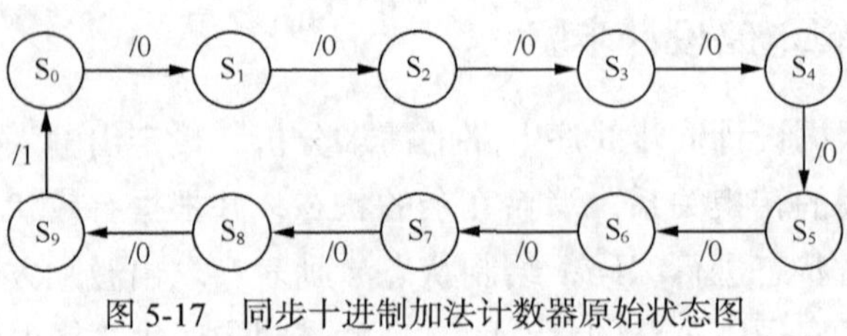

图 5-17　同步十进制加法计数器原始状态图

根据原始状态图绘制出原始状态表，如表 5-6 所示。

表 5-6　同步十进制加法计数器原始状态表

S^n	S^{n+1}	Y	S^n	S^{n+1}	Y
S_0	S_1	0	S_5	S_6	0
S_1	S_2	0	S_6	S_7	0
S_2	S_3	0	S_7	S_8	0
S_3	S_4	0	S_8	S_9	0
S_4	S_5	0	S_9	S_0	1

在表中，S^n 表示的是没有编码的现态变量，S^{n+1} 表示的是没有编码的次态变量，Y 表示状态转换时进位输出。

（3）状态化简

在进行时序逻辑电路逻辑抽象时，通过需求分析确定的状态有的可能是冗余的、重复的，这就需要去除多余的状态，使状态变得最少，也能保证设计的电路最简。

去除多余状态的过程称为状态化简，其目的是减少电路中的触发器及门电路数目，但逻辑功能并不减少。若两个现态每对应一个相同的条件，有相同的输出，并且转换到同样的一个次态，则称这两个状态为等价状态。等价状态可以合并，这样设计的电路状态数少，电路越简。假设在一个电路中有 1 个条件 X，1 个输出 Y，对于现态变量 S_2 来说，当 $X = 0$，次态为 S_0，输出为 0，当 $X = 1$ 时，次态为 S_2，输出为 1；对于现态变量 S_3 来说，当 $X = 0$，次态为 S_0，输出为 0，当 $X = 1$ 时，次态为 S_2，输出为 1，两个现态 S_2 和 S_3 在相同条件下次态和输出完全相同，它们就是等价状态变量。用 S_2 代替状态表中的 S_3 即可。

表 5-6 所示同步十进制加法计数器原始状态表中，每个现态的次态都不相同，因此不存在等价状态，状态表已经是最简状态表。

（4）状态编码

对化简后的每个有效状态指定一个特定的二进制数，称为状态编码或状态分配。在编码时，每个状态编码可以按照一定的规律去设定，编码值不能够重复，编码不同，设计出的电路结构也不同，编码方案选择得当，设计结果可能相对简单。

要进行编码，首先要计算出编码的位数，也就是触发器的个数，然后确定编码方案。

① 计算状态编码位数。

同步时序电路状态取决于触发器的状态，触发器的位数 n 即编码的位数，如果有 M 个状态，M 应该满足如下关系：$2^{n-1}<M\leqslant 2^n$。例 5.7 中的十进制加法计数器共有 10 个有效的循环状态，$2^{n-1}<10\leqslant 2^n$，计算得 $n = 4$，也就是电路由 4 个触发器组成，或者说电路状态由 4 位编码组成。

② 确定编码方案。

从 2^n 个状态中取 M 个状态组合可能存在若干种取值组合，n 越大，编码方案越多，因此选取编码方案应该有利于所选触发器的激励方程和输出方程的化简，以及电路的稳定可靠。编码一般采用两种方案：自然顺序编码和格雷码编码。依照状态变化的顺序，以自然二进制数递增顺序编码，称为自然顺序编码，这种方法有利于电路简化；使用格雷码编码方案则有利于减少状态输出出现冒险和竞争的可能性。状态分配完成，则可将化简后状态表中的状态变量用状态编码替换。

对于计数器而言，一般是从 0 开始计数的，采用自然顺序码对状态进行编码比较符合其电路的特点。编码值和计数值相同，一方面能够知道计数数值的大小，容易识别出电路是加法计数器还是减法计数器；另一方面，采用这种方案设计的计数器电路，在分析时能够快速确定出电路的逻辑功能。表 5-6 中共有 10 个有效状态，需要 4 个触发器的输出表示这 10 个状态，采用自然顺序码对其编码，将其转变为同步十进制加法计数器的状态表，如表 5-7 所示。其中 Q_3、Q_2、Q_1、Q_0 自高而低表示状态的 4 位编码。

表 5-7　　　　同步十进制加法计数器的状态表

Q_3^n	Q_2^n	Q_1^n	Q_0^n	Q_3^{n+1}	Q_2^{n+1}	Q_1^{n+1}	Q_0^{n+1}	Y
0	0	0	0	0	0	0	1	0
0	0	0	1	0	0	1	0	0
0	0	1	0	0	0	1	1	0
0	0	1	1	0	1	0	0	0
0	1	0	0	0	1	0	1	0
0	1	0	1	0	1	1	0	0
0	1	1	0	0	1	1	1	0
0	1	1	1	1	0	0	0	0
1	0	0	0	1	0	0	1	0
1	0	0	1	0	0	0	0	1

（5）选择触发器，绘制状态激励表

在状态编码后得到的状态表基础上，选择合适的触发器，利用单个触发器的状态激励表，将状态表转换为多个触发器的状态激励表。选择 JK 触发器，虽然绘制状态激励表过程比较复杂，但是激励信号 J、K 求出的表达式较为简单，电路逻辑图绘制比较容易。选择 D 触发器，虽然不需要改变状态表，但是 D 的表达式可能非常复杂，电路逻辑图绘制比较困难。

选择 JK 触发器，修改表 5-7 所示的十进制计数器的状态表为状态激励表。对 JK 触发器而言，当状态由 0→0 变化时，JK = 0×；当状态由 0→1 变化时，JK = 1×；当状态由 1→0 变化时，JK = ×1；当状态由 1→1 变化时，JK = ×0，根据约定绘制状态激励表，如表 5-8 所示。

表 5-8　　　　同步十进制加法计数器的状态激励表

Q_3^n	Q_2^n	Q_1^n	Q_0^n	Q_3^{n+1}	Q_2^{n+1}	Q_1^{n+1}	Q_0^{n+1}	Y	J_3	K_3	J_2	K_2	J_1	K_1	J_0	K_0
0	0	0	0	0	0	0	1	0	0	×	0	×	0	×	1	×
0	0	0	1	0	0	1	0	0	0	×	0	×	1	×	×	1
0	0	1	0	0	0	1	1	0	0	×	0	×	×	0	1	×
0	0	1	1	0	1	0	0	0	0	×	1	×	×	1	×	1
0	1	0	0	0	1	0	1	0	0	×	×	0	0	×	1	×
0	1	0	1	0	1	1	0	0	0	×	×	0	1	×	×	1
0	1	1	0	0	1	1	1	0	0	×	×	0	×	0	1	×
0	1	1	1	1	0	0	0	0	1	×	×	1	×	1	×	1
1	0	0	0	1	0	0	1	0	×	0	0	×	0	×	1	×

续表

Q_3^n	Q_2^n	Q_1^n	Q_0^n	Q_3^{n+1}	Q_2^{n+1}	Q_1^{n+1}	Q_0^{n+1}	Y	J_3	K_3	J_2	K_2	J_1	K_1	J_0	K_0
1	0	0	1	0	0	0	0	1	×	1	0	×	0	×	×	1
1	0	1	0	×	×	×	×	×	×	×	×	×	×	×	×	×
1	0	1	1	×	×	×	×	×	×	×	×	×	×	×	×	×
1	1	0	0	×	×	×	×	×	×	×	×	×	×	×	×	×
1	1	0	1	×	×	×	×	×	×	×	×	×	×	×	×	×
1	1	1	0	×	×	×	×	×	×	×	×	×	×	×	×	×
1	1	1	1	×	×	×	×	×	×	×	×	×	×	×	×	×

对于表中左侧的 6 个状态 1010～1111，因为它们不是有效状态，所以次态和输出以不确定状态处理，全部用×表示。

（6）求输出方程与激励方程组

以输入信号和现态作为输入，以次态信号，激励信号、输出信号（如果是异步电路还要判断脉冲信号）为输出，采用公式法或卡诺图化简法，根据状态激励表可以直接求出输出方程和激励方程组。在表 5-8 所示的十进制计数器的状态激励表中，因 J_0 和 K_0 没有 0 项，所以 $J_0 = K_0 = 1$，对于输出 Y 和其他激励信号，需要绘制它们对应的卡诺图，并在卡诺图中圈出相邻项，如图 5-18 所示。

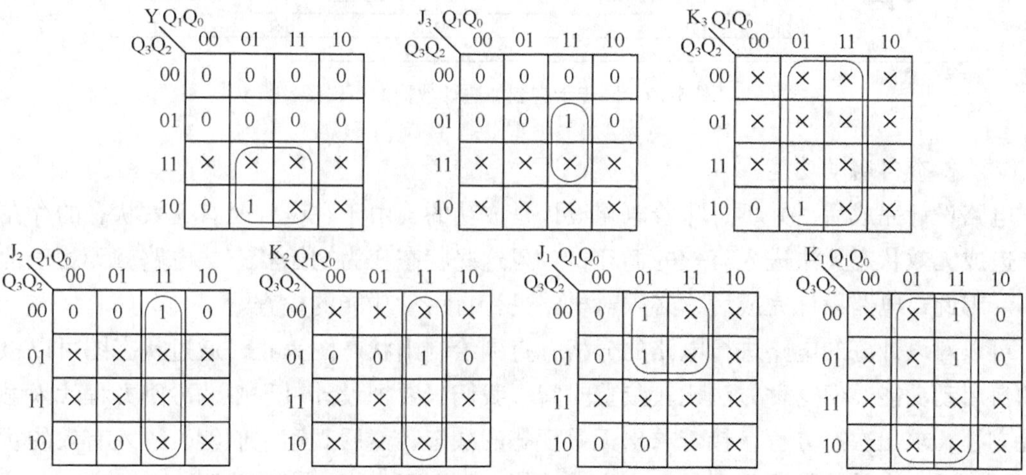

图 5-18　十进制加法计数器设计的卡诺图

根据卡诺图写出输出方程和激励方程组。

① 求出输出方程：

$$Y = Q_3^n Q_0^n$$

② 求激励方程组。

$$\begin{cases} J_0 = 1 \\ K_0 = 1 \end{cases} \qquad \begin{cases} J_1 = \overline{Q_3^n} Q_0^n \\ K_1 = Q_0^n \end{cases} \qquad \begin{cases} J_2 = Q_1^n Q_0^n \\ K_2 = Q_1^n Q_0^n \end{cases} \qquad \begin{cases} J_3 = Q_2^n Q_1^n Q_0^n \\ K_3 = Q_0^n \end{cases}$$

（7）绘制逻辑电路图

绘制同步时序逻辑电路的逻辑图，首先根据触发器的数目摆放好触发器的逻辑符号，一般将最低位触发器摆放于左侧，按序号依次向右摆放，最高序号触发器摆放于右侧；然后根据激励方程组和输出方程画出组合逻辑电路图，并将激励信号的输出连接到触发器的激励信号引脚；接着将所有脉冲信号连接在一起，如果需要清 0、置 1，则对应的控制信号也要连接在一起；最后标注输入变量、输出变量、状态变量、脉冲变量、清零控制信号、复位控制信号等名称。如果激励信号为 0，则将信号连接到负极标志；如果信号为 1，则需要将激励信号连接到一个约 10kΩ 的电阻，电阻的另一端连接到+5V 的电源正极。

在例 5.7 中，共求出 1 个输出方程和 4 组激励方程，包含 4 个二输入与运算以及置 1 电路，绘制逻辑图时，按照自低到高序号摆放 4 个 JK 触发器，并将激励信号对应的与门、赋值电路对应的电阻摆放在激励信号的左侧，合理调整它们的位置，便于连接导线。元件摆放好后，根据方程连接输入输出端，并标识输入、状态、输出、脉冲等变量的名称。同步十进制加法计数器的逻辑图如图 5-19 所示。

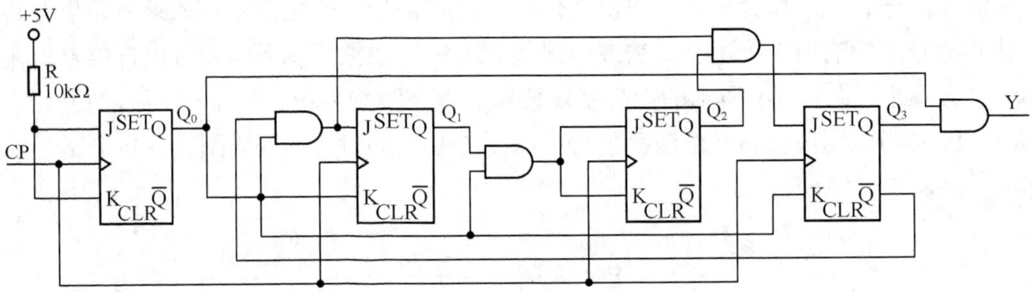

图 5-19　同步十进制加法计数器的逻辑图

（8）检查自启动功能

电路设计完成后，并不意味着电路设计是成功的，由于在设计时有无效状态的存在，很可能造成无效状态无法进入有效的循环，一旦这些状态变为初始状态，电路就无法正常启动工作。因此，电路设计完成后，必须对电路进行自启动功能的检查。

可以对设计好的电路进行电路的分析，直到绘制出状态图为止，通过状态图可以检查电路的自启动功能。但这种方法比较浪费时间，我们只要把设计过程中的激励方程代入触发器特性方程，求出次态方程，接着求出无效现态的次态，然后观察它们能否进入有效的状态循环即可。进入有效的循环，则具有自启动功能，否则不具有自启动功能。

将激励方程组代入特性方程，求得十进制加法计数器的状态方程组。

$$\begin{cases} Q_3^{n+1} = J_3\overline{Q_3^n} + \overline{K_3}Q_3^n = Q_2^nQ_1^nQ_0^n\overline{Q_3^n} + \overline{Q_0^n}Q_3^n = \overline{Q_3^n}Q_2^nQ_1^nQ_0^n + Q_3^n\overline{Q_0^n} \\ Q_2^{n+1} = J_2\overline{Q_2^n} + \overline{K_2}Q_2^n = Q_1^nQ_0^n\overline{Q_2^n} + \overline{Q_1^nQ_0^n}Q_2^n = Q_2^n \oplus (Q_1^nQ_0^n) \\ Q_1^{n+1} = J_1\overline{Q_1^n} + \overline{K_1}Q_1^n = \overline{Q_3^n}Q_0^n\overline{Q_1^n} + \overline{Q_0^n}Q_1^n = \overline{Q_3^n}\,\overline{Q_1^n}Q_0^n + Q_1^n\overline{Q_0^n} \\ Q_0^{n+1} = J_0\overline{Q_0^n} + \overline{K_0}Q_0^n = 1\cdot\overline{Q_0^n} + \bar{1}\cdot Q_0^n = \overline{Q_0^n} \end{cases}$$

对于设计中的无效状态 1010、1011、1100、1101、1110、1111，代入上述次态方程后，得出的次态分别是 1011、0100、1101、0100、1111、0000，构成 1010→1011→0100，1100→1101→0100，1110→1111→0000 三个状态转换过程，六个现态计算的 Y 值分别是 0、1、

0、1、0、1。根据所求，重新绘制十进制计数器的状态图，如图 5-20 所示。

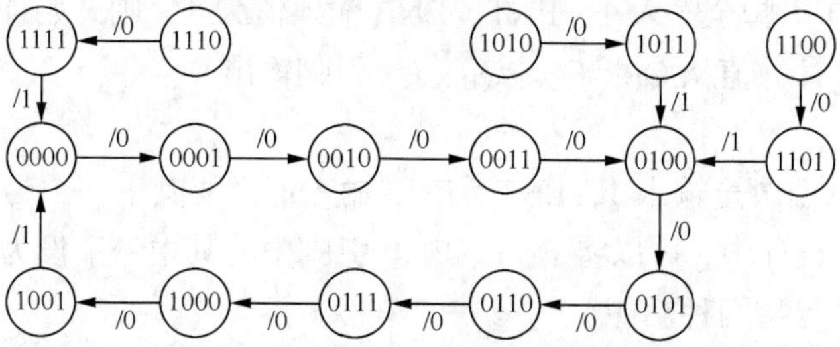

图 5-20　十进制加法计数器完整状态图

观察图 5-20，16 种状态都能够进入有效的循环中，所以电路具有自启动功能。

在计数器的设计中，是不需要进行状态化简的，因此在设计电路时，可以直接确定出状态的数目和编码的位数，不需要定义状态变量，按照自然顺序码编码规则，直接绘制有效状态对应的状态图，并转化为状态表，甚至可以直接绘制出状态表即可。其他步骤与前面相同。

3. 同步十进制计数器 74160 的外部特性

例 5.7 讲述了同步十进制加法计数器的设计过程，但十进制加法计数器 74160 并不仅仅具有计数功能，还有清零、设置计数初值、进位计数、保持计数值不变等功能。其元件引脚外围特性如图 5-21 所示。

通过图 5-21 可以了解 74160 的基本功能特性。

（1）清零功能

当 CLR 引脚为低电平，不管其他输入引脚为任何数值都完成对计数器赋初值功能，即四个 Q 输出引脚输出为 0000，CLR 清零过程可以通过清零电路来完成。清零电路设计如图 5-22 所示。在电路刚导通时，极性电容 C1 没有充电，C1 正负极电压相同，电容近乎短路，CLR 节点处连接电源负极，实现清零操作，随着充电完成，电容正极具有了一定的电势差，CLR 节点具有了高电平，清零操作截止。

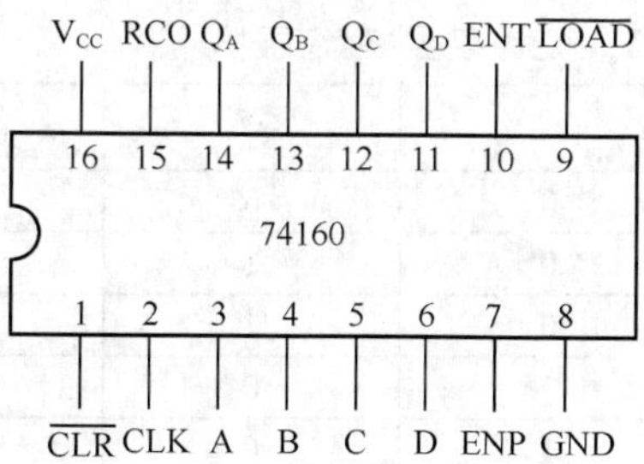

图 5-21　十进制计数器 74160 引脚外围特性图

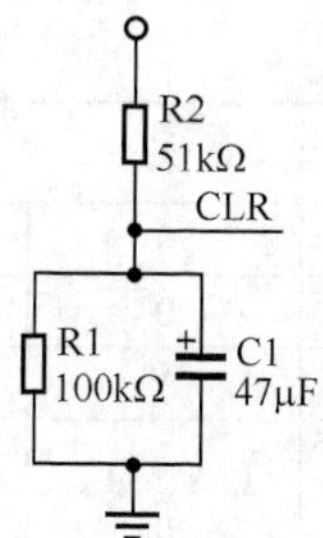

图 5-22　清零电路逻辑图

（2）置数功能

当 CLR = 1，LOAD = 0，不管其他输入引脚输入何值，都可以通过 D、C、B、A 输入计数初值，LOAD 的取值可以手动设置，如果从 0 开始计数，则无需该操作功能，将 LOAD 设置为 1 即可。

（3）计数功能

当 CLR、LOAD 引脚全输入 1，ENT、ENP 输入值为 1，则开始计数操作，ENT、ENP 取值可以手动控制。计数值从 Q_D、Q_C、Q_B、Q_A 引脚输出。

（4）保持功能

当 CLR、LOAD 引脚全输入 1，ENT、ENP 输入值只要其中一个为低电平，则电路处于保持状态的过程。在设计中，可以将 ENT、ENP 引脚中的其中一个设为高电平，另一个使用开关控制实现计数或保持两种功能。

十进制计数器的值可以连接到七段译码器的输入端，并将译码信号送到 8 字数码管显示计数值。

4. 同步时序逻辑电路设计实例

【例 5.8】设计同步八进制加减法可逆计数。

（1）逻辑抽象

设计同步八进制加减法可逆计数器，在不同时刻可以独立完成加法计数过程和减法计数过程，需要添加输入控制变量 X，设 X = 0 时进行加法计数；X = 1 时进行减法计数。无论是加法计数，还是减法计数，计数状态共有 8 个，需要 3 个触发器完成电路的设计，设三个触发器编码变量自高位到低位依次设为 Q_2、Q_1、Q_0，加法进位或减法借位输出变量设为 Y，使用上升沿触发的触发器进行设计。状态转换关系为：当 X = 0 时，实现加法计数过程，从 000 开始计数，经过 8 个脉冲后，实现了 000→001→010→011→100→101→110→111→000 的状态转换，按照上升沿触发的要求，在 111 转换为 000 时，Y 的值由 0 变 1；当 X = 1 时，实现减法计数过程，从 111 开始计数，经过 8 个脉冲后，实现了 111→110→101→100→011→010→001→000→111 的状态转换，按照上升沿触发的要求，在 000 转换为 111 时，Y 的值由 0 变 1。

（2）绘制状态图，并转换为状态表

根据状态转换关系，先绘制八进制加法计数器的状态图，然后在此基础上，继续绘制减法计数器的状态图，因为转换关系比较明确，这里直接绘制出状态表即可，如表 5-9 所示。

表 5-9 同步八进制加减法可逆计数器的状态表

X	Q_2^n	Q_1^n	Q_0^n	Q_2^{n+1}	Q_1^{n+1}	Q_0^{n+1}	Y
0	0	0	0	0	0	1	0
0	0	0	1	0	1	0	0
0	0	1	0	0	1	1	0
0	0	1	1	1	0	0	0
0	1	0	0	1	0	1	0
0	1	0	1	1	1	0	0
0	1	1	0	1	1	1	0
0	1	1	1	0	0	0	1
1	0	0	0	1	1	1	1
1	0	0	1	0	0	0	0
1	0	1	0	0	0	1	0
1	0	1	1	0	1	0	0

续表

X	Q_2^n	Q_1^n	Q_0^n	Q_2^{n+1}	Q_1^{n+1}	Q_0^{n+1}	Y
1	1	0	0	0	1	1	0
1	1	0	1	1	0	0	0
1	1	1	0	1	0	1	0
1	1	1	1	1	1	0	0

从表中可以看出，前 8 行中，X = 0，状态转换按照加 1 进行的，当现态取值为 111 时，Y 输出为 1，其他状态 Y 对应的输出为 0；在后 8 行中，X = 1，状态转换按照减 1 进行的，当现态取值为 000 时，Y 输出为 1，其他状态 Y 对应的输出为 0。

（3）选择触发器，绘制状态激励表

选择 JK 触发器，根据单个触发器在状态变换时激励信号取值情况，将表 5-9 转换为同步八进制加减法可逆计数器的状态激励表，如表 5-10 所示。

表 5-10　　同步八进制加减法可逆计数器的状态激励表

X	Q_2^n	Q_1^n	Q_0^n	Q_2^{n+1}	Q_1^{n+1}	Q_0^{n+1}	Y	J_2	K_2	J_1	K_1	J_0	K_0
0	0	0	0	0	0	1	0	0	×	0	×	1	×
0	0	0	1	0	1	0	0	0	×	1	×	×	1
0	0	1	0	0	1	1	0	0	×	×	0	1	×
0	0	1	1	1	0	0	0	1	×	×	1	×	1
0	1	0	0	1	0	1	0	×	0	0	×	1	×
0	1	0	1	1	1	0	0	×	0	1	×	×	1
0	1	1	0	1	1	1	0	×	0	×	0	1	×
0	1	1	1	0	0	0	1	×	1	×	1	×	1
1	0	0	0	1	1	1	1	1	×	1	×	1	×
1	0	0	1	0	0	0	0	0	×	0	×	×	1
1	0	1	0	0	0	1	0	0	×	×	1	1	×
1	0	1	1	0	1	0	0	0	×	×	0	×	1
1	1	0	0	0	1	1	0	×	1	1	×	1	×
1	1	0	1	1	0	0	0	×	0	0	×	×	1
1	1	1	0	1	0	1	0	×	0	×	1	1	×
1	1	1	1	1	1	0	0	×	0	×	0	×	1

（4）根据状态激励表求输出方程和激励方程组

从激励表可以发现，$J_0 = K_0 = 1$，而 Y 的最小项只有两个 1，且不是格雷码，直接写出与或表达式即可。其他的激励信号，通过绘制卡诺图，圈出相邻项获得，卡诺图如图 5-23 所示。

通过卡诺图中的相邻项，写出输出变量和激励信号的方程或方程组。

$$Y = \overline{X}Q_2^nQ_1^nQ_0^n + X\overline{Q_2^n}\cdot\overline{Q_1^n}\cdot\overline{Q_0^n}$$

$$\begin{cases} J_0 = 1 \\ K_0 = 1 \end{cases} \qquad \begin{cases} J_1 = \overline{X}Q_0^n + X\overline{Q_0^n} \\ K_1 = \overline{X}Q_0^n + X\overline{Q_0^n} \end{cases} \qquad \begin{cases} J_3 = \overline{X}Q_1^nQ_0^n + X\overline{Q_1^n}\bullet\overline{Q_0^n} \\ K_3 = \overline{X}Q_1^nQ_0^n + X\overline{Q_1^n}\bullet\overline{Q_0^n} \end{cases}$$

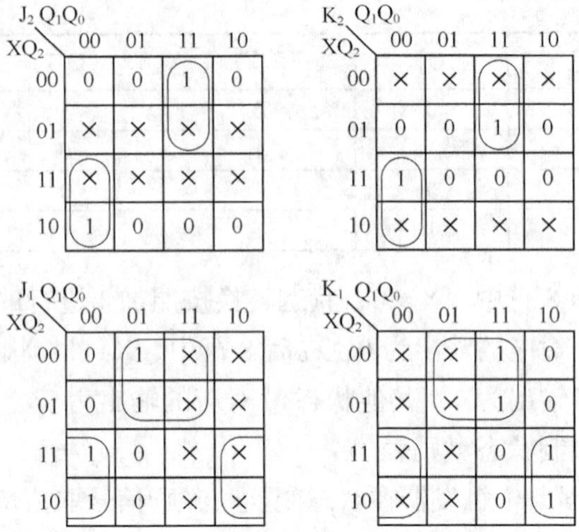

图 5-23　同步 8 进制可逆计数器的卡诺图

（5）绘制逻辑图

根据输出方程和激励方程组，绘制出同步八进制加减法可逆计数器的逻辑图，如图 5-24 所示。

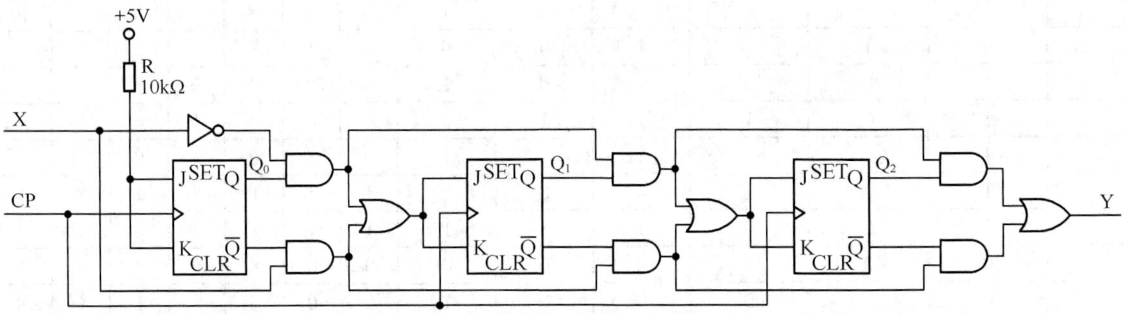

图 5-24　同步八进制加减法可逆计数器的逻辑图

（6）检查自启动功能

因为电路状态采用全编码，没有无效状态的问题，因此电路不需要检查自启动功能。

【例 5.9】 设计一个串行数据检测电路，当连续输入的 3 个数为 110 时，电路的输出为 1，其他情况下输出为 0。

（1）逻辑抽象

设计检测串行输入数据序列电路，从初始状态开始，每发出一个时钟脉冲，就会输入一位二进制数，根据二进制数是 0 还是 1，确定转向的次态，然后将每个次态当做现态，重复以上的判断，直到判别出输入三位数据为 110，判断成功，输出变量为 1，否则输出变量为 0。所以，输入数据不仅是序列数据中的 1 位数据，也是状态转换判别的条件。

这里假设输入数据的变量或输入条件为 X，要输入 3 位连续的数据，至少需要四个状态，这里将状态变量设为 S_0、S_1、S_2、S_3，输出变量为 Y，是检测连续输入的数据是否为 110 的逻辑结果。状态转换关系为：当脉冲到来，X 输入 1 位数据，根据其为 0 或者为 1，确定现态转移到那个次态，当连续输入 3 个数据，如果判断输入数据为 110，则输出 Y = 1，其他时刻 Y = 0。

（2）绘制原始状态图

根据前面所述状态转移关系绘制原始状态图。假定初始状态为 S_0，当有效的时钟脉冲到来，输入数据为 X，当 X = 0，因为检测的数据第一位应为 1，所以不符合检测的要求，则它的次态只能指向 S_0，等待数据 1 的到来，如果后续传递的数据一直是 0，则一直返回等待；当检测到传入的数据为 1，则次态指向一个新的状态 S_1，等待继续向下传递新的数据。将状态 S_1 作为现态，在下一个有效时钟脉冲到来时，输入下一位数据，如果 X 的取值为 0，传递的高两位数据为 10，不符合高两位数据为 11 的要求，只能回到初始状态 S0，从下一位开始重新判别 110 序列；而如果第 2 位数据为 1，前两位数据则为 11，符合传递数据的要求，次态则指向新的状态 S_2。将 S_2 作为现态，当有效的时钟脉冲到来时，输入第 3 位数据，如果输入数据为 1，则数据序列变为 111，不符合数据序列的要求，但是可以把低两位 11 作为 110 序列的高两位，以便于继续检测下一位数据是否为 0，如果后续传递数据一直是 1，则一直取后两位等待，因此次态应该指向自身，表示等待数据 0 出现的意思，当输入数据为 0 后，就得到了 110 序列，此时输出 Y 为 1，同时指向新的状态 S_3。数据继续输入，当输入数据为 0，则数据序列为 1100，后三位为 100，不符合 110 序列的要求，状态回到初始状态 S_0，从第一位重新判别新的数据序列；而如果输入的数据为 1，则后三位数据为 101，刚输入的 1 可以看做数据序列的第 1 位，则它的次态必为 S_1。根据上述分析，即可绘制出 110 序列检测电路的原始状态图，如图 5-25 所示。

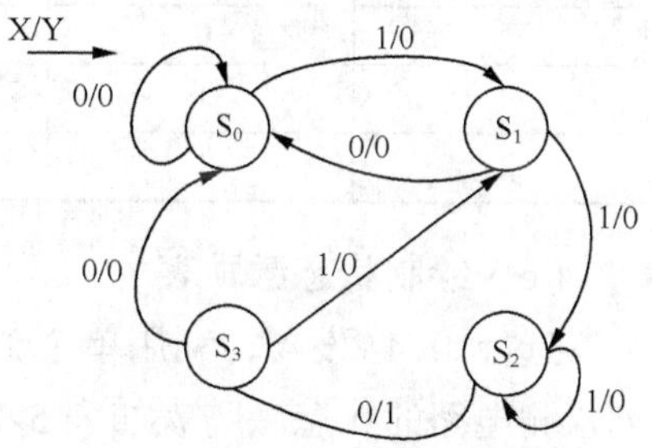

图 5-25　110 序列检测电路的原始状态图

（3）绘制原始状态表

将原始状态图转换为原始状态表，首先确定现态为输入状态，然后以输入数据 0、1 作为不同条件，找出次态变量，绘制出表 5-11 所示的原始状态表。

表 5-11　　110 序列检测电路的原始状态表

S^n	S^{n+1}/Y	
	X = 0	X = 1
S_0	$S_0/0$	$S_1/0$
S_1	$S_0/0$	$S_2/0$
S_2	$S_3/1$	$S_2/0$
S_3	$S_0/0$	$S_1/0$

（4）状态化简

观察表 5-11 所示的原始状态表，对于现态 S_0 和 S_3 来说，当 X = 0 时，它们的次态都是 S_0，输出都是 0；当 X = 1 时，它们的次态都是 S_1，输出都是 0，所以现态 S_0 和现态 S_3 是等价的，消除 S_3 行，将状态表中出现 S_3 的地方用 S_0 代替，得到了简化后的原始状态表，如表 5-12 所示。

表 5-12　　110 序列检测电路的简化原始状态表

S^n	S^{n+1}/Y	
	X = 0	X = 1
S_0	$S_0/0$	$S_1/0$
S_1	$S_0/0$	$S_2/0$
S_2	$S_0/1$	$S_2/0$

（5）状态编码

简化后的原始状态表只有 3 个状态，需要两位二进制数对其编码，这里采用自然顺序码进行编码，同时把状态变量设为 Q_1、Q_0，三个状态变量按照顺序，编码分别为 00、01、10，则将简化后的原始状态表转换为状态真值表，如表 5-13 所示。

表 5-13　　110 序列检测电路编码后的状态表

Q_1^n	Q_0^n	X	Q_1^{n+1}	Q_0^{n+1}	Y
0	0	0	0	0	0
0	0	1	0	1	0
0	1	0	0	0	0
0	1	1	1	0	0
1	0	0	0	0	1
1	0	1	1	0	0
1	1	0	×	×	×
1	1	0	×	×	×

（6）绘制状态激励表

选择 JK 触发器，利用单个 JK 触发器的激励表，绘制出整个电路的状态激励表。110 序列检测电路的状态激励表如表 5-14 所示。

表 5-14　　110 序列检测电路的状态激励表

Q_1^n	Q_0^n	X	Q_1^{n+1}	Q_0^{n+1}	Y	J_1	K_1	J_0	K_0
0	0	0	0	0	0	0	×	0	×
0	0	1	0	1	0	0	×	1	×
0	1	0	0	0	0	0	×	×	1
0	1	1	1	0	0	1	×	×	1
1	0	0	0	0	1	×	1	0	×
1	0	1	1	0	0	×	0	0	×
1	1	0	×	×	×	×	×	×	×
1	1	0	×	×	×	×	×	×	×

（7）求输出方程和激励方程组

根据表 5-14 所示的状态激励表，得到 $K_0 = 1$，绘制关于输出 Y，激励信号 J_1、K_1、J_0 的卡诺图，并在卡诺图中标注出相邻项，如图 5-26 所示。

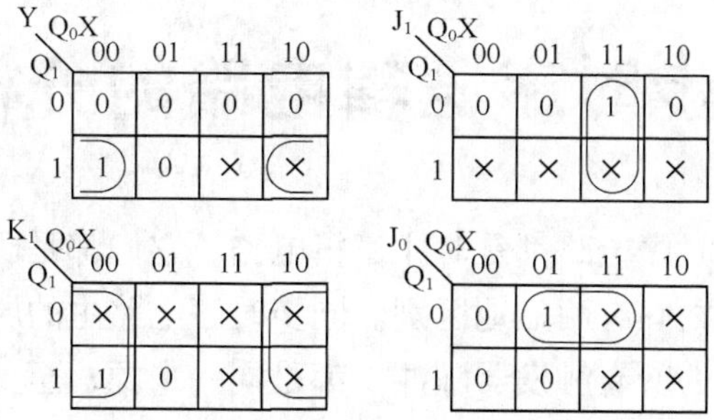

图 5-26　110 序列检测电路的卡诺图

根据卡诺图写出输出方程和激励方程组。

$$Y=\overline{X}Q_1^n$$

$$\begin{cases}J_0=X\overline{Q_1^n}\\K_0=1\end{cases}\qquad\begin{cases}J_1=XQ_0^n\\K_1=\overline{X}\end{cases}$$

（8）绘制逻辑图

根据输出方程和激励方程绘制逻辑图，自低位而高位摆放两个 JK 触发器，并围绕输出和激励信号绘制组合逻辑电路，得到的逻辑图如图 5-27 所示。

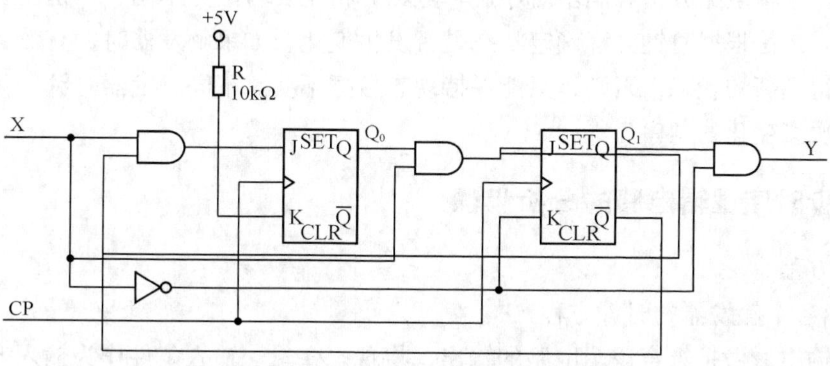

图 5-27　110 序列检测电路逻辑图

（9）检查自启动功能

在设计电路时，现态 11 被化简，在 X = 0 和 X = 1 时的次态不可知，也就是不能够确定该状态是否能够进入有效的循环，电路是否具有自启动的功能。将激励方程组代入 JK 触发器的特性方程，求出次态方程，接着求出 11 的次态，判断次态能否进入有效的循环中。所求次态方程组为：

$$\begin{cases}Q_1^{n+1}=J_1\overline{Q_1^n}+\overline{K_1}Q_1^n=X\overline{Q_1^n}Q_0^n+XQ_1^n=XQ_1^n+XQ_0^n\\Q_0^{n+1}=J_0\overline{Q_0^n}+\overline{K_0}Q_0^n=X\overline{Q_1^n}\cdot\overline{Q_0^n}\end{cases}$$

将 X = 0，现态 11 代入次态方程组和输出方程，得到次态为 00，Y 为 1；将 X = 1，现态 11 代入次态方程组和输出方程，得到次态为 10，Y 为 0。因此，电路具有自启动的功能。

5.3 异步时序逻辑电路的分析与设计

异步时序电路与同步时序电路都是时序逻辑电路，它们都是研究随着脉冲输入，状态之间的转换规律，但是两者之间有明显地区别。同步时序电路中的所有触发器的脉冲来源只有一个，而异步时序电路中的所有触发器脉冲不都是同一来源，至少有一个脉冲的来源是独立的，所以异步时序逻辑电路需要求出时钟方程。在电路分析时，异步时序电路的状态变化不仅仅由触发器特性方程求得，而且还要取决于时钟方程变化是否有效，同步时序逻辑电路则不需要考虑时钟方程的变化，在任何脉冲都要实现 1 次状态转变。在电路设计时，异步时序逻辑电路的状态转换过程与同步时序逻辑电路相同，但要根据状态变化绘制有效状态的时序图，然后根据时序图自己设定所有触发器的时钟方程，再根据时钟方程的特点，去修改状态表中的次态取值，最后求出各类方程，绘制出逻辑图。

对于异步时序逻辑电路，本节主要讲解电路的分析与设计。

5.3.1 异步时序逻辑电路分析

异步时序逻辑电路分析和同步时序逻辑电路分析主要有两点不同，一是需要根据电路写出时钟方程；二是根据时钟方程确定状态是否发生变化，如果触发器时钟有效，则次态方程才能执行，得到新的状态，否则，只能保持现态数据不变。不同触发器时钟变化的顺序也决定了触发器次态变化的顺序。

1. 异步时序逻辑电路的分析步骤

（1）列方程

① 列出各个触发器的时钟方程。

将时钟输出看做是组合逻辑电路的输出，将现态变量、输入条件作为输入变量，列出每个触发器的时钟方程。在每个触发器进行状态转换时，首先要根据现态判断时钟方程是否具有有效时钟，如果时钟有效，进行状态转换，如果时钟无效，则保持数据不变，这是时钟方程在电路分析中的主要作用。

② 列出输出方程和激励方程组。

根据电路逻辑图可以直接写出输出方程和激励方程组，列激励方程组时，按照从高位触发器向低位触发器的顺序，依次写出每个激励信号的逻辑表达式。写表达式的过程和组合电路相同。

③ 根据激励方程和时序方程列出次态方程组。

异步时序逻辑电路中，每个触发器的时钟方程不都相同，而且时钟本身也是一个方程式，时钟方程式代表的是有效的时钟变化，只有在有效的时钟变化下，现态数据才能代入次态方程求出次态的结果。因此，次态方程和时钟方程是与的关系，而在无效状态下，次态保持现态数据不变。设状态表达式为 Q^{n+1}，将激励信号代入触发器特性方程可以求出该表达式，有效时钟方程输出设为 CP，无效的时钟输出则为$\overline{CP}$，在无效状态下，数据保持Q^n不变。根据这个分析，列出含有脉冲方程的次态方程表达式。

$$Q^{n+1}=Q^{n+1}\cdot CP+Q^n\overline{CP}$$

以上升沿触发的 D 触发器组成的状态方程为例，当无上升沿到来，CP = 0，触发器状态应处于保持状态，状态方程应该为$Q^{n+1}=Q^n\overline{CP}$；如果上升沿到来，CP = 1，D 端数据反馈到状态输出端，状态方程应该为$Q^{n+1}=D\cdot CP$，两个状态方程是或的关系，则触发器的状态方程为$Q^{n+1}=D\cdot CP+Q^n\overline{CP}$，根据此方程可以求出所有次态的数值。

（2）列状态表

根据含有两种不同时刻的次态方程，通过对方程中时序的分析，确定是产生新的状态，还是保持原先状态不变，状态表就是依照这个规律进行绘制的。以 D 触发器对应的异步时序逻辑电路为例，$Q^{n+1}=D\cdot CP+Q^n\overline{CP}$是判断次态输出的表达式，假如电路中有两个触发器，一般低位触发器的脉冲是连接到系统脉冲，也就是说，低位触发器在每个时钟都有状态的转换，而对高位触发器而言，需要根据Q_0的变化确定CP_1的变化，从而确定高位触发器状态的变化。

（3）画出状态图和时序图

状态图根据状态表直接转换而成。在画时序图前，根据状态表中的每一个现态，找出对应的次态，然后将次态当做现态，继续找出下一个次态，依次类推，直到所有状态都出现在状态图中为止，即构成完整的状态图。

异步电路的各个触发器时序转换存在一定的延迟，也就是说，从现态到次态的转换过程中有一段不稳定的时间。在此期间，电路的状态是不确定的。因此，异步时序电路的输入信号（包括时钟信号）必须等待电路进入稳定状态后才允许发生改变，否则电路会处于不确定状态。

（4）逻辑功能分析

通过分析绘制的状态表或者是状态图，研究在一定输入条件下，状态变化的情况，以及输出变量的数值变化特征，从而确定电路的逻辑功能。

2. 异步时序逻辑电路分析实例

【例 5.10】分析图 5-28 所示的异步时序逻辑电路的逻辑功能。

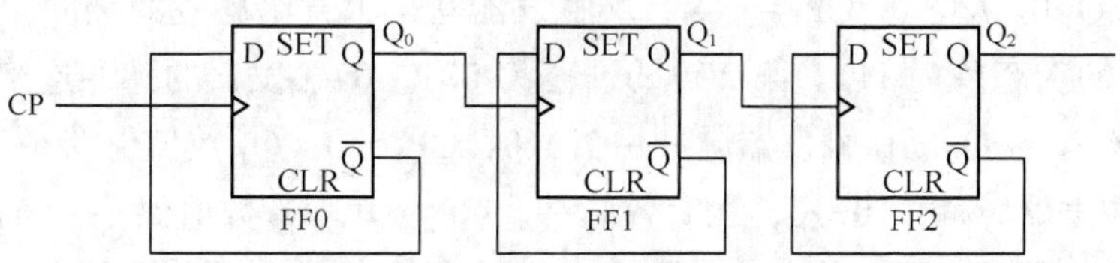

图 5-28 异步时序逻辑电路逻辑图

（1）列方程组

该电路的逻辑图非常简单，可以直接写出时钟方程和激励方程组。

① 时钟方程。

$$CP_2 = Q_1^n,\ CP_1 = Q_0^n,\ CP_0 = CP$$

② 激励方程。

$$D_2 = \overline{Q_2^n},\ D_1 = \overline{Q_1^n},\ D_0 = \overline{Q_0^n}$$

③ 根据激励方程求出状态方程。

将激励信号代入三个 D 触发器的特性方程，求出次态方程组，并根据时钟方程对应的变量特性确定次态方程何时发生状态变化。三个时钟方程的表达式都是单个原变量，因此这个变量由 0 变为 1 时，才能由次态方程计算得到新的次态数据。如果时钟方程是反变量，则由该变量数据变化的下降沿确定新状态产生。

$$\begin{cases} Q_2^{n+1} = D_2 = \overline{Q_2^n} & Q_1\text{上升沿时刻有效} \\ Q_1^{n+1} = D_1 = \overline{Q_1^n} & Q_0\text{上升沿时刻有效} \\ Q_0^{n+1} = D_0 = \overline{Q_0^n} & CP\text{上升沿时刻有效} \end{cases}$$

（2）列状态表

根据状态方程和时钟，列出状态表。观察次态方程，只要上升沿到来，对应的触发器数据就会发生翻转，根据这个原则绘制的状态表如表 5-15 所示。

表 5-15　　电路状态表

Q_2^n	Q_1^n	Q_0^n	Q_2^{n+1}	Q_1^{n+1}	Q_0^{n+1}	CP_2	CP_1	CP_0
0	0	0	1	1	1	1	1	1
0	0	1	0	0	0	0	0	1
0	1	0	0	0	1	0	1	1
0	1	1	0	1	0	0	0	1
1	0	0	0	1	1	1	1	1
1	0	1	1	0	0	0	0	1
1	1	0	1	0	1	0	1	1
1	1	1	1	1	0	0	0	1

在真值表的左侧按照从小到大顺序列举所有现态的取值，然后按照次态方程的特点，在脉冲作用下，逐行求出次态的数值。第 1 行的现态为 000，0#触发器的脉冲连接的是系统脉冲，因此每个周期都会发生数据翻转，Q_0 由 0 变 1；$CP_1 = Q_0$，1#触发器获得上升沿触发的脉冲，$CP_1 = 1$，Q_1 由 0 变 1；$CP_2 = Q_1$，2#触发器获得上升沿触发的脉冲，$CP_2 = 1$，Q_2 由 0 变 1，所以 000 的次态值为 111。第 2 行的现态为 001，0#触发器的脉冲连接的是系统脉冲，Q_0 由 1 变 0；$CP_1 = Q_0$，1#触发器脉冲由 1→0，$CP_1 = 0$，Q_1 数值保持 0 不变；接着因为 $CP_2 = Q_1$，2#触发器脉冲由 0→0，无有效脉冲，$CP_2 = 0$，Q_2 数值保持，所以 001 的次态值为 000。其他现态数据按照这种方法求出次态，并在状态表中标注所有触发器的时钟在何时有效，有效为 1，无效为 0。

（3）绘制状态图和时序图

状态表已经求出了所有现态数据的次态，因此绘制异步时序逻辑电路的状态图和绘制同步时序逻辑电路的状态图是相同的。通过状态表的第 1 行得到 000→111，在第 8 行得到

111→110，在第 7 行得到 110→101，在第 6 行得到 101→100，在第 5 行得到 100→011，在第 4 行得到 011→010，在第 3 行得到 010→001，在第 2 行得到 001→000，回到初始状态 000。8 行状态数据实现了 000→111→110→101→100→011→010→001→000 的转换，构成一个闭合的循环系统，根据这个转换绘制的状态图如图 5-29 所示。

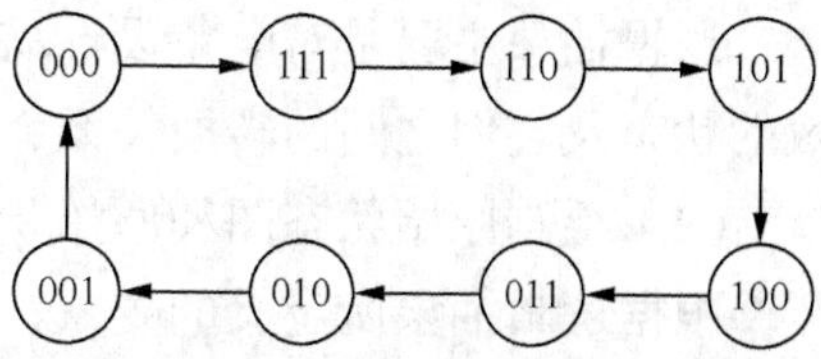

图 5-29　异步时序逻辑电路状态图

根据这个状态图，设定初始状态为 000，按照状态转换的顺序，在系统时钟的每一个上升沿实现状态的一次转换，经过 8 个脉冲，实现整个系统的状态转换过程，回到初始状态 000。根据分析，绘制出电路的时序图，如图 5-30 所示。

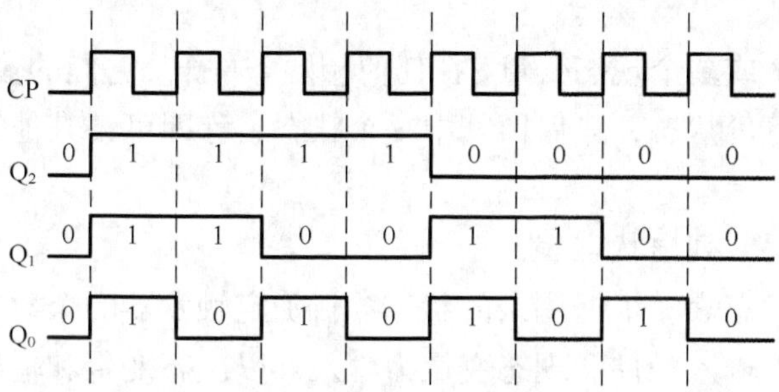

图 5-30　异步时序逻辑电路时序图

（4）分析电路的逻辑功能

由状态图可以看出，在时钟脉冲 CP 的作用下，电路的 8 个状态按递减规律循环变化，即：000→111→110→101→100→011→010→001→000→…，电路具有递减计数功能，是一个 3 位二进制异步减法计数器，实现异步八进制减法计数器功能。

5.3.2　异步时序逻辑电路设计

1. 异步时序电路的设计步骤

进行异步时序逻辑电路的设计，可以参考同步时序逻辑电路的设计过程。也要考虑如何求取每个触发器的时钟方程，在哪里求时钟方程。同时还要考虑所求时钟方程对电路状态的影响。一般情况下，在状态编码完成之后，状态编码转换关系已经确立。在这种情况下，将每个触发器的时钟当做组合电路的输出，而将输入条件和所有现态变量作为组合逻辑电路的输入，通过组合电路的设计可以得到时钟方程。对于简单的时钟方程，可以通过状态变量的变化直接确定，而且时钟方程也较为简单。

在获取时钟方程后，回到状态表，对每个状态转换过程，每个触发器有无脉冲进行标注。如果有有效的脉冲，则次态数据必定是新数据，而没有有效脉冲，触发器的次态应该保持不变。但为了更进一步简化电路，可以将次态设为不定状态。

异步时序电路的设计一般经过逻辑抽象，设定相关变量、确定状态转换关系；绘制原始状态图和原始状态表；状态化简；选择触发器，进行状态编码，得到状态表；绘制电路波形，求出时钟方程，根据时钟方程在状态表中标注触发器时钟的有效性，并修改状态表；将状态表转换为状态激励表；求各类方程；绘制逻辑电路；检查自启动功能等步骤。

（1）逻辑抽象

逻辑抽象主要是对电路设计需求进行分析，找出输入逻辑变量，输出逻辑变量，所有有效的状态及它们之间的转换关系，并进行变量的定义及状态转换关系规律的确定。

（2）绘制原始状态图和原始状态表

根据逻辑抽象所定义的变量，及其状态之间的转换关系，确定一个初始状态，按照转换顺序依次绘制出所有有效状态及转移线指向，在转移线上标注输入输出取值，绘制出原始状态图，并转换为原始状态表。由于这个过程中的状态编码是未知的，一般用逻辑抽象中定义的状态变量表示状态值。

（3）状态化简

原始状态表中两个或多个现态变量，在任何相同条件下，它们的输出和次态变量都相同，则认为这几个状态为等价状态，只保留其中一个状态名称即可，其他等价状态变量由保留的状态变量所代替。

（4）进行状态编码，列出状态表

对化简后的原始状态表，根据剩余的状态数目确定触发器的个数，并选择自然顺序码还是格雷码进行编码。以输入条件和现态变量为输入，以次态变量和输出变量为输出，列出异步时序逻辑电路的状态表。以上 4 个步骤和同步时序逻辑电路的设计完全相同。

（5）求取时钟方程

这一步和同步时序逻辑电路是不一样的，因为电路中触发器的时钟方程不同，电路中次态的变化并不同步，所以要求出次态的取值，必须求出时钟方程，根据时钟的变化确定触发器次态数值。而要求出时钟方程，必须根据编码后的状态表绘制所有触发器随系统时钟变化的时序图，通过观察时序图，找出每个触发器状态变化的共性，将共性特征转化为时钟方程即可。如 2#触发器的状态变化都发生在 0#触发器的上升沿，则 0#触发器的上升沿就是逻辑共性，也就是时钟方程，$CP_2 = Q_0^n$。如果不能通过观察找出时钟方程，则需要采用组合逻辑电路的设计方法。

（6）根据时钟方程，修改状态表次态

根据时钟，针对状态表中每个现态，确定每个触发器是否有有效的时钟，如果有有效时钟，触发器对应信号用 1 表示，否则用 0 表示。完成这一步后，为了能够得到更简化的状态表，需要对次态数值进行修正，修改次态原则是：没有有效时钟信号的次态以任意态处理。

（7）将修改后的状态表转换为状态激励表

选择合适的触发器，利用单个触发器的状态激励表，绘制出所有触发器的状态激励表。对于次态为不定态的触发器，其激励信号也为不定状态。设计中选择 JK 触发器和 D 触发器的情况较多。

（8）求输出方程和激励方程组

利用公式法或卡诺图法，写出所有方程的表达式。使用卡诺图化简时，要绘制输出信号、所有激励信号的卡诺图，并进行详细标注，然后在卡诺图中圈出最大相邻项，最后逐个写出变量的逻辑表达式。

（9）根据输出方程和激励方程组绘制电路逻辑图

触发器是时序逻辑电路设计的核心，绘制异步时序逻辑电路的逻辑图，首先按照自高而低的顺序排列触发器，然后绘制激励信号的电路，将输出连接到触发器；接着绘制时钟方程对应的逻辑电路，将时钟电路输出连接到触发器时钟引脚；然后绘制输出电路；最后在图上标注输入、输出、时钟、状态等变量名称。

（10）检查电路自启动功能

设计好的异步时序逻辑电路，有些现态不是有效的电路状态，需要检测这些状态能否进入有效状态的循环过程，即检测电路是否具有自启动功能。将激励信号代入状态特性方程，求得次态方程，然后将无效状态作为现态，确定每个触发器是否具有有效时钟，如果有有效时钟，则将现态取值代入次态方程，求出触发器的次态值，否则，保持现态数据不变，然后检测次态取值是否能够进入有效的循环，能则表示电路具有自启动功能。

2. 异步时序逻辑电路设计实例

【例 5.11】设计异步六进制加法计数器。

（1）逻辑抽象

设计异步六进制加法计数器，通过六个脉冲，实现计数加 1 六次，逢六进一的过程。电路共有 6 个计数值，分别用 6 个状态表示，而且计数器状态无须化简，共需要 3 位二进制数，并且采用自然顺序码对其进行编码，则计数值 0、1、2、3、4、5 对应的编码分别为 000、001、010、011、100、101。进位输出变量用 Y 表示，3 位状态变量自高而低分别用 Q_2、Q_1、Q_0 表示，三个触发器的时钟输出变量分别定义为 CP_2、CP_1、CP_0。状态转换关系为：000→001→010→011→100→101→000，当由 101 变为 000 时，回到初始状态，且产生进位 1，表示电路采用了上升沿触发的触发器。

（2）绘制状态表

根据定义的变量及状态转换关系，我们可以很容易绘制出电路的状态表，如表 5-16 所示。

表 5-16　　异步六进制计数器状态表

Q_2^n	Q_1^n	Q_0^n	Q_2^{n+1}	Q_1^{n+1}	Q_0^{n+1}	Y
0	0	0	0	0	1	0
0	0	1	0	1	0	0
0	1	0	0	1	1	0
0	1	1	1	0	0	0
1	0	0	1	0	1	0
1	0	1	0	0	0	1
1	1	0	×	×	×	×
1	1	1	×	×	×	×

（3）根据状态表绘制时序图，根据时序图求时钟方程

六进制加法计数器共有六个状态，绘制时序图时，绘制六个脉冲即可，并将初始状态设为 000，在每个脉冲的上升沿，依次实现 000→001→010→011→100→101→000 的波形转换

过程。根据这个过程，绘制了图 5-31 的时序图。

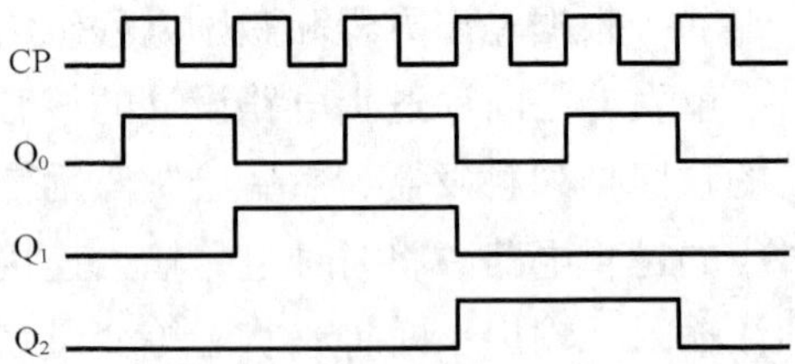

图 5-31　异步六进制加法计数器时序图

观察时序图，发现 Q_0 在任何时钟脉冲上升沿都实现了数据的翻转，也就是说，0#触发器状态的转换由系统时钟决定，$CP_0 = CP$。而 Q_1、Q_2 都只有两次数据的翻转变化，它们的共性都是发生在 Q_0 的下降沿处，与触发器为上升沿触发的特点相反，所以 $CP_2 = CP_1 = \overline{Q_0^n}$。

（4）根据时钟方程修改状态表的次态

在状态表的后面增加三列，用来标注三个触发器在状态转换时是否具有有效脉冲，将三个脉冲设为 CP_2、CP_1、CP_0，根据脉冲方程确定是否具有有效的上升沿脉冲，由 $CP_2 = CP_1 = \overline{Q_0^n}$ 可以确定 CP_2、CP_1 的上升沿脉冲由 Q0 是具有 1→0 的变化决定。根据每个触发器是否具有有效的时钟，修改次态的取值，修改原则是：若触发器没有有效时钟，即 CP = 0 时，它的次态以任一态（×）处理。在第一行中，CP_2、CP_1 都为 0，所以 Q_2^n、Q_1^n 都修改为×，其他行以同样方法处理。利用时钟方程修改的状态表如表 5-17 所示。

表 5-17　　根据时钟方程修改的异步六进制计数器状态表

Q_2^n	Q_1^n	Q_0^n	Q_2^{n+1}	Q_1^{n+1}	Q_0^{n+1}	Y	CP_2	CP_1	CP_0
0	0	0	×	×	1	0	0	0	CP
0	0	1	0	1	0	0	1	1	CP
0	1	0	×	×	1	0	0	0	CP
0	1	1	1	0	0	0	1	1	CP
1	0	0	×	×	1	0	0	0	CP
1	0	1	0	0	0	1	1	1	CP
1	1	0	×	×	×	×	×	×	×
1	1	1	×	×	×	×	×	×	×

（5）选择触发器，绘制状态激励表

选择上升沿触发的 D 触发器，因为 $D = Q^{n+1}$，因此将表 5-17 中的触发器次态用激励信号代替，就构成了异步六进制加法器的状态激励表，同时将表中脉冲变量给删除掉，修改后的状态激励表如表 5-18 所示。

表 5-18　　异步六进制加法计数器状态激励表

Q_2^n	Q_1^n	Q_0^n	D_2	D_1	D_0	Y
0	0	0	×	×	1	0
0	0	1	0	1	0	0
0	1	0	×	×	1	0
0	1	1	1	0	0	0
1	0	0	×	×	1	0
1	0	1	0	0	0	1
1	1	0	×	×	×	×
1	1	1	×	×	×	×

（6）求输出方程和状态激励方程

绘制关于输出 Y，激励信号的卡诺图，圈出最大相邻项，化简后得出对应的方程表达式。

① 输出方程：

$$Y = Q_2^n Q_0^n$$

② 状态激励方程组：

$$\begin{cases} D_0 = \overline{Q_0^n} \\ D_1 = \overline{Q_2^n} \cdot \overline{Q_1^n} \\ D_2 = Q_1^n \end{cases}$$

（7）根据方程绘制逻辑图

绘制关于激励信号的组合逻辑电路，并将输出连接到 D 触发器对应的激励端，绘制输出 Y 对应的逻辑图，为逻辑图标注所有变量的名称，绘制出异步六进制加法计数器逻辑图，如图 5-32 所示。

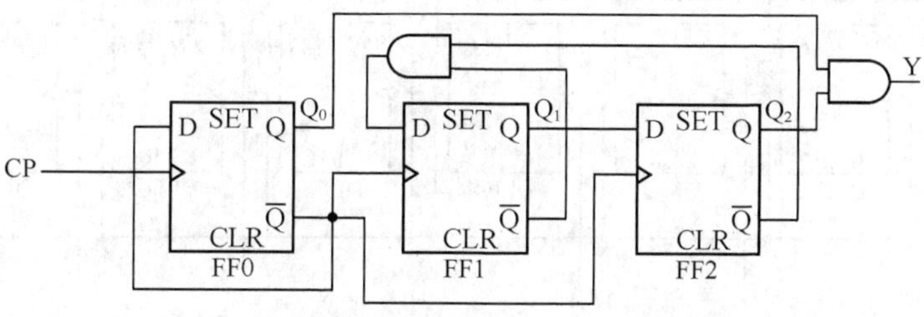

图 5-32　异步六进制加法计数器逻辑图

（8）检查自启动功能

状态激励方程就是次态方程，将无效状态 110、111 分别代入次态方程中，求出的次态分别是 101、100，实现了 110→101,111→100 的状态转换，所以电路具有自启动功能。

5.4　常用时序逻辑元件

计算机等数字系统中，常用的时序电路有用来在数据处理过程中暂时存放数据的寄存器，用来实现各种移位功能的寄存器；用来计算指令地址的计数器等。

5.4.1　寄存器

在数字电路中，用来存放二进制数据或代码的电路称为寄存器。寄存器是由具有存储功能的触发器组合起来构成的。一个触发器可以存储 1 位二进制代码，存放 n 位二进制代码的寄存器，需用 n 个触发器来构成。

按照功能的不同，可将寄存器分为基本寄存器和移位寄存器两大类。基本寄存器只能并行送入数据，需要时也只能并行输出。移位寄存器中的数据可以在移位脉冲作用下依次逐位右移或左移，数据既可以并行输入、并行输出，也可以串行输入、串行输出，还可以并行输入、串行输出，串行输入、并行输出，十分灵活，用途也很广。

1. 寄存器

8 位 CMOS 寄存器 74HC374（器件名称：74374）如图 5-33 所示，电路由 8 个 D 触发器（器件标志 DFF）和与每个触发器输出连接的 8 个三态门（器件标志 TR）组成。图中信号 ENB 为 8 个三态门的控制信号，低电平有效，CLK 为同步时钟。无论寄存器中原来的内容是什么，只要送数控制时钟脉冲 CP 上升沿到来，加在并行数据输入端的数据 $D_1 \sim D_8$，就立即被送入寄存器中。但是，在 ENB = 1 的情况下，数据被每个触发器对应的三态门所阻塞，无法传送到数据线上去，只有在控制信号送来后，使 ENB = 0，数据才能在脉冲控制下送出。

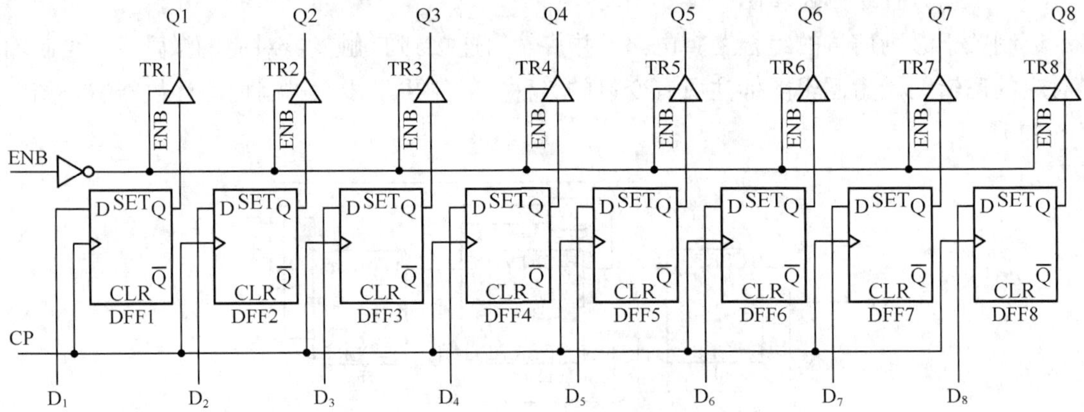

图 5-33　8 位寄存器芯片 74HC374 原理图

寄存器在计算机中可以用来存放参与运算的操作数，在需要时，由指令产生控制信号 ENB，导通三态门，使数据输出并送到运算器 ALU 参与运算，或在计算机与外设的接口电路中暂时存放输入输出的数据。

在时钟信号 CP 的控制下，利用三态门控制信号 ENB，可以将寄存器扩展为 16 位、32 位、64 位甚至更多位的寄存器。

2. 移位寄存器

基本寄存器只有寄存数据或代码的作用，如果将若干触发器级联成图 5-33 所示的 74HC164（器件名称 74164）芯片对应的电路，则构成基本移位寄存器。它们在同步脉冲的作用下，可以将一位一位输入的串行二进制数，通过 n 个 CP 输入脉冲后，将数据送到 n 个寄存器，变为并行数据。因此，可以用来作为串/并或并/串转换、移位、乘法、除法等数值运算的逻辑器件。移位寄存器属于同步时序逻辑电路。

（1）基本移位寄存器

① 原理。

图 5-34 是 8 位右行移位寄存器芯片 74HC164 内部结构逻辑图。电路由 8 个 D 触发器并列组成，数据自左向右移位，也就是从低位向高位移位。

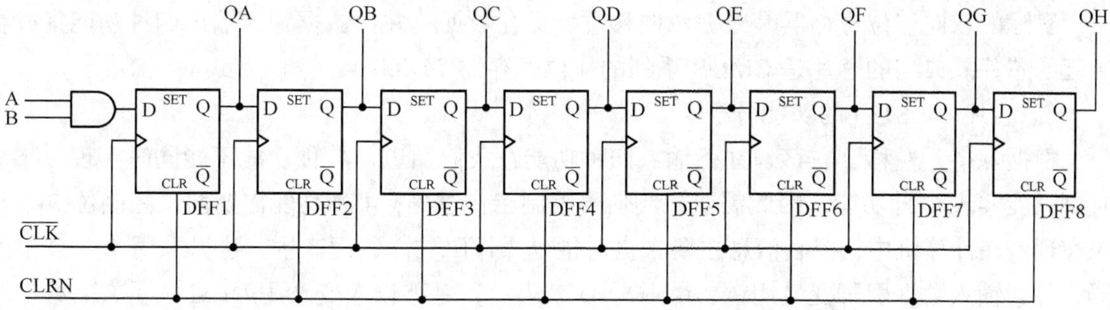

图 5-34　8 位右行移位寄存器芯片 74HC164 内部结构

在图 5-34 中，对于 A、B 作为输入的与门，两个输入引脚中引脚 A 为数据位引脚，另一个引脚为控制数据位 B，当 B = 0，数据输入全为 0，阻止数据输入；当 B = 1，数据 A 在脉冲控制作用下输入触发器 DFF1，同时 DDF1 原先的数据送入 DDF2，依次向下传送，经过 8 个脉冲，8 位数据送到 8 个触发器，完成了串并转换，以并行的数据进行存储，在需要时输出。

假定一串行数据 10010011，则 B = 1 为控制条件，数据才能输入。根据规定，在数字电路设计中，最左边触发器存放数据最低位，我们应该先从最高位移起。左边的 1，在第一个 CP 下降沿到来的时候，沿 D 进入触发器并输出至 QA 端和 D_2 端，下降沿消失，数据保存在这个位置上；在 CP 第二下降沿到来时，QA 通过 D_2 送到 QB 输出端和 D_3，同时数据的左边第 2 位 0 送入 DFF1 的输出端 QA，在脉冲上升沿消失后，01 被保存到 QA、QB 端；继续发送脉冲，通过 8 个脉冲，数据被送到 8 个触发器的输出端被保存起来。其状态表如表 5-19 所示。

表 5-19　　8 位右移寄存器状态表

n	Q_1^n	Q_2^n	Q_3^n	Q_4^n	Q_5^n	Q_6^n	Q_7^n	Q_8^n	Q_1^{n+1}	Q_2^{n+1}	Q_3^{n+1}	Q_4^{n+1}	Q_5^{n+1}	Q_6^{n+1}	Q_7^{n+1}	Q_8^{n+1}
1	0	0	0	0	0	0	0	0	1	0	0	0	0	0	0	0
2	1	0	0	0	0	0	0	0	0	1	0	0	0	0	0	0
3	0	1	0	0	0	0	0	0	0	0	1	0	0	0	0	0
4	0	0	1	0	0	0	0	0	1	0	0	1	0	0	0	0
5	1	0	0	1	0	0	0	0	0	1	0	0	1	0	0	0
6	0	1	0	0	1	0	0	0	0	0	1	0	0	1	0	0
7	0	0	1	0	0	1	0	0	1	0	0	1	0	0	1	0
8	1	0	0	1	0	0	1	0	1	1	0	0	1	0	0	1

② 单向移位寄存器具有以下主要特点：

a. 单向移位寄存器中的数码，在 CP 脉冲操作下，可以依次右移或左移。

b. n 位单向移位寄存器可以寄存 n 位二进制代码。n 个 CP 脉冲即可完成串行输入工作，此后可从 Q_1～Q_n 端获得并行的 n 位二进制数码，再用 n 个 CP 脉冲又可实现串行输出操作。

c. 若串行输入端状态为 0，则 n 个 CP 脉冲后，寄存器便被清零。

（2）多功能双向移位寄存器

有时需要对移位寄存器的数据流向加以控制，实现数据的双向移动，其中一个方向向右移，是从高位数据自左向右移，另一个方向向左移，是从低位自右向左移，这种移位寄存器称为双向移位寄存器。这种寄存器移位的方向和计算机指令中的移位方向是相反的。

实际的双向移位寄存器是根据双向移位、保存数据、并行数据输入输出四种功能集成在一起的芯片。典型的芯片是 CMOS 系列的 4 位寄存器 74HC194。

① 芯片 74LS194 的功能分析。

根据保持、左移、右移、并行输入四种功能，我们知道，4 种功能不能同时实现，某个时刻只能实现 1 种功能，因此需要控制信号控制工作过程，4 种功能需要两位控制位 S_1、S_0 来实现，在计算机中，控制信息主要来自对指令操作码的译码而产生。这里采用 4 个 D 触发器，并行输入数据引脚变量用 A、B、C、D 来表示，左移输入变量用 DLSI 表示，右移输入变量用 DRSI 来表示，时钟用 CLK 表示，输出 Q_A、Q_B、Q_C、Q_D 表示，CLRN 表示复位清 0 变量。$S_1S_0=00$ 时，选择该触发器本身输出，即次态等于现态，触发器保持不变；$S_1S_0=01$ 时，实现数据左移；$S_1S_0=10$ 时，实现数据右移；$S_1S_0=11$ 时，A、B、C、D 并行输入。根据分析，列出 74HC194 芯片的逻辑功能表，如表 5-20 所示。

表 5-20　　74HC194 芯片的逻辑功能表

CLRN	S_1	S_0	DRSI	DLSI	CP	A	B	C	D	Q_A^{n+1}	Q_B^{n+1}	Q_C^{n+1}	Q_D^{n+1}
0	×	×	×	×	×	×	×	×	×	0	0	0	0
1	0	0	×	×	×	×	×	×	×	Q_A^n	Q_B^n	Q_C^n	Q_D^n
1	0	1	×	×	×	×	×	×	×	DRSI	Q_A^n	Q_B^n	Q_C^n
1	1	0	×	×	×	×	×	×	×	Q_B^n	Q_C^n	Q_D^n	DLSI
1	1	1	×	×	×	×	×	×	×	A	B	C	D

② 根据逻辑功能表求激励方程。

根据表 5-20 所示的状态表，次态方程和激励方程是相同的，求出次态方程就是求出激励信号的逻辑表达式。

$$D_A=Q_A^{n+1}=\overline{S_1}\cdot\overline{S_0}Q_A^n+\overline{S_1}S_0\text{DRSI}+S_1\overline{S_0}Q_B^n+S_1S_0A$$

$$D_B=Q_B^{n+1}=\overline{S_1}\cdot\overline{S_0}Q_B^n+\overline{S_1}S_0Q_A^n+S_1\overline{S_0}Q_C^n+S_1S_0B$$

$$D_C=Q_C^{n+1}=\overline{S_1}\cdot\overline{S_0}Q_C^n+\overline{S_1}S_0Q_B^n+S_1\overline{S_0}Q_D^n+S_1S_0C$$

$$D_D=Q_D^{n+1}=\overline{S_1}\cdot\overline{S_0}Q_D^n+\overline{S_1}S_0Q_C^n+S_1\overline{S_0}\text{DLSI}+S_1S_0D$$

③ 根据逻辑表达式绘制逻辑图。

根据表 5-20 所示的真值表，绘制 74HC194 的电路逻辑图，如图 5-35 所示。

通过图可以看出，每个触发器的四项功能实际相当于 1 个 4 路选择器来实现的。

5.4.2　计数器

计数器是常用的电路之一，它不仅可以用于对脉冲进行计数，还可以用于分频、定时、产生节拍脉冲及其他时序信号。计数器按时钟分：同步计数器、异步计数器；按计数过程中数字增减分：加法计数器、减法计数器和可逆计数器；按计数器中的数字编码分：二进制计数器、二—十进制计数器和循环码计数器等；按计数容量分：二进制计数器、十进制计数器、十六进制计数器等。计数器容量称为模，一个计数器的状态数称为模数。

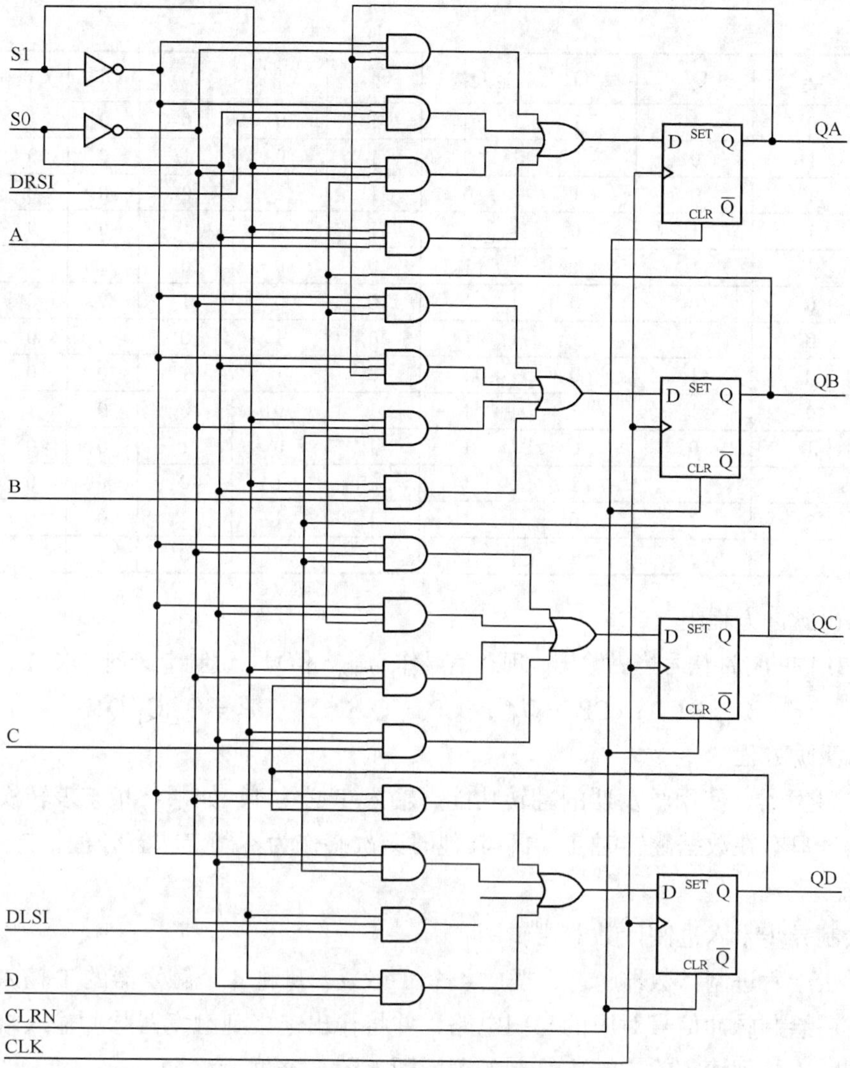

图 5-35 74HC194 电路逻辑图

1. 异步十六进制计数器

（1）功能分析

异步十六进制计数器是模数为 16 的二进制计数器，16 个状态需要 4 个触发器或者 4 位二进制数编码表示，它从初态的 0000（清 0 引脚输入高电平脉冲先使 4 个输出为 0），每输入一个计数脉冲，计数器的状态值按二进制编码增加 1，输入第 16 个脉冲，计数器回到 0000 状态。根据分析，选择 T 触发器，列出编码后的异步十六进制计数器的状态表，如表 5-21 所示。

表 5-21 异步十六进制计数器状态表

Q_3^n	Q_2^n	Q_1^n	Q_0^n	Q_3^{n+1}	Q_2^{n+1}	Q_1^{n+1}	Q_0^{n+1}	CP_3	CP_2	CP_1	CP_0
0	0	0	0	0	0	0	1	0	0	0	1
0	0	0	1	0	0	1	0	0	0	1	1
0	0	1	0	0	0	1	1	0	0	0	1

续表

Q_3^n	Q_2^n	Q_1^n	Q_0^n	Q_3^{n+1}	Q_2^{n+1}	Q_1^{n+1}	Q_0^{n+1}	CP_3	CP_2	CP_1	CP_0
0	0	1	1	0	1	0	0	0	1	1	1
0	1	0	0	0	1	0	1	0	0	0	1
0	1	0	1	0	1	1	0	0	0	1	1
0	1	1	0	0	1	1	1	0	0	0	1
0	1	1	1	1	0	0	0	1	1	1	1
1	0	0	0	1	0	0	1	0	0	0	1
1	0	0	1	1	0	1	0	0	0	1	1
1	0	1	0	1	0	1	1	0	0	0	1
1	0	1	1	1	1	0	0	0	1	1	1
1	1	0	0	1	1	0	1	0	0	0	1
1	1	0	1	1	1	1	0	0	0	1	1
1	1	1	0	1	1	1	1	0	0	0	1
1	1	1	1	0	0	0	0	1	1	1	1

（2）求出脉冲方程组

将表 5-21 中的脉冲信号当做输出，现态信号作为输入信号，绘制卡诺图，求出 4 个时钟方程：

$$CP_0 = CP；\quad CP_1 = Q_0{}^n；\quad CP_2 = Q_1{}^nQ_0{}^n；\quad CP_3 = Q_2{}^nQ_1{}^nQ_0{}^n$$

（3）求激励方程

选择 T 触发器，使用触发器的翻转功能，输入 T 必为 1，如果将状态表转换为状态激励表，激励信号只有在数据翻转时 T = 1，其他时刻次态作为不确定状态处理，T = ×，所以 T 输入必为 1。

（4）绘制异步十六进制计数器逻辑图

绘制异步十六进制计数器，首先摆放 4 个 T 触发器，将 4 个触发器的 T 输入端连接到置 1 电路，然后绘制脉冲信号对应的与门电路，并将输出连接到触发器脉冲输入端，将触发器清零引脚同时连接到清零输入端。绘制的逻辑图如图 5-36 所示。

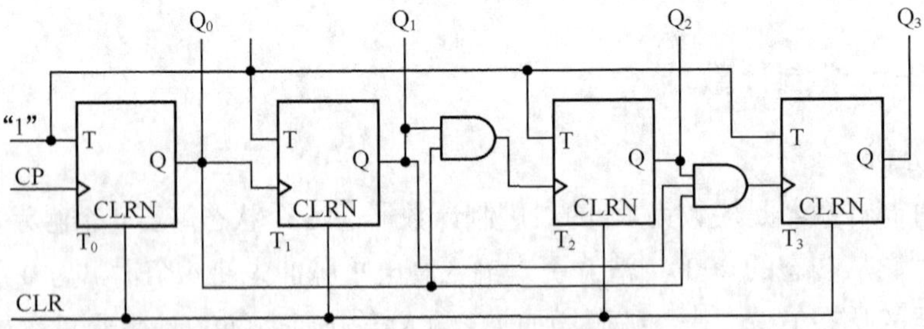

图 5-36　异步十六进制计数器逻辑图

（5）数据输出分析

通过 CP 的取值可以看出，Q_0 的一个变化需要 2 个时序，因此 Q_0 实现了 2 分频，同理 Q_1 实现了 4 分频，Q_2 实现了 8 分频，Q_3 实现了 16 分频，因而，计数器可以做分频器使用。

（6）异步电路的竞争与冒险

因为异步计数器原理、结构简单，各触发器不是同时翻转，而是逐级脉动翻转，故称为纹波计数器。由于各级翻转中其他触发器有等待时间，因此，数据不能实现同时翻转，存在逐级延迟问题，这就造成了竞争和冒险。因此，采用同步时序电路可以解决这个问题。

（7）典型的十六进制计数器芯片 74HC393

在该芯片中集成了两个 16 进制异步计数器，其元件的外围引脚特性如图 5-37 所示。

1A、2A 分别为两个计数器的时钟输入端，下降沿触发有效。CLR1、CLR2 为两个计数器清 0 输入引脚，$1Q_D$、$1Q_C$、$1Q_B$、$1Q_A$ 为 1#触发器的状态输出引脚，$2Q_D$、$2Q_C$、$2Q_B$、$2Q_A$ 为 2#触发器的状态输出引脚。电路只有从 0 开始计数的功能。

2. 同步十六进制计数器

为了提高计数速度和消除竞争与冒险，可以采用同步十六进制计数器，这里采用了 D 触发器来设计。采用表 5-20 所示的状态表，求出次态方程就是求出触发器的激励方程 D_i。同步十六制加法计数器最典型的芯片是 74LVC161，其元件的外围引脚特性如图 5-38 所示。CP 为时钟输入引脚，$\overline{CLR}$ 为清 0 控制引脚，$\overline{LDN}$ 为置计数初值控制引脚，CET、CEP 同时为 1，可以进行十进制数计数过程，TC 为计数进位引脚。通过 D、C、B、A 四个引脚可以预置计数初值，Q_D、Q_C、Q_B、Q_A 输出计数的状态值。

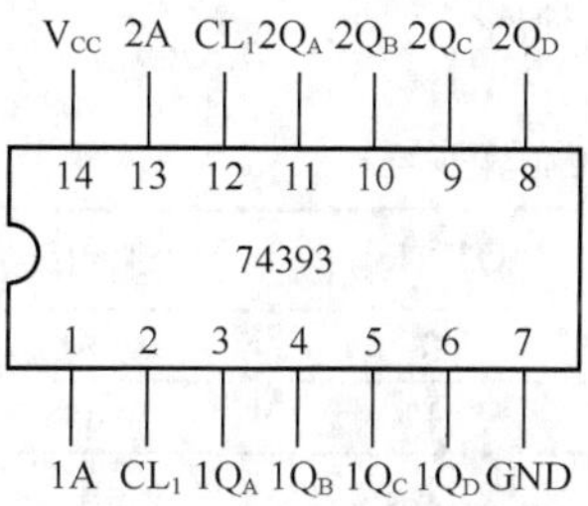

图 5-37　74HC393 逻辑符号

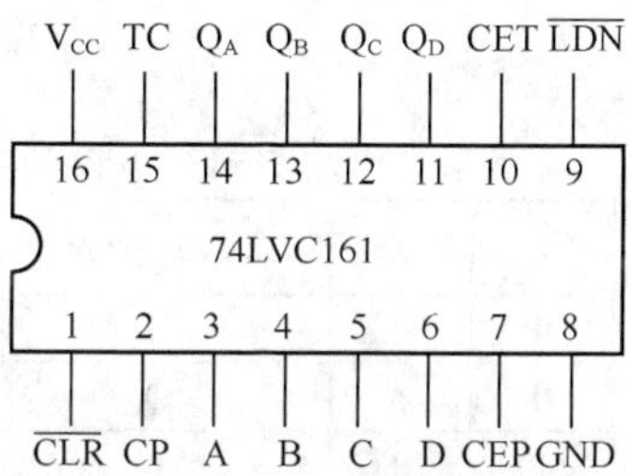

图 5-38　74LVC161 逻辑图

图 5-38 所示是一个具有预置功能的计数器，计数初值可以通过 4 个输入 D、C、B、A 引脚将初值送到 D 触发器的激励端，完成初始化功能。$\overline{LDN}$ 引脚是完成这个功能的控制信号，$\overline{LDN}=0$，实现数据并行置入，$\overline{LDN}=1$，则实现数据的保持和计数。加入控制信号 ENT 和 ENP，当 ENT·ENP = 0 时，数据保持在四个触发器中，只有当 $\overline{LDN}=\overline{CLR}=ENT=ENP=1$ 时，才能计数。计数值通过 Q_D、Q_C、Q_B、Q_A 输出，输出 TC 只有在从 1111 变为 0000 时输出才为 1。根据分析，列出 74LVC161 逻辑功能表，如表 5-22 所示。

表 5-22　　74LVC161 逻辑功能表

$\overline{CLR}$	$\overline{LDN}$	ENT	ENP	CP	A	B	C	D	Q_A^{n+1}	Q_B^{n+1}	Q_C^{n+1}	Q_D^{n+1}
0	×	×	×	×	×	×	×	×	0	0	0	0
1	0	×	×	↑	×	×	×	×	A	B	C	D
1	1	0	×	×	×	×	×	×	Q_A^n	Q_B^n	Q_C^n	Q_D^n
1	1	×	0	×	×	×	×	×	Q_A^n	Q_B^n	Q_C^n	Q_D^n
1	1	1	1	↑	×	×	×	×	D_A	D_B	D_C	D_D

其中 D_A、D_B、D_C、D_D 是四个触发器对应的激励方程，根据表 5-20，求出四个触发器的次态方程即为激励方程。

3. 十进制加法计数器

十进制加法计数器在日常电路集成设计中有广泛的应用。它从 0000 开始计数，计数到 1001 又回到 0000 重新计数，选择 D 触发器设计该计数器，其状态表如表 5-23 所示。

通过该状态表，利用卡诺图化简，可以求出输出方程：

$$Y = Q_3^n Q_0^n$$

（1）同步十进制加法计数器设计

对于同步计数器电路设计而言，只要针对表 5-23，填充卡诺图，求出四个触发器的激励方程，然后根据输出方程和激励方程组，绘制出十进制加法计数器的逻辑图即可。四个触发器对应的激励方程组为

$$D_0 = Q_0^{n+1} = \overline{Q_0^n}$$

$$D_1 = Q_1^{n+1} = \overline{Q_3^n} \cdot \overline{Q_1^n} \cdot Q_0^n + \overline{Q_0^n} \cdot Q_1^n$$

$$D_2 = Q_2^{n+1} = \overline{Q_2^n} Q_1^n Q_0^n + Q_2^n \overline{Q_1^n} + Q_2^n \overline{Q_0^n}$$

$$D_3 = Q_3^{n+1} = \overline{Q_3^n} Q_2^n Q_1^n Q_0^n + Q_3^n \overline{Q_0^n}$$

表 5-23　　异步、同步十进制加法计数器状态编码转换表

Q_3^n	Q_2^n	Q_1^n	Q_0^n	Q_3^{n+1} (D_3)	Q_2^{n+1} (D_2)	Q_1^{n+1} (D_1)	Q_0^{n+1} (D_0)	Y
0	0	0	0	0	0	0	1	0
0	0	0	1	0	0	1	0	0
0	0	1	0	0	0	1	1	0
0	0	1	1	0	1	0	0	0
0	1	0	0	0	1	0	1	0
0	1	0	1	0	1	1	0	0
0	1	1	0	0	1	1	1	0
0	1	1	1	1	0	0	0	0
1	0	0	0	1	0	0	1	0
1	0	0	1	0	0	0	0	1
1	0	1	0	×	×	×	×	×
1	0	1	1	×	×	×	×	×
1	1	0	0	×	×	×	×	×
1	1	0	1	×	×	×	×	×
1	1	1	0	×	×	×	×	×
1	1	1	1	×	×	×	×	×

（2）异步十进制计数器设计

① 求时钟方程。

对于异步十进制计数器，先根据表 5-23 的状态转换关系绘制出状态变化的时序波形，然后观察状态变化规律，确定时钟方程，时序图如图 5-39 所示。

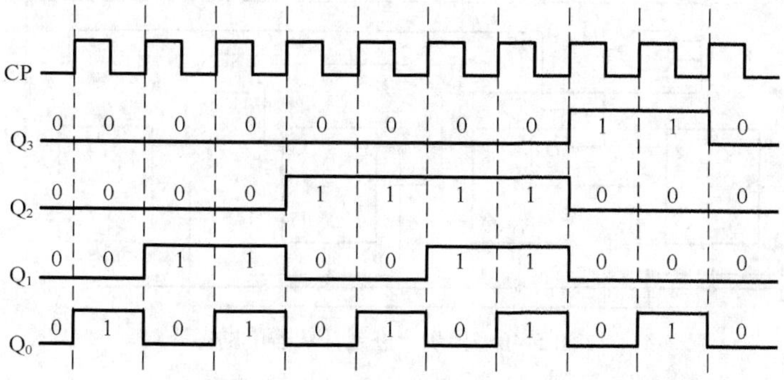

图 5-39　异步十进制计数器时序图

通过波形图可以看出，Q_3、Q_1 的变化都在 Q_0 的下降沿，Q_2 可以在 Q_0，Q_1 下降沿变化，因此选择时钟方程为

$$CP_0 = CP\text{；}\ CP_1 = \overline{Q_0^n}\text{；}\ CP_3 = \overline{Q_0^n}\text{；}\ CP_2 = \overline{Q_1^n}$$

② 根据时钟方程修改状态表为状态修正表（见表 5-24）。

表 5-24　异步十进制加法计数器状态修正表

Q_3^n	Q_2^n	Q_1^n	Q_0^n	$Q_3^{n+1}(D_3)$	$Q_2^{n+1}(D_2)$	$Q_1^{n+1}(D_1)$	$Q_0^{n+1}(D_0)$	Y	CP_3	CP_2	CP_1	CP_0
0	0	0	0	×	×	×	1	0	0	0	0	↑
0	0	0	1	0	×	1	0	0	↓	0	↓	↑
0	0	1	0	×	×	×	1	0	0	0	0	↑
0	0	1	1	0	1	0	0	0	↓	↓	↓	↑
0	1	0	0	×	×	×	1	0	0	0	0	↑
0	1	0	1	0	×	1	0	0	↓	0	↓	↑
0	1	1	0	×	×	×	1	0	0	0	0	↑
0	1	1	1	1	0	0	0	0	↓	↓	↓	↑
1	0	0	0	×	×	×	1	0	0	0	0	↑
1	0	0	1	0	×	0	0	1	↓	0	↓	↑
1	0	1	0	×	×	×	×	×	×	×	×	×
1	0	1	1	×	×	×	×	×	×	×	×	×
1	1	0	0	×	×	×	×	×	×	×	×	×
1	1	0	1	×	×	×	×	×	×	×	×	×
1	1	1	0	×	×	×	×	×	×	×	×	×
1	1	1	1	×	×	×	×	×	×	×	×	×

③ 求输出方程和激励方程组。

利用卡诺图化简的方法，求出输出方程和 4 个 D 触发器的激励方程组。

$$Y = Q_3^n Q_0^n\text{；}\ D_0 = Q_0^{n+1} = \overline{Q_0^n}\text{；}\ D_1 = Q_1^{n+1} = \overline{Q_3^n} \cdot \overline{Q_1^n}\text{；}\ D_2 = Q_2^{n+1} = \overline{Q_2^n}\text{；}\ D_3 = Q_3^{n+1} = Q_2^n Q_1^n$$

④ 绘制逻辑图。

按照自低到高的顺序绘制四个 D 触发器的逻辑符号，绘制输出方程，激励方程对应的组合逻辑电路，并将激励信号连接到对应的触发器，异步十进制加法计数器的逻辑图如图 5-40 所示。

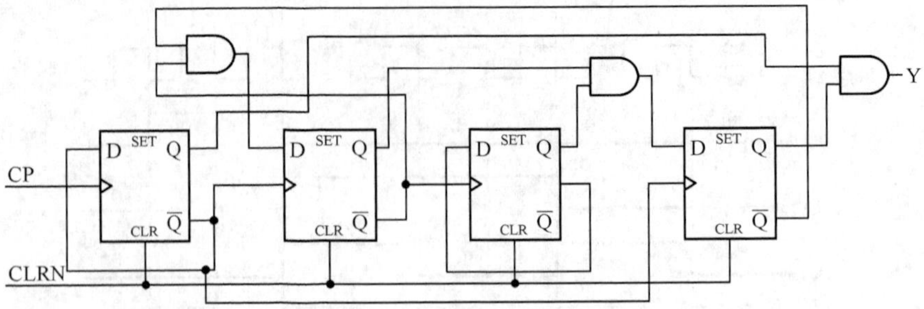

图 5-40　异步十进制计数器电路图

⑤ 集成异步十进制计数器 74LS90 引脚外围特性。

集成异步十进制计数器 74LS90 引脚外围特性图如图 5-41 所示。其中 R_{0A}、R_{0B}、S_{0A}、S_{0B} 为输入条件，控制实现何种功能，Q_3、Q_2、Q_1、Q_0 为计数值输出引脚，而 CP1、CP0 作为计数控制引脚，根据两者脉冲输入情况决定实现哪种编码计数。

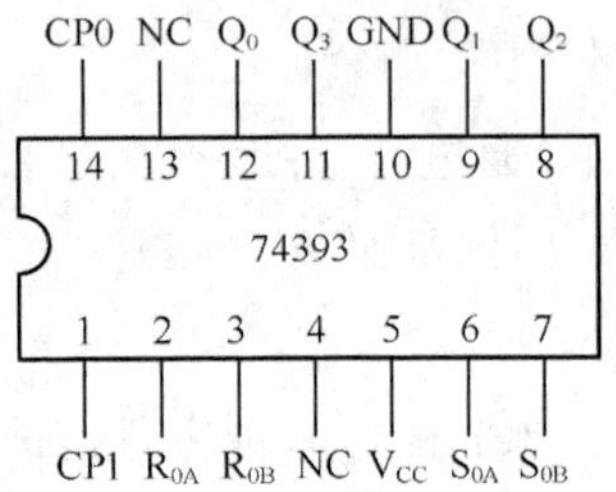

图 5-41　74LS90 引脚外围特性图

74LS90 的逻辑功能较多，需要详细分析，其功能如表 5-25 所示。

表 5-25　74LS90 逻辑功能表

R_{0A}	R_{0B}	S_{0A}	S_{0B}	CP0	CP1	Q_3^{n+1}	Q_2^{n+1}	Q_1^{n+1}	Q_0^{n+1}	功能
1	1	0	×	×	×	0	0	0	0	（清零）
1	1	×	0	×	×	0	0	0	0	（清零）
×	×	1	1	×	×	1	0	0	1	（置 9）
×	0	×	0	↓	0	二进制计数				
×	0	0	×	0	↓	五进制计数				
0	×	×	0	↓	Q_0	8421 码十进制计数				
0	×	0	×	Q_1	↓	5421 码十进制计数				

从表中可以发现，74LS90 共有 6 种逻辑功能，由控制信号和脉冲信号共同控制实现。

当 $R_{0A}R_{0B}$ 输入为 11，S_{0A}、S_{0B} 中只要一个取值为 0，实现计数器清 0 操作。

当 $S_{0A}S_{0B}$ 取值为 11，不管其他输入信号取值如何，都实现计数器置 9 操作。

当 $R_{0B}S_{0B}$ 同时为 0，CP0 输入下降沿脉冲，CP1 输入低电平，实现二进制计数；当 $R_{0B}S_{0A}$ 同时为 0，CP0 输入低电平，CP1 输入下降沿脉冲，实现五进制计数；当 $R_{0A}S_{0B}$ 同时为 0，CP0 输入下降沿脉冲，CP1 连接 Q_0，实现 8421 码十进制计数；当 $R_{0A}S_{0A}$ 同时为 0，CP0 连接 Q_1，CP1 输入下降沿脉冲，实现 5421 码十进制计数。

4. 环形计数器

（1）基本环形计数器

如果将 4 位移位寄存器的输出 Q_3 和输入 D_{SI} 相连，就构成了环形计数器。如果事先在内部内置 4 个数据 $Q_3Q_2Q_1Q_0 = 0001$，那么环形计数器在脉冲作用下，就会出现 0001→0010→

0100→1000→0001，共有 4 个循环状态，电路称为模 4 计数器。可以看出，这种电路不必译码也可输出 4 个状态的译码信号，并且不存在普通译码电路输出时的竞争与冒险。

（2）扭环形计数器

上述基本环形计数器利用率不高，4 个触发器只有 4 个计数状态。如果将电路中的 $\overline{Q_3}$ 与输入相连，则构成扭环形十状态计数器，电路的状态将增加一倍。

① 图 5-42 是由 5 个触发器构成的扭环形计数器的逻辑图。

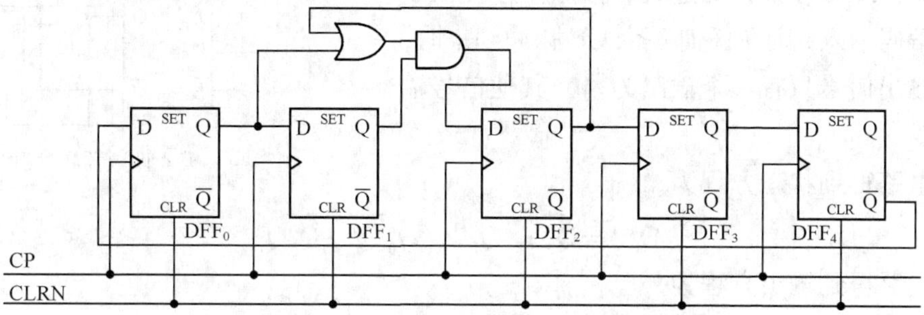

图 5-42 扭环形十状态计数器电路图

② 扭环形十状态计数器状态图

根据同步时序逻辑电路的分析方法，可以求出扭环形十状态计数器状态图，如图 5-43 所示。

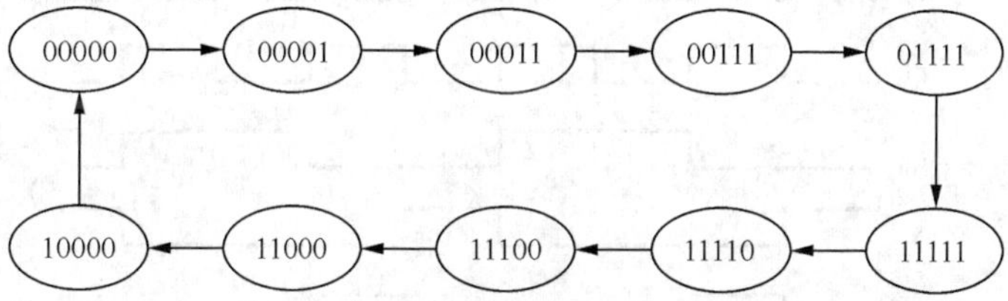

图 5-43 扭环形十状态计数器状态图

③ 扭环形计数器特点

- *n* 位移位寄存器构成的扭环型计数器的有效循环状态为 2*n* 个，比环形计数器提高了一倍。
- 在有效循环状态中，每次转换状态只有一个触发器改变状态，这样将在电路状态译码时不会出现竞争–冒险现象。
- 虽然扭环型计数器的电路状态的利用率有所提高，但仍有 2^n-2n 个状态没有利用。

5.4.3 顺序脉冲发生器

在数字电路中，能按一定时间、一定顺序轮流输出脉冲波形的电路称为顺序脉冲发生器。顺序脉冲发生器也称脉冲分配器或节拍脉冲发生器，一般由计数器（包括移位寄存器型计数器）和译码器组成。作为时间基准的计数脉冲由计数器的输入端送入，译码器即将计数器状态译成输出端上的顺序脉冲，使输出端上的状态按一定时间、一定顺序轮流为 1，或者轮流为 0。前面介绍过的环形计数器的输出就是顺序脉冲，故不加译码电路即可直接作为顺序脉冲发生器。

1. 计数器型顺序脉冲发生器

计数器型顺序脉冲发生器一般由按自然态序计数的二进制计数器和译码器构成。图 5-44 是模 4 计数器顺序脉冲产生电路。电路利用两个触发器进行 00、01、10、11 顺序的计数过程，按照顺序提供了译码器的编码输入，则在任何一个 CP 脉冲到来时，四个译码输出信号只有一个输出为 1，其他信号输出为 0。

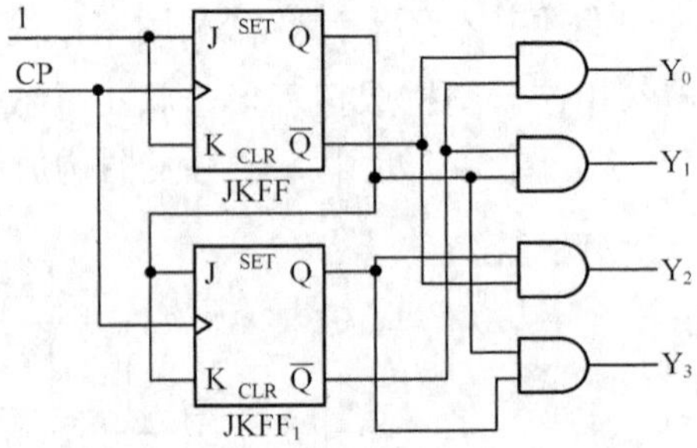

图 5-44　模 4 计数器顺序脉冲发生器

通过电路得到状态方程为

$$Q_0^{n+1} = \overline{Q_0^n}; \quad Q_1^{n+1} = Q_0^n \overline{Q_1^n} + \overline{Q_0^n} Q_1^n$$

通过电路得到输出方程为

$$Y_0 = \overline{Q_1^n} \cdot \overline{Q}_0^n; \quad Y_1 = \overline{Q_1^n} Q_0^n; \quad Y_2 = Q_1^n \overline{Q_0^n}; \quad Y_3 = Q_1^n Q_0^n$$

画出时序 CP 的波形，从 00 状态开始计算状态值和状态值对应的译码数据，产生的顺序脉冲如图 5-45 所示。

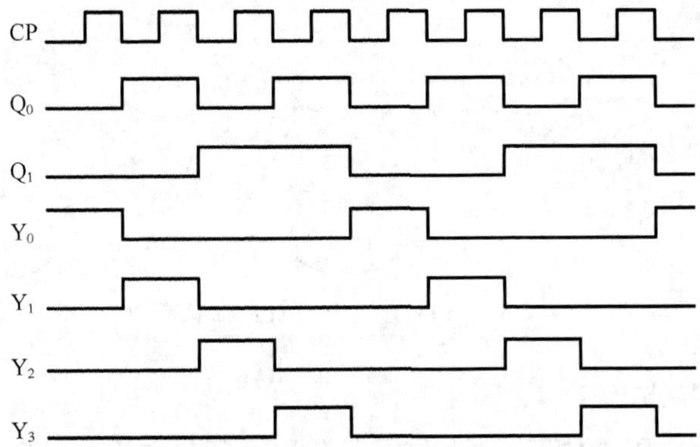

图 5-45　模 4 计数器产生的顺序脉冲波形

2. 移位型顺序脉冲发生器

移位型顺序脉冲发生器由移位寄存器型计数器加译码电路构成。其中计数器为环形计数器。环形计数器在脉冲作用下，就会出现 0001→0010→0100→1000→0001 的状态数据，每次只输出一个 1，因此，生成了顺序脉冲。

习　题

5-1　什么是时序逻辑电路？时序逻辑电路分为哪两类？

5-2　什么是同步时序逻辑电路？什么是异步时序逻辑电路？两者之间有什么异同点？

5-3　采用状态表、状态图、时序图表示六进制加法计数器。

5-4　采用状态表、状态图、时序图表示六进制减法计数器。

5-5　采用状态表、状态图、时序图表示六进制可逆加减法计数器。

5-6　分析电路逻辑功能的主要依据是什么？分析电路逻辑功能的方法有哪几种？举例说明。

5-7　分析如图 5-46 所示的同步时序逻辑电路，要求：

（1）写出输出方程、激励方程和次态方程。

（2）列状态表。

（3）绘制状态图。

（4）绘制时序图

（5）分析电路逻辑功能。

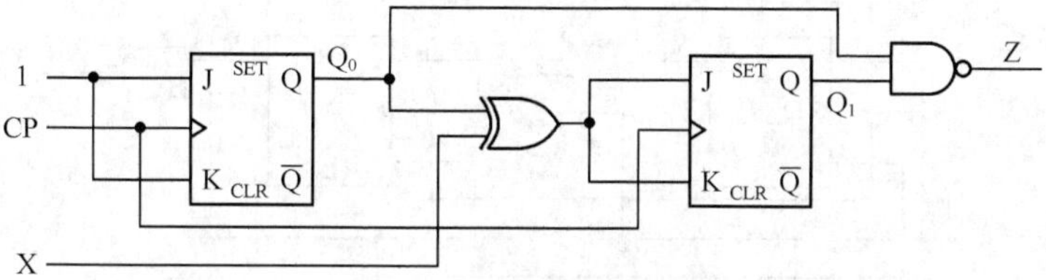

图 5-46　第 7 题图

5-8　分析图 5-47 所示同步计数电路，绘制状态表和状态图，并画出在时钟作用下各触发器输出的波形。

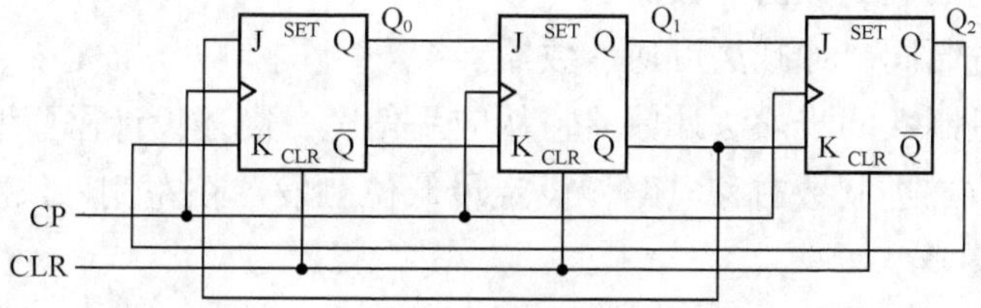

图 5-47　第 8 题图

5-9　分析如图 5-48 所示的同步时序逻辑电路，分析电路的逻辑功能。

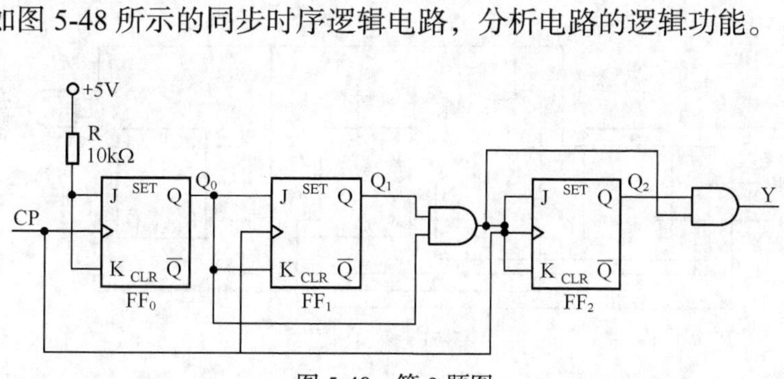

图 5-48　第 9 题图

5-10　分析如图 5-49 所示的同步时序逻辑电路，分析电路的逻辑功能。

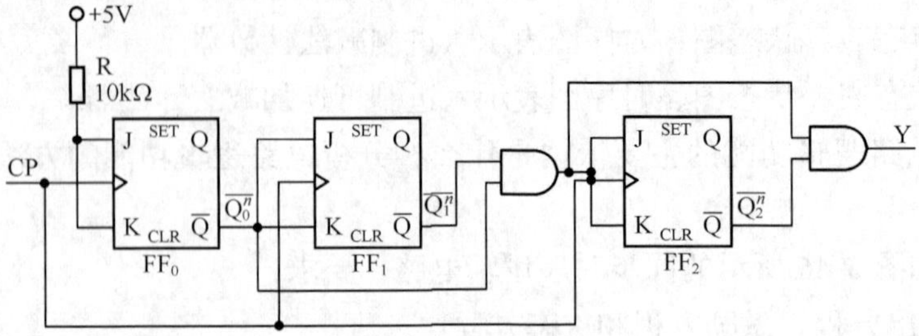

图 5-49　第 10 题图

5-11　图 5-50 所示的同步时序逻辑电路为数据序列检测电路，即对输入的那个序列的数据进行检测，如对 1110 进行检测。作出状态表和状态图，说明这个电路能对何种序列进行检测？

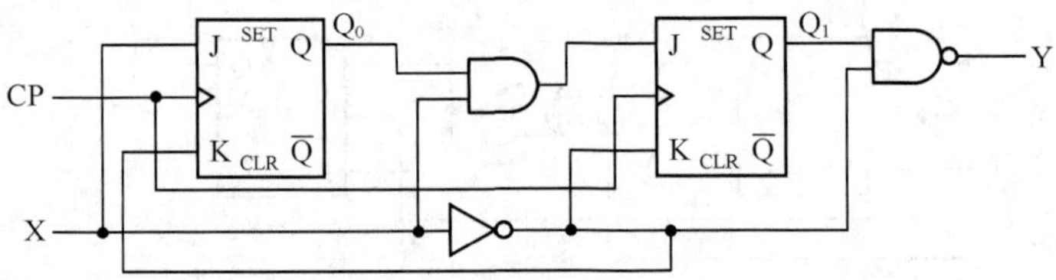

图 5-50　第 11 题图

5-12　设计 111、101、010、1110 同步序列检测器。

5-13　设计同步七进制加法计数器。

5-14　设计同步五进制减法计数器。

5-15　设计六进制同步加减法可逆计数器。

5-16　设计十进制数同步加法计数器，从应用角度，简述设计需要增加哪些引脚。

5-17　设计八位二进制数右移电路，设定最低位触发器在左侧，依次向右排列。简述设计思路，画出逻辑图。

5-18　分析图 5-51 所示异步时序逻辑电路，写出所有方程，画出状态表、状态图、时序图。

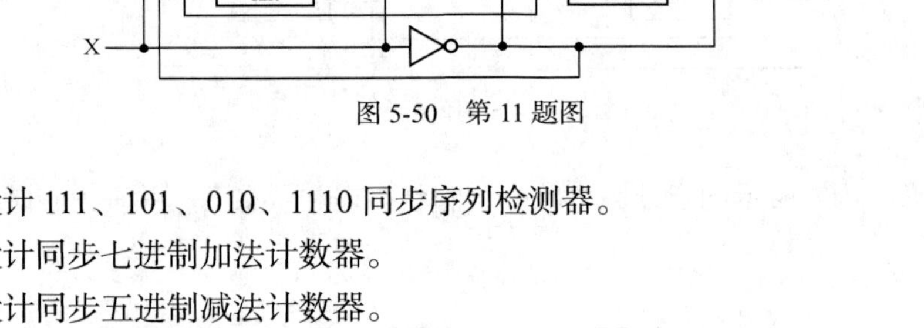

图 5-51　第 18 题图

5-19　分析图 5-52 所示异步时序逻辑电路的逻辑功能。

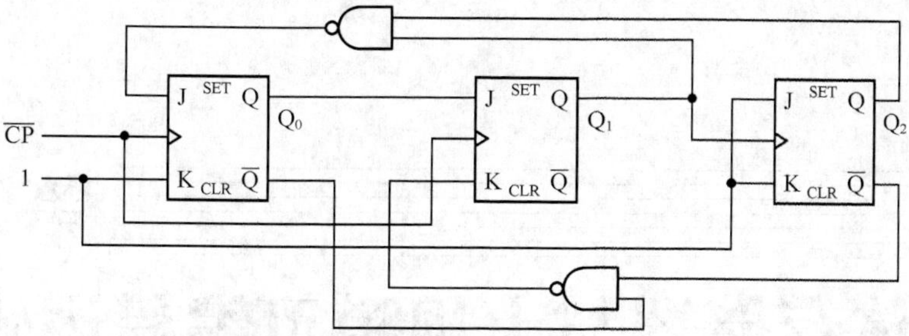

图 5-52 第 19 题图

5-20 设计异步八进制加法计数器电路。

5-21 设计异步八进制减法计数器电路。

5-22 设计异步八进制加减法可逆计数器。

5-23 用 D 触发器绘制 8 位左移数据的寄存器电路，简述其移位过程。

5-24 寄存器共有哪几种类型？举例说明。

5-25 简述同步十六进制计数器 74LVC161 的外围特性，并将其改进为同步十进制计数器。

5-26 使用十进制计数器 74160，绘制完整的 100 进制计数器电路逻辑图。

5-27 分析异步十进制加法计数器 74LS90 的逻辑功能。

5-28 分析计数器型顺序脉冲发生器的工作原理，并利用它与实际结合，实现对其他电路或元件的控制过程。

5-29 分析图 5-42 所示的扭环形计数器电路，简述这种电路的特点。

第 6 章 半导体存储器与大规模可编程逻辑器件

在计算机等数字系统中，往往通过逻辑电路表达复杂信息（程序），还要和外界交换大量的数据。系统信息、外界数据一旦建立，就需要载体来保存它们，在使用时能够从载体中获得数据并送电路处理。这样的逻辑器件就是存储器，或者说，存储器就是存储信息的设备或组件。

1. 表示存储器信息的单位

一个存储系统数据量是很大的，因此在设计时，同寄存器一样，大量数据中的每一位数（bit）应该由类似于触发器结构的电路来表示，通常用 8 个基本电路（8 位数）表示 1 个字符代表的二进制编码，这 8 个基本存储电路表示的 8 位数据，称为一个字节（Byte）。字节是存储系统表示数据的基本单位，两个字节的逻辑电路表示 16 位数称为一个字（Word）。两个字的存储结构表示 32 位数，称为双字（DWord）。

2. 一个字节存储电路的设计思想

（1）1 位数据电路设计思想

1 位数据的电路可采用图 6-1 所示的逻辑电路来设计，只要具有一根控制线或导通线就能导通这个电路，相当于加上了控制电位，那么存储的一位二进制数沿着另一条导线会输出，输出线输出的是一位数据位，我们称为“位线”，而控制线将来要控制同样的 1 个字电路同时输出 8 个电路的 8 位数据，因此称为“字线”。

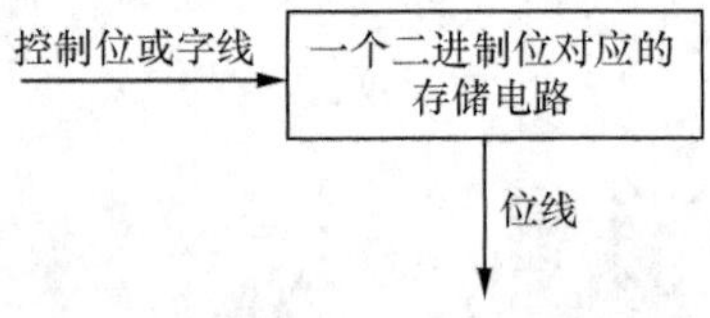

图 6-1　一个二进制位存储电路构思

如果同一控制线（字线）一次导通 8 个基本存储电路，8 个存储器按高低顺序排列，它们的位线同时输出或输入，相当于一个字节数据同时进行传输，在计算机中一般通过 8 位数据总线连接。可以有两种方法实现一个字节的输出。

（2）字节输入输出存储电路的设计

设计方法 1：把每 8 个存储器按照高位到低位排列好，然后把字线连在一起，用同一字线控制数据同时输入输出。数据的位线有 8 位，因此存储器数据输出引脚有 8 个，哪个字节电路被选中，8 位数据沿 8 位引脚输出。图 6-2 所示是 4 个单元并行输出的存储器电路逻辑框图。图中，MEM[*j*]表示一个二进制位电路，横向为一个存储单元电路，Y_i表示第 i 个字节的控制信号，D_7，D_6，…，D_0 是 8 个存储位对应引脚的名称。

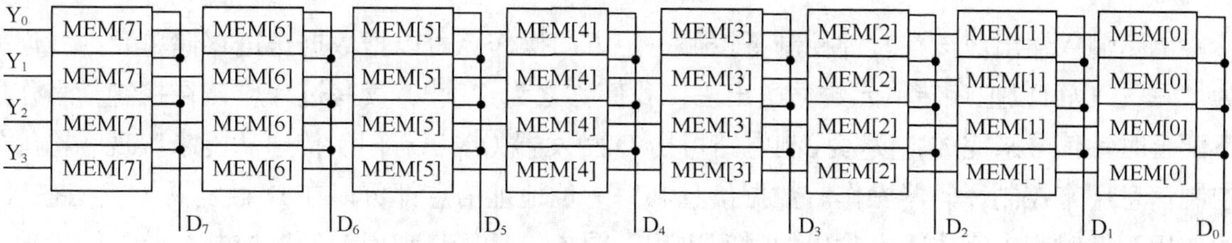

图 6-2 数据位并行输出的字节单元设计

当 Y_0 控制信号到来，同时选中了第一行的 8 个二进制存贮电路，8 位数据沿 D_7～D_0 这 8 个引脚输出，一次只能选中一个单元。此时，Y_1、Y_2、Y_3 控制信号因为不存在而不能访问与之对应的存储电路。这里，4 就是存储单元的容量，4 个单元是在一个芯片中设计完成的。

设计方法 2：把相同位权值的位按一定数量（这里称为容量）集成在一个芯片中，每一位都有独立控制线，选中那一个位对应的电路，对应的位线数据沿着同一数据引脚输出，也就是说，一次只能选中和输出一位。8 个这样的芯片按照一个字节位的高低顺序排列，把各个芯片中相同顺序的控制线连在一起，8 个芯片输入输出 8 位数据，构成一个字节。

注意 同一控制线在各个芯片中连接位置必须相同。

要设计 4 个字节单元的电路，需要先把四个一位二进制数单元电路集成在一个芯片中，每个芯片连接字线是独立的，字线控制信号到来，可以输出一位二进制数，所以 4 个存储电路有共同的输出引脚。设计电路模型和逻辑符号如图 6-3 所示。

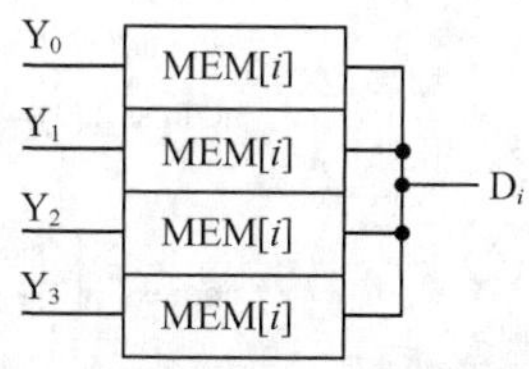

图 6-3 集成 1 位数据输入输出引脚的 4 单元电路

用上述设计的 8 个芯片，可以扩展有 4 个字节存储单元的存储器。从图 6-3 中可以看出，8 个相同芯片相同的字线连在一起，相当于控制信号，而每一个芯片只输出字节数据的一位，按排列顺序组成该字节数据。扩展后，电路组成效果应该和图 6-2 相同。

3. 存储器字线（控制线）的识别

控制线是导通一个字节单元的识别标志。我们在一个存储器中按照它们的排列顺序从 0 开始编号，这个编号称之为存储单元地址。有多少个存储单元，存储容量就是多大。编号和控制线是一一对应的，这是译码器的功能，把编号或地址作为译码器输入，对应的译码输出连接与之对应序号的控制线，这是识别存储单元电路的方法。在图 6-2 中，只有 4 个存储单元，因此采用 2-4 线译码器，译码器的 2 位输入是存储单元的顺序号（或地址），把译码输出和同序号的字线连在一起即可。如果有 N 个存储单元，则需要 n-2^n 线译码器，$N \leqslant 2^n$，n 取满足条件的最小值。

4. 电路读写控制的构想

电路输入输出应该在时钟控制下按照一定方向操作，可以把数据送进存储单元，我们称为“写”；也可以把存储单元数据送出去，我们称之为“读”，读写过程应该在控制信号作用下配合时钟信号来完成，读写控制电路可由 D 触发器（或三态门）传递功能来实现。输出的控制信息用来控制译码器操作。数据信息和每一位地址信息都可以在 D 触发器（或三态门）的作用下按时序来完成输入输出的时间进程。图 6-4 是一个利用触发器控制存储器输入输出的电路。

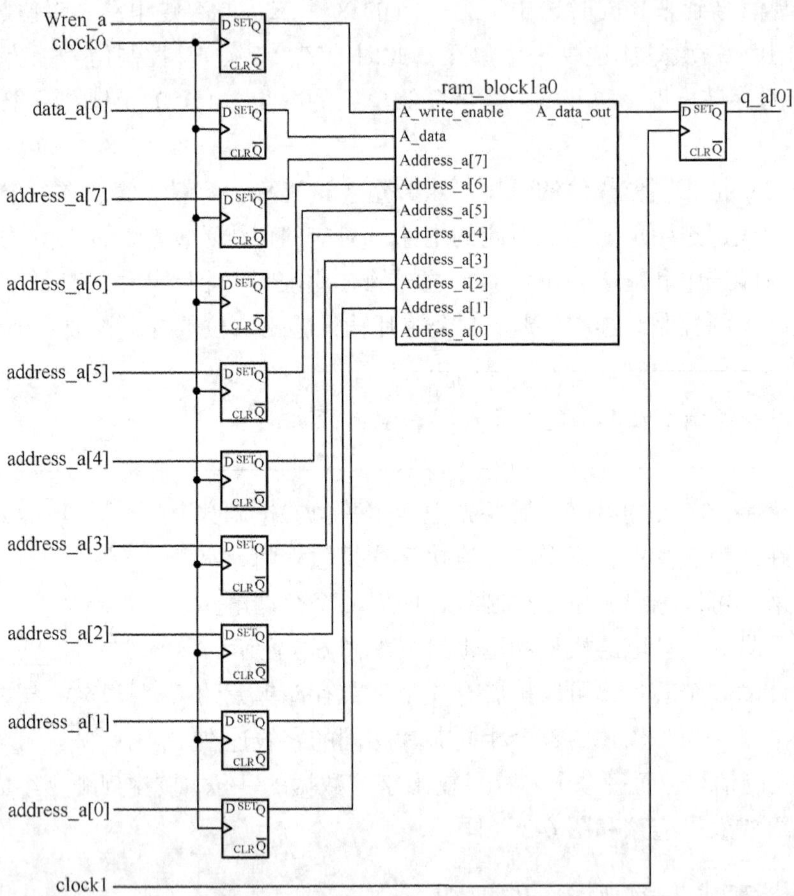

图 6-4　触发器控制的存储器原理图

图中 ram_block1a0 是一个包括 8-2^8 线译码器、1 条数据线、8 条地址线，只有一位输出的存储模块。Wren_a 是读写控制信号，通过 A_write_enable 触发器和时钟 clock0 控制译码器工作。一位输入数据 data_a[0]沿着触发器 A_data 在 clock0 控制下输入地址线选中的一位存储单元。address_a[7…0]这 8 条地址线通过触发器组 A_address 在 clock0 控制下同步输入。写入数据时，在 clock0 控制下先送地址，再送控制信号，然后写入数据。读出数据在 clock1 控制下先送地址，再送读控制信号，然后读出数据到 q_a[0]。

第二种设计方案的应用比较广泛。可以把所有存储基本电路以二维平面的形式存储。例如，一个存储器有 256 个单元，它的地址为 0000 0000～1111 1111B，在集成时把单元排成 16 × 16 的阵列，第一行的 16 个基本单元编号是 0000 0000～0000 1111B，地址前四位是第 0 行的行号，后面 4 位是这一行中的列号，第二行的地址是 0001 0000～0001 1111B，地址前面是第 1 行的行号，后面 4 位是这一行中的列号。因此，我们可以把地址平均分为两部分，前面行号用一个译码器译码，后面的列号用一个译码器译码，只有二者输出都为 0，才能产生对应的控制信号或字线。

$Y_0 = Y[0, 0]$，$Y_1 = Y[0, 1]$，…，$Y_j = Y[行号，列号]$，…，$Y_{255} = Y[16 \times 15 + 15]$；其中 $j = 16 \times 行号 + 列号$。

了解了存储器的存储构成，我们应该重点研究每一位二进制存储电路的内部结构和存储数据的原理。存储器的种类很多，常见的有磁盘、磁带、光盘、电荷耦合器件以及半导体存储器等。半导体存储器的种类很多，根据用户能对存储器进行的操作分为只读存储器（Read Only Memory，ROM）和随机读写存储器（Random Access Memory，RAM）两大类；从制作工艺上，又把存储器分为双极型和 MOS 型。本章重点研究半导体存储器存储结构和原理。

6.1 随机存储器

半导体随机存储器（RAM）按存储元件在运行中能否长时间保存信息来分，可分为静态存储器（SRAM）和动态存储器（DRAM）两种。前者利用双稳态触发器来保存信息，只要不断电，信息就不会丢失；后者利用 MOS 电容存储电荷来保存信息，使用时需不断给电容充电才能使信息保持。静态存储器的集成度低，但功耗较大；动态存储器的集成度高，功耗小，它主要用于大容量存储器。

6.1.1 SRAM

1. 存储单元

图 6-5 是 MOS 静态存储器的存储单元的线路，由 6 管组成。

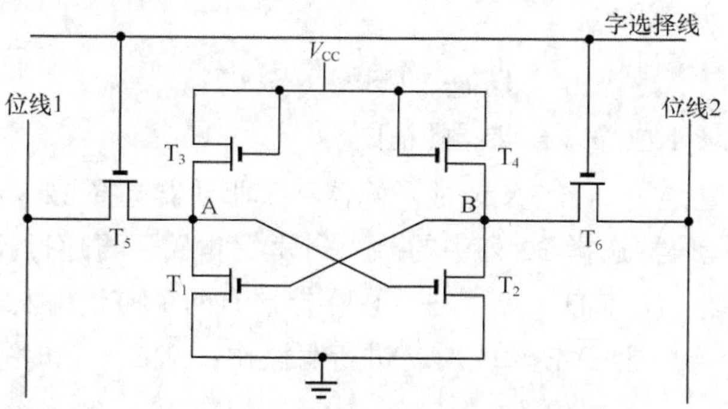

图 6-5 MOS 静态存储器的存储单元

T_1～T_4组成两个反相器，两反相器是交叉耦合连接的，它们组成一个触发器。为了使触发器能成为读出和写入信息的存储单元，还需要 T_5、T_6把它和字线、位线连接起来。T_5、T_6是读、写操作的控制门，它们的栅极和字选择线相连。和 T_5、T_6相连的还有两条位线，用来传送读、写信号。当单元未被选中时，字选择线保持低电平，两条位线保持高电平，T_5、T_6截止，触发器和位线隔开。读出操作过程如下：字选择线高电位到来，单元被选中。若原来单元处于 1 态（T_1导通、T_2截止），就有电流来自位线 1 经 T_5流向 T_1，从而在位线 1 上产生一个负脉冲。因 T_2截止，因此位线 2 不产生负脉冲。若触发器处于 0 态，即 T_1截止、T_2导通，则与上述情况相反，在位线 2 将产生负脉冲。这样，可根据两条位线中哪一条有负脉冲来判断触发器的状态。写入时，只要位线 1、位线 2 分别送高电位和低电位，或分别送低电位和高电位，便可迫使触发器状态发生变化，从而把信息写入单元。例如，位线 1 送低电位、位线 2 送高电位，当单元被选中时，位线 2 便通过 T_6向 T1 栅极充电，使 T_1导通，而 T_2栅极通过 T_5和位线 1 放电，使 T_2截止，从而单元便处于 1 态。只要 SRAM 不断电，存放在里面的数据将会一直被保存。SRAM 的速度很快，一般来说访问时间是几纳秒，因此，SRAM 被广泛应用于 Cache 中。

2. SRAM 的结构和组成

图 6-6 是用图 6-5 所示单元组成的 16 × 1 位静态存储器的结构图。

16 个存储单元排成 4 × 4 矩阵。写入电路和读数均经 T_7、T_8和单元的位线 1、位线 2 相连。地址码 A_0～A_3分成两组，A_0和 A_1与 A_2和 A_3分别驱动 X 译码器和 Y 译码器，X 译码器的每个输出和一条字选择线相连，去选择存储矩阵中的一个字；Y 译码器的每个输出（称为列选择线）去控制每一列单元的 T_7、T_8管。图中字线和列线相交处的单元即为选中存储单元。当某单元被选中，字选择线把该单元的 T_5、T_6打开，列选择线使 T_7、T_8导通。在选片信号 $\overline{CS}=0$ 的前提下，若写允许信号 $\overline{WE}=0$，电路执行写操作，写入数据 D_{IN}经 T_7、T_8以及 T_5、T_6进入单元；若 $\overline{WE}=1$ 电路执行读操作，单元的状态经位线 1，位线 2 和 T_7、T_8传至读放，经 D_{OUT}输出。通过分析可以求出输入时 T_7线上的表达式和输出时 D_{OUT}的表达式。

输入时 T_7的表达式的表达式为

$$T_7 = WE \cdot CS \cdot D_{IN}$$

输出时 D_{OUT}的表达式为

$$D_{OUT} = CS \cdot \overline{WE} \cdot T_7$$

图 6-7 所示是 1K × 1 位静态存储器的框图。

图中地址码分两组，A_0～A_3经 X 地址译码器和字驱动器选择 32 × 32 存储阵列的某一行，而 A_5～A_9经 Y 地址译码器选择 32 列中的某一列读/写电路，再通过控制逻辑把读/写电路与数据输入、数据输出端（D_{IN}，D_{OUT}）相连。该存储器有两个控制输入端，允许写信号 $\overline{WE}$ 和片选信号 $\overline{CS}$。当 $\overline{CS}=0$，且 $\overline{WE}=0$ 时，进行写操作；$\overline{WE}=1$ 时进行读操作。当 $\overline{CS}=1$ 时，不进行读/写操作。

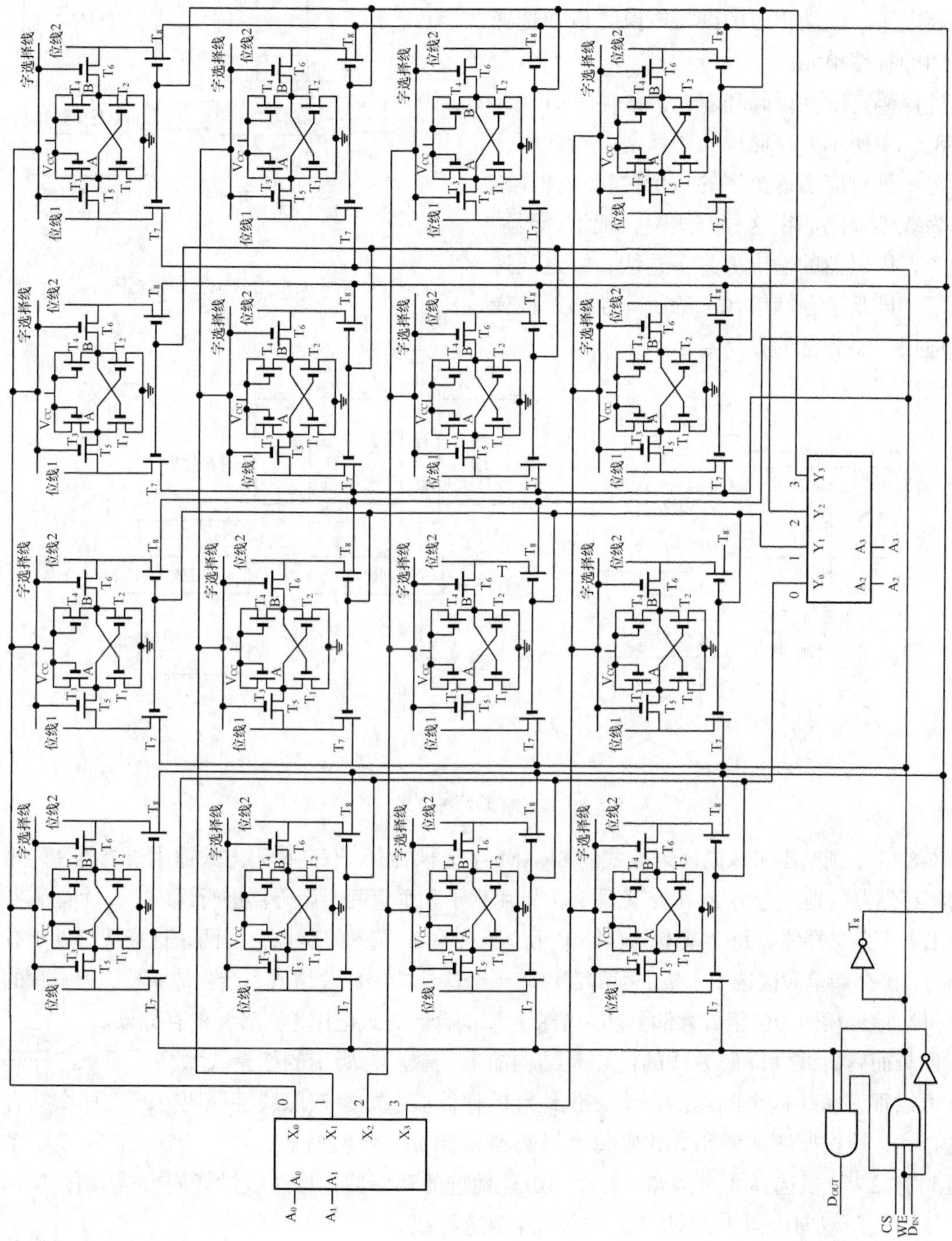

图 6-6　16×1 位静态存储器的结构图

静态存储器包括存储体、读写电路、地址译码器和控制电路等。其中存储体是所有存储单元的集合；地址译码对访存时来自地址总线的内容译码，把用二进制代码表示的地址转换成输出端的高电平，驱动相应的读写电路，以便选择所要访问的存储单元。

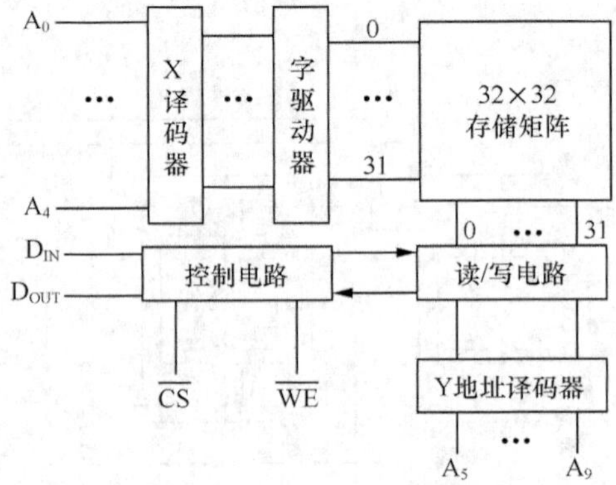

图 6-7　1K 静态存储器框图

地址译码有线性译码和双向译码两种方式。在图 6-8（a）所示的存储单元中，每一行代表一个字，每一列对应于这个字的一个位，这种译码方式称为线性译码。在这种方式中，地址译码器只有一个，译码器的输出称为字选线，字选线选择某个字（即某个存储单元）的所有位。线性译码方式适用于小容量的存储器。

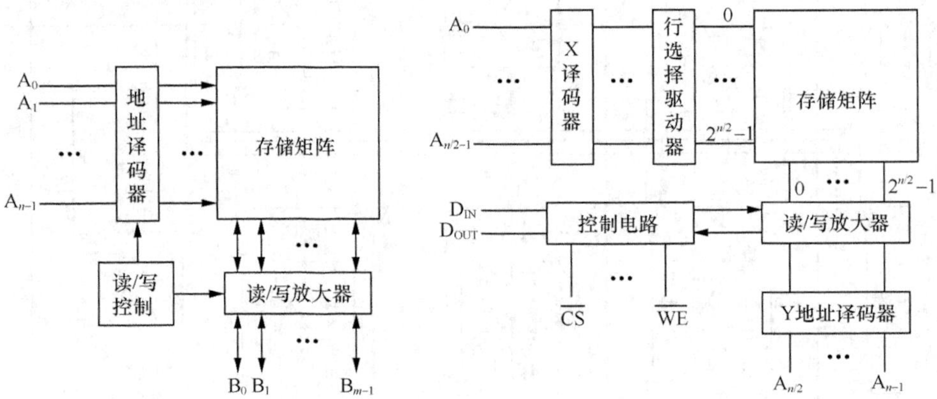

（a）线性译码　　（b）双向译码

图 6-8　地址译码两种方式

图 6-8（b）则给出了双向译码方式的 SRAM 存储器结构。双向译码方式适用于二维译码矩阵，它将存储器的地址分为 X 和 Y 两段，分别用水平和垂直两个译码器进行译码，每个译码器各自输出若干条选择线，每个基本的存储单元位于 X 和 Y 选择线交点，当两条选择线都处于有效电位时，该存储单元被选中。整个存储器由若干个这样的集成片组成一个立体结构，每一片的 X 地址和 Y 地址相同的位组成存储器的一个字。双向译码方式适用于大容量的存储器。

相比较而言，线性译码方式的优点是结构简单，缺点是所用的选择线太多，而双向译码方式就可以很好解决这个问题。一个 n 位地址的存储器，如果按照线性译码方式，那么共有 2^n 根选择线，若按照双向译码方式则每个译码器只有 $n/2$ 个地址输入，$2^{n/2}$ 个输出，于是整个存储器共有 $2^{n/2+1}$ 根选择线。例如，一个 10 位地址的存储器，按照线性译码方式共有 1024 根选择线，按照双向译码方式只需 $2\times2^5=64$ 根选择线。

3. SRAM 的读/写过程

一般地，对 SRAM 的读操作顺序是：先加上需要访问的地址，并在读/写端加上有效信号，等信号稳定后再加上片选信号。经过一段时间的延时，数据被读到输出端的缓冲寄存器中，至此方可撤去片选信号，然后再撤去地址和其他控制信号。读操作时序如图 6-9（a）所示，其中，t_R 是读操作所需的最小周期，在此周期内，地址不能改变；t_A 是取数时间，定义为从地址线上的信号稳定到数据能从存储器读出所需的最短时间；t_{CO} 定义为从片选信号 $\overline{CS}$ 有效到数据能被读出所需的最短时间。

对 SRAM 的写操作顺序是：先加上地址和读/写信号，同时数据信号也加到数据总线上，等信号稳定后，再加上片选信号。经过一段时间的延时，数据被写入存储器的相应单元中，至此方可撤去片选信号，然后再撤去地址和其他控制信号。写操作时序图如图 6-9（b）所示，其中，t_W 是写操作所需的最小周期，t_{CW} 定义为片选信号 $\overline{CS}$ 必须有效的最短时间。

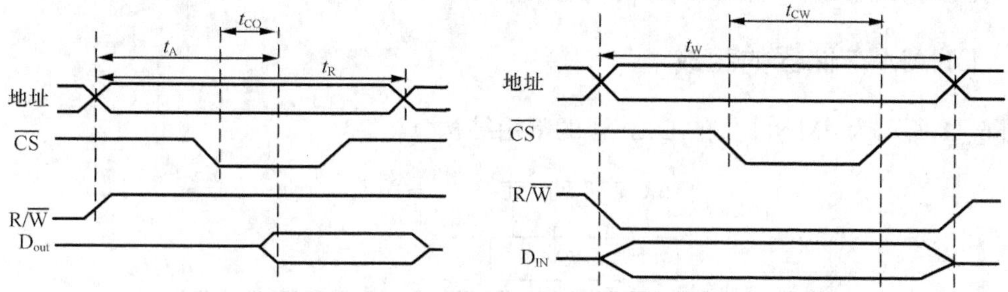

（a）SRAM读周期　　（b）SRAM写周期

图 6-9　SRAM 的读写周期

有些 RAM 的读/写过程与此不同，读操作的顺序是：先加上地址和片选信号（有的片选信号是地址的一部分），再加上读/写信号（读），经过一段时间的延时，数据被读到输出端的缓冲寄存器中；写操作的顺序是：先加上地址、片选信号和数据信号，再加上读/写信号（写），经过一段时间的延时，数据被写入存储器的相应单元中。

6.1.2　DRAM

1. 存储单元

动态 MOS 存储器的存储单元有多种构成方式，其中单管结构的存储单元所占用芯片面积小，且消耗的功耗也极小，因此得到了广泛的应用，单管结构的存储单元如图 6-10 所示。

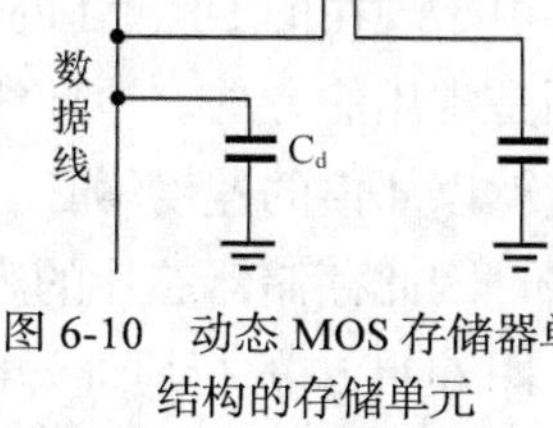

图 6-10　动态 MOS 存储器单管结构的存储单元

当该存储单元未被选中时，字线是低电位的，电容 C 上有电荷，则该存储单元存储的信息是“1”；反之，存储单元的信息是“0”。

读操作时，字线上是高电位，选中该存储单元，T 导通。存储在电容 C 上的电荷通过 T 输出到数据线上，读出放大器电路输出。电容上有电荷表示原来存的信息是“1”，无电荷表示原来存的是“0”。写操作时，字线上送高电位，T 管导通，写入信息由数据线存入电容 C。

由此可见，对 DRAM 存储单元的读操作就是对电容 C 的放电过程，是破坏性读出，因此，有必要在读完以后再把原来的数据写回存储单元中，这个过程称为“再生”。事实上，为了节省芯片面积，DRAM 都用小电容来存储数据，电容存放着漏电阻，因此电容中的电荷很快就会通过漏电阻放电而中和。为了长时间保存信息，就必须定时补充电荷，这就是所谓的“刷新”。其实刷新与再生是一回事，都是将电容上的信息重写一遍。只不过再生是配合读操作进行的，而刷新则是定期对存储矩阵进行扫描，扫描至哪一个单元，就将给存储单元读/写一次，所以刷新与再生的执行过程都是先读后写。

DRAM 集成度高、功耗低、成本低。由于必须要进行刷新操作，所以要增加相应的电路，还需要解决读/写操作和刷新操作的时间冲突。不过这些问题现在已经很好地解决了。因此，现在的微型计算机大都采用 DRAM 作为主存。

2. DRAM 存储器的组成

图 6-11 所示为 4M × 4 位的 DRAM 的常用结构。

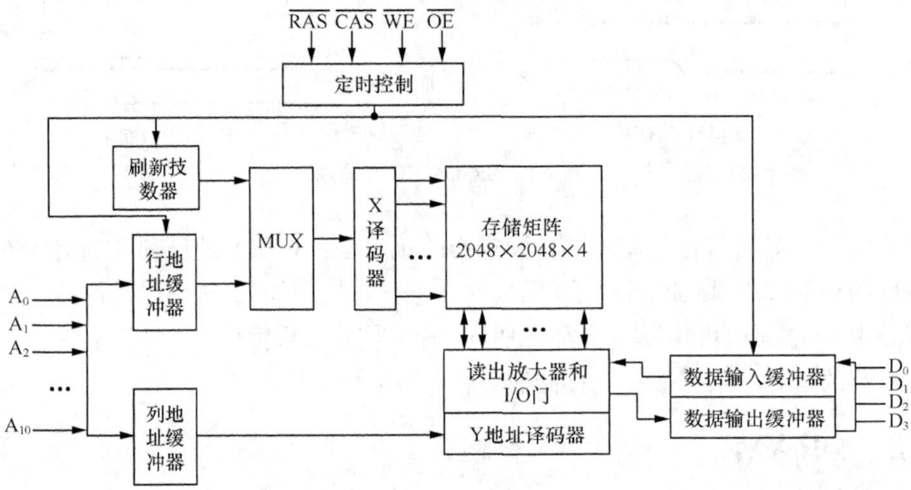

图 6-11　4M × 4 位的 DRAM

22 位的存储器地址被分为两组，每组都从这 11 根地址线输入，第一次选择高 11 位地址（行地址），第二次选择低 11 位地址（列地址），这种方法称为分时复用。在分时复用的情况下，行地址选通信号（ $\overline{RAS}$ ）和列地址选通信号（ $\overline{CAS}$ ）为芯片提供时序控制信号。

由于现在的 DRAM 的容量很大，需要的地址线很多，为了节省外引线，降低成本，分时复用是常用的方法。地址线的分时复用和方阵型行列结构使得每出现新一代存储器芯片，其容量就以 4 倍的速度增长。每增加一个专用的地址引脚，便使得行地址和列地址的地址范围加倍，因此存储器芯片的容量以 4 的倍数增长。

图 6-11 中的行地址译码器有 11 根地址输入线，输出 2^{11} = 2048 根译码信号线，每一根行译码输出信号可选择控制一行存储单元（共 2048 个，即连接到 2048 个存储单元的字线）。同样列译码器有 11 根地址输入线，输出 2048 根译码信号线，每一根列译码信号连接控制某一列 2048 个存储单元的数据的输入/输出。只有被行、列译码信号同时选中的存储单元才被激

活。由于存储器矩阵是由 4 个 2048 × 2048 模块组成的，每个模块有一根数据线 D_i 相连，4 个模块组成 4 位数据线。在每个模块中，行、列译码信号同时选中的位只可有一位，则 4 个模块共有 4 位被选中，组成 4 位数据位。在“写”存储器时，选中的位线根据相应的数据线值经放大器放大后写入存储单元中；在“读”存储器时，选中的每一个存储单元值读出后经放大器输出到数据线上。因为图 6-11 所示的 DRAM 只有 4 位存储单元参与读/写，因此必须将多片 DRAM 连接到 DRAM 控制器上才能在总线上读/写一个字。其中还包含了刷新电路，每过几毫秒，DRAM 就会对所有存储单元刷新一次，防止数据丢失。

3. DRAM 的读写过程

读/写时序如图 6-12 所示，图中操作过程是一个读周期后面接一个写周期。

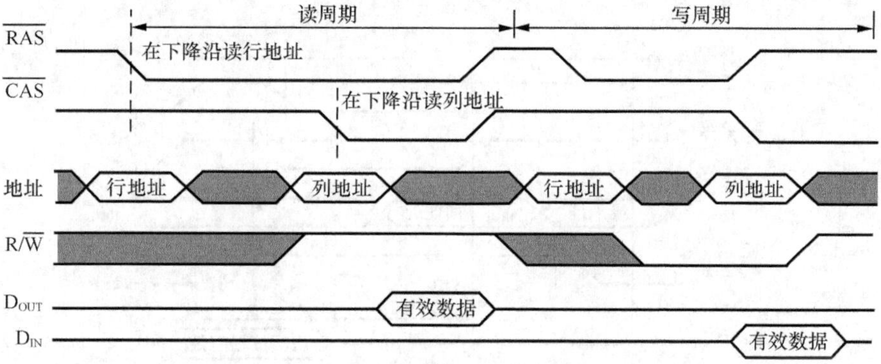

图 6-12　典型的 DRAM 的读写时序

选中单元的数据读出有效后，$\overline{RAS}$ 和 $\overline{CAS}$ 同时上升沿返回，此时将数据输出到 MDR。写周期类似，同样是在 $\overline{RAS}$ 下降沿时送行地址，在 $\overline{CAS}$ 下降沿时送列地址，在列地址信号出现之前加入读/写控制信号 $R/\overline{W}$ ($R/\overline{W} = 0$)，但在 $R/\overline{W}$ 的上升沿将 MDR 中的数据写进指定的单元。

4. DMAR 应用实例

本节以 2116 芯片的读/写周期给出 DRAM 的一个实例。2116 是 16K × 1 位的 DRAM 存储器芯片，如图 6-13 所示。该芯片是 16 引脚封装，其中 7 条地址引线采用分时复用的方法寻访 128 × 128 的存储矩阵，同时 7 条行地址线也用作刷新地址，即刷新时地址计数，实现对每一行的刷新。

图 6-14 给出了 2116 的读周期时序，其中 t_{CYC} 是读周期时间，t_{RAS} 是 $\overline{RAS}$ 脉冲宽度，t_{CAS} 是 $\overline{CAS}$ 脉冲宽度，t_{RCS} 是读命令建立时间，t_{RCH} 是读命令保持时间，t_{DOH} 是数据输出保持时间。行地址必须在 $\overline{RAS}$ 有效前建立，且在 $\overline{RAS}$ 有效后保持一段时间；列地址必须在 $\overline{CAS}$ 有效前建立，且在 $\overline{CAS}$ 有效后保持一段时间，这样才能保证行、列地址能正确送入相应的锁存器。$\overline{CAS}$ 自 $\overline{RAS}$ 有效起至（$t_{RAC}-t_{CAC}$）时间前变为有效，则在 $\overline{RAS}$ 有效后，经过一段时间后，读出数据有效。自 $\overline{RAS}$ 有效起，经过一段时间 t_{RCL}，$\overline{CAS}$ 即可有效。

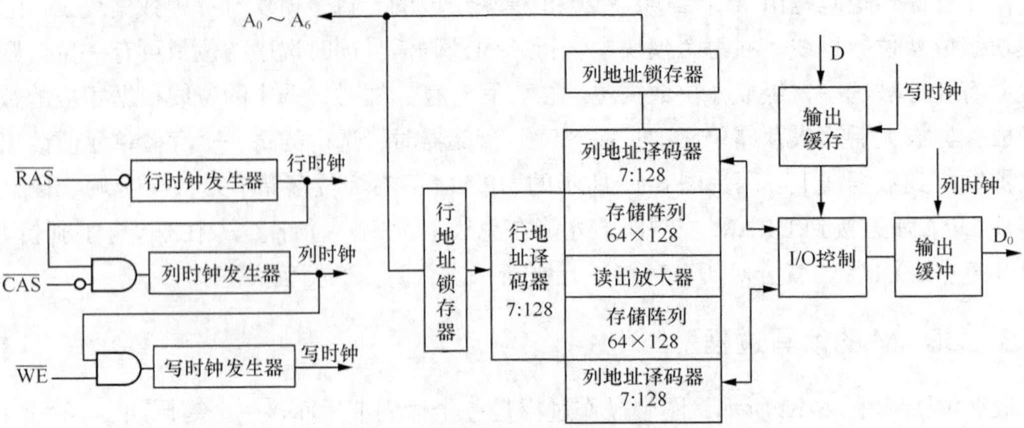

图 6-13 2116 存储器芯片逻辑结构框图

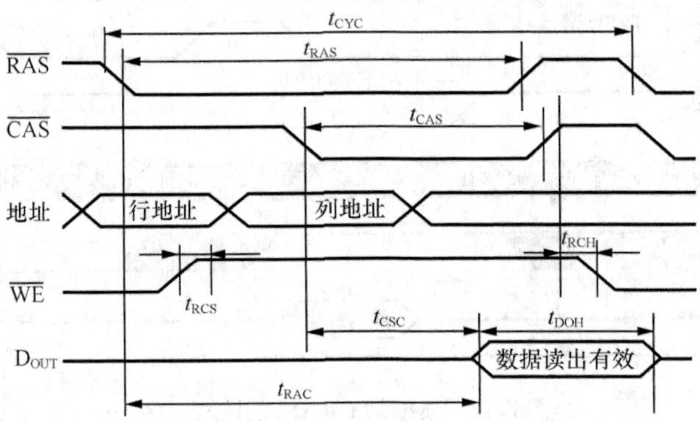

图 6-14 2116 的读周期

图 6-15 给出了 2116 的写周期时序，其中 t_{CYC} 是写周期时间，t_{WCH} 是写命令保持时间，t_{WP} 是写命令脉冲宽度，t_{RWL} 是写命令开始到 $\overline{RAS}$ 无效的时间，t_{CWL} 是写命令开始到 $\overline{CAS}$ 无效的时间，t_{DS} 是写入数据建立时间，t_{DH} 是写入数据保持时间。写命令信号 $\overline{WE}$ 必须在 $\overline{RAS}$ 无效的 t_{RWL} 时间前，或 $\overline{CAS}$ 无效的 t_{CWL} 时间前有效，数据也必须在选通信号（$\overline{CAS}$ 与 $\overline{WE}$ 的较晚者）有效前稳定，并保持一段时间，才能保证数据总线上的数据在 t_{RAS} 时间内可靠地被写入存储器中。

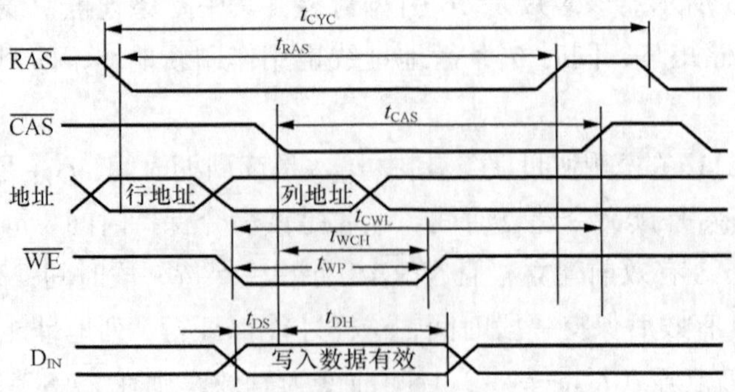

图 6-15 2116 的写周期

2116 在刷新时断开存储器的输出。在刷新电路的控制下，$\overline{RAS}$ 有效，$\overline{CAS}$ 无效，刷新地址在 $\overline{RAS}$ 有效前建立，并保持一段时间。行地址选中的整个行的存储单元被刷新，每 2ms 完成 128 行刷新，即 128 个 $\overline{RAS}$ 刷新周期。

5. DRAM 的刷新

所有的 DRAM 都需要刷新操作，刷新过程需要外部电路的支持，所以 DRAM 的外部接口比 SRAM 的复杂。DRAM 采用"读出"方式进行刷新，从上一次刷新结束到下一次对整个 DRAM 全部刷新一遍为止，这段时间间隔称为刷新周期。

简单的读写操作时，当刷新所有存储单元时，DRAM 芯片并不进行实际的读/写操作，刷新计数器产生行地址，刷新计数器的值被当做行地址输出到行地址译码器，并且激活 $\overline{RAS}$ 信号，从而使得相应行的所有存储单元被刷新。

另一种刷新操作是利用 $\overline{CAS}$ 信号比 $\overline{RAS}$ 信号提前动作来实现刷新。这是因为在 DRAM 器件内部具有刷新地址计数器，每隔一个刷新周期这个地址计数器自动加 1，故不需要外加的刷新地址计数器。

通常，DRAM 允许的单元刷新间隔时间是 2ms，其中刷新电路的工作方式一般有 3 种：集中式刷新、分散式刷新和异步式刷新。

（1）集中式刷新

集中式刷新是指一个刷新周期中，利用一段固定的时间，一次对 DRAM 的所有行逐一刷新，在刷新期间禁止读/写存储器，这段禁止读/写存储器的时间又称为访存"死区"。如图 6-16（a）所示，64K × 1 位 DRAM 芯片中，存储电路由 4 个独立的 128 × 128 的存储矩阵组成。设存储器存储周期为 500ns，单元刷新间隔是 2ms，则每个刷新周期内可安排 4000 个周期，其中必须有 128 个周期用于刷新，3872 个周期用于正常的访存操作。那么，访存"死区"时间为 128 × 500ns = 64μs，占整个刷新周期的 3.2%。集中式刷新的缺点是在刷新期间，存储器处于禁止访问状态，"死区"时间过长，不利于系统并行设计。但是，集中式刷新的硬件电路简单，设计处理容易。

（2）分散式刷新

图 6-16（b）给出了分散式刷新示意图，在这种方式下，系统把对每一行的刷新分散到各个存储周期中。每个存储周期被分为两个阶段，前一阶段内进行正常的访存操作，后一阶段刷新某一行，则存储周期增长了一倍。同样以 64K × 1 位 DRAM 芯片为例，存储电路由 4 个独立的 128 × 128 的存储矩阵组成。单元刷新间隔是 2ms，芯片存储周期仍为 500ns，那么存储器存储周期为 1μs，刷新周期为 128μs。在每个 2ms 内包含了 2000 个存储周期，存储矩阵中的每行在一个 2ms 内被刷新 10 次以上。分散式刷新没有充分利用允许的最大刷新周期，延长了存储周期，缩短了刷新周期，从而降低了计算机系统的运算速度。

（3）异步式刷新

异步式刷新采取折中的办法，在 2ms 内分散地把各行刷新一遍。这样就避免了分散式刷新中不必要的多次刷新，提高了整机速度。同时又解决了集中式刷新中"死区"时间过长的问题。以 64K × 1 位 DRAM 芯片为例，存储电路由 4 个独立的 128 × 128 的存储矩阵组成。

单元刷新间隔是 2ms，芯片存储周期仍为 500ns，则刷新信号的周期为 2ms/128 = 15.625μs。刷新电路每隔 15.625μs 产生一个刷新信号，刷新一行存储单元的内容。异步式刷新方式如图 6-16（c）所示。

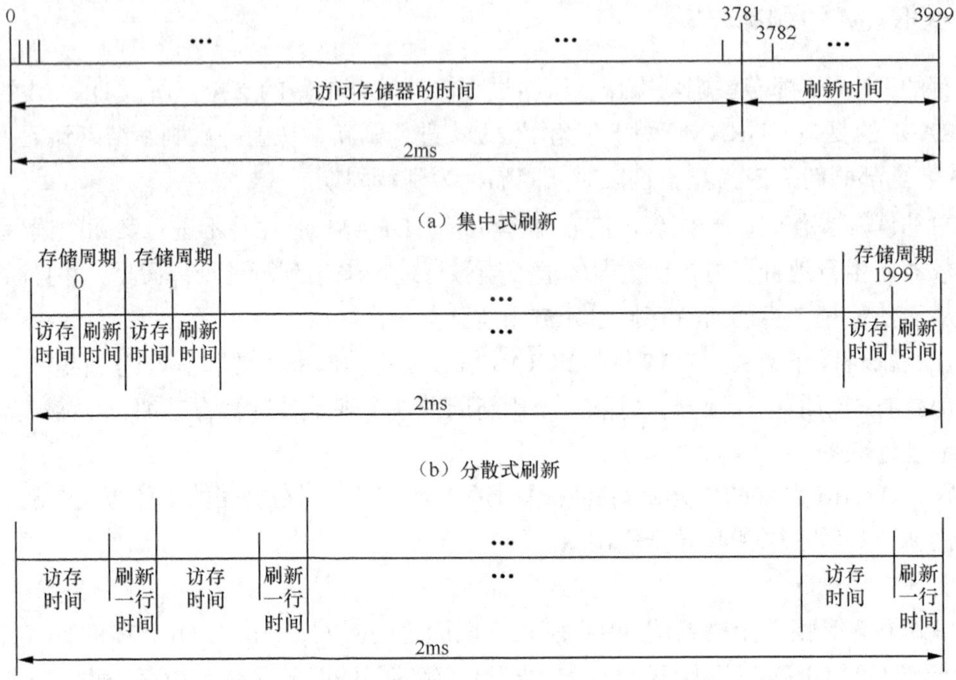

图 6-16　DRAM 刷新的三种方式

6.2　只读存储器

半导体随机存储器在掉电时，所存储的内容立即丢失。而本节介绍的非易失性存储器，也叫只读存储器，即使停电，所存储的内容也不会丢失。根据半导体制造工艺的不同，只读存储器分为掩模只读存储器（ROM）、可编程只读存储器（PROM）、可擦除可编程只读存储器（EPROM）、可电擦除可编程只读存储器（E^2PROM）和快闪存储器（Flash Memory）。

6.2.1　掩模只读存储器

在采用掩模工艺制作 ROM 时，其中存储的数据是由制作过程中使用的掩模板决定的，此模板是厂家按照用户的要求专门设计的，因此出厂时数据已经“固化”在里面了。

1. ROM 组成

ROM 电路结构包含存储矩阵、地址译码器和输出缓冲器 3 部分，其框图如图 6-17 所示。

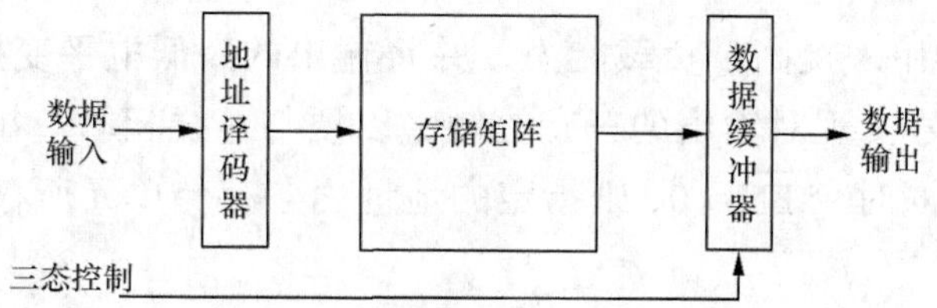

图 6-17　掩模只读存储器 ROM 组成

存储矩阵是由许多存储单元排列而成。存储单元可以是二极管、双极型三极管或 MOS 管，每个单元能存放 1 位二值代码（0 或 1），而每一个或一组存储单元有一个相应的地址代码。

地址译码器是将输入的地址代码译成相应的控制信号，利用这个控制信号从存储矩阵中把指定的单元选出，并把其中的数据送到输出缓冲器。

输出缓冲器的作用提高存储器的带负载能力，另外是实现对输出状态的三态控制，以便与系统的总线相连。

2. 二极管掩模 ROM

图 6-18 所示是具有 2 位地址输入码和 4 位数据输出的 ROM 电路。其地址译码器是由 4 个二极管与门构成，存储矩阵由二极管或门构成，输出由三态门组成的。

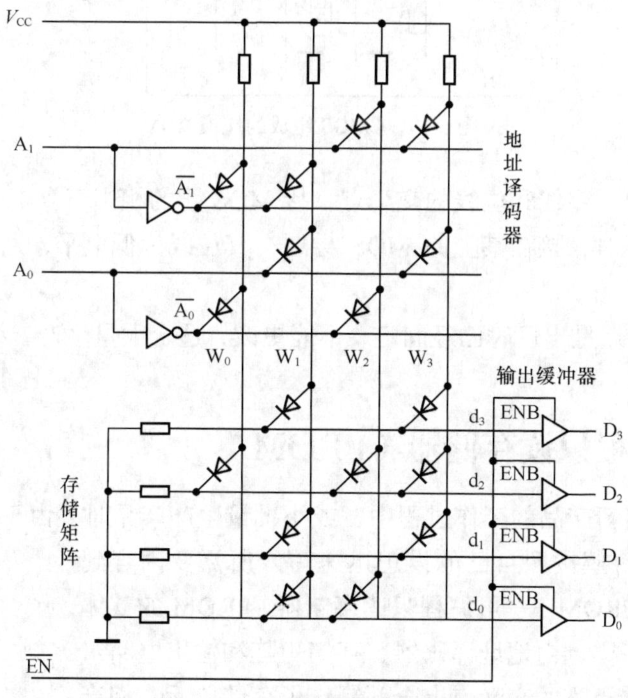

图 6-18　二极管掩膜 ROM 结构

址译码器是由 4 个二极管与门组成，A_1、A_0 称为地址线，译码器将 4 个地址码译成 W_0～W_3 四根线上的高电平信号。W_0～W_3 叫作字线。

存储矩阵是由 4 个二极管或门组成的编码器，当 W_0～W_3 每根线分别给出高电平信号时，都会在 D_0～D_3 四根线上输出二进制代码，D_0～D_3 称为位线（或数据线）。

输出端的缓冲器用来提高带负载能力，并将输出的高低电平变换成标准的逻辑电平。同时通过给定 $\overline{EN}$ 信号实现对输出的三态控制，以便与总线相联。在读出数据时，只要输入指定的地址代码，同时令 $\overline{EN}=0$，则指定的地址内各存储单元所存数据便出现在数据输出端。

3. 由 CMOS 组成的掩模 ROM

利用 MOS 工艺制成的 ROM，其译码器、存储矩阵和输出缓冲器全部采用 MOS 管。图 6-19 只给出存储矩阵的原理图。存储的数据与图 6-18 相同。

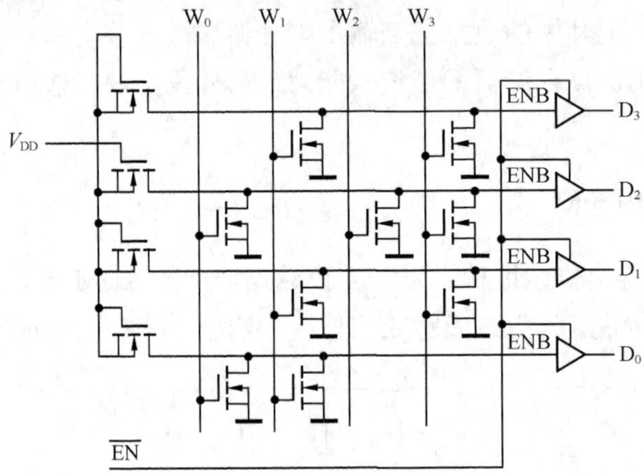

图 6-19 CMOS 组成的掩模 ROM

由图中可以看出，字线和位线的交叉点，接 MOS 管的相当于存 1，没有的相当于存 0。当某根字线为高电平时，接在其上的 MOS 导通，其位线为低电平，通过三态非门后，输出数据为 1。

掩模 ROM 的特点是出厂时已经固定，不能更改，适合大量生产，结构简单，价格便宜，具有非易失性。

6.2.2 可编程只读存储器（PROM）

在开发数字电路新产品的工作过程中，或小批量生产产品时，由于需要的 ROM 数量有限，设计人员经常希望按照自己的设想迅速写入所需要内容到 ROM。这就出现了 PROM——可编程只读存储器。PROM 的整体结构和掩模 ROM 一样，由地址译码器、存储矩阵和输出电路组成。但在出厂时存储矩阵的交叉点上全部制作了存储单元，相当于存入了 1，如图 6-20 所示。

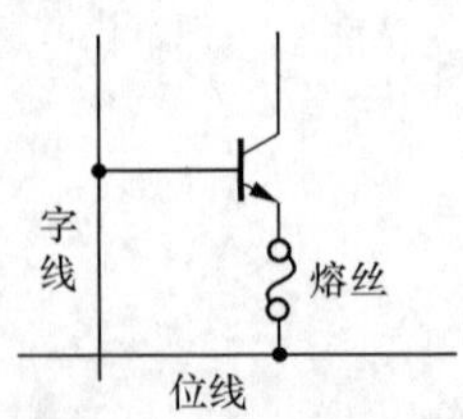

图 6-20 可编程只读存储器 PROM 的存储单元

图 6-21 为 16 × 8 位的 PROM 结构原理图。写入时，要使用编程器写入程序。

由此可见，PROM 的内容一旦写入则无法更改，只可以写一次。为了能够经常修改存储的内容，满足设计的要求，需要能多次修改 ROM，这就是可擦除重写的 ROM。这种擦除分为紫外线擦除（EPROM）、电擦除 E^2PROM 及快闪存储器（Flash Memory）。

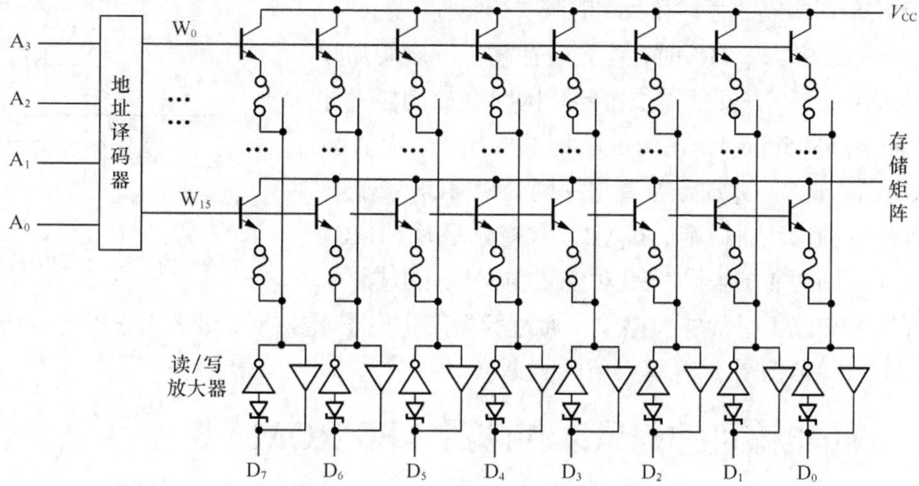

图 6-21　16 × 8 位的 PROM 结构原理图

6.2.3　可擦除的可编程只读存储器（EPROM）

EPROM（Erasable PROM）和前面的 PROM 在总体结构上没有大的区别，只是存储单元不同，采用叠栅注入 MOS 管（Stacked-gate Injection Metal-Oxide-Semiconductor，简称 SIMOS）作为存储单元。

1. SIMOS 的组成

图 6-22 为 SIMOS 的结构原理图和符号。它是一个 N 沟道增强型 MOS 管，有两个重叠的栅极：控制栅（G_c）和浮置栅（G_f）。控制栅（G_c）用于控制读写，浮置栅（G_f）用于长期保存注入的电荷。

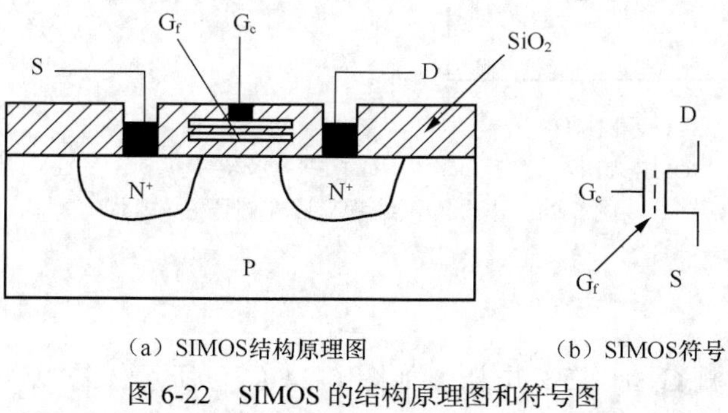

（a）SIMOS结构原理图　　（b）SIMOS符号

图 6-22　SIMOS 的结构原理图和符号图

2. SIMOS 的工作原理

当浮置栅上没注入电荷时，在控制栅上加上正常电压时能够使漏源之间产生导电沟道，SIMOS 管导通。但当浮置栅注入负电荷以后，必须在控制栅上加更高的电压，才能抵消浮置栅上负电荷形成导电沟道，故 SIMOS 管在栅极加正常电压时是不会导通的。

由 SIMOS 管构成的存储单元如图 6-23 所示。

当设计人员想写入“1”时，首先应在漏—源之间加较高的电压（20～25V），发生雪崩击穿。同时在控制栅上加以高压脉冲（25V/50ms），在栅极电场的作用下，在浮置栅上注入电荷，此时 G_c 加正常高电平时，SIMOS 截止，$D_j = 1$；若浮置栅未注入电荷，G_c 加正常高电平时 SIMOS 导通，$D_j = 0$。即写 1 的操作就是对浮置栅实现充电操作。

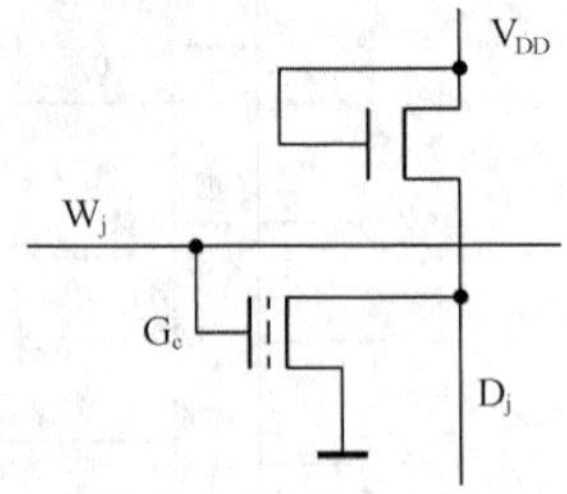

图 6-23　由 SIMOS 管构成的存储单元

SIMOS 管的 EPROM 用紫外线擦除，通过照射产生电子-空穴对，提供浮栅电子的泄放通道，紫外线照射 20～30 分钟，再写入新的数据。

6.2.4　可电擦可编程只读存储器（E^2PROM）

虽然紫外线擦除的 EPROM 具有重写功能，但擦除操作复杂，速度慢。为了弥补这些不足，产生了用电信号擦除的 PROM，即 E^2PROM 。E^2PROM 的存储单元采用浮栅隧道氧化层 MOS 管，简称 Flotox 管，其结构图如图 6-24（a）所示，符号如图 6-24（b）所示。Flotox 的结构与 SIMOS 管相似，也是 N 沟道 MOS 管，也有两个栅极：控制栅 G_c 和浮置栅 G_f。不同的是 Flotox 管的浮置栅和漏区之间有个氧化层极薄的区域（$<2\times10^{-8}$m）—隧道区。当隧道区的电场达到一定程度（10^7V/cm）时，便在漏区和浮置栅之间出现导电隧道，电子可以双向通过，形成电流。在使用 Flotox 管做存储单元时，为了提高擦、写的可靠性，在 E^2PROM 的存储单元中除了 Flotox 管子外，还加了一个选通管，如图 6-24（c）所示。其工作原理分析如下。

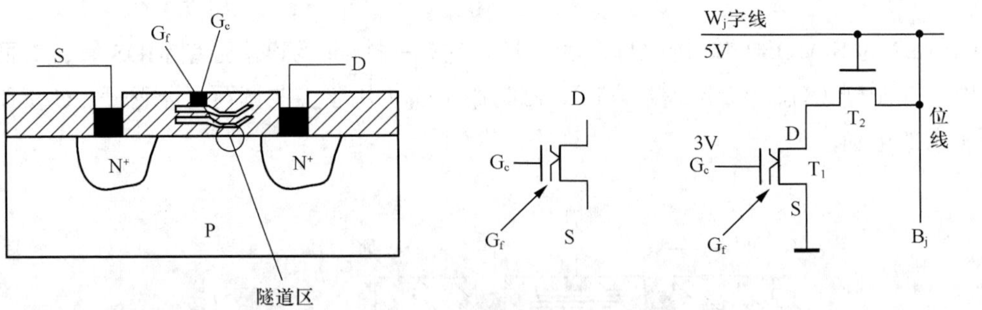

（a）E^2PROM原理图　　（b）E^2PROM符号　　（c）E^2PROM存储单元

图 6-24　电擦除可编程只读存储器 E^2PROM

1. 读出操作

在读出时，控制栅 G_c 加 + 3V 电压，如图 6-24（c）所示，若 $W_j = 1$，此时选通管 T_2 导通，若 Flotox 的浮置栅没充电荷，则 T_1 导通，在位线 B_j 上读出为 0；若 Flotox 的浮置栅上充有电荷，则 T_1 截止，在位线 B_j 上读出为 1。

2. 擦除（写 1）操作

当处于擦除状态时，在控制栅和位线上加高电压脉冲（20V/10ms），使得浮置栅上存储电荷。当控制栅加正常电压时，Flotox 管截止，一个字节被擦除，则这个字节的所有存储单元为 1 状态。

3. 写入（写 0)状态

在写入情况下，令控制栅为 0V，同时在字线和位线上加 20V/10ms 的脉冲电压，应使写入的那些单元的 Flotox 管的浮置栅放电，然后在控制栅 G_c 加正常的 + 3V 电压，使 Flotox 管导通，则所存储的内容为 0。

6.2.5　快闪存储器

快闪存储器的结构和 EPROM 中的 SIMOS 管相似，只是浮置栅和衬底之间的氧化层的厚度不同，快闪存储器中的氧化层厚度很薄，仅为 10～15nm。以及另外一些特殊的制造技术。因此快闪存储器既吸收了 EPROM 的结构简单、编程可靠的优点，也保留了 E^2PROM 擦除的快捷特性，且集成度很高。

为提高集成度，省去 T_2（选通管），改用叠栅 MOS 管（类似 SIMOS 管），叠栅 MOS 管和 flash 存储单元如图 6-25 所示。其工作原理如下。

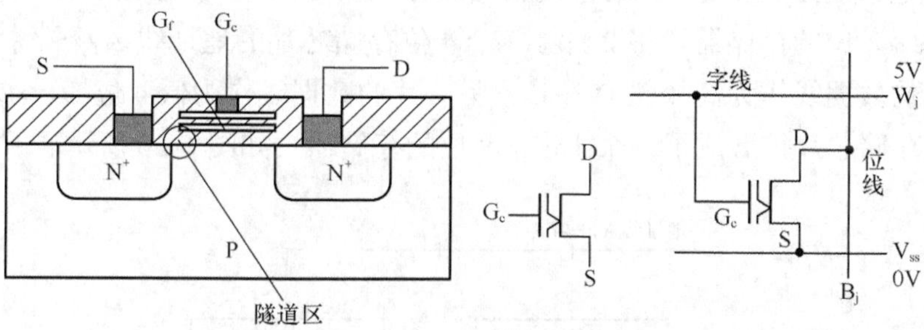

（a）原理图　　（b）符号　　（c）存储单元

图 6-25　叠栅 MOS 管、符号和存储单元

1. 读出状态

若字线为高电平，即 $W_j = 1$，存储单元的公共端 $V_{ss} = 0$，若浮栅无充电，则叠栅 MOS 管导通，位线 B_j 输出低电平；若浮栅上充有负电荷，则叠栅 MOS 管截止，位线 B_j 输出高电平。

2. 写入状态

首先在叠栅 MOS 管的漏极经位线加较高的电平（6V），$V_{ss} = 0V$，在控制栅加一个幅度较大（12V/10μs）的正脉冲，使得管子发生雪崩击穿，浮置栅出现充电电荷。此时由于叠栅 MOS 管的开启电压提高，使得字线上加正常的逻辑电平时管子不会导通，写入 1。

3. 擦除状态

擦除是利用隧道效应。在控制栅处于低电平（0V），源极加高幅度正脉冲（12V/100ms）

的情况下，浮置栅和源极之间产生隧道效应，浮置栅的电荷通过隧道区放电，此时管子的开启电压降低，当字线加正常高电平（5V）时，管子就会导通。由于存储单元的源极都是连在一起的，故全部的存储单元同时被擦除，这是和 E^2PROM 不同的一个地方。

6.3 存储器容量扩展

随着技术水平的提高，集成到一片芯片内的容量不断增长。但是选用内存芯片要从容量、速度、价格、接口等几个方面来考虑，大容量的芯片并不能完全替代小容量的芯片。无论存储器芯片制造技术如何发展，一个存储器芯片的容量总是有限的，需要将多片存储芯片连接起来，组成足够容量的存储器才能满足需要，这就是存储容量的扩展。

1. 位扩展

位扩展指的是用多个存储器器件对字长进行扩充。位扩展的目的是增加同一个地址的存储单元的位数。位扩展的操作：将参加位扩展的存储芯片的片选信号 $\overline{CS}$、读/写控制信号 $\overline{WE}$ 和地址线分别连接起来，不同存储芯片的数据端分别引出。例如，用 2 片 16K × 4 位的 SRAM 芯片组成 16K × 8 位的存储器。将 2 片 16K × 4 位存储芯片的地址线 A_{13}～A_0、$\overline{CS}$、$\overline{WE}$ 相连，其中一片的数据线作为高 4 位 D_7～D_4，另一片的数据线作为低 4 位 D_3～D_0。这样就把 2 片 16K × 4 位存储芯片扩展成了一个 16K × 8 位的存储器。如图 6-26 所示。

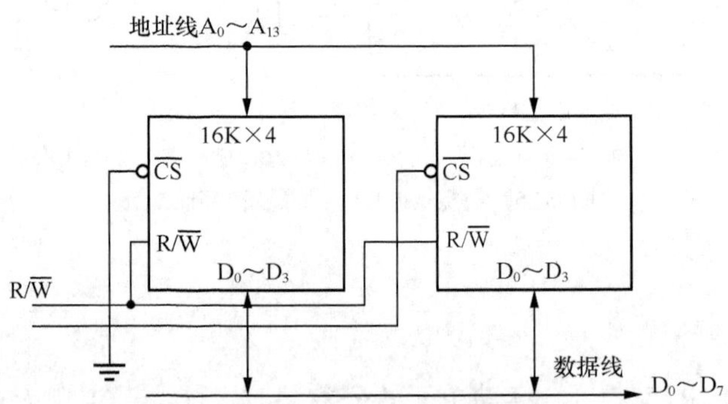

图 6-26　位扩展存储电路

2. 字扩展

字扩展指的是增加存储器中字的数量，即容量扩展。字扩展的设计是：将参加字扩展的存储芯片的数据线、地址线、读写控制线相应并联起来，而用片选信号来区分各芯片的地址范围。如图 6-27 所示，4 个 16K × 8 位芯片组成 64K × 8 位存储器。数据线 D_7～D_0 与各片的数据端相连，地址总线低位地址 A_0～A_{13} 与各芯片的 14 位地址端相连，而两位高位地址 A_{14}、A_{15} 经过译码器和 4 个片选端相连。

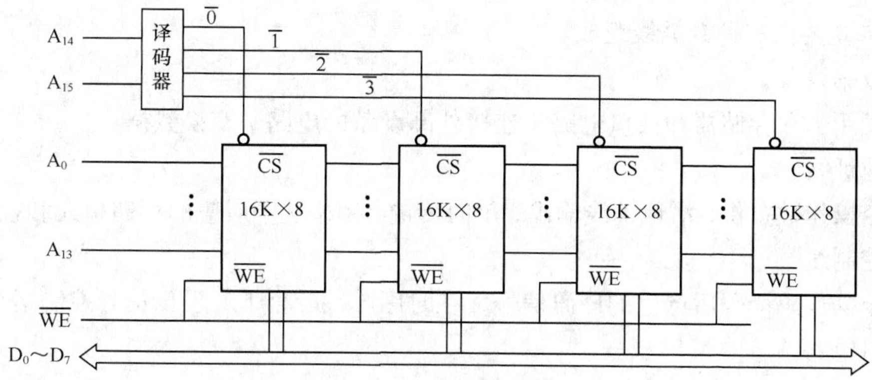

图 6-27　字扩展存储电路

3. 字位扩展

字位扩展是指按字扩展的方法增加存储器字的数量，同时按位扩展的方法增加存储字长。一个存储器容量为 M × N 位，若使用 L × K 位存储器芯片，那么这个存储器共需要(M/L) × (N/L)个存储器芯片。

一个小容量存储器与计算机 CPU 的连接方式如图 6-28 所示。存储器由 Intel 2114 芯片经字位扩展而成，容量为 4K × 8 位。由于 Intel 2114 芯片只有 1K × 4 位，所以整个存储器共需(4K/1K) × (8/4) = 8 个 2114 芯片。Intel 2114 芯片本身共有 10 个地址端（A_0～A_9）、4 位数据端（D_3～D_0）、一个片选端（$\overline{CS}$）和一个读/写控制端（$\overline{WE}$）。CPU 提供 12 位地址，其中低 10 位（A_0～A_9）并行连接各芯片的地址端，还有两位（A_{10}、A_{11}）地址连向译码器，产生四个片选信号，分别控制四组芯片。此处译码器要接受 CPU 的访存信号$\overline{MREQ}$控制，只在需要访问主存时才产生译码输出。CPU 提供 8 位数据总线（D_0～D_7），每根数据线连接 4 个芯片。

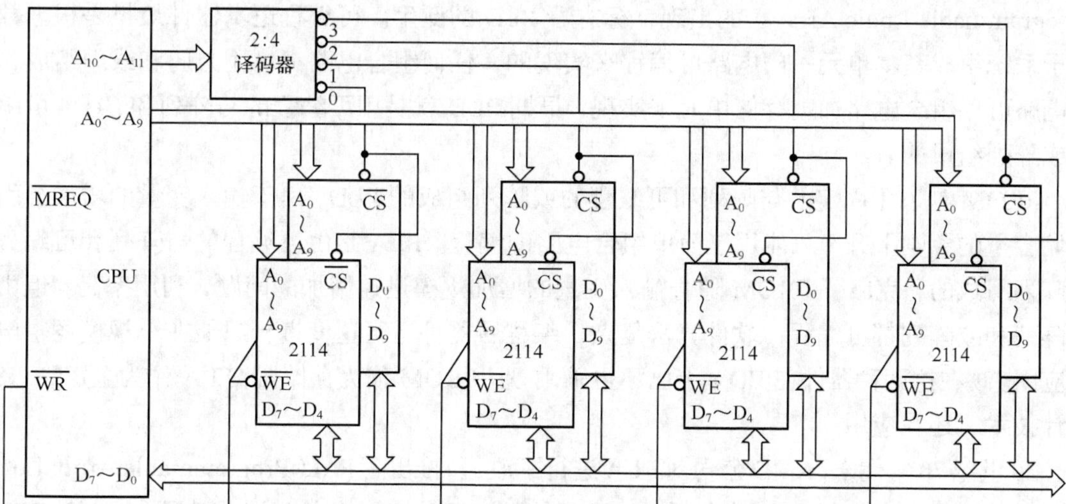

图 6-28　静态存储器芯片与及计算机 CPU 的连接

通过图 6-28 可以看出，在计算机系统内，存储器和 CPU 是计算机中不可或缺的部件。CPU 的引脚主要由三种数据线组成。

（1）数据线

数据线用于和存储器和接口电路（连接外部设备的电路）交换数据。

（2）地址线

由指令操作数提供，沿地址线输出，单向传输，用来选中对应的存储单元和接口寄存器。

（3）控制线

由指令操作码译码后产生的译码信号，在时序脉冲配合下，发出信号控制运算器、存储单元和接口电路。

6.4 大规模可编程逻辑器件

大规模可编程逻辑器件（Programmable Logic Devices，PLD）是 EDA 得以实现的硬件基础，通过编程，可灵活方便地构建和修改数字电子系统。可编程逻辑器件是集成电路技术发展的产物。很早以前，电子工程师们就曾设想设计一种逻辑可再编程的器件，但由于集成电路规模的限制，难以实现。20 世纪 70 年代，集成电路技术迅猛发展，随着集成电路规模的增大，MSI（Medium Scale Integrated Circuit，中规模集成电路）和 LSI（Large Scale Integrated Circuit，大规模集成电路）出现，可编程逻辑器件才得以诞生和迅速发展。

1. 发展历史

（1）第一阶段：PLD 诞生及简单 PLD 发展阶段

20 世纪 70 年代，熔丝编程的 PROM（Programmable ReadOnly Memory）和 PLA（Programmable Logic Array）的出现，标志着 PLD 的诞生。可编程逻辑器件最早是根据数字电子系统组成基本单元—门电路可编程来实现的，任何组合电路都可用与门和或门组成，时序电路可用组合电路加上存储单元来实现。早期 PLD 就是用可编程的与阵列和（或）可编程的或阵列组成的。

PROM 是采用固定的与阵列和可编程的或阵列组成的 PLD，由于输入变量的增加会引起存储容量的急剧上升，只能用于简单组合电路的编程。PLA 是由可编程的与阵列和可编程的或阵列组成的，克服了 PROM 随着输入变量的增加规模迅速增加的问题，利用率高，但由于与阵列和或阵列都可编程，软件算法复杂，编程后器件运行速度慢，只能在小规模逻辑电路上应用。现在这两种器件在 EDA 上已不再采用，但 PROM 作为存储器，PLA 作为全定制 ASIC 设计技术，还在应用。

20世纪70年代末，AMD公司对PLA进行了改进，推出了PAL（Programmable Array Logic）器件，PAL 与 PLA 相似，也由与阵列和或阵列组成，但在编程接点上与 PAL 不同，而与 PROM 相似，或阵列是固定的，只有与阵列可编程。或阵列固定与阵列可编程结构，简化了编程算法，运行速度也提高了，适用于中小规模可编程电路。但 PAL 为适应不同应用的需要，I/O

结构也要跟着变化，输出 I/O 结构很多，而一种输出 I/O 结构方式就有一种 PAL 器件，给生产、使用带来不便。且 PAL 器件一般采用熔丝工艺生产，一次可编程，修改电路需要更换整个 PAL 器件，成本太高。现在，PAL 已被 GAL 所取代。

以上可编程器件，都是乘积项可编程结构，都只解决了组合逻辑电路的可编程问题，对于时序电路，需要另外加上锁存器、触发器来构成，如 PAL 加上输出寄存器，就可实现时序电路可编程。

（2）第二阶段：乘积项可编程结构 PLD 发展与成熟阶段

20 世纪 80 年代初，Lattice（莱迪思）公司开始研究一种新的乘积项可编程结构 PLD。1985 年，推出了一种在 PAL 基础上改进的 GAL（Generic Array Logic）器件。GAL 器件首次在 PLD 上采用 E^2PROM 工艺，能够电擦除重复编程，使得修改电路不需更换硬件，可以灵活方便地应用，乃至更新换代。

在编程结构上，GAL 沿用了 PAL 或阵列固定与阵列可编程结构，而对 PAL 的输出 I/O 结构进行了改进，增加了输出逻辑宏单元 OLMC（output Logic Macro Cell），OLMC 设有多种组态，使得每个 I/O 引脚可配置成专用组合输出，组合输出双向口，寄存器输出，寄存器输出双向口，专用输入等多种功能，为电路设计提供了极大的灵活性。而且 GAL 器件是在 PAL 器件基础上设计的，与许多 PAL 器件是兼容的，一种 GAL 器件可以替换多种 PAL 器件，因此，GAL 器件得到了广泛的应用。目前，GAL 器件主要应用在中小规模可编程电路，而且，GAL 器件也加上了 ISP 功能，称 ispGAL 器件。

20 世纪 80 年代中期，Altera（阿尔特拉）公司推出了 EPLD（Erasable PLD）器件，EPLD 器件比 GAL 器件有更高的集成度，采用 EPROM 工艺或 EEPROM 工艺，可用紫外线或电擦除，适用于较大规模的可编程电路，也获得了广泛的应用。

（3）第三阶段：复杂可编程器件发展与成熟阶段

20 世纪 80 年代中期，Xilinx（赛灵思）公司提出了现场可编程（Field Programmability）的概念，并生产出世界上第一片 FPGA 器件，FPGA 是现场可编程门阵列（Field Programmable Gate Array）的英文缩写，现在已经成了大规模可编程逻辑器件中一大类器件的总称。FPGA 器件一般采用 SRAM 工艺，编程结构为可编程的查找表（Look-Up Table，LUT）结构。FPGA 器件的特点是电路规模大，配置灵活，但 SRAM 需掉电保护，或开机后重新配置。

20 世纪 80 年代末，Lattice 公司提出了在系统可编程（In-System Programmability，ISP）的概念，并推出了一系列具有 ISP 功能的 CPLD 器件，将 PLD 的发展推向了一个新的发展时期。CPLD 即复杂可编程逻辑器件（Complex Programmable Logic Device）的英文缩写，Lattice 公司推出 CPLD 器件开创了 PLD 发展的新纪元，即复杂可编程逻辑器件的快速推广与应用。CPLD 器件采用 E^2PROM 工艺，编程结构在 GAL 器件基础上进行了扩展和改进，使得 PLD 更加灵活，应用更加广泛。

复杂可编程逻辑器件现在有 FPGA 和 CPLD 两种主要结构，进入 20 世纪 90 年代后，两种结构都得到了飞速发展，尤其是 FPGA 器件现在已超过 CPLD，走入成熟期，因其规模大，拓展了 PLD 的应用领域。目前，器件的可编程逻辑门数已达上千万门以上，可以内嵌许多种复杂的功能模块，如 CPU 核、DSP 核、PLL（锁相环）等，可以实现单片可编程系统（System on Programmable Chip，SoPC）。

拓展了的在系统可编程性（ispXP），是 Lattice 公司集中了 E^2PROM 和 SRAM 工艺的最佳特性而推出的一种新的可编程技术。ispXP 兼收并蓄了 E^2PROM 的非易失单元和 SRAM 的工艺技术，从而在单个芯片上同时实现了瞬时上电和无限可重构性。ispXP 器件上分布的 E^2PROM 阵列储存着器件的组态信息。在器件上电时，这些信息以并行的方式被传递到用于控制器件工作的 SRAM 位。新的 ispX FPGA TMFPGA 系列与 ispXP LDTM CPLD 系列均采用了 ispXP 技术。

现在，除了数字可编程器件外，模拟可编程器件也受到了大家的重视，例如，Lattice 公司有 ispPAC 系列产品可供选用。

2. 分类

PLD 的分类繁多，各生产厂家命名不一，一般可按以下几种方法进行分类。

（1）按集成度来分类

① 简单 PLD：逻辑门数 500 门以下，包括 PROM、PLA、PAL、GAL 等器件。

② 复杂 PLD：芯片集成度高，逻辑门数 500 门以上，或以 GAL22V10 作参照，集成度大于 GAL22V10，包括 EPLD、CPLD、FPGA 等器件。

（2）从编程结构来分类

① 积项结构 PLD：包括 PROM、PLA、PAL、GAL、EPLD、CPLD 等器件。

② 查找表结构 PLD：FPGA 属此类器件。

（3）从互连结构来分类

① 确定型 PLD：确定型 PLD 提供的互连结构，每次用相同的互连线布线，其时间特性可以确定预知（如由数据手册查出），是固定的，如 CPLD。

② 统计型 PLD：统计型结构是指设计系统时，其时间特性是不可以预知的，每次执行相同的功能时，却有不同的布线模式，因而无法预知线路的延时，如 Xilinx 公司的 FPGA 器件。

（4）从编程工艺来分类

① 熔丝型 PLD：如早期的 PROM 器件。编程过程就是根据设计的熔丝图文件来烧断对应的熔丝，获得所需的电路。

② 反熔丝型 PLD：如 OTP 型 FPGA 器件。其编程过程与熔丝型 PLD 相类似，但结果相反，在编程处击穿漏层使两点之间导通，而不是断开。OTP 是一次可编程（One Time Programming）的英文缩写，以上两类都是 OTP 器件。

③ EPROM 型 PLD：EPROM 是可擦可编程只读存储器（Erasable PROM）的英文缩写，EPROM 型 PLD 采用紫外线擦除，电可编程，但编程电压一般较高，编程后，下次编程前要用紫外线擦除上次编程内容。

在制造 EPROM 型 PLD 时，如果不留用于紫外线擦除的石英窗口，也就成了 OTP 器件。

④ E^2PROM 型 PLD：E^2PROM 是电可擦可编程只读存储器（Electrically Erasable PROM）的英文缩写，与 EPROM 型 PLD 相比，不用紫外线擦除，可直接用电擦除，使用更方便，GAL 器件和大部分 EPLD，CPLD 器件都是 E^2PROM 型 PLD。

⑤ SRAM 型 PLD：SRAM 是静态随机存取存储器（Static Radom Access Memory）的英文缩写，可方便快速地编程（也叫配置），但掉电后，其内容即丢失，再次上电需要重新配置，或加掉电保护装置以防掉电。大部分 FPGA 器件都是 SRAM 型 PLD。

6.4.1　可编程阵列逻辑 PLD

1. 用 ROM 实现组合逻辑函数

对于图 6-18 所示的掩模 ROM 电路，可以得到表 6-1 所示的数据表。

表 6-1　　掩模 ROM 数据表

地　址		译 码 输 出				数　据			
A_1	A_0	m_0	m_1	m_2	m_3	D_3	D_2	D_1	D_0
0	0	1	0	0	0	0	1	0	1
0	1	0	1	0	0	1	0	1	1
1	0	0	0	1	0	0	1	0	0
1	1	0	0	0	1	1	1	1	0

可以看出，若把地址输入 A_1 和 A_0 看成是两个输入变量，数据输出看成是一组输出变量，则 D_3～D_0 就是一组 A_1～A_0 的组合逻辑函数。可写成：

$$D_3 = \overline{A}_1A_0 + A_1A_0 = m_1 + m_3$$

$$D_2 = \overline{A}_1\overline{A}_0 + A_1\overline{A}_0 + A_1A_0 = m_0 + m_2 + m_3$$

$$D_1 = \overline{A}_1A_0 + A_1A_0 = m_1 + m_3$$

$$D_0 = \overline{A}_1\overline{A}_0 + \overline{A}_1A_0 = m_0 + m_1$$

由于任何组合逻辑函数都可以写成最小项之和的形式，因此任何组合逻辑函数都可以通过向 ROM 中写入相应的数据来实现。根据表达式，可以把 ROM 简化成图 6-29 的画法。

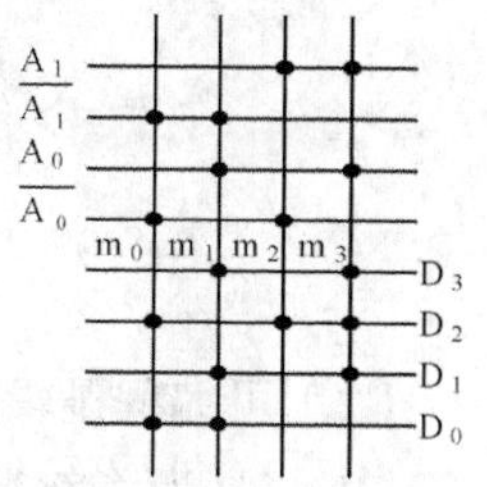

图 6-29　ROM 简化画法

ROM 的简化画法实现了通过两条地址线存储四个数据的过程，每个数据有 D_3、D_2、D_1、D_0，共四个数据，而 D_3 对应的四位数据一次只能输出一位，所以它们之间的最小项是或的关系，其他数据项也是一样。因此一条线的数据并不是在一条线上，而是实现最小项的一个与门；后面每一位最小项之间输出关系则应该对应一个或门。前面的阵列称为与阵列，后面的阵列称为或阵列。

2. 可编程阵列逻辑 PLD

可编程逻辑器件（PLD）是一种由用户编程以实现某种逻辑功能的新型器件，它为多输入多输出的组合逻辑或时序逻辑电路提供了一体化的解决方案。在实际电路设计中，可代替各种小规模和中规模集成电路，从而节省电路板空间、减少集成电路数目和降低成本。因此，PLD 在数字电路及数字系统设计中得到了广泛应用。

前面介绍的 PROM、EPROM 和 E^2PROM 都是可编程的，但通常不作为 PLD 的一类。可编程逻辑器件主要包括可编程逻辑阵列（PLA）、可编程阵列逻辑（PAL）、通用阵列逻辑（GAL）、CPLD及FPGA等。

根据上述逻辑函数的表述，可引入可编程阵列的概念。对于要设计的电路，使用ROM芯片，写入所有输入的最小项，构成与门阵列，再根据输出数据位求出最小项，利用与门阵列表示或门阵列，这就是PLD可编程逻辑的基本构思，其逻辑框图如图6-30所示。

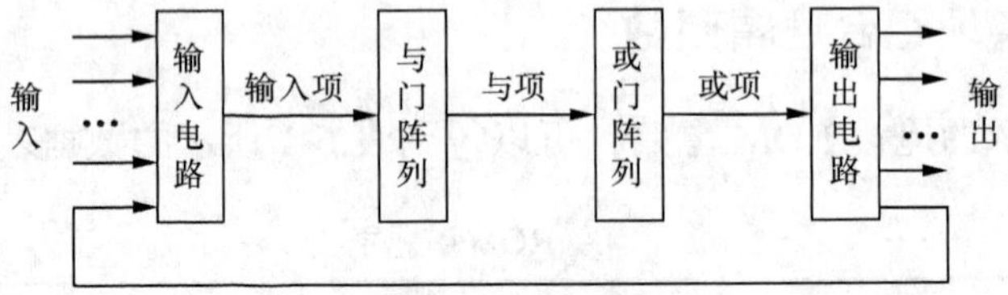

图 6-30　可编程阵列逻辑 PLD 结构图

（1）PLD门电路的画法

CMOS的PLD中常采用可擦除的编程方法，对与门和或门确定的数值编程写入，可多次编程，设计不同的电路或实现不同的逻辑函数，可代替熔丝技术。图6-31是PLD电路的画法。在图6-31中，固定连线是指只能一次编程的器件单元，编程器件如掩模ROM和PROM，可编程连线是指可多次编程的ROM单元，在表达式中有此变量。

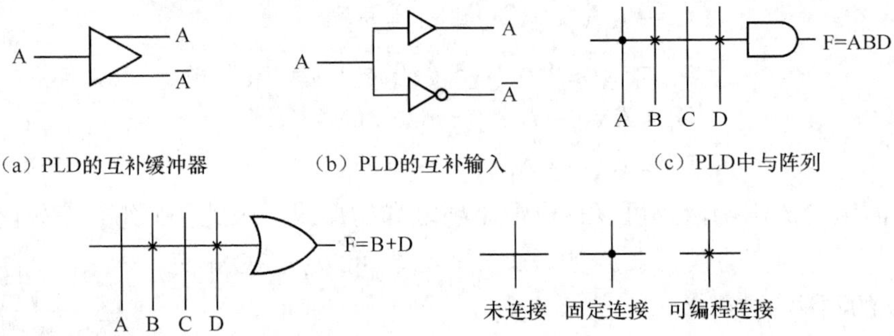

（a）PLD的互补缓冲器　（b）PLD的互补输入　（c）PLD中与阵列

（d）PLD中或阵列　（e）阵列线连接

图 6-31　PLD 画法

（2）可编程逻辑阵列（PLA）

PLA是为了解决PROM一次编程器件利用效率不高的问题而设计的。由于与或阵列都可编程，所以将逻辑函数化简后再实现，可以有效地提高芯片的利用效率。它的规格用输入变量数、与阵列乘积项数、或阵列的输出端三者的乘积表示。典型的PLA芯片（82S100）有16个输入变量、48个乘积项、8个数输出端。而PAL可编程器件的或门是由逻辑门组成或固定。分行用PLA实现下列函数，函数已经最简，直接画出PAL逻辑图如图6-32所示。

$$Y_1=\sum m(2,3,6,7);\qquad Y_2=\sum m(6,7,10,14)$$
$$Y_3=\sum m(4,14);\qquad Y_4=\sum m(2,15)$$

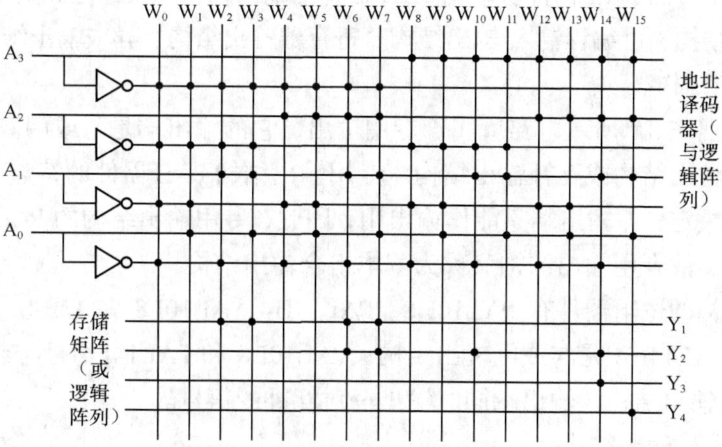

图 6-32　函数 PLA 实现

（3）可编程逻辑阵列（PAL）

PAL 器件由可编程的与阵列、固定的或阵列和输出逻辑电路三部分组成。图 6-33 所示电路是 PAL 器件中最简单的一种电路结构形式，仅包含一个可编程的与阵列和一个固定的或阵列。图中 PAL 为 3 × 6 × 3，即有 3 个输入信号，可编程 6 个与项，3 个固定输出。用它可以实现 3 个 3 变量的逻辑函数。

试用 3 × 6 × 3PAL 实现下列逻辑函数。

$$F_0 = AB + \overline{AB}；\quad F_1 = \overline{A}B + A\overline{B}；\quad F_2 = ABC + \overline{AC}$$

由于逻辑函数已经是最简的，故无需化简。而且是 3 个 3 变量的逻辑函数，与项 6 个，这样，3 × 6 × 3PAL 器件可以充分得到利用。编程后的连接图如图 6-34 所示。

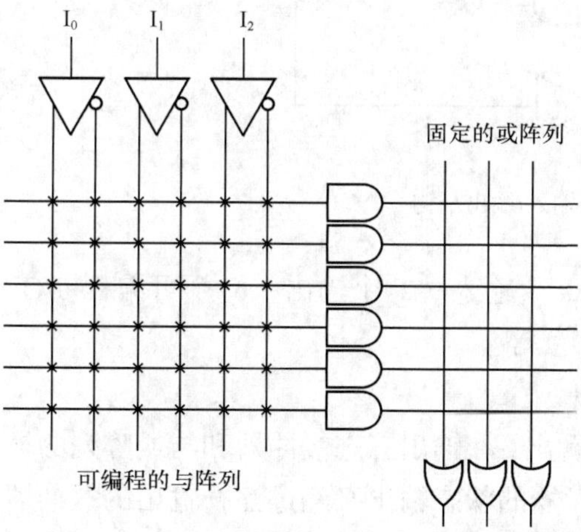

图 6-33　PAL 的基本电路结构图

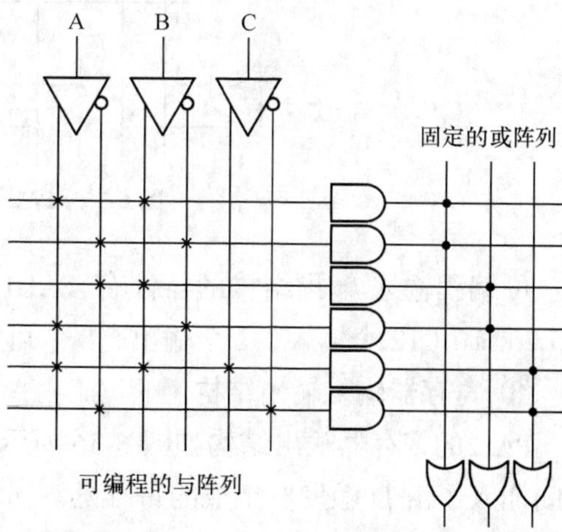

图 6-34　PAL 编程后的基本电路

目前常见的 PAL 器件中，输入变量最多的可达 20 个，与阵列中与项的个数最多有 80 个，或阵列输出端最多的有 10 个，每个或门输入端最多的达 16 个。

为了扩展电路的功能并增加使用的灵活性，在与或阵列的基础上增加了多种输出及反馈电路，构成了各种型号的 PAL 器件。根据 PAL 器件的输出结构和反馈电路的不同，可将它们大致分成专用输出结构、可编程输入/输出结构、寄存器输出结构、异或输出结构等几种类型。

① 专用输出结构。

前面介绍的图 6-34 所示电路就属于专用输出，它的输出端是与或门。另外，有的 PAL 还采用与或非门输出结构或互补输出结构。专用输出结构 PAL 器件的特点是与阵列编程后，输出只由输入来决定，即输出端只能作输出用，因此，专用输出结构的 PAL 器件适用于组合逻辑电路的设计，故专用输出结构又称为基本组合输出结构。

专用输出结构的逻辑器件有 PAL10H8、PAL14H4、AL10L8、PAL14L4、PAL16C1 等。其中 PAL10H8、AL14H4 是与或门输出结构；PAL10L8 和 PAL14L4 是与或非门输出结构；PAL16C1 是互补输出结构，输出端同时输出一对互补的信号。

② 可编程输入/输出结构。

图 6-35 所示的是 PAL 电路的可编程输入/输出结构（也称为异步 I/O 结构）。由图可看出：输出三态缓冲器的使能控制端由与或阵列的一个与项给出。编程时，当三态缓冲器的控制端为 0 时，三态缓冲器处于高阻态（EN = 0），此时，I/O 端可作为输入端使用，通过另一个缓冲器送到与阵列中；当三态缓冲器的控制端为 1 时，三态缓冲器被选通，I/O 端只能作输出端使用。此时，与 I/O 端连接的缓冲器作反馈缓冲器使用，将输出反馈至与门。根据这一特性，可通过编程指定某些 I/O 端的方向，从而改变器件输入/输出线数目的比例，以满足各种不同的需要。

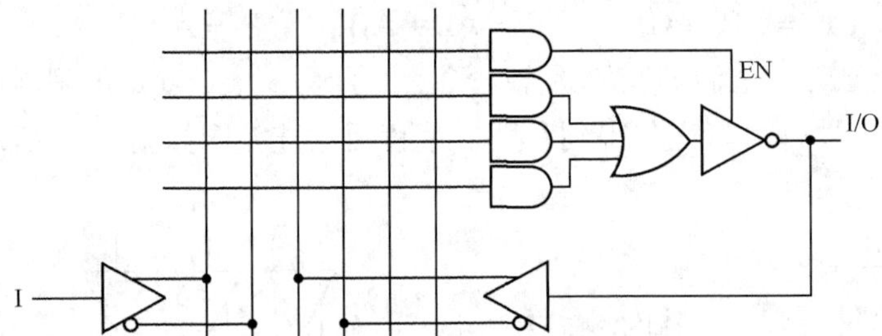

图 6-35 PAL 的可编程输入/输出结构

可编程输入/输出结构的器件有 PAL16L8（10 个输入，2 个输出，6 个可编程 I/O）、PAL20L10（12 个输入，2 个输出，8 个可编程 I/O）等。

③ 寄存器输入输出结构。

PAL 的寄存器输出结构如图 6-36 所示。由图看出，在输出三态缓冲器和与或阵列的输出之间加入了由 D 触发器组成的寄存器。同时，触发器的状态输出又经过互补输出的缓冲器反馈到与阵列。这样，PAL 就有了记忆功能，从而满足了设计时序电路的要求。

PAL 器件的型号不同，所带 D 触发器的个数不同。但是，各触发器受同一个时钟信号控制，各个触发器所接的三态缓冲器也受同一个使能信号控制。

寄存器输出结构的 PAL 器件有 PAL16R8、PAL16R6、PAL16R4 等。其中 PAL16R8 有 8 个输入、8 个 D 触发器输出、8 个反馈输入、1 个公共时钟和 1 个公共选通控制信号。

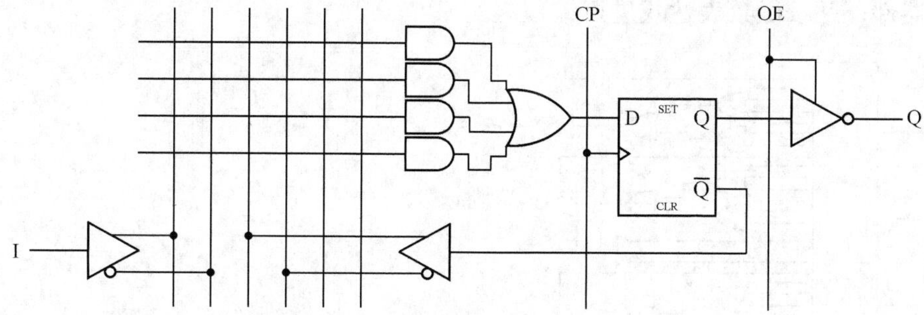

图 6-36　PAL 的寄存器输出结构

④ 异或输出结构。

PAL 的异或输出结构如图 6-37 所示。由图看出，它是将与阵列输出的与项分成两个或项，经异或后作为 D 触发器的输入，在 CP 的上升沿到达时，存入 D 触发器。这种结构和寄存器输出结构类似，不同的是在与或阵列的输出端增设了异或门。

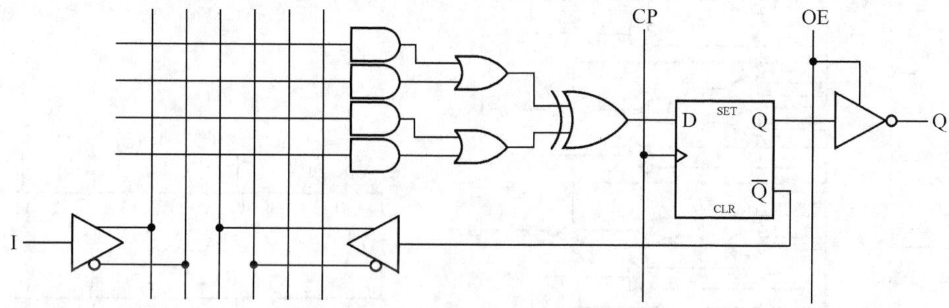

图 6-37　PAL 的异或输出结构

异或输出结构的 PAL 器件有 PAL20X10、PAL20X8、PAL20X4 等。其中 PAL20X8 有 10 个输入、8 个异或门、8 个 D 触发器、10 个反馈输入，10 个输入/输出、1 个公共时钟和 1 个公共选通控制信号。

典型的 PAL 器件 PAL16L8 简化的结构如图 6-38 所示，它有 10 个专用输入端（I_1～I_{10}），两个专用输出端（O_1、O_2），以及 6 个可编程 I/O 端（I/O_1～I/O_6）。所以，它共有 16 个输入端，可以产生 32 条列线作为输入信号。阵列中每一条行线对应一个与门，代表一个与项。该器件共有 64 个与项，分成 8 组，各组通过一个固定为 7 输入的或门形成输出函数，这些输出函数经三态反相缓冲器输出，共有 8 个输出端，且低电平有效。

PAL16L8 器件的型号定义如下：字母 PAL 代表该器件所属类型；接下来的数字（16）代表与门阵列的输入端个数（其中包括可编程为输入的 I/O 端）；输入端个数后面的字母代表输出的类型：H 指输出为高电平有效，L 指输出为低电平有效，P 指可编程极性；输出类型后面的数字（8）代表输出端个数。

（4）PAL 应用

由于 PAL 器件具有多种输出及反馈电路的结构，因此，可以很方便地用来实现各种组合和时序逻辑电路。用 PAL 器件进行逻辑电路设计时，一般先根据逻辑问题的描述求得最简的“与或”逻辑函数，然后根据逻辑函数中的输入变量、输出变量、与项个数、状态个数等，选择合适的器件，并按函数表达式进行编程。

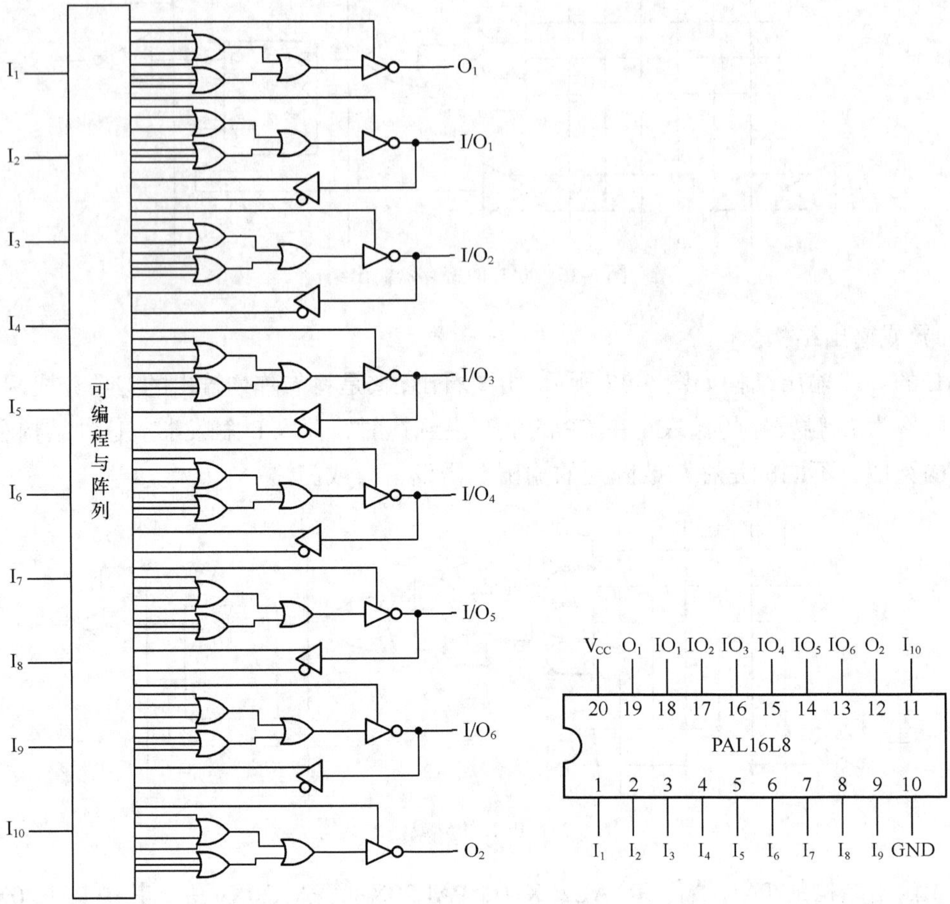

（a）结构图　　　　（b）引脚图

图 6-38　PAL16L8 结构图和引脚图

选用 PAL16L8 设计一个代码转换电路，将 4 位二进制代码转换成格雷码。

设输入的 4 位二进制代码为 A、B、C、D，输出的 4 位格雷码为 W、X、Y、Z，则代码转换真值表如表 6-2 所示。

表 6-2　代码转换真值表

A	B	C	D	W	X	Y	Z	A	B	C	D	W	X	Y	Z
0	0	0	0	0	0	0	0	1	0	0	0	1	1	0	0
0	0	0	1	0	0	0	1	1	0	0	1	1	1	0	1
0	0	1	0	0	0	1	1	1	0	1	0	1	1	1	1
0	0	1	1	0	0	1	0	1	0	1	1	1	1	1	0
0	1	0	0	0	1	1	0	1	1	0	0	1	0	1	0
0	1	0	1	0	1	1	1	1	1	0	1	1	0	1	1
0	1	1	0	0	1	0	1	1	1	1	0	1	0	0	1
0	1	1	1	0	1	0	0	1	1	1	1	1	0	0	0

由真值表可写出输出函数最小项表达式：

$$W = \Sigma m（8，9，10，11，12，13，14，15）$$

$$X = \Sigma m（4，5，6，7，8，9，10，11）$$

$$Y = \Sigma m（2，3，4，5，9，10，11，12，13）$$

$$Z = \Sigma m（1，2，5，6，9，10，13，14）$$

将逻辑函数化简后得：

$$W = A$$

$$X = \overline{A}B + A\overline{B}$$

$$Y = \overline{B}C + B\overline{C}$$

$$Z = \overline{C}D + C\overline{D}$$

编程后的逻辑图如图 6-39 所示。

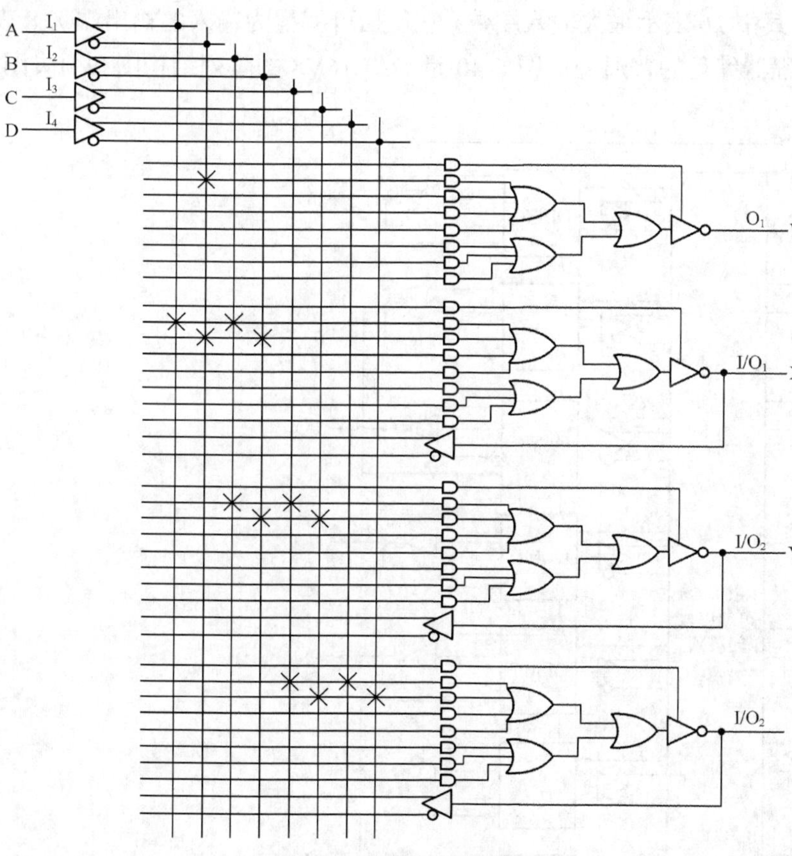

图 6-39　编程后的逻辑图

6.4.2　通用可编程阵列逻辑器件

1. GAL 的性能特点

GAL（通用可编程阵列逻辑器件）和 PAL 相比，其主要特性表现在以下几个方面。

（1）GAL 的输出结构配置了输出逻辑宏单元 OLMC（Output Logic Macro Cell），用户可以通过编程选择输出结构，它既可以编程为组合逻辑电路输出，又可以编程为寄存器输出；

既可以输出低电平有效，又可以输出高电平有效等。这样 GAL 器件就可以在功能上通过编程代替 PAL 的各种输出结构，从而增加了 GAL 使用的灵活性。

（2）GAL 器件综合了 E^2PROM 和 CMOS 技术，使得 GAL 器件在数秒之内即可完成芯片的擦除和编程，并可以反复改写，而且功耗低、速度快。

（3）GAL 的保密性好。GAL 具有加密单元，可有效防止复制，增强了电路的保密性。

普通 GAL 器件的与阵列可以编程，或阵列不可编程，如 GAL16V8、GAL20V8 等。而新一代的 GAL 器件与或阵列均可编程，主要有 GAL39V8。

2. GAL 的电路结构

GAL 器件型号的定义和 PAL 一样，也是根据输入端数和输出端数规模的不同来命名。如 GAL16V8，其中 16 表示最大输入端数（它包括可编程为输入的输出端），8 表示输出端数，V 表示通过编程器编程的普通型。图 6-40 是 GAL16V8 的阵列结构图和引脚图。

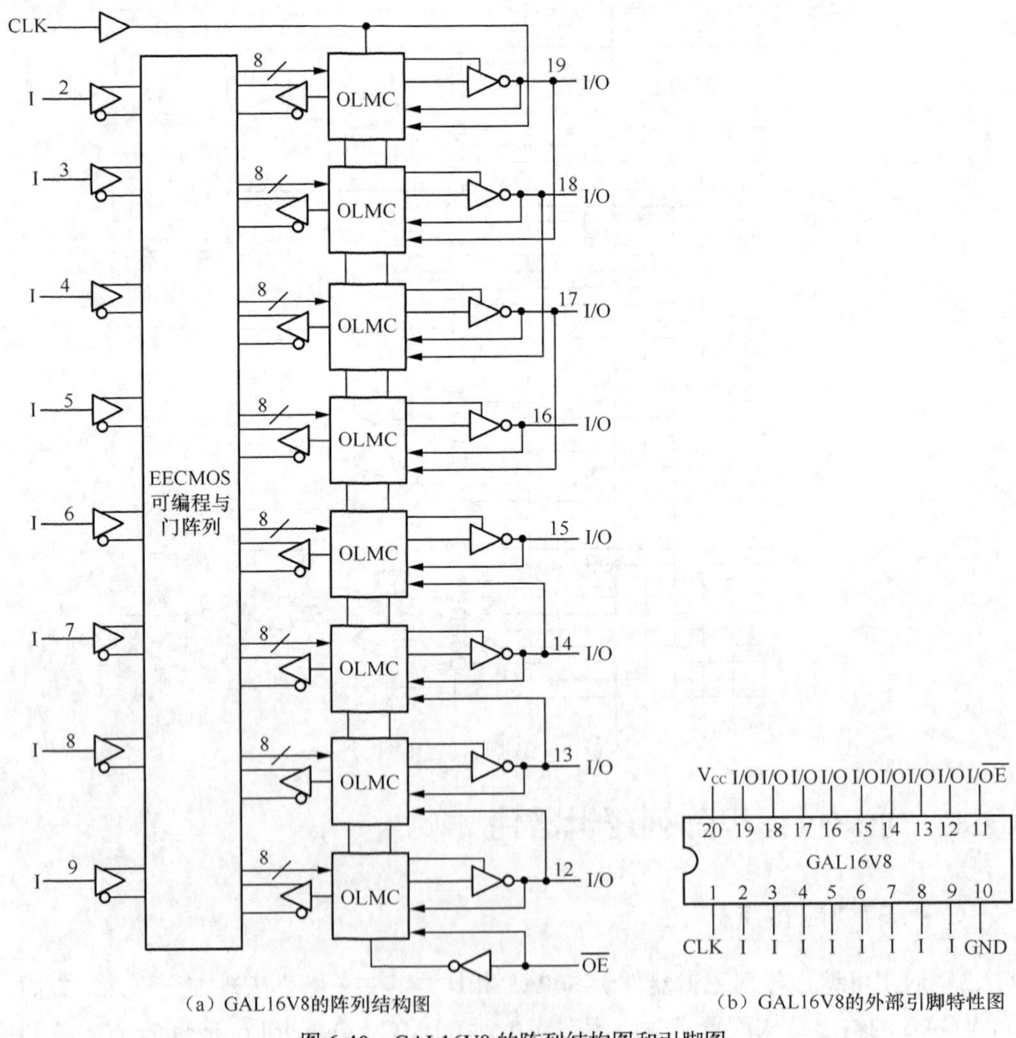

（a）GAL16V8的阵列结构图　　（b）GAL16V8的外部引脚特性图

图 6-40　GAL16V8 的阵列结构图和引脚图

从图中可知 GAL16V8 由以下几部分组成。

（1）8 个输入缓冲器和 8 个反馈输入缓冲器组成的与阵列。

与阵列中有 64 个与项，32 个变量（8 个输入变量的原变量和反变量，8 个反馈输入变量的原变量和反变量），共有可编程单元 2048 个。所以 GAL16V8 最多有 16 个输入信号，8 个输出信号。

（2）8 个输出逻辑宏单元。每个 OLMC 接有 8 个输入的或门，OLMC 的输出和三态输出缓冲器相接。OLMC 的作用是通过对其编程可使器件具有不同的逻辑功能，从而构成不同形式的输出结构。

（3）8 个三态输出缓冲器、系统时钟 CLK 输入缓冲器和公共使能信号的输入缓冲器。

（4）前 3 个和后 3 个输出端都有反馈线连接到邻近单元 OLMC。这些反馈线的作用可将邻近单元的输出信息反馈到与阵列，增强了器件的逻辑功能。

3. 输出逻辑宏单元

在 GAL16V8 中，可以对所有可能的 OLMC 配置进行分类，它有三种工作模式：简单模式、复杂模式和寄存器模式。$\overline{SYN}=0, AC_0=1$ 时为寄存器模式；$\overline{SYN}=1, AC_0=0$ 时为简单模式；$\overline{SYN}=1, AC_0=1$ 时为复杂模式。AC_1 控制输入/输出的配置。OLMC 逻辑框图如图 6-41 所示。

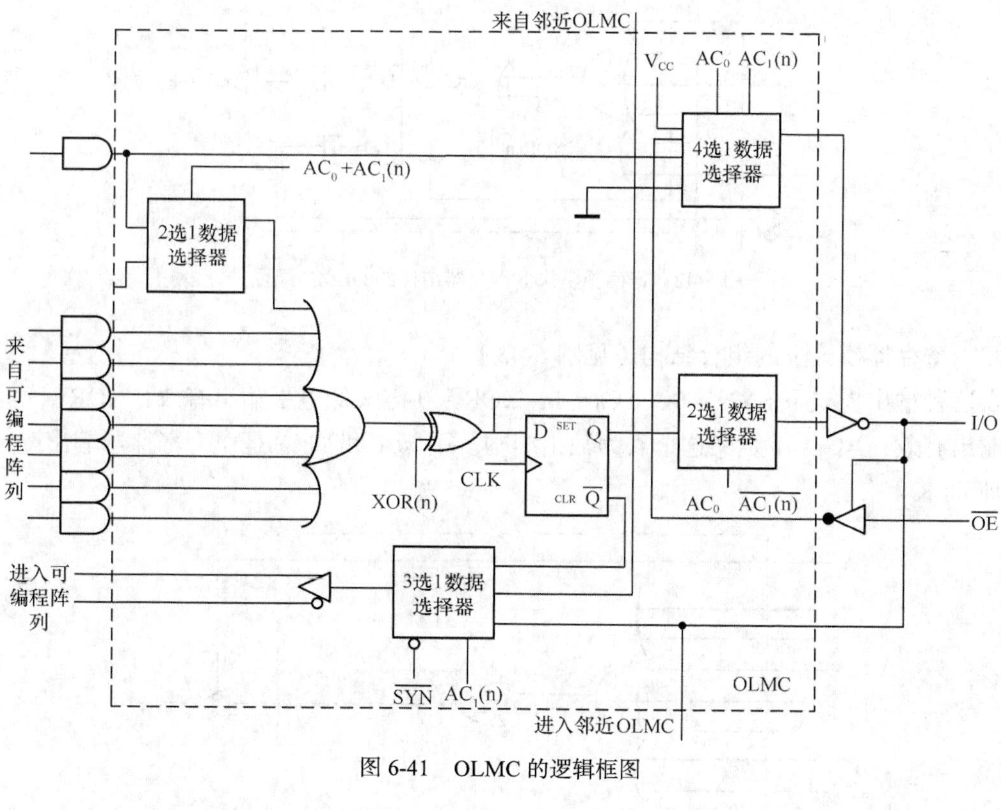

图 6-41　OLMC 的逻辑框图

OLMC 主要由 4 部分组成。

（1）或门：每个 OLMC 包含或阵列中的一个 8 输入或门，或门的每一个输入对应一个乘积项（与阵列中的一个输出），故或门的输出为若干个乘积项之和。

（2）异或门：用于控制或门输出信号的极性，当 XOR(n)端为 1 时，异或门起反相器作用；否则为同相输出。其中 XOR(n)为结构控制字中的 1 位，n 为该 OLMC 的引脚号。这一特点使得 GAL 能够实现多于 8 个乘积项之和的逻辑功能，例如：$Y = A + B + C + D + E + F + H + I$，它有 9 个乘积项，而或门只有 8 个输入端，可将它变换为：$\overline{Y} = \overline{ABCDEFGHI}$ 则只有一个乘积项，通过对或门求反即可得到 Y。

（3）D 触发器：锁存或门的输出状态，使 GAL 能实现时序逻辑电路。

（4）四个数据选择器：从图中很容易看出它们的作用，在此不再赘述。

4. GAL 输出结构

（1）寄存器模式下的寄存器结构（见图 6-42）

在这种输出模式下 SYN = 0、$AC_0 = 1$，XOR = 0 定义低电平输出有效，XOR = 1 定义高电平输出有效；$AC_1 = 0$ 定义这个宏为输出结构。引脚 1 为寄存器输出结构的公共时钟，引脚 11 为寄存器输出结构的公共使能端，引脚 1 和 11 总是作为寄存器输出配置的公共时钟 CLK 和使能端。

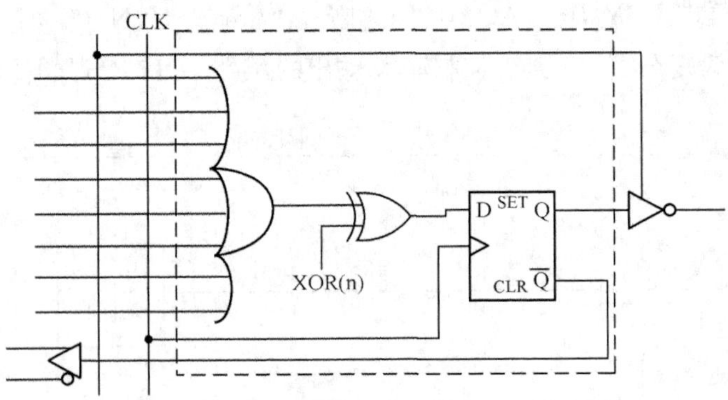

图 6-42　寄存器模式下寄存器结构的 OLMC 配置

（2）寄存器模式下的组合结构（见图 6-43）

在这种输出模式下 SYN = 0、$AC_0 = 1$，XOR = 0 定义低电平输出有效，XOR = 1 定义高电平输出有效；$AC_1 = 1$ 定义这个宏为输出结构。引脚 1 和 11 总是作为寄存器输出配置的公共时钟 CLK 和使能端。

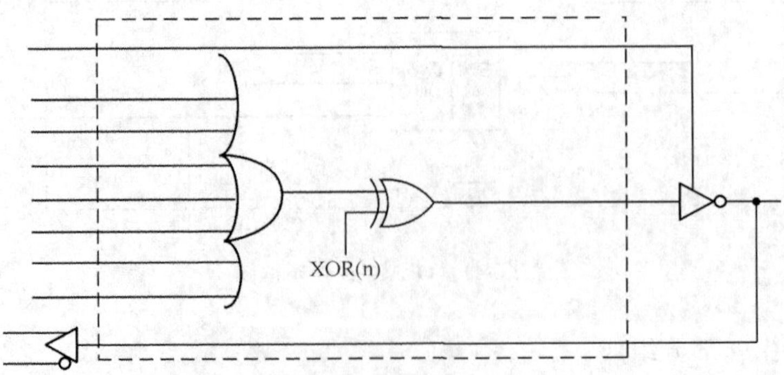

图 6-43　寄存器模式下组合结构的 OLMC 配置

（3）复杂模式下的组合 I/O 结构

电路和图 6-43 一样，在这种输出模式下 SYN = 1、$AC_0 = 1$，XOR = 0 定义低电平输出有效，XOR = 1 定义高电平输出有效；$AC_1 = 1$ 定义这个宏为输出结构。引脚 13～18 可配置成这种功能（输入或输出）。

（4）复杂模式下的组合结构

和（3）相同，引脚 12 和 19 可配置成这种功能（仅作为输出）。

（5）简单模式下的反馈组合输出结构

在这种输出模式下 SYN = 1、$AC_0 = 0$，XOR = 0 定义低电平输出有效，XOR = 1 定义高电平输出有效；$AC_1 = 0$ 定义此宏结构。除引脚 15 和 16 外，其他引脚都可配置成这种功能（输入或输出）。电路如图 6-44 所示。

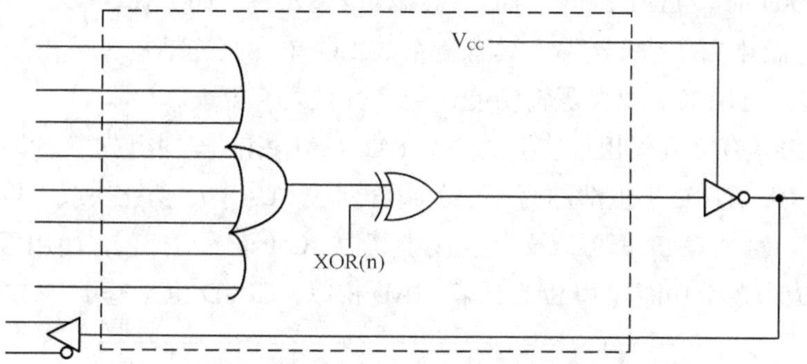

图 6-44　简单模式下反馈组合输出结构的 OLMC 配置

（6）简单模式下的专用输入结构

在这种输出模式下 SYN = 1、$AC_0 = 0$，XOR = 0 定义低电平输出有效，XOR = 1 定义高电平输出有效；$AC_1 = 1$ 定义此宏结构。除引脚 15 和 16 外，其他引脚都可配置成这种功能（仅作为输入）。结构同图 6-44。

5. GAL 器件的编程与开发

应用 GAL 可以设计组合逻辑电路或时序逻辑电路。进行电路设计时，必须使用相应的软件、硬件开发工具才能完成。随着 EDA 技术和可编程逻辑器件的发展，GAL 器件的应用设计、调试工作可以在计算机上用软件来完成，并且对器件实现的功能可以像软件一样实时地加以编程和修改，从而使硬件系统具有软件一样的灵活性，为系统开发节约了成本，缩短了开发周期。

对于 GAL 的电路设计，首先必须根据原始设计要求，在计算机上使用通用的 HDL 对电路功能进行描述，或应用专用的软件将逻辑电路的状态表、状态图或逻辑方程输入计算机；然后利用相应的软件工具进行验证、仿真、排错、优化和编译，生成熔丝图文件；最后的工作就是下载熔丝图文件。上述设计流程如图 6-45 所示。GAL 器件除 isp 系列可在系统编程外，其他的 GAL 器件均需在编程器上进行编程。编程器将熔丝图文件按 JEDEC 格式的标准二进制代码写入所选 GAL，即可实现预定的功能。

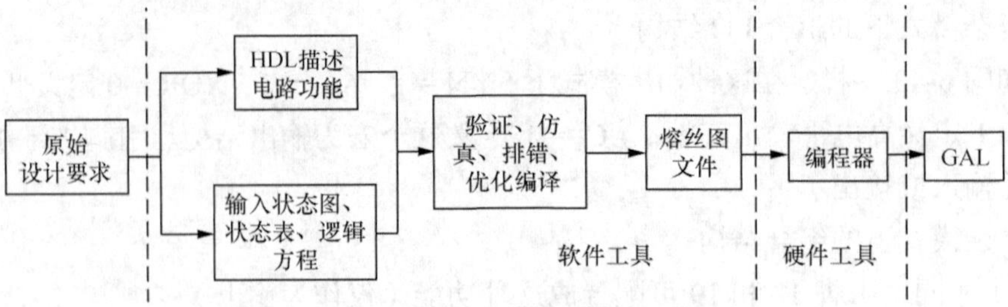

图 6-45　GAL 器件编程与开发流程

6.4.3　复杂的可编程逻辑器件

CPLD（Complex Programmable Logic Device，复杂可编程逻辑器件）是一种由多个 SPLD（Simple Programmable Logic Device，简易可编程逻辑器件）如 PAL、GAL、PROM 等交互连接在单个芯片上而组成的逻辑器件，具有复杂的 I/O 单元互连结构，可由用户根据需要生成特定的电路结构，可用来实现大逻辑功能，包括移位寄存器。

CPLD 主要由具有可编程相互连接的多组 PAL/GAL 相似阵列组成，如图 6-46 中的通用方块图所示。每个 PAL/GAL 小组都称为一个逻辑阵列块（LAB）、功能块或者取决于特定设备上的一些相似词汇。每个 LAB 都可以交互连接于其他 I/O（输入/输出），使用可编程相互连接阵列（PIA）来形成大逻辑功能。和 PAL 或者 GAL 相似，CPLD 也是基于与或的体系结构。

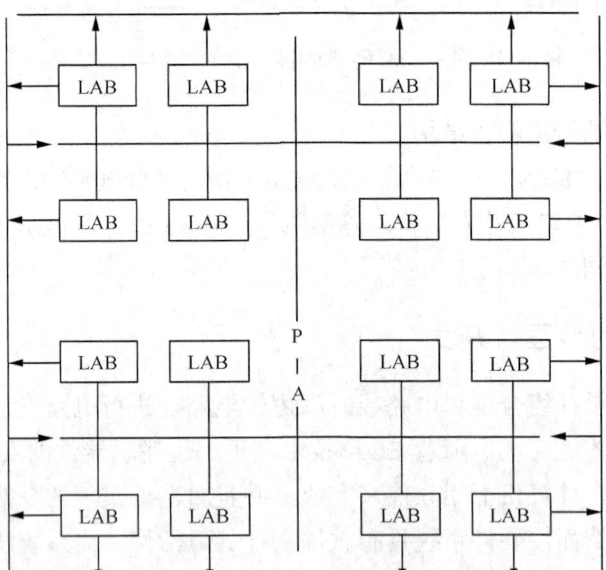

图 6-46　CPLD 的结构框图

CPLD 中的逻辑阵列块中包含 32 到几百个宏单元。典型的宏单元具有一个与阵列、一个乘积项选择矩阵、一个或门、一个可编程寄存器部分。

可编程相互连接阵列（PIA）由穿过 CPLD 芯片的导线，以及每个 LAB 中宏单元可以形成的连接组成。通过使用 PIA，任何宏单元都可以连接到相同 LAB 内部的其他宏单元上，也可以连接到其他设备 LAB 中的宏单元上，或连接到其他 I/O，其连接对于大多数 CPLD 是使用 EECMOS 技术来生成的。

CPLD 的制造商包括 Altera、Xilinx、Lattice、Cypress 等公司，每个公司都用它自己的方法来实现 CPLD 体系结构，但是它们都具有一个相同点——都是基于 PAL/GAL 与或逻辑阵列。

6.4.4　现场可编程门阵列器件

FPGA（Field Programmable Gate Array，现场可编程门阵列）是一种大规模的可编程集成逻辑器件，它比 CPLD 能提供更高的逻辑容量，但在体系结构方面明显区别于 CPLD。

虽然 FPGA 的体系结构有许多变化，但是 FPGA 主要由具有可编程行和列的逻辑模块阵列组成，这些逻辑模块和通道互连，并且由可编程 I/O 模块所包围，如图 6-47 所示。

通用 FPGA 中的每一个逻辑模块都含有几个逻辑单元。典型的 FPGA 逻辑单元含有一个 LUT（查找表格，一种内存配置）、关联逻辑和一个触发器。每个逻辑单元都含有一个 4 输入 LUT，可以被编程为逻辑功能发生器，它可以用来产生与或功能或诸如加法器和比较器的逻辑功能。和 CPLD 不同之处在于它们的互连技术，FPGA 一般使用 SRAM 或者防融合方法来提供逻辑模块之间的互连。SRAM 互连是由 SRAM 单元状态控制的晶体管提供可编程互连线之间的连接，逻辑设计可以通过简单地对 SRAM 重编程而改变。而防融合一般是开路的，当编程时被短路以创建连接，与熔丝不同，熔丝一般是短路的，当编程时被断开以创建非连接。

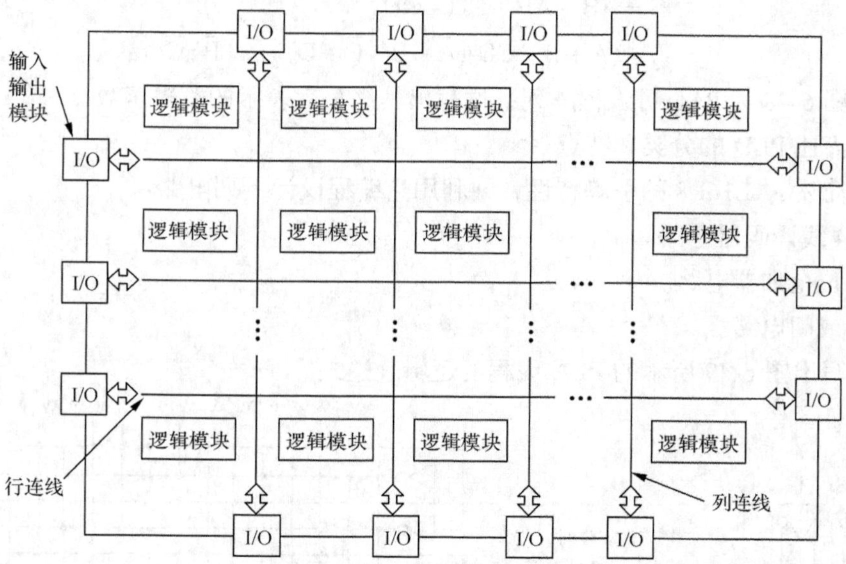

图 6-47　FPGA 的基本结构图

习　题

6-1　如何区分存储器与寄存器？两者是一回事吗？

6-2　SRAM 记忆单元电路的工作原理是什么？它和 DRAM 记忆单元电路相比有何异同点？

6-3　动态 RAM 为何要刷新？一般有几种刷新方式？各有什么优缺点？

6-4 DRAM 芯片和 SRAM 芯片通常有何不同？

6-5 有哪几种只读存储器？简述它们的工作原理和特点。

6-6 说明 SRAM、DRAM 的读写过程，画出相关读取时序图。

6-7 1 个 1K × 8 的存储芯片需要多少根地址线、数据输入线和数据输出线？

6-8 某计算机字长为 32 位，其存储容量为 64KB，按字编址的地址范围是多少？若主存以字节编址，试画出主存字地址和字节地址的分配情况。

6-9 现有 1024 × 1 的存储芯片，若用它组成容量为 16K × 8 的存储器。试求：

（1）实现该存储器的芯片数量。

（2）若将这些芯片分装在若干块板上，每块板的容量为 4K × 8，该存储器所需要的地址线总数是多少?几位用于选片？几位用于片地址?

（3）绘制出扩展后的电路。

6-10 某半导体存储器容量为 16K × 8，可选 SRAM 芯片的容量为 4K × 4；地址总线 A_{15}～A_0（A_0 为最低位），双向数据总线 D_7～D_0，由 $R/\overline{W}$ 线控制读写。设计并画出该存储器的逻辑图，并注明地址分配、片选逻辑及片选信号的极性。

6-11 用 PLD 实现下列多输出函数，画出阵列图。

$$F_1 = \overline{A}BCD + A\overline{C}\cdot\overline{D} + \overline{B}CD$$

$$F_2 = \overline{A}B + A\overline{B} + \overline{C}D + C\overline{D}$$

$$F_3 = (A + B + CD)(\overline{A} + B + \overline{C} + D) + \overline{A}\cdot\overline{B}\cdot\overline{C}$$

6-12 图 6-48 为 PAL 可编程阵列，试写出其烧写后表示的逻辑函数。

6-13 简述 PLD 的分类和特点。

6-14 简述 PAL16L8 的引脚特性，并利用它编程设计下列电路：

（1）2-4 线译码器电路。

（2）一位全加器电路。

（3）异或门电路。

6-15 写出图 6-49 所示的 PLA 编程的逻辑表达式。

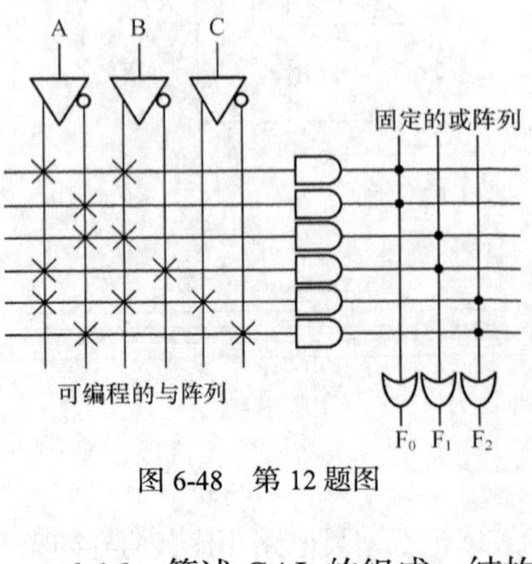

图 6-48 第 12 题图

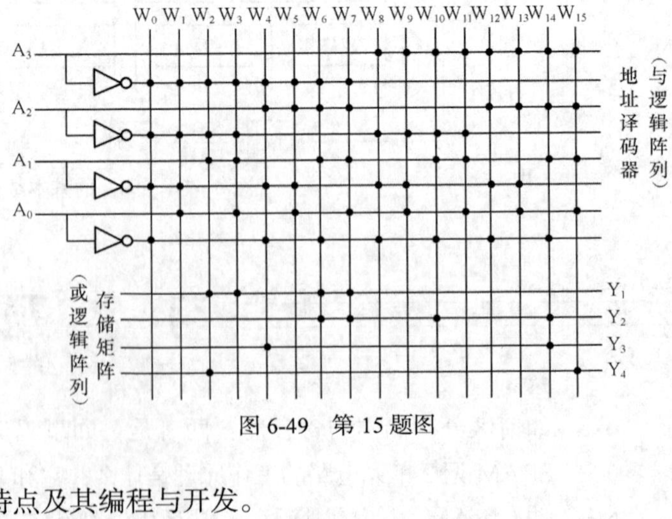

图 6-49 第 15 题图

6-16 简述 GAL 的组成、结构特点及其编程与开发。

第 7 章 接口电路设计技术

随着数字集成技术的发展，除了简单的电路集成之外，以微处理器为核心的计算机集成技术迅速发展与普及，在现代控制（外部计算机和其他机电设备）、通信及检测领域，计算机的应用极为广泛。外部设备的信息，包括模拟信号和数字信号，可以和计算机微处理器中的寄存器直接交换并在运算器中进行运算处理（整个过程在程序指令控制之下）。由于外部数据运行速度和计算机运行速度并不相同，因此需要设计一种电路，用来在计算机和外部设备间转换数据，这种电路就叫接口。压力、温度、位移、液位等都是抽象数据，一般需要通过一种叫传感器的电路测量元件将信息转换为模拟信号，再经能将模拟信号转换为数字信号的电路或接口，将转换后的数字信息送到计算机，这种电路叫模数转换器（A/D 转换器）；反之，能将数字信号转换为模拟信号的电路称为数模转换器（D/A 转换器）。

本章主要讲解接口的设计思想、数模和模数转换器的组成与工作原理。

7.1 接口芯片设计

7.1.1 外部接口电路的设计分析

外部设备和数字系统（计算机）在工作过程中由于不是在一个电路上集成的器件，因此无论是时序脉冲的周期、数据的格式、工作的协调（条件）、器件的选择上都存在差异。

1. 采用寄存器缓冲数据

计算机时序周期要比外部设备快得多，而计算机是根据程序运行的，在外部设备没有准备好时，计算机可以执行内部操作。外部设备准备好了，把数据送给接口寄存器，同时向计算机发出请求。此时一个字节数据存储在接口寄存器中，在此一般使用寄存器的触发器组来缓冲数据。只有计算机响应后，数据才读入计算机 CPU 中的寄存器。接口中存放数据的寄存器称为接口寄存器。

2. 外部设备多样化

外部设备有机械式、机电式、电子式等，外设还具有不同的状态，因此外设主要向接口提供数据和状态（逻辑条件，比如打印机在线与否，是否缺纸等）两类输入逻辑变量或引脚。考虑外设多样性的特点，尽可能找出具有相同特点设备的所有状态，设计到同一接口芯片中，这便是通用接口。状态信息也是由寄存器来存储的，这类寄存器称为状态寄存器。

3. 根据传输数据的不同设计不同的接口

数据分为模拟信号和数字信号。数字信号一般情况下是并行输入输出的，这种设计的接口称为并行接口。而模拟信号要依靠电路一位位转换为数字信号，利用移位寄存器再转换为并行数据，这类接口称为串行接口。

4. 接口的存储性能

可以看到，接口的主要功能是数据锁存和缓冲、数据转换，它主要起了一个暂时存放数据的作用，把所有接口寄存器一起从 0 开始编号，称为独立编址，设接口中共有 16 个寄存器，则从 0000B～1111B 独立编址；把接口寄存器和存储器一起编址称为全编址。

5. 控制逻辑的分析

通过前面的设计知道，任何电路设计除了输入和输出数据变量外，还需要控制条件，比如选片 $\overline{CS}$ 、寄存器读控制信号 $\overline{RD}$ 、写控制信号 $\overline{WR}$ 等，这类信号来自计算机 CPU。有时，外部设备工作方式很多，触发方式也不尽相同，数据传送信息格式也不相同，需要很多信息来表示它们的方式。用控制信号显然不太现实，因此在接口中安排一个寄存器，用其中不同位表示所有方式控制，这类寄存器称为控制寄存器。

通过上述分析可以看出，接口主要由 3 类寄存器和针对它们的信息要设计的控制电路组成。

7.1.2 接口芯片设计

1. 接口芯片设计步骤

通过上面的接口设计分析，可以得到接口电路的如下设计步骤。

（1）分析所有数据及寄存器的选择

① 输入输出数据信息的分析。外部设备和计算机之间数据传输可以是双向的，我们既可以选择同一寄存器实现双向数据传递，也可以选择两个寄存器分别用于两个方向的传递。也可用两个寄存器一起进行数据传递，寄存器的数目由选择传递方式不同而不同。

② 分析外部设备的状态，并把所有状态安排到状态寄存器的某一位。

③ 分析控制信号，指定设计变量。如果有工作方式的选择，则要选择一个命令寄存器，以编码方式在其中某一位或几位指定出不同的工作方式。如果有 4 种工作方式，则指定其中两位，用哪两位，需要设计者自己确定。

④ 寄存器地址确定。采用独立编制，地址要根据接口电路中已有的地址向后排列。例如，接口中现在地址安排到 7FH，输入数据寄存器安排为 80H，输出寄存器地址安排为 81H，状态寄存器为 82H，命令寄存器为 83H，则地址线共有 8 条，高六位不变，可以用来选片，低

两位则选择寄存器。

（2）列出真值表，设计出电路

接口电路设计是很复杂的，根据寄存器选择和控制信号分析，以及不同的控制条件列出几个真值表，设计出电路合为一个电路即可。

2. 简单串行输入接口电路设计

该电路外设并行输入一个八位二进制数，直接送入电路中选择的 8 位数据寄存器，上升沿触发，要送到计算机中去，必须在选片信号 $\overline{CS}$、读信号 $\overline{RD}$ 有效的前提下送出。真值表如表 7-1 所示，其中，Q_7～Q_0 为寄存器 8 个触发器输出，对应芯片连接外设的 8 个引脚，D7～D_0 为芯片输出，连接到计算机外部总线。只有一个寄存器，安排一条地址线 $A_0 = 0$，选中该寄存器。真值表如表 7-1 所示。

表 7-1　串行输入接口电路设计真值表

CS	RD	A_0	D_{I7}	D_{I6}	D_{I5}	D_{I4}	D_{I3}	D_{I2}	D_{I1}	D_{I0}	D_7	D_6	D_5	D_4	D_3	D_2	D_1	D_0	CP
1	×	×	×	×	×	×	×	×	×	×	0	0	0	0	0	0	0	0	0
0	1	×	×	×	×	×	×	×	×	×	0	0	0	0	0	0	0	0	0
0	0	1	×	×	×	×	×	×	×	×	0	0	0	0	0	0	0	0	0
0	0	0	D_{I7}	DI6	D_{I5}	D_{I4}	D_{I3}	D_{I2}	D_{I1}	D_{I0}	Q_7	Q_6	Q_5	Q_4	Q_3	Q_2	Q_1	Q_0	↑

根据真值表，列出控制电路所需方程。

$$CP = \overline{CS} \cdot \overline{RD} \cdot \overline{A_0}$$

$$D_7 = \overline{CS} \cdot \overline{RD} \cdot \overline{A_0} \cdot Q_7\text{，}\quad D_6 = \overline{CS} \cdot \overline{RD} \cdot \overline{A_0} \cdot Q_6\text{，}$$

$$D_5 = \overline{CS} \cdot \overline{RD} \cdot \overline{A_0} \cdot Q_5\text{，}\quad D_4 = \overline{CS} \cdot \overline{RD} \cdot \overline{A_0} \cdot Q_4$$

$$D_3 = \overline{CS} \cdot \overline{RD} \cdot \overline{A_0} \cdot Q_3\text{，}\quad D_2 = \overline{CS} \cdot \overline{RD} \cdot \overline{A_0} \cdot Q_2\text{，}$$

$$D_1 = \overline{CS} \cdot \overline{RD} \cdot \overline{A_0} \cdot Q_1\text{，}\quad D_0 = \overline{CS} \cdot \overline{RD} \cdot \overline{A_0} \cdot Q_0$$

画出电路图：Q_i 的取值来自 8 位寄存器，因此首先要选择一个 8 位同步基本寄存器 74HC374，具有 8 个 D 触发器，用 D_{I7}～D_{I0} 表示 8 个外设连接的 D 输入端，使能信号 $OEN = \overline{CS}$，电路图如图 7-1 所示。生成的逻辑符号如图 7-2 所示。

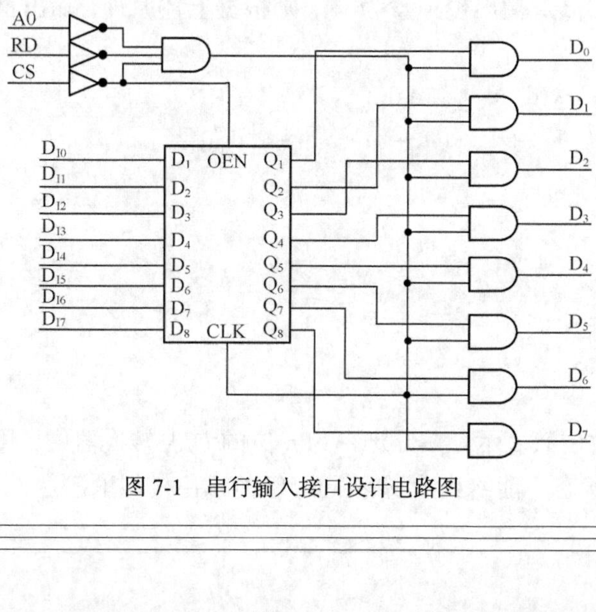

图 7-1　串行输入接口设计电路图

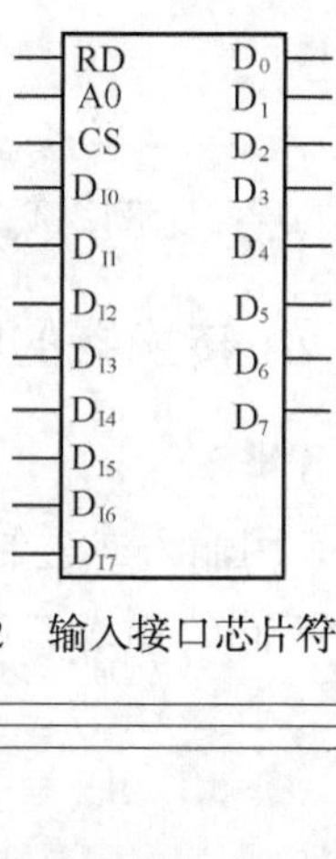

图 7-2　输入接口芯片符号图

7.2 D/A 转换器

将数字信号转换成模拟信号的过程称为数/模转换（Digital to Analog），实现的电路称为 D/A 转换器，简写成 DAC（Digital-Analog Converter）。

目前常用的 D/A 转换器有权电阻网络 D/A 转换器、倒 T 形电阻网络 D/A 转换器、权电流型 D/A 转换器、权电容型 D/A 转换器以及开关树型 D/A 转换器等几种类型。本书只讲解前三种 D/A 转换器。

7.2.1 D/A 转换器的基本原理

1. 基本原理分析

将输入的每一位二进制代码按其权的大小转换成相应的模拟量，然后将代表各位的模拟量相加，所得的总模拟量就与数字量成正比，这样便实现了从数字量到模拟量的转换。

D/A 转换过程首先要有寄存器提供并行的二进制数据，寄存器输出的每位数码驱动对应数位上的电子开关，将电阻解码网络中获得的相应数位权值送入求和电路中，求和电路将各位权值相加就得到与数字量相应的模拟量。因此电路由数码寄存器、模拟电子开关电路、解码电路、求和电路及基准电压等部分组成，如图 7-3 所示。

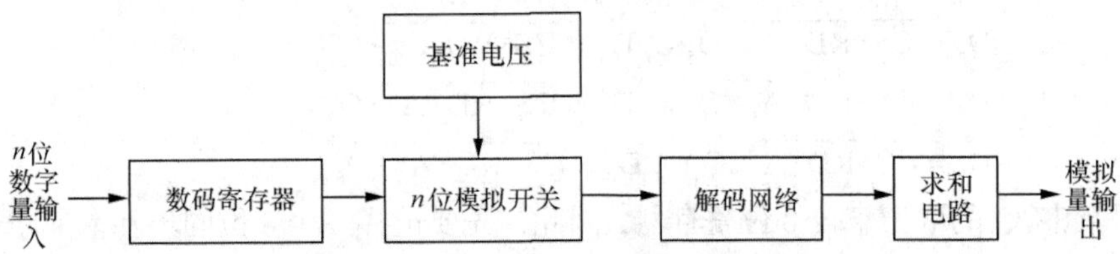

图 7-3 n 位 D/A 转换器原理框图

设 n 位二进制数为 $d_{n-1}\,d_{n-2}\cdots d_1d_0$，输出模拟量为 v_O，则根据上述原理，输出量和输入量之间的关系式为

$$
\begin{aligned}
v_O &= kD_n = k(d_{n-1}d_{n-2}\cdots d_1d_0) \\
&= k(2^{n-1}d_{n-1} + 2^{n-2}d_{n-2} + \cdots + 2^1d_1 + 2^0d_0)) \\
&= k\sum_{i=0}^{n-1} d_i 2^i
\end{aligned}
$$

其中，k 为比例系数。

2. D/A 转换器的性能指标

（1）分辨率

分辨率用输入二进制数的有效位数表示。在分辨率为 n 位的 D/A 转换器中，输出电压能区分 2^n 个不同的输入二进制代码状态，能给出 2^n 个不同等级的输出模拟电压。

分辨率也可以用 D/A 转换器的最小输出电压与最大输出电压的比值来表示。10 位 D/A 转换器的分辨率为

$$\frac{1}{2^{10}-1}=\frac{1}{1023}\approx 0.001$$

（2）转换精度

由于D/A转换器的各个环节在参数及性能上和理论值存在着差异,如基准电压不够稳定、运算放大器的零点漂移、模拟开关的导通内阻和导通压降、电阻网络中电阻阻值的偏差以及三极管特性不一致等因素，都会使得实际精度与转换误差有关系。

转换误差是表示由各种因素引起误差的一个综合性的指标，它表示实际的 D/A 转换器特性和理论转换特性之间的最大偏差。

（3）输出建立时间

输出建立时间从输入数字信号起，到输出电压或电流到达稳定值时所需要的时间，称为输出建立时间，是用来描述转换速度的单位。

（4）转换速率

转换速率是指在大信号工作状态下，模拟输出电压的最大变化率。通常以 V/μs 为单位表示。

（5）温度系数

温度系数是指输入不变的情况下，输出模拟电压随温度变化产生的变化量。一般用满刻度输出条件下温度每升高 1°C，输出电压变化的百分数作为温度系数。

7.2.2　权电阻网络 D/A 转换器

1. 电路组成

图 7-4 是 4 位权电阻网络 D/A 转换器的原理图，它是由权电阻网络、4 个电子模拟开关和 1 个求和放大器组成。

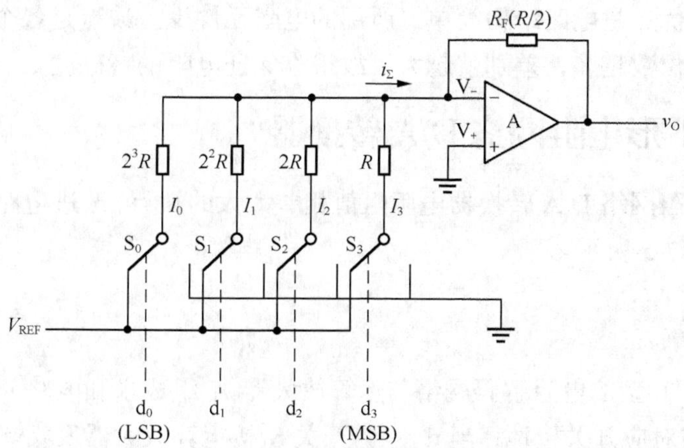

图 7-4　权电阻网络 D/A 转换器

$d_3d_2d_1d_0$ 为四位二进制数，$S_3S_2S_1S_0$ 为开关，四个电阻的阻值标在图上。求和放大器 A 为

一个接成负反馈的理想运算放大器。即：$A_V=\infty$，$i_I=0$，$R_o=0$。由于负反馈，存在虚短和虚断，即 $V_-\approx V_+=0$，$i_I=0$。V_{REF} 为基准电压。

2. 输出电压计算

从电路可以看出，四个电阻是并联关系，无论连接几个支路，所有电阻两端电压都为 V_{REF}，所以如果哪一位数字为 1，开关合并，就会得到对应的电流，各个支路电流之和就是电路的总电流。由于 $V_-\approx V_+=0$，故各个支路电流计算表达式如下：

$$I_0=\frac{V_{REF}}{8R}\qquad I_1=\frac{V_{REF}}{4R}\qquad I_2=\frac{V_{REF}}{2R}\qquad I_3=\frac{V_{REF}}{R}$$

支路有没有电流取决于各位数字是否为 1，所以总电流为

$$\begin{aligned}i_\Sigma&=I_0\mathrm{d}_0+I_1\mathrm{d}_1+I_2\mathrm{d}_2+I_3\mathrm{d}_3\\&=\frac{V_{REF}}{8R}\mathrm{d}_0+\frac{V_{REF}}{4R}\mathrm{d}_1+\frac{V_{REF}}{2R}\mathrm{d}_2+\frac{V_{REF}}{R}\mathrm{d}_3\\&=\frac{V_{REF}}{2^3R}(\mathrm{d}_3\cdot2^3+\mathrm{d}_2\cdot2^2+\mathrm{d}_1\cdot2^1+\mathrm{d}_0\cdot2^0)\end{aligned}$$

取 $R_F=\frac{R}{2}$，输出电压为

$$v_O=-R_Fi_\Sigma=-\frac{R}{2}i=-\frac{V_{REf}}{2^4}(\mathrm{d}_3\cdot2^3+\mathrm{d}_2\cdot2^2+\mathrm{d}_1\cdot2^1+\mathrm{d}_0\cdot2^0)$$

当 D_n=00…00，$v_O=0$；当 D_n=11…11，$v_O=-\frac{2^n-1}{2^n}V_{REF}$，故输出电压的最大变化范围为 $0\sim-\frac{2^n-1}{2^n}V_{REF}$。

3. 说明

（1）若 V_{REF} 取正值，则输出电压为负值。若想输出电压为正值，可以将 V_{REF} 取负值。

（2）此电路的优点是电路结构简单，所用的电阻元件少。缺点是各个电阻的阻值相差较大，输入数字量的位数越多，差别就越大，故很难保证电阻的精确度。

7.2.3 倒 T 形电阻网络 D/A 转换器

为了克服权电阻网络 D/A 转换器电阻阻值相差太大的缺点，改进电路为倒 T 型电阻网络 D/A 转换器，如图 7-5 所示。

1. 电路组成

图 7-5 中呈倒 T 型的电阻解码网络与运算放大器 A 组成求和电路。模拟开关 S_i 由数码 d_i 控制，当 $d_i=0$，对应开关接地；当 $d_i=1$，开关 S_i 接运算放大器反相端。根据“虚短”“虚地”，有 $V_-\approx V_+$，无论开关打在哪一面，流过每个支路的电流始终不变。故可等效成图 7-6 所示电路。即从每个节点来向左看，每个二端网络的等效电阻均为 R，与开关相连的 $2R$ 电阻

上的电流从高位到低位按 2 的负整数幂递减，如果基准电压提供的电流为 $I=\frac{V_{REF}}{R}$，则流过各开关支路的电流分别为 $\frac{I}{2}$、$\frac{I}{4}$、$\frac{I}{8}$、$\frac{I}{16}$。

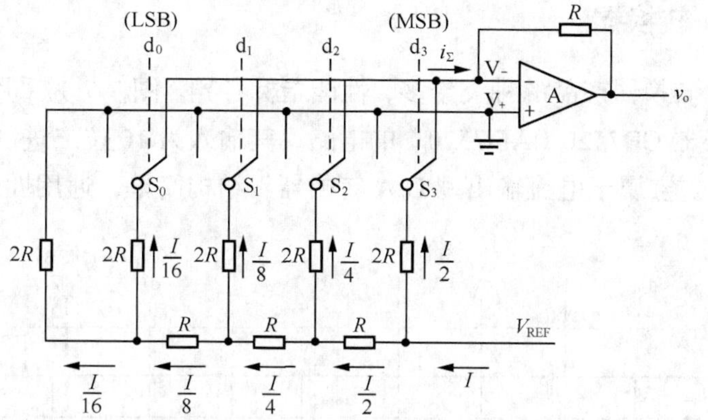

图 7-5　倒 T 型电阻网络 D/A 转换器

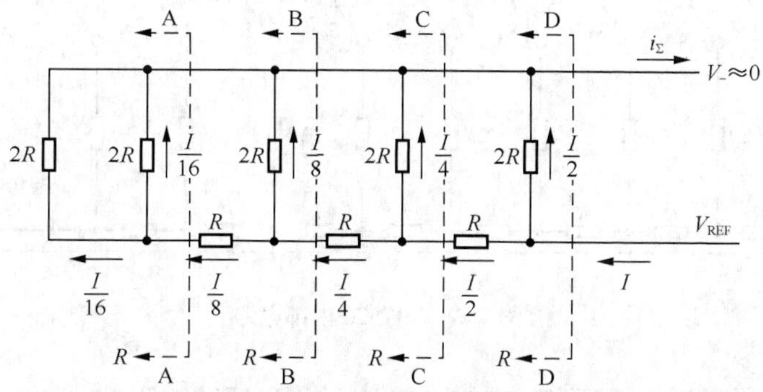

图 7-6　倒 T 型电阻网络 D/A 转换器等效电路

2. 输出电压计算

数据位 d_i 为 0，则开关打到左侧，该电流没有加到 V₋端，所以计算电压和权电阻网络 D/A 转换器一样，计算过程如下：

$$\left.\begin{array}{l}\mathrm{d_i}=1\text{时，}I_{\mathrm{i}}\text{流入}i_{\Sigma}\\ \mathrm{d_i}=0\text{时，}I_{\mathrm{i}}\text{流入地端}\end{array}\right\}\Rightarrow i_{\Sigma}=\mathrm{d}_3\left(\frac{I}{2}\right)+\mathrm{d}_2\left(\frac{I}{4}\right)+\mathrm{d}_1\left(\frac{I}{8}\right)+\mathrm{d}_0\left(\frac{I}{16}\right)$$

输出电压为：

$$V_{\mathrm{O}}=-Ri_{\Sigma}=-R\frac{V_{\mathrm{REF}}}{R}\frac{1}{2^4}(\mathrm{d}_3 2^3+\mathrm{d}_2 2^2+\mathrm{d}_1 2^1+\mathrm{d}_0 2^0)=-\frac{V_{\mathrm{REF}}}{2^4}\mathrm{D}_4$$

对于 n 位输入的倒 T 形电阻网络 D/A 转换器，在求和放大器的反馈电阻为 R 时，其输出的模拟电压为：

$$\begin{aligned}V_{\mathrm{O}}&=-\frac{V_{\mathrm{REF}}}{2^n}(2^{n-1}\mathrm{d}_{n-1}+2^{n-2}\mathrm{d}_{n-2}+\cdots+2^1\mathrm{d}_1+2^0\mathrm{d}_0)\\&=-\frac{V_{\mathrm{REF}}}{2^n}\mathrm{D}_n\end{aligned}$$

上式说明输出的模拟电压与输入的数字量成正比，其输出公式与权电阻网络 D/A 转换器相同。D_n范围为$0 \sim 2^n - 1$，$V_O = 0 \sim -\frac{2^n - 1}{2^n} V_{REF}$。

3. 集成 D/A 转换器

单片集成 D/A 转换器产品的种类繁多，性能指标各异。图 7-7 为采用倒 T 型电阻网络的单片集成 D/A 转换器 CB7520（AD7520）的电路，其输入为 10 位二进制数，采用 CMOS 电路构成的模拟开关。它属于电流输出型 D/A 转换器，结构简单，通用性好。

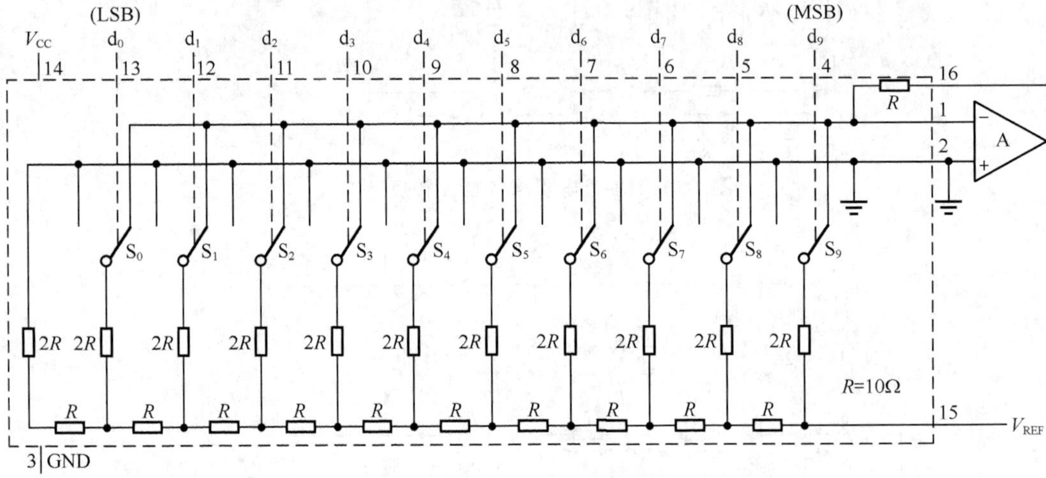

图 7-7　CB7520 内部电路

芯片内部只含有 T 型电阻网络、CMOS 电流开关和反馈电阻（$R = 10\text{k}\Omega$）。在使用 CB7520 时需要外接运算放大器，反馈电阻可以采用内部的电阻 R，也可以外接反馈电阻接到 I_{out1} 和 v_O之间。外接参考电压 V_{REF} 必须有足够的精度，才能确保应有的转换精度。输出电压为

$$v_O = -\frac{V_{REF}}{2^{10}}(2^9 d_9 + 2^8 d_8 + \cdots + 2^1 d_1 + 2^0 d_0) = -\frac{V_{REF}}{2^{10}} D_{10}$$

CB7520（AD7520）可用作单极性电压输出，其连接电路如图 7-8 所示。

从图 7-8 中可以看出，其反相电压为

$$v_O = -\frac{R + R_{W1}}{R} \cdot \frac{V_{REF}}{2^{10}} D_{10}$$

同相电压为

$$v_O = \left(1 + \frac{R_{W1}}{R_1}\right) \frac{V_{REF}}{2^{10}} D_{10}$$

在图 7-8 所示电路中，R_{W1} 可调节反馈电阻的阻值，使得运算放大器的放大比例系数增加，从而达到提高满量程输出电压的目的；R_{W2} 起到减小满量程的目的，因为它是和内部电阻网络的等效电阻串联，从而改变电流 I；R_{W3} 是运算放大器的调零电阻。

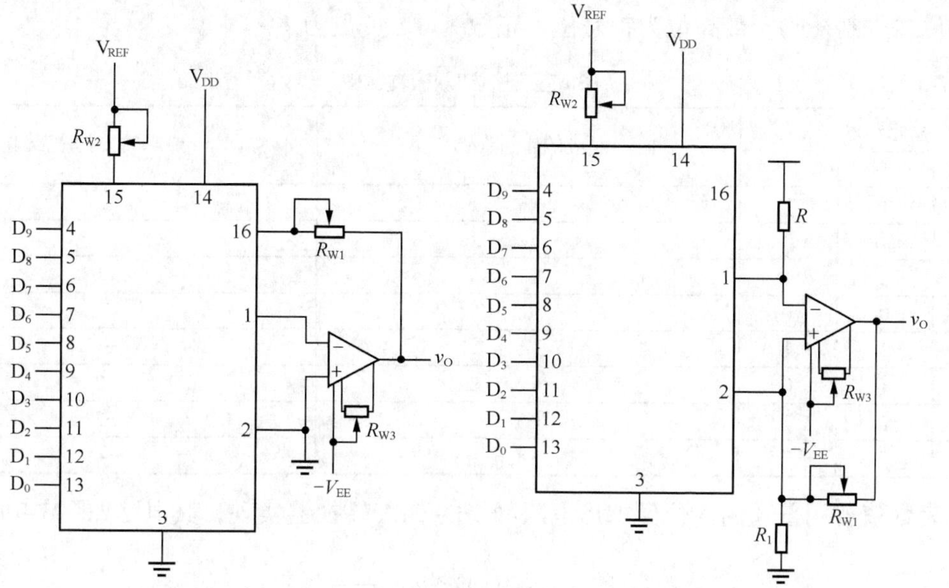

（a）反向电压输出　　（b）同相电压输出

图 7-8 CB7520 单极性电压输出电路

输入的二进制数与输出之间的数据关系如表 7-2 所示。

表 7-2 CB7520 输入输出关系表

数字量输入									模拟电压输出
D_9	D_8	D_7	D_6	D_5	D_4	D_3	D_2	D_1	v_O
1	1	1	1	1	1	1	1	1	$-\frac{1023}{1024}V_{REF}$
1	1	1	1	1	1	1	1	0	$-\frac{1022}{1024}V_{REF}$
……									……
1	0	0	0	0	0	0	0	0	$-\frac{512}{1024}V_{REF}$
……									……
0	0	0	0	0	0	0	0	1	$-\frac{1}{1024}V_{REF}$
0	0	0	0	0	0	0	0	0	0

4. D/A 转换器的双极性工作方式

在实际应用中，D/A 转换器输入的数字量可能是正数，也可能是负数，这就要求 D/A 转换器能将不同极性的数字量转换成正、负极性的模拟电压，工作在双极性方式。由于二进制算术运算中通常都把带符号的数值用补码的形式表示，故希望 D/A 转换器能够把以补码形式输入的正、负数分别转换成正负极性输出的模拟电压。为了简单起见，下面以 3 位补码的情况为例，说明如何实现 D/A 转换器的双极性工作方式。

表 7-3 是 3 位二进制数从 + 3V 到 − 4V 的补码表示形式及希望得到的模拟电压输出。输

入为 3 位二进制补码。最高位为符号位，正数为 0，负数为 1。

表 7-3　　3 位二进制数双极性编码

补码输入			对应的十进制数	要求输出的电压
d_2	d_1	d_0		
0	1	1	+3	+3
0	1	0	+2	+2
0	0	1	+1	+1
0	0	0	0	0
1	1	1	−1	−1
1	1	0	−2	−2
1	0	1	−3	−3
1	0	0	−4	−4

此表数值若用普通的 3 位倒梯形电阻网络的 D/A 转换器实现，其电路如图 7-9 所示。

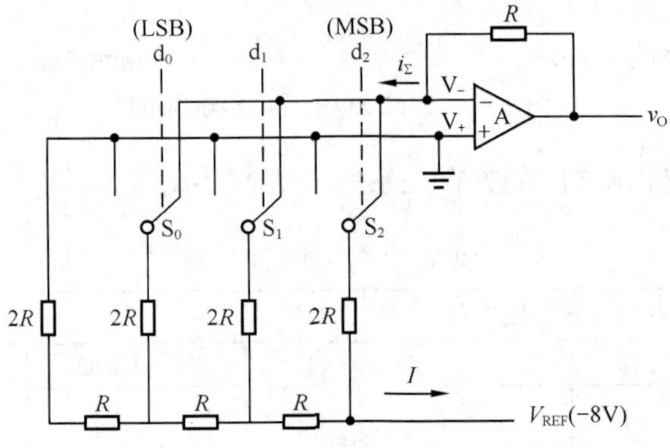

图 7-9　3 位倒 T 型电阻网络 D/A 转换器

其输出电压为

$$v_O = -\frac{8}{2^3}(d_2 \cdot 2^2 + d_1 \cdot 2^1 + d_0 \cdot 2^0)$$

按照这个公式转变所有二进制数为输出电压，得到 3 位 D/A 转换器在单极性输出时的输入输出表，如表 7-4 所示。

表 7-4　　3 位 D/A 转换器在单极性输出时的输入输出表

原 码 输 入			无偏移时输出电压
d_2	d_1	d_0	
1	1	1	+7V
1	1	0	+6V
1	0	1	+5V
1	0	0	+4V
0	1	1	+3V
0	1	0	+2V
0	0	1	+1V
0	0	0	0V

比较表 7-3 和表 7-4 可以看出，若把表 7-4 的正常输出电压偏移−4V，则可得到表 7-3 的正负电压输出。D/A 转换器输入带符号数一般表示为 2 的补码形式，要实现双极性输出，首先将它转变为双极性偏移编码，然后再输入 D/A 转换电路就可以了。比较两个表，只要把单极性数据高位（符号位）变反就可以得到双极性编码。

一般地，构成双极性输出的 D/A 转换器的方法：只要在求和放大器的输入端接入一个偏移电流，使输入最高位为 1，而其他各位输入为 0 时的输出 $v_O = 0$。同时将输入的符号位（最高位）反相后接到一般的 D/A 转换器的输入，就得到了双极性输出的 D/A 转换器。CB7520 接成双极性输出的电路如图 7-10 所示。

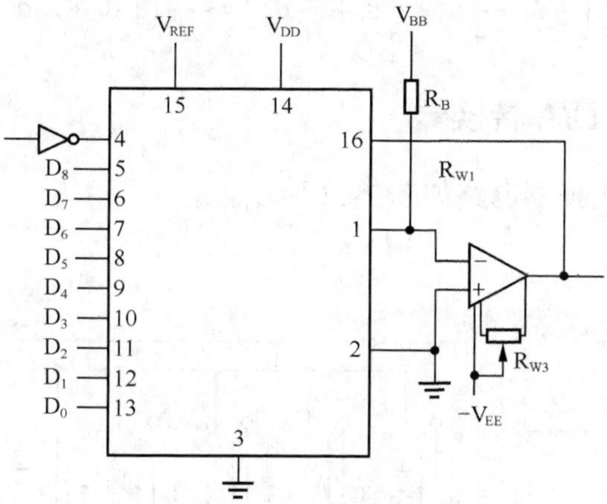

图 7-10　CB7520 双极性电压输出电路

7.2.4　权电流型 D/A 转换器

1. 4 位权电流 D/A 转换器

在前面介绍的权电阻网络 D/A 转换器和倒 T 形电阻网络 D/A 转换器中，都没有考虑开关的导通电阻和导通压降，而是当成理想开关处理，这无疑会引起转换误差，影响转换精度。解决这个问题采用的一种方法是利用一组恒流源构成“权”，其原理电路如图 7-11 所示。

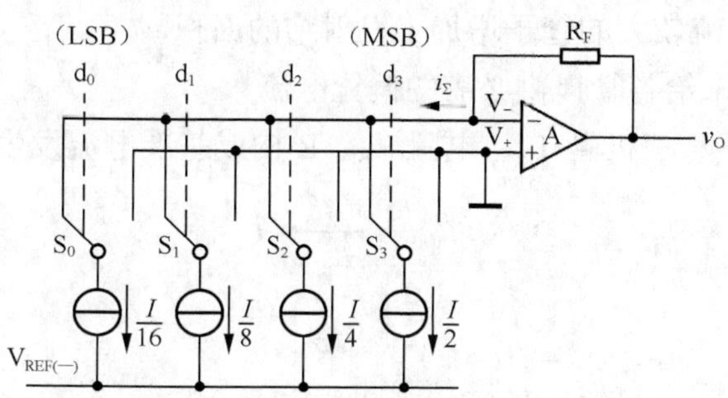

图 7-11　权电流型 D/A 转换器原理图

由于采用恒流源，每个支路电流的大小不再受开关内阻和压降的影响，故而降低了对开关电路的要求。

图 7-12 是常采用的恒流源电路。其电流为

$$I_i \approx \frac{V_B - V_{BE} - V_{EE}}{R_{Ei}}$$

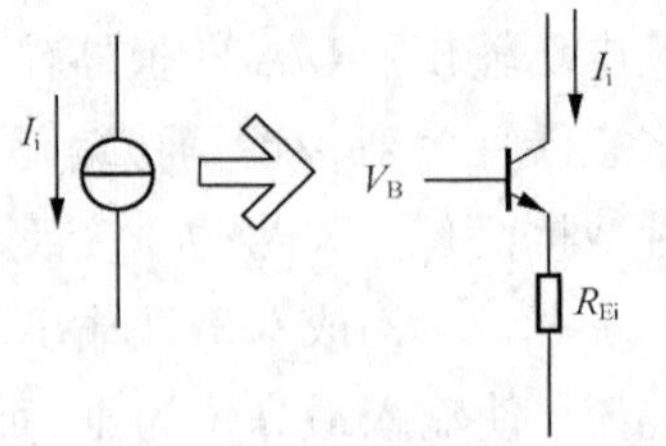

图 7-12　权电流型 D/A 转换器的恒流源

当输入的数字量为 1 时，相应的开关将恒流源接到运算放大器的输入端；当输入的数字量为 0 时，相应的开关将恒流源接地。

根据图 7-11 计算输出电压为

$$v_O = R_F i_\Sigma = R_F\left(\frac{I}{2}d_3 + \frac{I}{4}d_2 + \frac{I}{8}d_1 + \frac{I}{16}d_0\right) = \frac{IR_F}{2^4}(2^3 d_3 + 2^2 d_2 + 2^1 d_1 + 2^0 d_0)$$

2. 实际的权电流 D/A 转换器

实际的权电流 D/A 转换器电路如图 7-13 所示。

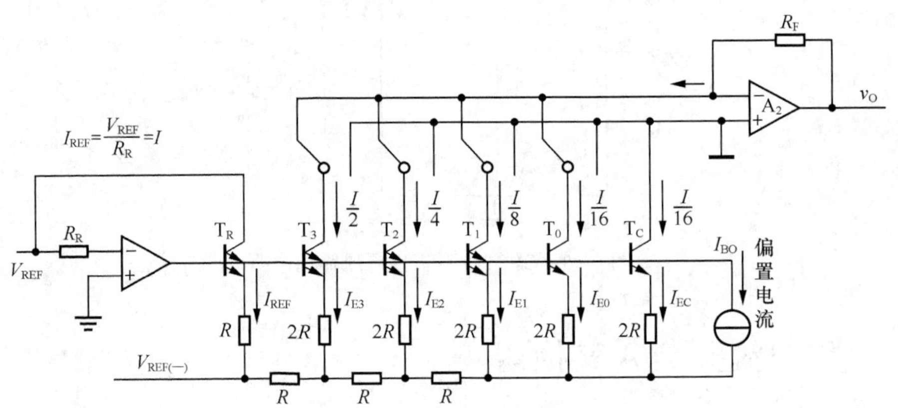

图 7-13　实际的权电流 D/A 转换器电路

图中具有电流负反馈的三极管组成恒流源电路。此电路中利用倒 T 形电阻网络，目的是为了减少电阻的种类。

（1）各个管子的基极接到一起，若各管的 V_{BE} 相同，则各发射极处于相同的电位，各支路电流的计算和倒 T 形电阻网络一样，即流过每个电阻的电流依次减少 1/2。为了保证发射结压降相等，发射极电流较大的管子增加了发射结的面积。

（2）恒流源 I_{BO} 用来给各管提供必需的偏置电流。

（3）运算放大器 A_1、三极管 T_R、电阻 R_R、R 构成基准电流发生电路。其基准电流为

$$I_{REF} = \frac{V_{REF}}{R_R} = I$$

则输出电压为

$$\begin{aligned} v_O &= \frac{R_F I}{2^4}(2^3 d_3 + 2^2 d_2 + 2^1 d_1 + 2^0 d_0) \\ &= \frac{R_F V_{REF}}{R_R 2^4}(2^3 d_3 + 2^2 d_2 + 2^1 d_1 + 2^0 d_0) = \frac{R_F V_{REF}}{R_R 2^4} D_n \end{aligned}$$

3. 集成权电流型 D/A 转换器

权电流型单片集成 D/A 转换器有 DAC0806、DAC0807、DAC0808 等，它们都采用双极型三极管，工作速度较高。DAC0808 为 8 位 D/A 转换器，其典型芯片与应用电路如图 7-14 所示。

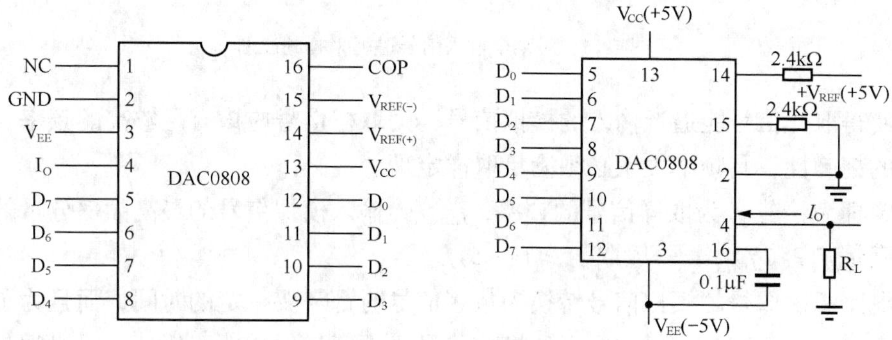

（a）引脚排列图 （b）D/A转换电路

图 7-14 典型芯片与应用电路

其中，D_0～D_8 为 8 位数字量输入端，I_o 是求和电流输出端。V_{REF+}、V_{REF-} 接基准电流发生电路中运算放大器的反相输入端和同相输入端。COP 供外接补偿电容的，V_{CC} 和 V_{EE} 为正负电源输入端。

7.3 A/D 转换器

将模拟信号转换成数字信号的过程称为模/数转换（Analog to Digital），实现的电路称为 A/D 转换器，简写为 ADC（Analog-Digital Converter）。

A/D 转换器的类型可分成直接 A/D 转换器和间接 A/D 转换器。在直接 A/D 转换器中，输入的模拟电压信号直接被转换成相应的数字信号；而在间接 A/D 转换器中，输入的模拟信号首先被转换成某种中间变量（如时间、频率等），然后再将这个中间量转换成输出的数字量。

7.3.1 A/D 转换的基本原理

A/D 转换器是将模拟量转换成数字量。由于输入的模拟信号在时间上是连续的，输出的数字信号在时间和幅值都是离散的，因此转换时一般要经过取样、保持、量化和编码四个过程。实际上有时取样和保持、量化和编码会同时实现。

所以 A/D 转换过程是首先对输入模拟电压信号进行取样，然后保持并将取样电压量化为数字量，并按一定的编码形式给出转换结果。

1. 取样与保持

取样是将随时间连续变化的模拟量转换为时间离散的模拟量。图 7-15 为对某个输入信号进行采样的波形。其中 v_s 为取样信号，v_I 表示输入的模拟信号。

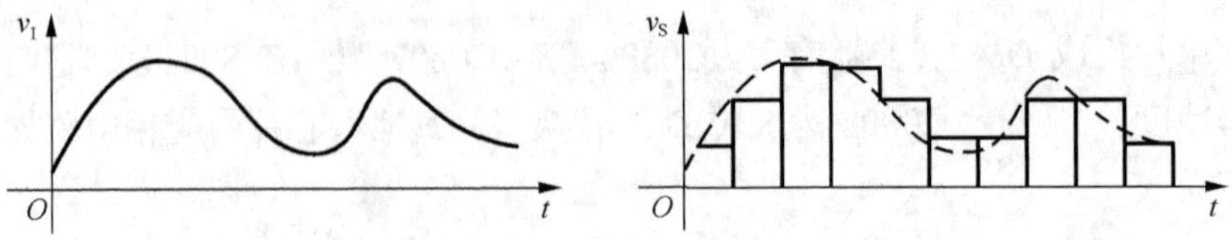

图 7-15　对某个输入信号进行采样的波形

为了使得取样信号能逼近输入的模拟信号，则取样信号应该有足够高的频率。为了保证取样信号的精确性，其频率关系必须满足取样定理。

取样定理为：若 f_s 为取样信号的频率，$f_{i\max}$ 为输入模拟信号的最高频率分量的频率，则它们必须满足 $f_s \geqslant 2f_{i\max}$，一般取 $f_s \geqslant (3\sim5)f_{i\max}$。

取样电路每次取得的模拟信号转换为数字信号时都需要一定的时间，而且为了给后续的量化编码提供一个稳定值，每次取得的模拟信号必须通过保持电路保持一段时间。一般取样和保持过程往往是通过取样－保持电路同时完成的。

2. 量化与编码

（1）量化

数字量不仅时间上是离散的，而且数值上也是离散的，所以任何一个数字量的大小只能是某个规定的最小数量单位的整数倍。将采样电压表示为最小数量单位的整数倍，称为量化。所取得最小数量单位叫作量化单位，用Δ表示，它是数字信号最低位（LSB）为 1，其他位为 0 时所对应的模拟量，即 1LSB，其对应的Δ越小，量化误差越小。

（2）编码

将量化的结果用代码（可以是二进制，也可以是其他进制）表示出来，这个过程称为编码，这些代码也是 A/D 转换器的输出数字量。

（3）量化误差

由于模拟电压是连续的，那么不可能所有的电压都能被量化单位△整除，所以量化过程不可避免地会引入误差，这种误差就叫作量化误差。量化误差属于原理性误差，无法消除。A/D 转换器的位数越多，各离散电平之间的差值就越小，量化误差也越小。

（4）划分量化电平的两种方法

① 只舍不入的量化方法。

设输入电压 v_I 为 0～1V，取量化单位$\Delta=\frac{1}{8}$V，量化中把不足量化单位部分舍弃，如 0～$\frac{1}{8}$V 都当成 0V 处理，用 000 表示；$\frac{1}{8}\sim\frac{2}{8}$V 都当成 1Δ处理，即当成$\frac{1}{8}$V 处理，用 001 表示，依此类推，如表 7-5 所示，其最大量化误差为Δ。

② 四舍五入的量化方法。

取量化单位为$\Delta=\frac{2}{15}$V，量化中将不足半个量化单位部分舍去，对于等于或大于半个量化单位的部分按一个量化单位处理。如 0～$\frac{1}{15}$ V 当 0V 处理，用 000 表示；在$\frac{1}{15}$～$\frac{3}{15}$ V 当成 1Δ处理，即$\frac{2}{15}$ V，用 001 表示，依此类推，如表 7-5 所示，其最大量化误差为$\frac{1}{2}$Δ。

表 7-5　　划分量化电平的两种方法

只舍不入的量化方法（最大量化误差为Δ）					四舍五入的量化方法（最大量化误差为 1/2Δ）				
输入信号 v_I	二进制代码			代表的模拟电压	输入信号 v_I	二进制代码			代表的模拟电压
$\frac{7}{8}$～1V	1	1	1	$7\Delta=\frac{7}{8}$ V	$\frac{13}{15}$～1V	1	1	1	$7\Delta=\frac{14}{15}$ V
$\frac{6}{8}$～$\frac{7}{8}$ V	1	1	0	$6\Delta=\frac{6}{8}$ V	$\frac{11}{15}$～$\frac{13}{15}$ V	1	1	0	$6\Delta=\frac{12}{15}$ V
$\frac{5}{8}$～$\frac{6}{8}$ V	1	0	1	$5\Delta=\frac{5}{8}$ V	$\frac{9}{15}$～$\frac{11}{15}$ V	1	0	1	$5\Delta=\frac{10}{15}$ V
$\frac{4}{8}$～$\frac{5}{8}$ V	1	0	0	$4\Delta=\frac{4}{8}$ V	$\frac{7}{15}$～$\frac{9}{15}$ V	1	0	0	$4\Delta=\frac{8}{15}$ V
$\frac{3}{8}$～$\frac{4}{8}$ V	0	1	1	$3\Delta=\frac{3}{8}$ V	$\frac{5}{15}$～$\frac{7}{15}$ V	0	1	1	$3\Delta=\frac{6}{15}$ V
$\frac{2}{8}$～$\frac{3}{8}$ V	0	1	0	$2\Delta=\frac{2}{8}$ V	$\frac{3}{15}$～$\frac{5}{15}$ V	0	1	0	$2\Delta=\frac{4}{15}$ V
$\frac{1}{8}$～$\frac{2}{8}$ V	0	0	1	$1\Delta=\frac{1}{8}$ V	$\frac{1}{15}$～$\frac{3}{15}$ V	0	0	1	$1\Delta=\frac{2}{15}$ V
0～$\frac{1}{8}$ V	0	0	0	0Δ = 0V	0～$\frac{1}{15}$ V	0	0	0	0Δ = 0V

由于后者的量化误差比前者小，所以大多数 A/D 转换器采用四舍五入的量化方式。

当输入的模拟电压为正负范围内变化时，一般采用二进制补码的形式编码。

3. 取样－保持电路

取样－保持电路的原理图如图 7-16 所示。

该电路是由放大器 A、保持电容 C_H 和开关驱动电路组成。其中 v_I 为输入的模拟电压，v_L 为取样控制信号，T 为 N 沟道增强型 MOS 管，作为模拟开关，

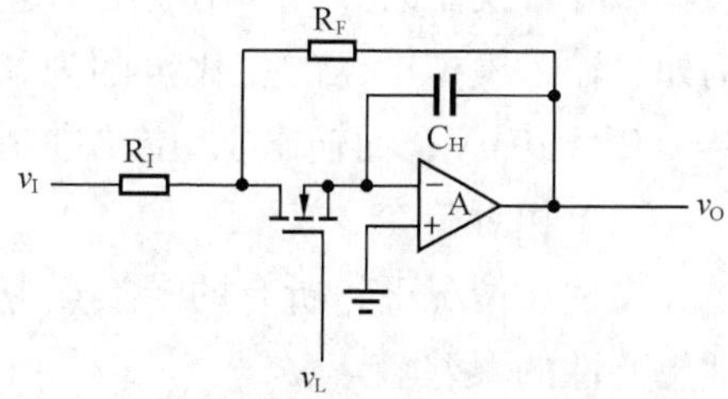

图 7-16　取样－保持电路

（1）工作原理

① 当取样控制电压 v_L 为高电平时，NMOS 管导通，输入电压 v_I 通过 R_1 和 T 给电容 C_H 充电。若取 R_1 = R_F，并设运算放大器为理想放大器，则 $v_O = v_c = -v_I$。

② 当取样电压 v_L 为低电平时，NMOS 管截止，C_H 上的电压在这段时间内基本不变，则输出电压也不变，取样结果被保存下来，即 $v_O = v_c = -v_I$。

C_H 漏电越小，运放的输入阻抗越高，则保持的时间也越长。电路由于充电时通过 R_I 和 T，它们将影响取样速度。而若减小 R_I 则会降低电路的输入电阻。为了解决这些问题，采取的措施是在电路的输入端增加一级隔离放大器。

（2）单片集成取样－保持电路 LF398

图 7-17（a）是 LF398 的电路结构图，图 7-17（b）是其典型接法。

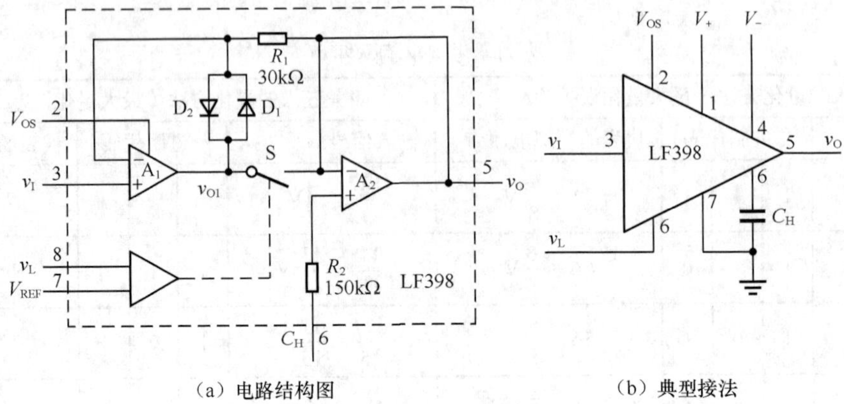

（a）电路结构图　　（b）典型接法

图 7-17　集成取样－保持电路 LF398

A_1、A_2 是两个运算放大器，S 是模拟开关，L 是控制开关 S 的逻辑单元，v_L 和 V_{REF} 是逻辑单元的两个输入电压信号。

当 $v_L > V_{REF} + V_{TH}$ 时，S 接通；当 $v_L < V_{REF} + V_{TH}$ 时，S 断开，V_{TH} 为阈值电压，约为 1.4V。D_1 和 D_2 构成保护电路，当保持时总有一个二极管是导通的，保护开关电路不受过高的电压；当取样时，两个二极管都截止，保护电路不起作用。

V_{OS} 是失调电压输入端，此端可以通过外接电阻调整输出电压的零点，使得 $v_I = 0$ 时，$v_O = 0$ 。

4. A/D 转换器的主要性能指标

（1）分辨率

A/D 转换器的分辨率用输出二进制数的位数表示，位数越多，误差越小，转换精度越高。例如，输入模拟电压的变化范围为 0～5V，输出 8 位二进制数可以分辨的最小模拟电压为 $5V \times 2^{-8} \approx 20mV$；而输出 12 位二进制数可以分辨的最小模拟电压为 $5V \times 2^{-12} \approx 1.22mV$。

（2）相对精度

在理想情况下，所有的转换点应当在一条直线上。相对精度是指实际的各个转换点偏离理想特性的误差。

（3）转换速度

转换速度是指完成一次转换所需的时间。转换时间是指从接到转换控制信号开始，到输出端得到稳定的数字输出信号所经过的这段时间。

7.3.2　并联比较型 A/D 转换器

并联比较型属于直接 A/D 转换器，它把输入的模拟电压直接转换为输出的数字量，而不需要经过中间量。直接 A/D 转换器还有反馈比较型。

3 位并联比较型 A/D 转换器原理电路如图 7-18 所示。

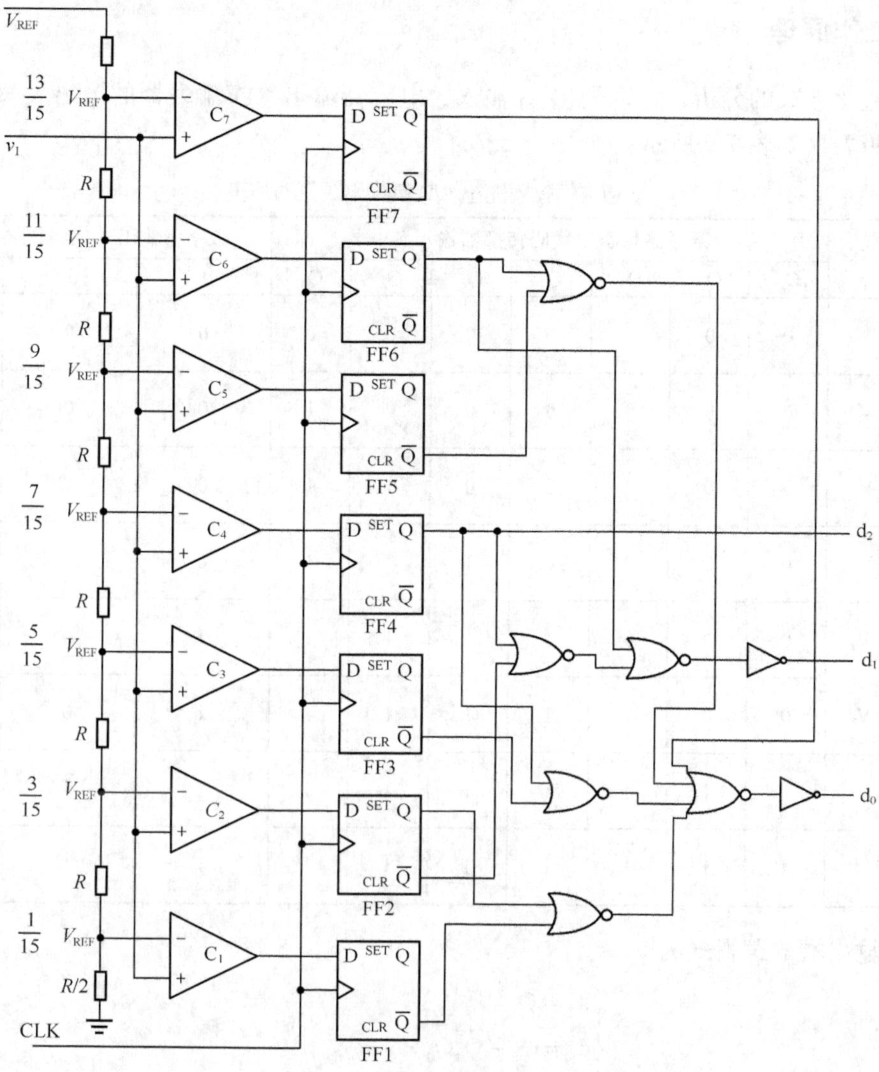

图 7-18　3 位并联比较型 A/D 转换器

1. 组成

并联比较型 A/D 转换器是由电压比较器、寄存器和代码转换电路（或优先编码器）三部分组成。输入为 0～V_{REF} 间的模拟电压，输出为 3 位二进制代码 $d_2d_1d_0$。此 A/D 转换器不包括取样－保持电路，即假定输入的模拟电压 v_I 为取样－保持电路的输出电压。

2. 量化方式

取量化单位为 $\Delta=\frac{2V_{REF}}{15}$，分压器将基准电压分别分为 $\Delta=\frac{1V_{REF}}{15}$、$\Delta=\frac{3V_{REF}}{15}$、$\Delta=\frac{5V_{REF}}{15}$、…、$\Delta=\frac{13V_{REF}}{15}$ 不同电压值，分别作为比较器 C_1～C_7 的参考电压。输入电压 v_I 的取样值决定各比

较器的输出状态。当 v_I 的取值小于比较器的参考电压，对应比较器的输出为 0，否则为 1。

3. 工作原理

根据量化方式的分析，可以列出 v_I 输入、电容器输出（D 触发器的输出）、数字编码输出关系对照表，如表 7-6 所示。

表 7-6　　　　3 位并行输入输出 A/D 转换器关系对照表

输入模拟电压	寄存器状态（代码转换器输入）							数字量输出（代码转换器输出）		
	Q_7	Q_6	Q_5	Q_4	Q_3	Q_2	Q_1	d_2	d_1	d_0
$0\sim\frac{1}{15}$ V	0	0	0	0	0	0	0	0	0	0
$\frac{1}{15}\sim\frac{3}{15}$ V	0	0	0	0	0	0	1	0	0	1
$\frac{3}{15}\sim\frac{5}{15}$ V	0	0	0	0	0	1	1	0	1	0
$\frac{5}{15}\sim\frac{7}{15}$ V	0	0	0	0	1	1	1	0	1	1
$\frac{7}{15}\sim\frac{9}{15}$ V	0	0	0	1	1	1	1	1	0	0
$\frac{9}{15}\sim\frac{11}{15}$ V	0	0	1	1	1	1	1	1	0	1
$\frac{11}{15}\sim\frac{13}{15}$ V	0	1	1	1	1	1	1	1	1	0
$\frac{13}{15}\sim 1$V	1	1	1	1	1	1	1	1	1	1

写出输出端的逻辑式为

$$\begin{cases} d_2 = Q_4 \\ d_1 = Q_6 + \overline{Q_4}Q_2 \\ d_0 = Q_7 + \overline{Q_6}Q_5 + \overline{Q_4}Q_3 + \overline{Q_2}Q_1 \end{cases}$$

若 $v_I < \frac{V_{REF}}{15}$，则比较器输出均为低电平，当 CLK 上升沿到来后，所有的触发器状态置成 0，即 $d_2d_1d_0 = 000$。若 $\frac{V_{REF}}{15} < v_I < \frac{3V_{REF}}{15}$，则比较器 C_I 输出为高电平，其他为低电平。当 CLK 上升沿到来后，触发器的状态置成 0000001，则 $d_2d_1d_0 = 001$，依此类推。

4. 并联比较器特点

（1）并联比较型 A/D 转换器的优点是转换速度快，转换时间可达 50ns 以下。另外此电路可不用取样－保持电路，因为比较器和寄存器有这样的功能。

（2）并联比较型 A/D 转换器的缺点是需要较多的电压比较器和触发器，n 位需要 2^n-1 个比较器。

（3）并联比较型 A/D 转换器的转换精度主要取决于量化电平的划分，划分越细，精度越高，但所用的比较器和触发器的数目越多。另外转换精度与参考电压、电阻及运放也有关。

7.3.3　逐次渐近型 A/D 转换器

取一个数字量加到 D/A 转换器上，则可得到一个对应的输出模拟电压。将这个模拟电压和输入的模拟电压信号相比较。如果两者不相等，则调整所取得数字量，直到两个模拟电压相等为止，最后所取得数字量即为所求的转换结果。逐次渐近型 A/D 转换器就是在这个理论基础上设计而成的，是反馈比较型 A/D 转换器。

1. 原理

逐次渐近就如称重物，如 13g 的重物，有砝码 8g、4g、2g、1g。比较过程如表 7-7 所示。

表 7-7　逐渐逼近称重物重量统计表

逼近次数	砝码	比较	砝码的去留	转换结果
1	8g	8g<13g	留	1000
2	4g	8g + 4g<13g	留	1100
3	2g	8g + 4g + 2g>13g	去	1100
4	1g	8g + 4g + 1g = 13g	留	1101

我们首先选择 8g 的砝码，剩余 5g，再选择 4g 砝码，之后选择 1g 砝码，最后得到的二进制数就是 1101。

逐次渐近型 A/D 转换器的工作原理如图 7-19 所示。

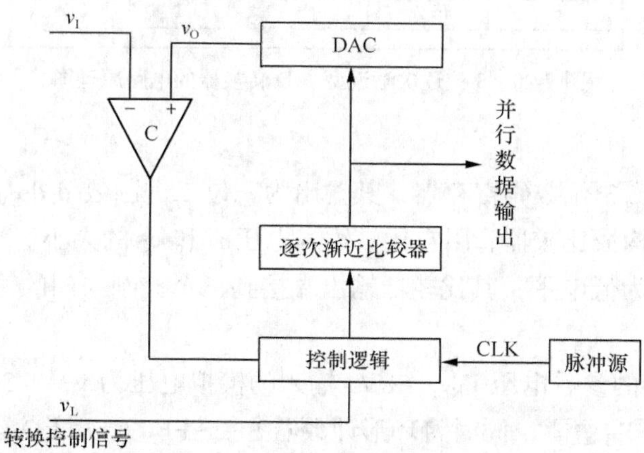

图 7-19　逐次渐近型 A/D 转换器框图

（1）组成

逐次渐近型 A/D 转换器由比较器 C、D/A 转换器、寄存器、时钟脉冲源和控制逻辑等组成。

（2）工作原理

在工作时，首先将寄存器清零。先设寄存器状态为最高位为 1，其他位为 0（如 4 位 A/D 转换器为 1000），经过 D/A 转换器后，送到比较器比较。若 $v_O > v_I$，则去掉这个 1；若 $v_O < v_I$，

则保留这个1。然后再将次高位设置成1，再进行比较，逐位比较下去，直到最低位为止。这是寄存器所存的数码即为输出的数字量。

2. 3位逐次渐近型A/D转换器

3位逐次渐近型A/D转换器的电路原理图如图7-20所示。

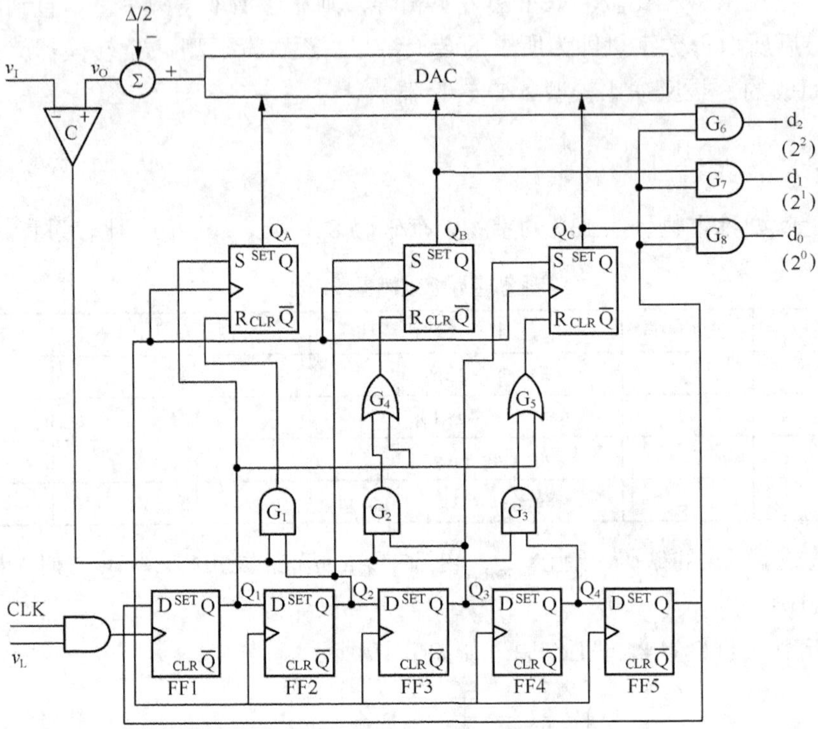

图7-20 3位逐次渐近型A/D转换器的电路原理图

（1）组成

由FF_A～FF_C构成3位数码寄存器，其输出为三位二进制数$d_2d_1d_0$。G_1～G_9组成控制逻辑电路。运算放大器构成比较器，用它比较输入电压v_I和v_O的大小。若$v_I< v_O$，则v_B为高电平；若$v_I> v_O$，则v_B为低电平，其比较器输出端接到三个控制与门的输入端。

（2）工作过程

若设D/A转换器的参看电压$V_{REF}=8V$，输入的模拟电压为$v_I=5.86V$，则转换过程如下：

开始前将FF_A～FF_B置零，同时将环形计数器FF_1～FF_5置成$Q_1Q_2Q_3Q_4Q_5=10000$。当v_L为高电平时，转换开始。

当第一个脉冲到达后，此时$Q_AQ_BQ_C=100$，若D/A转换器为T形电阻网络型，则输出电压（不包含求和放大器）为

$$v_O=\frac{V_{REF}}{2^3}(d_2 2^2+d_1 2^1+d_0 2^0)=4V$$

由于$v_O< v_I$，则比较器输出为0，同时$Q_1Q_2Q_3Q_4Q_5=01000$。

当第二个脉冲上升沿来时，$Q_AQ_BQ_C=110$。此时：

$$v_O = \frac{V_{REF}}{2^3}(d_2 2^2 + d_1 2^1 + d_0 2^0) = 6V > v_I$$

故比较器输出为 1，同时 $Q_1Q_2Q_3Q_4Q_5 = 00100$。

当第三个脉冲上升沿来时，$Q_AQ_BQ_C = 101$。此时：

$$v_O = \frac{V_{REF}}{2^3}(d_2 2^2 + d_1 2^1 + d_0 2^0) = 5V < v_I$$

故比较器输出为 0，同时 $Q_1Q_2Q_3Q_4Q_5 = 00010$。

当第四个脉冲上升沿来时，$Q_AQ_BQ_C = 101$。此时 $Q_1Q_2Q_3Q_4Q_5 = 00001$，若取数据则可并行输出。

当第五个脉冲来后，$Q_1Q_2Q_3Q_4Q_5 = 10000$，返回初态，同时门 G_6～G_8 被封锁，转换输出信号消失。

7.3.4　双积分型 A/D 转换器

积分型 A/D 转换器属于间接 A/D 转换器，双积分型简称为 V-T 变换型。它首先把输入的模拟电压信号转换成与之成正比的时间宽度信号，然后在这个时间宽度里对固定频率的时钟脉冲计数，计数的结果就是正比于输入模拟电压的数字信号。

最常用的间接 A/D 转换器还有电压－频率变换型（简称 V-F 变换型）。V-F 变换型 A/D 转换器首先是把输入的模拟电压信号转换成与之成正比的频率信号，然后在一个固定的时间间隔里对得到的频率信号计数，计数的结果就是正比于输入模拟电压的数字信号。

1. 双积分型 A/D 转换器的原理

图 7-21 是双积分型 A/D 转换器的原理性框图。

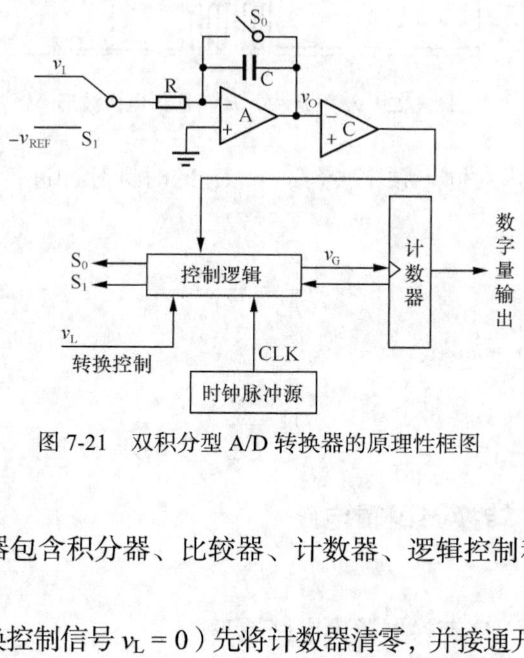

图 7-21　双积分型 A/D 转换器的原理性框图

（1）组成

双积分型 A/D 转换器包含积分器、比较器、计数器、逻辑控制和时钟信号源几部分。

（2）工作过程分析

① 转换开始前（转换控制信号 $v_L = 0$）先将计数器清零，并接通开关 S_0，使电容完全放电。

② 当 $v_L=1$ 转换开始（S_0 断开），其步骤如下。

使开关 S_1 合到输入信号 v_I 一侧，积分器对 v_I 在固定时间 T_1 进行积分，其输出电压为

$$v_O=\frac{1}{C}\int_0^{T_1}\left(-\frac{v_I}{R}\right)dt=-\frac{T_1}{CR}v_I$$

上式说明，在固定时间 T_1 的条件下，积分器的输出电压 v_O 与输入电压 v_I 成正比。

开关 S_1 打在 V_{REF} 一侧，此时积分器反向积分，若设积分器输出电压到零时所需时间为 T_2，则：

$$v_O=\frac{1}{C}\int_0^{T_2}\frac{V_{REF}}{R}dt-\frac{T_1}{RC}v_I=0$$

$$\frac{T_2}{RC}V_{REF}=\frac{T_1}{RC}v_I,\quad T_2=\frac{T_1}{V_{REF}}v_I$$

所以 T_2 与 v_I 成正比。其电压波形如图 7-22 所示。

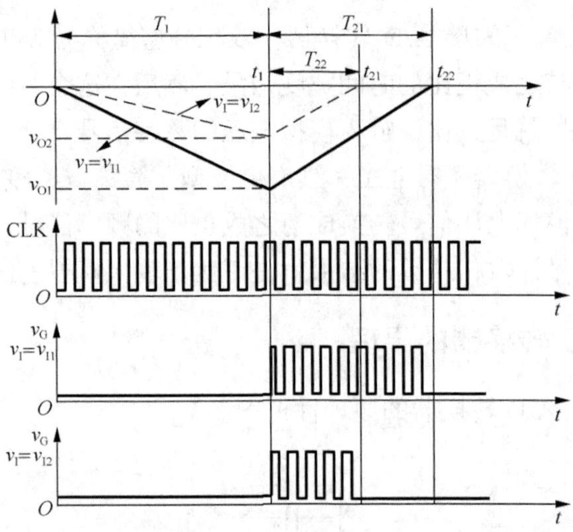

图 7-22　双积分性 A/D 转换器电压波形

若计数器在时间 T_2 内对固定频率 $f_C(f_C=1/T_C)$的时钟脉冲进行计数，则计数结果也一定与 v_I 成正比。即：

$$D=\frac{T_2}{T_C}=\frac{T_1}{T_CV_{REF}}v_I$$

设 $T_1=NT_C$，则上式可变成：

$$D=\frac{N}{V_{REF}}v_I$$

2. 双积分型 A/D 转换器逻辑电路

（1）组成

图 7-23 为双积分型 A/D 转换器逻辑电路原理图。

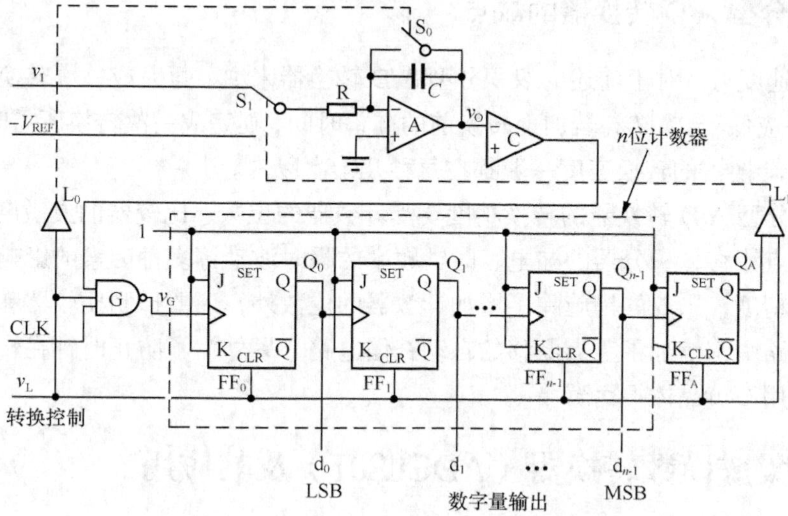

图 7-23 双积分型 A/D 转换器逻辑电路原理图

此电路是由 n 位计数器（异步）、附加触发器 FF_A、模拟开关 S_0 和 S_1 的驱动电路 L_0、L_1、控制门 G 组成。

（2）控制过程

① 转换开始前，转换控制信号，$v_L = 0$，门 G 输出为 1，各触发器被置零，同时，S_0 被关闭，C 完全放电。

② 转换开始，转换控制信号 $v_L = 1$，S_0 断开，S_1 接到输入信号 v_I 一侧，积分器开始对输入电压 v_I 进行积分。由于积分器 A 输出为负电压，故比较器 C 输出为高电平，门 G 打开，计数器对 v_G 端的脉冲计数。

③ 当计数器计满 2^n 个脉冲（T_1 时间）后，自动返回全 0 状态，同时给 FF_A 一个进位信号，使 FF_A 置 1。L_1 动作使得 S_1 打在 V_{REF} 一侧，开始反向积分。当积分器的输出到 0 时，比较器输出为低电平，将门 G 封锁，一次转换结束。

由于 $T_1 = 2^n T_C$（T_C 为时钟脉冲的周期），即 $N = 2^n$，故输出的数字量为

$$D = \frac{T_2}{T_C} = \frac{T_1}{T_C V_{REF}} v_I$$

即：

$$D = \frac{2^n}{V_{REF}} v_I$$

3. 双积分型 A/D 转换器的优点

（1）工作性能稳定。由于积分时间和参数 RC 无关，且 $T_1 = NT_C$，最后转换结果与时钟周期无关，故可以用精度比较低的元器件获得较高精度的双积分型 A/D 转换器。

（2）抗干扰能力强。由于双积分型 A/D 转换器在时间 T_1 内采的是输入电压的平均值，故对平均值为零的工频或工频的倍频具有很强的抗干扰能力。

4. 双积分型 A/D 转换器的缺点

（1）工作速度低。对于前述的双积分型 A/D 转换器来说，每完成一次转换所需时间应在 $2T_1$ 以上，即不应低于 $2^{n+1}T_C$。若加上转换前的准备时间，则完成一次转换所需时间更长一些。双积分型 A/D 转换器的转换速度一般都在每秒几十次以内。

（2）双积分型 A/D 转换器的转换精度要受计数器的位数、比较器的灵敏度、运算放大器和比较器的零点漂移、积分器的漏电、时钟频率的瞬时波动等多种因素的影响。

为了提高精度，采取的措施除了增加计数器的位数外，还要抑制比较器和积分器的零点漂移。实际电路中都增加了零点漂移的自动补偿电路。另外为了防止时钟在转换过程中发生波动，可以使用石英晶体振荡器。

7.3.5 集成模数转换器（ADC0801）及其应用

集成 A/D 转换器的种类很多。例如 AD571、ADC0801、ADC0804、ADC0809 等。下面以 ADC0801 为例来介绍集成 A/D 转换器的应用。图 7-24 所示是 ADC0801 的应用接线图。

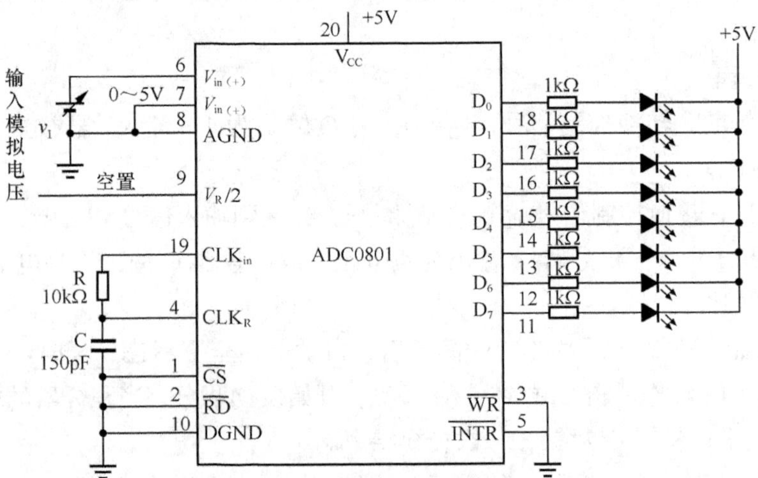

图 7-24　ADC0801 的应用接线图

1. ADC0801 各引脚的功能

（1）$\overline{CS}$、$\overline{RD}$ 和 $\overline{WR}$ 脚为输入控制端，都是低电平有效。$\overline{CS}$ 为输入片选信号，$\overline{CS}=0$ 时，选中此芯片，可以进行转换。$\overline{RD}$ 为输出允许信号，转换完成后，$\overline{RD}=0$，允许外电路取走转换结果。$\overline{WR}$ 为输入启动转换信号，$\overline{WR}=0$ 时，启动芯片进行转换。

（2）CLK_{in} 脚为外部时钟脉冲输入端，时钟脉冲频率的典型值为 640kHz。

（3）$\overline{INTR}$ 脚为输出控制端，低电平有效。当一次转换结束时，$\overline{INTR}$ 自动由高电平变为低电平，以通知其他设备（如计算机）来取结果。下一次转换开始时，$\overline{INTR}$ 又自动由低电平变为高电平。ADC0801 的一次转换时间约为 100μs。

（4）$V_{in(+)}$和 $V_{in(-)}$脚为模拟信号输入端，是输入级差分放大电路的两个输入端。如果输入电压为正，则从 6 脚输入，7 脚接地；如果为负，则反之。

（5）AGND 脚为模拟信号接地端。

（6）$V_R/2$ 脚为外接参考电压输入端，其值约为输入电压范围的 1/2。当输入电压为 0～5V 时，此端通常不接，而由芯片内部提供参考电压。

（7）DGND 脚为数字信号接地端。

（8）D_7～D_0 脚为八位数字量的输出端，由三态锁存器输出，因此数据输出可以采用总线结构。

（9）CLK_R 脚为内部时钟脉冲端。由内部时钟脉冲发生器提供时钟脉冲，但要外接一个电阻 R 和一个电容 C，如图 7-27 所示。内部时钟脉冲的频率为

$$f = \frac{1}{1.1RC}$$

当 $R = 10\text{k}\Omega$、$C = 150\text{pF}$ 时，$f = 640\text{kHz}$。内部时钟脉冲产生后，也可以从 19 端输出，供同一系统中其他芯片使用。

（10）V_{cc} 脚为电源端，$V_{cc} = 5\text{V}$。

2. 工作过程

如果利用 ADC0801 进行一次 A/D 转换，先由外电路给 $\overline{CS}$ 片选端输入一个低电平，选中此芯片使之进入工作状态，此时 $\overline{RD}$ 输出为高电平，表示转换没有完成，芯片输出为高阻态。$\overline{WR}$ 和 $\overline{INTR}$ 为高电平时芯片不工作。当外电路给 $\overline{WR}$ 端输入一个低电平时启动芯片，正式开始 A/D 转换。转换完成后，$\overline{RD}$ 输出为低电平，允许外电路取走 D_7～D_0 数据，此时外电路使 $\overline{CS}$ 和 $\overline{WR}$ 为高电平，A/D 转换停止。外电路取走 D_7～D_0 数据后，使 $\overline{INTR}$ 为低电平，表示数据已取走。若要再进行一次 A/D 转换，则重复上述控制转换过程。

图 7-24 所示电路是 ADC0801 连续转换工作状态：$\overline{CS}$ 和 $\overline{WR}$ 端接地，允许电路开始转换。因为不需要外电路取转换结果，也使 $\overline{RD}$ 和 $\overline{INTR}$ 端接地，此时在时钟脉冲控制下，对输入电压 v_I 进行 A/D 转换。8 位二进制输出端 D_7～D_0 接至 8 个发光二极管的阴极。输出为高电平的输出端，其对应的发光二极管不亮；输出为低电平的输出端，其对应的发光二极管就亮。通过发光二极管的亮、灭，就可知道 A/D 转换的结果。改变输入模拟电压的值，可以得到不同的二进制输出值。

习　题

7-1　接口元件一般有哪些功能引脚？

7-2　简述设计接口元件的步骤。

7-3　上网查找资料，自己动手设计并行接口 8255A。

7-4　D/A 转换器有哪几种类型？简述它们进行数模转换的过程。

7-5　在 A /D 转换过程中，如何取样与保持？

7-6　在 A /D 转换过程中，如何量化与编码？

7-7　在 A /D 转换过程中，绘制取样—保持电路，简述其工作原理。

7-8　A /D 转换器有哪些性能指标？

7-9　A/D 转换器有哪几种类型？简述它们进行模数转换的过程。

7-10　分析图 7-25 所示的电路图，它是何种 A/D 转换器？试推导获得数字量的表达式。

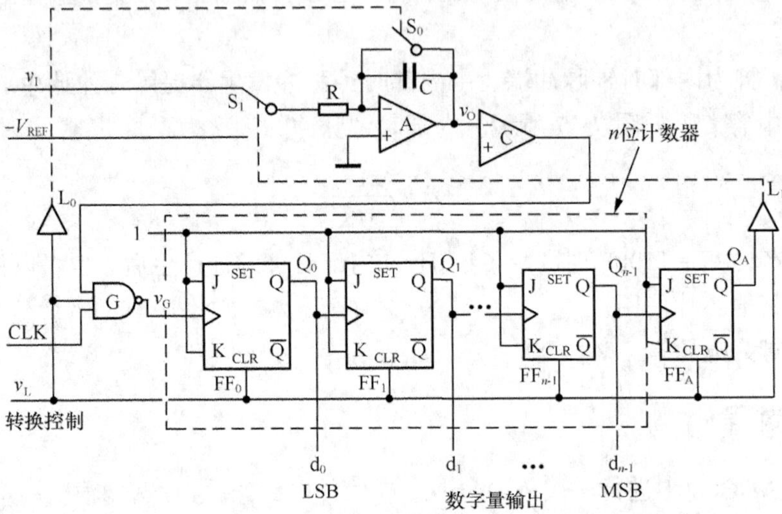

图 7-25　第 10 题图

附录 A
74 系列数字集成电路型号功能表

型号	逻辑功能	型号	逻辑功能
7400	四 2 输入与非门	7434	六缓冲器
7401	四 2 输入与非门	7436	四 4 输入或非门
7402	四 2 输入或非门	7437	四输入端与非缓冲器
7403	四 2 输入与非门	7438	双 2 输入与非缓冲器（OC）
7404	六反相器	7440	双四输入端与非缓冲器
7405	六反相器（OC）	7442	BCD-十进制译码器
7406	六反相缓冲器/驱动器（OC）	7443	余 3 码—十进制计数器
7407	六缓冲器/驱动器（OC）	7444	余 3 格雷码—十进制计数器
7408	四 2 输入与门	7445	BCD-十进制译码/驱动器
7409	四 2 输入与门（OC）	7446	BCD-七段译码驱动器（OC）
7410	三 3 输入与非门	7447	BCD-七段译码驱动器（OC，15V）
7411	三 3 输入与非门	7448	BCD-七段译码驱动器
7412	三 3 输入与非门	7449	BCD-七段译码驱动器
7413	双 4 输入与非门（施密特）	7450	二 2 输入双与或非门
7414	六反相器（施密特）	7451	2/3 输入双与或非门
7415	三 3 输入与门	7452	四输入可扩展与或门
7416	六反相缓冲器/驱动器	7454	四输入与或非门
7417	六反相缓冲器/驱动器（OC）	7455	四 4 输入与或非门
7418	双 4 输入与非门（施密特）	7458	2/3 输入双与或非门
7419	六反相器（施密特）	7460	双 4 输入与扩展器
7420	双 4 输入与非门	7461	三 3 输入与扩展器
7421	双 4 输入与门	7462	4 输入与扩展器
7422	双 4 输入与非门（OC）	7463	六电流读出接口门
7423	可扩展双 4 输入与非门	7464	4/2/3/2 输入与或非门（图腾柱）
7424	四 2 输入与非门	7465	4/2/3/2 输入与或非门
7425	双 4 输入与非门	7468	双十进制计数器
7426	四 2 输入与非门	7470	与输入正沿 J-K 触发器
7427	三 3 输入或非门	7471	与输入 R-S 主从触发器
7428	四 2 输入或非缓冲器	7473	双 J-K 触发器
7430	八输入与非门	7474	双 D 触发器
7431	延时单元电路	7475	4 位双稳态锁存器
7432	四 2 输入或门	7476	双 J-K 触发器
7433	四 2 输入或非缓冲器	7477	4 位双稳态锁存器

续表

型号	逻辑功能	型号	逻辑功能
7478	双 J-K 触发器	74144	4 位计数/7 段译码显示驱动器（OC）
7480	门输入全加器	74145	BCD-十进制译码/驱动器
7482	2 位二进制全加器	74147	10～4 线优先编码器
7483	4 位全加器	74148	8～3 线优先编码器
7485	4 位幅度比较器	74149	8～3 线优先编码器
7486	四 2 输入异或门	74150	16 选 1 数据选择器
7490	4 位十进制波动计数器	74151	8 选 1 数据选择器
7491	8 位移位寄存器	74152	8 选 1 数据选择器
7492	12 分频计数器	74153	双 4 选 1 数据选择器
7493	二进制计数器	74154	4～16 线多路分配器
7494	4 位移位寄存器	74155	双 2～4 线分路分配器
7495	4 位并入并出寄存器	74156	双 2～4 线分路分配器（OC）
7496	5 位移位寄存器	74157	四 2 选 1 数据选择器（同相）
7497	6 位二进制同步系数乘法器	74158	四 2 选 1 数据选择器（反相）
74107	双 J-K 触发器	74159	4～16 线译码—多路分配器（OC）
74108	双 J-K 负边沿触发器	74160	同步 BCD 十进制计数器
74109	正沿触发双 J-K 触发器	74161	4 位二进制计数器
74110	与输入双 J-K 主从触发器	74162	同步 BCD 十进制计数器
74112	双 J-K 负边沿触发器	74163	4 位二进制计数器
74113	双 J-K 负边沿触发器	74164	8 位串入并出移位寄存
74114	双 J-K 负边沿触发器	74165	8 位移位寄存器
74116	双 4 位锁存器	74166	8 位移位寄存器
74120	双脉冲同步器	74167	BCD 同步系数乘法器
74121	单稳态多谐振荡器	74168	4 位可逆同步计数器
74122	单稳态多谐振荡器	74169	4 位可逆同步计数器
74123	双稳态多谐振荡器	74170	4×4 位寄存器堆
74124	双压控振荡器	74172	16 位多通道寄存器堆（三态）
74125	三态缓冲器	74173	4D 寄存器
74126	四 3 态总线缓冲器	74174	6D 寄存器
74128	双 2 输入端或非线驱动器	74175	4D 寄存器
74131	3～8 线译码器	74180	9 位奇偶校验/发生器
74132	二输入与非触发器	74181	运算器/函数发生器
74133	13 输入与非门	74182	超前进位发生器
74134	12 输入与非门	74183	双进位保存全价器
74135	4 输入异或/异或非门	74184	BCD-二进制转换器
74136	四 2 输入异或门	74185	二进制-BCD 转换器
74137	3～8 线译码器	74189	64 位随机存储器
74138	3～8 线译码/转换器	74190	可预置 BCD 十进制同步可逆计数器
74139	双 2～4 线译码/转换器	74191	二进制同步可逆计数器
74140	双 4 输入非门线驱动器（50Ω）	74192	同步 BCD 可逆计数器
74141	BCD-十进制译码/驱动器	74193	二进制可逆计数器
74142	BCD 计数/锁存、译码/驱动器	74194	双向通用移位寄存器
74143	4 位计数/7 段译码显示驱动器	74195	并行存取移位寄存器

续表

型号	逻辑功能	型号	逻辑功能
74196	可预置十进制计数器	74293	4 位二进制计数器
74197	可预置二进制计数器	74295	4 位双向通用移位寄存器
74198	8 位移位寄存器	74297	数字锁相环
74199	8 位移位寄存器	74298	四 2 选 1 数据选择器
74221	双单稳态多谐振荡器	74299	8 位双向移位寄存器
74226	4 位并行总线收发器	74320	晶体控制振荡器
74237	3～8 线译码/多路转换器	74321	晶体控制振荡器
74238	3～8 线译码/多路转换器	74322	带符号扩展的 8 位移位寄存器
74239	双 2～4 线译码/多路转换器	74323	8 位双向移位寄存器
74240	八缓冲/驱动/接收器	74324	压控振荡器（双向输出）
74241	八缓冲/驱动/接收器	74325	双压控振荡器（双向输出）
74242	四总线收发器	74326	双压控振荡器（双向输出）
74243	四总线收发器	74327	双压控振荡器（单向输出）
74244	八缓冲/驱动/接收器	74340	八缓冲/线驱动器
74245	八总线收发器	74341	八缓冲/线驱动器
74246	BCD-七段译码驱动器（30V）	74344	八缓冲/线驱动器
74247	BCD-七段译码驱动器（15V）	74347	BCD-七段译码/显示驱动器
74248	BCD-七段译码驱动器	74348	三态 8-3 优先编码器
74249	BCD-七段译码驱动（OC）	74351	双 8 选 1 数据选择器（三态）
74251	三态 8-1 数据选取择器	74352	双 4 选 1 数据选择器（反相）
74253	双三态 4-1 数据选择器	74353	双 4 选 1 数据选择器（三态、反相）
74256	双四位选址锁存器	74354	8 选 1 数据选择器（三态、地址锁存）
74257	四 2 选 1 数据选择器（三态）	74356	双 8 选 1 数据选择器(三态、地址锁存)
74258	四 2 选 1 数据选择器	74362	四相时钟发生/驱动器
74259	8 位可寻址锁存器	74363	8D 锁存器（三态）
74260	双 5 输入或非门	74364	8D 锁存器（三态）
74261	2×4 位二进制乘法器	74365	六缓冲器/总线驱动器（三态、反相）
74265	四互补输出电路	74366	六缓冲器/总线驱动器（三态）
74266	四 2 输入异或非门	74377	八位 D 型触发器
74273	八 D 型触发器	74378	六位 D 型触发器
74274	4×4 二进制乘法器（三态）	74379	四位 D 型触发器
74176	可预置十进制计数器	74381	算术逻辑单元/函数发生器
74178	4 位并行存取寄存器	74382	算术逻辑单元/函数发生器
74276	四 J-K 触发器	74384	8×1.2 位补码乘法器
74278	4 位级联优先寄存器	74385	四串行加/减法器
74279	四 R-S 锁存器	74386	四 2 输入异或门
74280	9 位奇偶校验/发生器	74390	双 4 位十进制计数器
74281	4 位并行二进制累加器	74393	双 4 位十进制计数器
74283	4 位二进制全加器	74395	4 位级联优先移位寄存器（三态输出）
74284	4×4 二进制并行乘法器	74396	8 位存储寄存器
74285	4×4 二进制并行乘法器	74398	四 2 选 1 数据选择器（双端输出）
74290	十进制计数器	74399	四 2 选 1 数据选择器（单端输出）
74292	可编程分频器/数字定时器	74412	多模式缓冲/锁存器

续表

型号	逻辑功能	型号	逻辑功能
74422	单可重触发单稳态多谐振荡器（双端输出）	74595	8 位输入锁存输出移位寄存器
74423	双可重触发单稳态多谐振荡器（单端输出）	74597	8 位输入锁存输出移位寄存器
74425	四门总线驱动器（三态）	74620	8 位三态总线收发器
74426	四门总线驱动器（三态）	74621	8 位总线收发器（OC）
74428	系统控制器/总线驱动器	74622	8 位总线收发器（OC）
74438	系统控制器/总线驱动器	74623	8 位三态总线收发器（三态）
74440	四 3 向总线收发器（OC）	74624	压控振荡器
74441	四 3 向总线收发器（OC）	74625	双压控振荡器（双相输出）
74442	四 3 向总线收发器（三态）	74626	双压控振荡器（双相输出）
74443	四 3 向总线收发器（三态）	74627	双压控振荡器（单相输出）
74444	四 3 向总线收发器（三态）	74628	压控振荡器（双相输出）
74445	BCD-十进制译码/驱动器	74629	双压控振荡器（单相输出）
74447	BCD-7 段译码/驱动器	74638	8 位总线收发器（OC、三态、反相）
74448	四 3 向总线收发器（三态）	74639	8 位总线收发器（OC、三态、同相）
74465	八总线缓冲器（同相门控、三态）	74640	8 总线收发器（三态、反相）
74466	八总线缓冲器（反相门控、三态）	74641	8 位总线收发器（OC、同相）
74467	八总线缓冲器（同相门控、三态）	74642	8 位总线收发器（OC、反相）
74468	八总线缓冲器（反相门控、三态）	74643	8 位总线收发器（三态、单反相）
74490	双 4 位十进制计数器	74644	8 位总线收发器（OC、单反相）
74520	8 位数值比较器	74645	8 位总线收发器（三态、同相
74521	8 位数值比较器	74541	8 位三态输出缓冲器
74533	8 位三态 D 型锁存器	74563	8D 锁存器（三态、反相）
74534	8D 触发器（三态、反相）	74564	8D 触发器（三态、反相）
74537	BCD-十进制译码（三态）	74691	可预置二进制同步计数器/寄存器
74538	3-8 线多路分配器（三态）	74692	可预置十进制同步计数器/寄存器
74540	8 位输出缓冲器(同相)	74693	可预置二进制同步计数器/寄存器
74367	六缓冲器/总线驱动器（三态、反相）	74696	十进制同步可逆计数器
74368	六缓冲器/总线驱动器（三态、同相）	74697	二进制同步可逆计数器
74373	8D 锁存器（三态）	74698	十进制同步可逆计数器（同步清零、三态）
74374	8D 触发器（三态）	74699	二进制同步可逆计数器（同步清零、三态）
74375	4 位双稳锁存器	74795	八总线缓冲器（同相门控）
74376	四 J-K 触发器	74796	八总线缓冲器（反相门控）
74568	可预置十进制同步可逆计数器（三态）	74797	八总线缓冲器（同相 4 线、4 线允许）
74569	可预置二进制同步可逆计数器（三态）	74798	八总线缓冲器（反相 4 线、4 线允许）
74573	8 位三态输出 D 型锁存器	74805	六 2 输入或非门驱动器
74574	8 位 D 型触发器	74808	六二输入与门缓冲器
74580	8 位三态锁存器	74823	9 位 D 型触发器
74583	4 位全加器（带超前进位）	74827	十缓冲器（三态）
74589	8 位输入串出移位寄存器	74942	300 波特率调制解调器（双电源）
74590	8 位二进制计数器	74943	300 波特率调制解调器（单电源）
74594	8 位移位寄存器		

附录B CMOS 系列数字集成电路型号功能表

型号	逻辑功能	型号	逻辑功能
4000	双 3 输入或非门加 1 输入反相器	4041	四同相/反相缓冲器
4001	四 2 输入或非门	4042	四 D 型锁存器
4002	双 4 输入或非门	4043	四或非 R-S 锁存器（三态）
4006	18 位串入串出静态移位寄存器	4044	四与非 R-S 锁存器（三态）
4007	双互补对加反相器	4045	21 位计数器
4008	4 位二进制超前进位全加器	4046	锁相环
4009	六缓冲器/电平变换器（反相）	4047	无稳态/单稳态多谐振荡器
4010	六缓冲器/电平变换器（同相）	4048	8 输入多功能门（三态可扩展）
4011	四 2 输入与非门	4049	六缓冲器/电平变换器（反相）
4012	双 4 输入与非门	4050	六缓冲器/电平变换器（同相）
4013	双 D 型触发器（带预置和清除端）	4051	单 8 通道模拟开关
4014	8 位串入/并入串出移位寄存器	4052	双 4 通道模拟开关
4015	双 4 位串入并出移位寄存器	4053	三 2 通道模拟开关
4016	四双向模拟开关	4054	四段液晶显示驱动
4017	十进制计数/分配器	4055	BCD-7 段液晶显示译码/驱动器
4018	可预置 1/N 计数器	4056	BCD-7 段液晶显示译码/驱动器
4019	四 2 选 1 数据选择器	4058	双 4 位锁存器
4020	14 位二进制串行计数器	4059	1/N 计数器
4021	8 位静态移位寄存器	4060	14 位二进制串行计数器/分频器
4022	八进制计数/分配器	4063	4 位数值比较器
4023	三 3 输入与非门	4066	四双向模拟开关
4024	7 位二进制串行计数器/分频器	4067	单 16 通道模拟开关
4025	三 3 输入或非门	4068	8 输入与非/与门
4026	十进制计数/七段译码器	4069	六反相器
4027	双 J-K 主从触发器	4070	四异或门
4028	BCD 十进制译码器	4071	四 2 输入或门
4029	4 位可预置/可逆计数器	4072	双 4 输入或门
4030	四异或门	4073	三 3 输入与门
4031	64 位静态移位寄存器	4075	三 3 输入或门
4032	三串行加法器（同相）	4076	四 D 型寄存器（三态）
4033	十进制计数/七段译码器	4077	四异或非门
4034	8 位通用总线寄存器	4078	8 输入或非/或门
4035	4 位并入/并出移位寄存器	4081	四 2 输入与门
4038	三串行加法器（反相）	4082	双 4 输入与门
4040	12 位二进制计数器	4085	双 2 路 2 输入与或非门

续表

型号	逻辑功能	型号	逻辑功能
4086	四 2 输入与或非门	4551	四 2 通道模拟开关
4089	二进制系数乘法器	4553	三数字 BCD 计数器
4093	四 2 输入与非施密特触发器	4555	双 4 选 1 译码器
4094	8 位移位存贮总线寄存器	4556	双 4 选 1 译码器
4095	3 输入 J-K 触发器	4557	1 ~ 64 位可变长度移位寄存器
4096	3 输入 J-K 触发器	4558	BCD-七段译码器
4097	双 8 通道模拟开关	4559	近似函数寄存器
4098	双可再触发单稳态触发器	4560	“N” BCD 加法器
4099	8 位可寻址锁存器	4561	“9” 求补器
4501	双 4 输入端与非门	4562	128 位静态移位寄存器
4502	六反相器/缓冲器	4566	工业定时基准发生器
4503	六缓冲器（三态）	4568	相位比较器和可编程计数器
4504	六电平变换器	4569	双可预置 BCD/二进计数器
4505	64 位静态随机存贮器	4572	四反相器输入或/与非门
4506	双 2 输入可扩展或非门	4574	四可编程电压比较器
4507	四异或门	4582	超前进位电路
4508	双 4 位 D 锁存器	4583	双施密特触发器
4510	可预置 BCD 可逆计数器	4584	六施密特触发器
4511	BCD-七段译码器 /驱动器	4585	4 位数值比较器
4512	8 选 1 数据选择器	4590	单 4 位锁存器
4513	BCD-七段译码器 /驱动器	4597	8 位总线兼容锁存器（三态）
4514	4-16 线译码器	4599	8 位可寻址锁存器
4515	4-16 线译码器	40100	32 级静态左/右移位寄存器
4516	可预置二进制可逆计数器	40101	9 位奇偶发生器/校验器
4517	双 64 位静态移位寄存器	40102	可预置 2 位十进制减法计数器
4518	双 BCD 同步加计数器	40103	可预置 8 位二进制减法计数器
4519	4 位与或选择器	40104	4 通用双向移位寄存器
4520	双 4 位二进制同步加计数器	40105	16×4 先入先出寄存器（三态）
4521	24 级分频器	40106	六施密特触发器（反相）
4522	可预置 BCD 同步 1/N 计数器	40107	双 3 输入与非缓冲器/驱动器
4526	可预置 4 位二进制 1/N 计数器	40108	4×4 多路寄存器（三态）
4527	BCD 系数乘法器	40109	四电平变换器
4528	双可重触发单稳态触发器	40110	十进制计数/锁存/译码/驱动
4529	双四通道模拟开关	40147	10-4 线 BCD 优先编码器
4530	双 5 输入过半数逻辑门	40160	可预置十进制计数器
4531	12 位奇偶校验器	40161	可预置二进制计数器
4532	8 位优先编码器	40162	可预置十进制计数器
4534	实时五、十进制计数器	40163	可预置 4 位二进制计数器
4536	可编程定时器	40174	六 D 型触发器
4538	双精密可重触发单稳态触发器	40175	四 D 触发器
4539	双 4 通道数选择器	40181	4 位算术逻辑单元
4541	可编程定时器	40182	超前进位发生器
4543	BCD-七段译码器 /驱动器	40192	可预置十进制可逆计数器
4544	BCD-七段译码器 /驱动器	40193	可预置二进制可逆计数器
4547	BCD-译码/大流动驱动器	40194	4 位双向通用移位寄存器
4549	近似函数寄存器	40195	4 位双向通用移位寄存器

参考文献

[1] 康光华．电子技术基础·数字部分．北京：高等教育出版社，2005.

[2] 阎石．数字电子技术基础．北京：高等教育出版社，2005.

[3] 蔡惟铮．集成电子技术．北京：高等教育出版社，2004.

[4] 曹汉房，陈亚奎．数字技术教程．北京：电子工业出版社，1995.

[5] 彭容修．数字电子技术基础．武汉：华中理工大学出版社，2000.

[6] 郑家龙．集成电子技术基础教程．北京：高等教育出版社，2002.

[7] 路而红．专用集成电路设计与电子设计自动化．北京：清华大学出版社，2004.

[8] 解本巨．基于 Verilog 与 Cadence 的数字系统设计．北京：清华大学出版社，2013.

[9] 张雅琦．Verilog HDL 高级数字设计．北京：电子工业出版社，2005.

[10] 周景润，苏良碧．基于 QuatusII 的数字系统 Verilog HDL 设计实例详解．北京：电子工业出版社，2010.

[11] 周景润，袁伟亭，张鹏飞．Cadence 高速电路板设计与仿真．北京：电子工业出版社，2009.

[12] 周景润．Cadence PCB 设计与制板．北京：电子工业出版社，2005.

[13] Online Documentation. Cadence design system. 2008.

[14] Mios D. Ercegovac, Tomas-Lang, Jaime H. Moreno. Introduction To digital System. John Wily Son, 1989.

[15] M. Morris. Digital Design. 3rd Ed. Prentice Hall USA, 2002.